U0312518

高职高专土建类专业教材编审委员会

高职高专"十三五"规划教材

地基与基础

第二版

刘国华　主编　　梁仁旺　主审

化学工业出版社

·北京·

本书是根据高职高专建筑工程技术专业实践教学的要求，以现行工程技术规范为依据，结合多年教学实践编写而成。全书共十章，主要介绍了土的物理性质与工程分类、地基土中的应力、地基土的变形、土的抗剪强度和地基承载力、边坡稳定及挡土墙、地基勘察与验槽、天然地基上的浅基础、桩基础与其他深基础、地基处理和区域性地基等。全书内容全面，图文并茂，实用性强，便于教学和自学。

本书为高职高专建筑工程技术专业及其他土建类专业的教材，也可作为成人教育土建类及相关专业的教材，还可供从事土木工程勘察、设计、施工技术人员参考。

图书在版编目（CIP）数据

地基与基础/刘国华主编. —2 版. —北京：化学工业出版社，2016.2
高职高专"十三五"规划教材
ISBN 978-7-122-25920-2

Ⅰ.①地… Ⅱ.①刘… Ⅲ.①地基-高等职业教育-教材②基础（工程）-高等职业教育-教材 Ⅳ.①TU47

中国版本图书馆 CIP 数据核字（2015）第 307372 号

责任编辑：李仙华 王文峡
责任校对：边 涛 装帧设计：刘剑宁

出版发行：化学工业出版社（北京市东城区青年湖南街 13 号 邮政编码 100011）
印　　刷：北京永鑫印刷有限公司
装　　订：三河市宇新装订厂
787mm×1092mm 1/16 印张 19¾ 字数 522 千字 2016 年 3 月北京第 2 版第 1 次印刷

购书咨询：010-64518888（传真：010-64519686） 售后服务：010-64518899
网　　址：http://www.cip.com.cn
凡购买本书，如有缺损质量问题，本社销售中心负责调换。

定　　价：39.80 元

前　言

本教材第一版自 2010 年 2 月出版以来，已重印了多次，许多院校在教学中使用了它，并提出了许多建设性的意见，笔者在此深表谢意。近几年来，随着国家颁布的《建筑地基基础设计规范》等规范和相关法律法规的更新，以及新材料、新技术、新工艺和新设备的使用，教材中部分内容已不能满足规范、相关法律法规的要求和工程实际的需要。为了使教材内容与时俱进，且更加贴近工程实际，更好地满足高职高专课程教学的需要，笔者根据社会发展和当前建筑市场的需要，结合近年来的教学工作和工程实践经验，并依据当前现行规范、规程，对原教材的部分内容进行了调整和完善，积极推行工学结合，融"教、学、做"为一体，强化学生职业能力的培养。为此，本教材增加了工程实例内容，以便使用它的院校在教学中选用。

在第二版编写过程中，力求内容翔实、精准，概念清楚，文字叙述简明，注意由浅入深、循序渐进，注重理论联系实际。全书主要内容包括：土的物理性质与工程分类，地基土中的应力，地基土的变形，土的抗剪强度和地基承载力，边坡稳定及挡土墙，地基勘察与验槽，天然地基上的浅基础，桩基础与其他深基础，地基处理，区域性地基等。为了便于读者掌握重点内容，各章均附有知识目标、能力目标、小结、思考题与习题。

参与本教材第二版编写的人员有的来自高职高专教学一线的教师，也有来自生产现场的工程技术人员，其中有山西运城职业技术学院陈东佐教授；无锡城市职业技术学院刘国华副教授；山西工程技术学院靳雪梅；河南工程学院孙彦飞；太原城市职业技术学院袁慧；无锡城市职业技术学院刘飞、陈俊松、柏双友博士。全书由刘国华任主编并统稿，陈东佐、靳雪梅、刘飞、陈俊松、柏双友任副主编，由太原理工大学博士生导师梁仁旺教授主审。

本书在编写中参考了相关著作，并得到了有关专家的帮助，江苏省无锡市计量检定测试中心阚小妹高级工程师对书稿文字的审核等做了大量工作，此外，江娟、亓宾、罗耀武、林国和与鲍宏波工程师在工程实例部分提供了帮助，在此一并表示感谢。

由于编者水平有限，书中疏漏之处难免，我们将在实践中不断加以改进和完善，对书中不足之处恳请读者给予批评指正。

编者
2015 年 11 月

第一版前言

地基与基础是建筑工程技术专业的主要职业技术课程之一，本书是根据高等职业院校土建类专业地基与基础课程教学基本要求，并结合本课程教学改革与探索的实践经验，为适应高等职业教育的需要而编写的。

本教材以准确反映高职高专土建类教育的特点为基础，以突出实用性和实践性为原则，以职业核心能力和创新能力的培养为目标，构建有利于学生综合素质的形成和科学思想方法的养成的教材内容体系。本教材在借鉴同类教材成功经验的基础上，既保持了经典理论又突出了工程应用能力的培养，在理论体系上追求必要性，内容上有较强的针对性。全书共分十章，包括土力学和地基基础两部分。土力学部分，考虑工程实践和高职高专教材的特点，着重介绍土的物理性质及工程分类、地基土中应力计算、基础沉降计算、土的抗剪强度和地基承载力确定、土压力计算及挡土墙设计的基本方法；地基基础部分，主要介绍地基勘察与验槽原理与方法、天然地基上的浅基础设计、桩基础设计与其他深基础、地基处理的原理与方法、区域性地基。在每章后都安排了适量的思考题和习题，正文中有计算时都相应地安排了适量的例题。

本教材以现行工程技术规范为依据，对不同行业技术规范进行归纳分类，使学生能灵活应用不同行业的规范，达到培养高职高专学生适应工程实践能力的目的。本教材不仅适用于高职高专的教学，也可以作为工程技术专业人员的参考书。

参与本教材编写的人员都是来自高职高专教学一线的教师。其中刘国华编写绪论、第二章、第三章和第十章；陈东佐教授编写第一章和第九章；靳雪梅编写第四章和第五章；孙彦飞编写第六章和第八章；袁慧编写第七章。全书由刘国华统稿。

全书由徐秀香教授主审，提出了许多中肯的意见；在编写统稿过程中，无锡市计量测试中心阚小妹高级工程师协助主编做了大量的图文录入工作，编者在此一并致谢。

限于时间仓促和编者水平有限，书中不足和疏漏之处在所难免，欢迎读者批评指正。

编者
2009 年 12 月

目　录

绪　　论

俗话说：万丈高楼平地起。这说明，陆地上的建筑物都依赖于地球表面的土。而土是自然界岩石经过风化、搬运、沉积形成的松散矿物颗粒的堆积体。工程上把承受建筑物荷载的从而引起应力变化和变形所不能忽略的那部分土称为地基。基础则是指建筑物向地基传递荷载的下部结构，位于上部结构和地基之间，其作用是把上部结构的荷载分布开来并传递到地基中去。建筑物的上部结构与下部结构，一般是以地面为界的。地基是有一定深度和范围的，当地基由两层以上土层组成时，通常将直接与基础接触的土层称为持力层，其下的土层称为下卧层。

一、研究地基与基础的意义

地基、基础和上部结构是建筑物系统的三大组成部分，而基础工程的造价约占建筑物的总造价的 10%～30%，因此，从经济的角度看，研究地基与基础，可以减少基础部分的工程造价。

基础作为建筑物的主要组成部分，应具有足够的强度、刚度和耐久性，以保证建筑物的安全和使用年限。由于地基与基础位于地面以下，属隐蔽工程，它的勘察、设计和施工质量的好坏，直接影响建筑物的安全，一旦发生工程事故，其补救和处理往往比上部结构困难得多，有时甚至是不可能的。因此，从技术角度看，研究地基与基础，对勘察、设计和施工具有重要的意义。

我国是一个有着悠久历史的文明古国，在工程技术上有着辉煌的成就，如秦朝所修筑的万里长城和隋唐时期修通的南北大运河，穿越了各种复杂的地质条件，成为亘古奇观。又例如，隋朝石匠李春修建的赵州石桥闻名世界，见图 0-1。它不仅在建筑和结构设计方面十分精巧，在地基基础处理上也堪称完美。其桥台砌置于密实粗砂层上，1400 多年以来其沉降量仅有几厘米，桥台的基底压力为 500～600kPa，与现代土力学理论给出的该土层的承载力非常接近。

图 0-1　赵州石桥

然而，由于对地基和基础不够重视或处理不当，造成的工程事故也不乏其例。

【案例 1】　加拿大特朗斯康谷仓，由于地基强度破坏发生整体滑动，是建筑物失稳的典型例子，见图 0-2。

该谷仓平面呈矩形，南北向长 59.44m，东西向宽 23.47m，高 31.00m，容积 36368m³，谷仓为圆筒仓，每排 13 个圆仓，5 排共计 65 个圆筒仓。谷仓基础为钢筋混凝土筏板基础，厚度 61cm，埋深 3.66m。谷仓于 1911 年动工，1913 年完工，空仓自重 20000t，相当于装满谷物后满载总重量的 42.5%。1913 年 9 月装谷物，10 月 17 日当谷仓已装了 31822m³ 谷物时，发现 1 小时内竖向沉降达 30.5cm，结构物向西倾斜，并在 24 小时内谷仓不断倾斜，倾斜度离垂线达 26°53′，谷仓西端下沉 7.32m，东端上抬 1.52m，上部钢筋混凝土筒仓坚如磐石。谷仓地基土事先未进行调查研究，据邻近结构物基槽开挖试验结果，计算

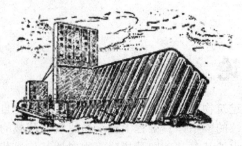

图 0-2　加拿大特朗斯康谷仓

地基承载力为 352kPa，应用到此谷仓。1952 年经勘察试验与计算，谷仓地基实际承载力为 193.8～276.6kPa，远小于谷仓破坏时发生的压力 329.4kPa，因此，谷仓地基因超载发生强度破坏而滑动。事后在基础做了七十多个支撑于基岩上的混凝土墩，使用 388 个 50t 千斤顶以及支撑系统，才把仓体逐渐纠正过来，但其位置比原来降低了 4m。

综上所述，加拿大特朗斯康谷仓发生地基滑动强度破坏的主要原因：对谷仓地基土层事先未作勘察、试验与研究，采用的设计荷载超过地基土的抗剪强度，导致这一严重事故。由于谷仓整体刚度较高，地基破坏后，筒仓仍保持完整，无明显裂缝，因而地基发生强度破坏而整体失稳。

【案例 2】　上海一幢 13 层在建商品楼发生倒塌，见图 0-3。

2009 年 6 月 27 日 6 时左右，上海闵行区莲花南路罗阳路口一幢 13 层在建商品楼发生倒塌事故。倒塌的楼房几乎是连根整体倒下，在事故现场可以看到楼房的楼顶和地基。

导致楼盘倒塌的主要因素是施工不当，在倒塌楼盘的一侧有近 10m 高的土方堆起，对楼盘地基形成压迫力，再加上大楼的另一侧在开挖基坑（地下车库），由于基坑围护措施不到位，在双重作用力的作用下导致大楼倒塌。

【案例 3】　香港宝城滑坡，见图 0-4。

图 0-3　上海倒塌的 13 层在建商品楼

图 0-4　香港宝城滑坡

1972 年 7 月某日清晨，香港宝城路附近，近 20000m³ 的残积土从山坡上下滑，巨大滑动体正好冲过一幢高层住宅——宝城大厦，顷刻间宝城大厦被冲毁倒塌并砸毁相邻一幢大楼一角。

山坡上残积土本身强度较低，加之雨水入渗使其强度进一步大大降低，使得土体滑动力超过土的强度，于是山坡土体发生滑动。

【案例 4】　台风与泥石流冲倒中国台湾著名饭店，见图 0-5。

2009 年 8 月 9 日台风莫拉克登陆中国台湾岛后带来巨大降雨量，台湾东部旅游区著名的金帅饭店被泥石流冲垮。由于河水冲刷，地基被掏空，导致整栋饭店倒入激流中。

【案例 5】　比萨斜塔，见图 0-6。

比萨斜塔是一座独立的建筑，周围空旷。比萨斜塔的建造，经历了以下三个时期。

第一期，1173 年 9 月 8 日至 1178 年，建至第 4 层，高度约 29m 时，因塔倾斜而停工。

第二期，钟塔施工中断 94 年后，于 1272 年复工，直至 1278 年，建完第 7 层，高 48m，再次停工。

图 0-5　台湾金帅饭店倒塌

图 0-6　比萨斜塔

第三期，经第二次施工中断 82 年后，于 1360 年再复工，至 1370 年竣工，全塔共 8 层，高度为 55m。

全塔总荷重约为 145MN，塔身传递到地基的平均压力约 500kPa。目前塔北侧沉降量约 90cm，南侧沉降量约 270cm，塔倾斜约 5.5°。比萨斜塔向南倾斜，塔顶离开垂直线的水平距离已达 5.27m，等于我国虎丘塔倾斜后塔顶离开水平距离的 2.3 倍。幸亏比萨斜塔的建筑材料大理石条石质量优施工精细，尚未发现塔身有裂缝。

比萨斜塔基础底面倾斜值，经计算为 0.093，即 93‰，我国国家标准《建筑地基基础设计规范》（GB 50007—2011）中规定：高耸结构基础的倾斜，当建筑物高度 H_g 为：50m＜H_g≤100m 时，其允许值为 0.005，即 5‰。目前比萨斜塔基础实际倾斜值已等于我国国家标准允许值的 18 倍。由此可见，比萨斜塔倾斜已达到极危险的状态，随时有可能倒塌。

关于比萨斜塔倾斜的原因，早在 18 世纪已有记载，当时就有两派不同见解：一派由历史学家兰尼里·克拉西为首，坚持比萨塔有意建成不垂直；另一派由建筑师阿莱山特罗领导，认为比萨塔的倾斜归因于它的地基不均匀沉降。

20 世纪以来，一些学者提供了塔的基本资料和地基土的情况。根据资料分析认为比萨钟塔倾斜的原因如下。

① 钟塔基础底面位于第 2 层粉砂中。施工不慎，南侧粉砂局部外挤，造成偏心荷载，使塔南侧附加应力大于北侧，导致塔向南倾斜。

② 塔基底压力高达 500kPa，超过持力层粉砂的承载力，地基产生塑性变形，使塔下沉。塔南侧接触压力大于北侧，南侧塑性变形必然大于北侧，使塔的倾斜加剧。

③ 钟塔地基中的黏土层厚近达 30m，位于地下水位下，呈饱和状态。在长期重荷作用下，土体发生蠕变，也是钟塔继续缓慢倾斜的一个原因。

④ 在比萨平原深层抽水，使地下水位下降，相当于大面积加载，这是钟塔倾斜的重要原因。在 20 世纪 60 年代后期至 20 世纪 70 年代早期，观察地下水位下降，同时钟塔的倾斜率增加。当天然地下水恢复后，则钟塔的倾斜率也回到常值。

事故处理方法如下。

① 卸荷处理。为了减轻钟塔地基荷重，1838～1839 年，于钟塔周围开挖一个环形基坑。基坑宽度约 3.5m，北侧深 0.9m，南侧深 2.7m。基坑底部位于钟塔基础外伸的三个台阶以下，铺有不规则的块石。基坑外围用规整的条石垂直向砌筑。基坑顶面以外地面平坦。

② 防水与灌水泥浆。为防止雨水下渗，于 1933～1935 年对环形基坑做防水处理，同时对基础环周用水泥浆加强。

③ 为防止比萨斜塔散架，于 1992 年 7 月开始对塔身加固。

以上处理方法均非根本之计。其关键应是对地基加固而又不危及塔身安全。此外，比萨斜塔贵在斜，因为1590年伽利略曾在此塔做落体实验，创立了物理学上著名的落体定律。斜塔成为世界上最珍贵的历史文物，吸引无数国内外游客。如果把塔扶正，实际破坏了珍贵文物。因此，比萨斜塔的加固处理难度很大，既要保持钟塔的倾斜，又要不扰动地基避免危险，还要加固地基，使钟塔安然无恙。

【案例6】 虎丘塔，见图0-7。

图0-7 虎丘塔

虎丘塔位于苏州市西北虎丘公园山顶，原名云岩寺塔，落成于宋太祖建隆二年（公元961年），距今已有1000多年悠久历史。全塔七层，高47.5m。塔的平面呈八角形，由外壁、回廊与塔心三部分组成。虎丘塔全部砖砌，外形完全模仿楼阁式木塔，每层都有八个壶门，拐角处的砖特制成圆弧形，十分美观，在建筑艺术上是一个创造。1961年3月4日国务院将此塔列为全国重点文物保护单位。

1980年6月虎丘塔现场调查，当时由于全塔向东北方向严重倾斜，不仅塔顶离中心线已达2.31m，而且底层塔身发生不少裂缝，成为危险建筑而封闭、停止开放。仔细观察塔身的裂缝，发现一个规律，塔身的东北方向为垂直裂缝，塔身的西南面却是水平裂缝。

经勘察，虎丘山是由火山喷发和造山运动形成，为坚硬的凝灰岩和晶屑流纹岩。山顶岩面倾斜，西南高，东北低。虎丘塔地基为人工地基，由大块石组成，块石最大粒径达1000mm。人工块石填土层厚1~2m，西南薄，东北厚。下为粉质黏土，呈可塑至软塑状态，也是西南薄，东北厚。底部即为风化岩石和基岩。塔底层直径13.66m范围内，覆盖层厚度西南为2.8m，东北为5.8m，厚度相差3.0m，覆盖层厚度不均是虎丘塔发生倾斜的根本原因。此外，南方多暴雨，源源雨水渗入地基块石填土层，冲走块石之间的细粒土，形成很多空洞，这是虎丘塔发生倾斜的重要原因。

从虎丘塔结构设计上看有很大缺点，即没有做扩大的基础，砖砌塔身垂直向下砌八皮砖，即埋深0.5m，塔身直接置于上述块石填土人工地基上。估算塔重63000kN，则地基单位面积压力高达435kPa，超过了地基承载力。塔倾斜后，使东北部位应力集中，超过砖体抗压强度而压裂。

事故处理方法如下。

采取加固地基的办法。第一期加固工程是在塔四周建造一圈桩排式地下连续墙，其目的为减少塔基土流失和地基土的侧向变形。在离塔外墙约3m处，用人工挖直径1.4m的桩孔，深入基岩50cm，浇筑钢筋混凝土。人工挖孔灌注桩可以避免机械钻孔的振动。地基加固先从不利的塔东北方向开始，逆时针排列，一共44根灌注桩。施工中，每挖深80cm即浇15cm厚井圈护壁。当完成6~7根桩后，在桩顶浇筑高450mm圈梁，连成整体。

第二期加固工程进行钻孔注浆和树根桩加固塔基。钻孔注水泥浆位于第一期工程桩排式圆环形地下连续墙与塔基之间，孔径90mm，由外及里分三排圆环形注浆共113孔，注入浆液达26637m³。树根桩位于塔身内顺回廊中心和八个壶门内，共做32根垂直向树根桩。此外，在壶门之间8个塔身，各做2根斜向树根桩。总计48根树根桩，桩直径90mm，安设3Φ16受力筋，采用压力注浆成桩。

【案例7】 阪神大地震中地基液化，见图0-8。

地震引起大面积砂土地基液化后产生很大的侧向变形和沉降，大量的建筑物倒塌或遭到严重损伤。

人类在长期的工程实践中，遇到许许多多与地基基础有关的工程技术问题，积累了很多经验教训，也促使人们去研究地基与基础，以避免因地基基础而引起的工程事故，确保建筑物的安全和正常使用。由于地基基础的损伤对建筑物的影响有以下几个方面。

图 0-8　阪神大地震中地基液化

（1）地基基础沉降对建筑物的影响
地基基础不均匀沉降过大对上部结构的影响主要反映在以下几方面。

① 墙体产生裂缝。不均匀沉降使砖砌体承受弯曲而导致砌体因受拉应力过大而产生裂缝。长高比较大的砖混结构，如果中部沉降比两端沉降大，则可能产生"八"字裂缝；如果两端沉降比中部沉降大，则可能产生倒"八"字裂缝。

② 柱体破坏。地基基础不均匀沉降将使受压柱体在轴力和弯矩的共同作用下产生纵向弯曲而破坏。柱体破坏主要有两种类型：一种是柱体受拉区钢筋首先到达屈服而导致的受压区混凝土压碎。这种破坏有明显的预兆，裂缝显著开展，变形急剧增大，具有塑性破坏的性质。另一种是柱体受压区的混凝土被压碎而导致的破坏。这种破坏缺乏预兆，变形没有急剧增长，具有脆性破坏的性质。这两种类型破坏都属于结构性的破坏，将严重地影响建筑物的安全与使用。

③ 建筑物产生倾斜。长高比较小的建筑物，特别是高耸构筑物，不均匀沉降会引起建筑物倾斜，严重的将引起建筑物倒塌破坏。

当总沉降量或不均匀沉降超过建筑物允许沉降值时，将影响建筑物正常使用造成工程事故。建筑物均匀沉降对上部结构影响不大，但沉降量过大，可能造成室内地坪低于室外地坪，引起雨水倒灌、管道断裂，以及污水不易排出等问题。

（2）特殊土地基对建筑物的影响　特殊土地基主要指湿陷性黄土地基、膨胀土地基、冻土地基以及盐渍土地基等。

（3）地基失稳对建筑物的影响　地基失稳破坏往往引起建筑物的倒塌、破坏，后果十分严重。建筑物不均匀沉降不断发展，日趋严重，也将导致地基失稳破坏。

地基失稳的原因是建筑物作用在地基上的荷载超过地基允许承载力，使地基产生了剪切破坏，包括整体剪切破坏、局部剪切破坏和冲切剪切破坏三种形式，地基破坏形式与地基土层分布、土体性质、基础形状、埋深、加荷速率等因素有关。

（4）边坡滑动对建筑物的影响　建在土坡上和土坡脚附近的建筑物会因土坡滑动产生破坏。

（5）地震对建筑物的影响　地震对建筑物的破坏作用是通过地基和基础传递给上部结构的。地震时地基和基础起着传播地震波和支撑上部的双重作用。地震对建筑物的影响不仅与地震烈度有关，还与建筑场地效应、地基土动力特性有关。地震对建筑物的破坏还与基础形式、上部结构、体型、结构形式及刚度有关。

（6）基础工程事故对建筑物的破坏　基础工程事故可分为基础错位事故、基础构件施工质量事故以及其他基础工程事故。基础错位事故是指因设计或施工放线造成基础位置与上部结构要求位置不符合，如工程桩偏位、柱基础偏位、基础标高错误等。以上事故均引起对建筑物局部或整体的破坏。

二、地基与基础研究的内容

地基与基础是一门实用性很强的学科，其研究的内容涉及土质学、土力学、结构设计、施工技术以及与工程建设相关的各种技术问题。

研究地基的问题实际上就是研究土的问题，土力学就是地基与基础的理论基础。土力学就是要研究土的特性及其受力后的变化规律，因为一切工程的基础都建造在地表或埋置于土中，与土有着密切的联系，因此研究地表土层的工程地质特征及力学性质，具有很重要的意义。

良好的地基应该具有较高的承载力和较低的压缩性，如果地基土较软弱，工程性质较差，需对地基进行人工加固处理后才能作为建筑物地基的，称为人工地基；未经加固处理直接把天然土层作为地基的，称为天然地基。由于人工地基施工周期长、造价高，所以建筑物应尽量建造在天然地基上，以减少工程造价。

基础有多种类型，根据基础埋深的不同，可分为浅基础和深基础。对一般房屋的基础，若地基土较好，埋深不大（≤5m），采用一般方法和设备施工的基础称为浅基础，如单独基础、条形基础、筏板基础、箱型基础、壳体基础。如果建筑物荷载较大或地基土较软弱，需要将基础埋置于较深处（≥5m）的土层上，且需借助于特殊的施工方法及机械设备施工的基础称为深基础，如桩基础、墩基础、沉井基础及地下连续墙等。

为了保证建筑物的安全和正常使用，地基与基础设计应满足以下基本条件：①强度条件，应使地基具有足够的承载力（≥作用于地基上的荷载），以保证地基在防止整体失稳或剪切破坏方面有足够的安全储备；②变形条件，不使地基产生过大的沉降和不均匀沉降（≤建筑物的容许变形值）；③基础结构本身应具有足够的强度和刚度，在地基反力作用下不会发生强度破坏，并且具有改善地基沉降和不均匀沉降的功能。基础的设计既要考虑其结构特性，又要注意与其周围介质的相互作用。

三、地基与基础的发展概况

与其他科学技术的发展一样，地基与基础工程技术的主要发展特点是伴随人类生产活动的发展而发展，其发展水平与当时的生产和科学水平相适应。

18世纪西方掀起了工业革命热潮，在大规模的城市建设和水利、铁路的兴建中，遇到了大量与土有关的工程技术问题，促使人们寻找理论上的解释并积累了许多经验教训。下面几个古典理论奠定了地基与基础的理论基础。

1773年，法国的库仑（Coulomb）根据试验提出了砂土的抗剪强度公式和挡土墙土压力的滑动土楔原理。

1855年，法国的达西（Darcy）创立了土层的层流渗透定律。

1857年，英国的朗肯（Rankine）提出了建立在土体的极限平衡条件分析基础上的土压力理论。

1885年，法国的布辛奈斯克（Boussinesq）提出了均匀的、各向同性的半无限体表面在竖直集中力和线荷载作用下的位移和应力分布理论。

20世纪20年代后，土力学的研究有了较快的发展，其重要理论如下。

1915年，由瑞典的彼得森（Petterson）首先提出，后由费兰纽斯（Fellenius）等进一步发展的土坡整体稳定分析的圆弧滑动面法。

1920年，法国普朗德尔（Prandtl）提出地基剪切破坏时的滑动面形状和极限承载力公式等。

1925年，奥裔美国学者太沙基（Terzaghi）出版了第一部土力学专著《土力学》，比较系统地阐述了土的工程性质和有关的土工试验结果，其提出的饱和土有效应力原理和一维固结理论将土的应力、变形、强度、时间等因素有机联系起来，有效地解决了许多有关土的工程技术问题。太沙基的《土力学》的问世，标志着土力学成为一门独立的学科，也标志着近代土力学的开端。

20世纪中叶，太沙基的《理论土力学》以及太沙基和派克（Peck）合著的《工程实用土力学》对土力学作了全面的总结。

1936年，在美国召开了第一届国际土力学及基础工程会议，之后陆续召开了16届。

1949年，我国的土力学研究进入发展阶段。1957年，陈宗基教授提出的土流变学和黏土结构模式，已被电子显微镜证实；同年，黄文熙教授提出非均质地基考虑侧向变形影响的沉降计算方法和砂土液化理论。1962年开始定期召开全国性土力学与地基基础工程学术会议，交流和总结科研人员在该学科取得的新进展和科研成果。2015年7月在上海召开了第十二届全国土力学与岩土工程学术大会。笔者有幸参加了2013年与2015年的第十一届与第十二届全国桩基础学术会议、2014年的第四届全国土力学教学研讨会，目睹了土力学与地基基础方面的丰硕成果。21世纪以来，我国基础工程技术得到了全面发展，某些方面已达到国际先进水平，但测试技术和配套能力较差，工效较低、质量不够稳定。今后要重视土的工程性质及测试技术的研究；开发地基处理新技术，新工艺；以灌注桩为重点，发展成桩新工艺、新设备、实现配套化、系列化；完善基坑支护技术；研究设计计算与方法，把我国地基基础技术提高到国际先进水平。

随着现代科技成就向基础工程领域的逐步渗透，试验技术和计算手段有了长足的进步，由此推动了该学科的发展。然而，由于土的性质较为复杂，到目前为止，土力学的理论虽然有了很大的发展，但仍然很不完善，在假定条件下的理论，应用于实际工程中时带有近似性，有待人们开展实践和研究，以取得新的进展。

四、本课程的主要内容、特点及学习方法

地基与基础是一门实践性与理论性很强的学科。因其研究对象的复杂多变性，研究内容的广泛性，研究方法的特殊性，学习时应抓住重点，兼顾全面，从而学会设计、计算与工程应用。从建筑工程技术专业的要求出发，必须掌握土的物理性质指标，培养学生阅读和使用工程地质勘察资料的能力，会在施工现场进行验槽；紧紧抓住土的应力、变形、强度和地基计算这一核心问题，牢固掌握土的自重应力和附加应力的计算、地基变形的计算及地基承载力的确定；应用土力学的基本概念和原理并结合建筑结构理论和施工知识，能够熟练地进行浅基础和深基础的设计、挡土墙的设计、软弱土的地基处理等，从而提高学生分析和解决地基与基础方面的工程问题的能力。

我国土地辽阔、幅员广大，由于自然环境不同，分布着多种不同的土类。天然土层的性质和分布，不但因地而异，即使在较小的范围内，也可能有很大的变化。因此，每一建筑场地都必须进行地基勘察，采取原状试样进行土工试验，以试验结果作为地基基础设计的依据。一个优质的地基基础设计方案更依赖于完整的地质资料和符合实际情况的周密分析。但在地基基础设计方案产生过程中，也不能忽视理论的重要性，实际上，经验的系统化和经典理论的借鉴，将是本学科的重要部分和发展基础。

本课程的另一特点是知识的更新周期越来越短，随着科学技术的发展，一些大而复杂的工程的兴建，如青藏铁路、三峡工程等，使地基与基础不断面临新的问题，从而导致新技术、新设计方法的不断涌现，而且往往是实践领先于理论，并促使理论不断臻于完善。

根据上述特点，地基与基础的学习内容包括理论、试验和经验，学习中既要重点掌握理论公式的意义和应用条件，明确理论的假定条件，掌握理论的使用范围，又要重点掌握基本的土工试验技术，尽可能多动手操作，从实践中获取知识、积累经验，并把重点落实到如何学会结合工程实际加以应用。

　　本课程与水力学、建筑力学、弹性力学、工程地质、建筑材料、建筑结构、施工技术等学科有着较为密切的联系，又涉及高等数学、物理、化学等方面的知识。因此，要学好地基与基础课程，还应熟练掌握上述相关课程的知识。除此之外，还必须认真学习国家颁发的相关工程技术规范，如《建筑地基基础设计规范》（GB 50007—2011）、《湿陷性黄土地区建筑规范》（GB 50025—2004）等。这些规范是国家的技术标准，是我国土工技术和经验的结晶，也是全国土工技术人员应共同遵守的准则。

第一章　土的物理性质与工程分类

知识目标

· 了解土的概念，熟悉土的生成条件，掌握土的主要成因类型；

· 掌握土的三相组成。了解土的粒度、粒组、粒度成分的概念，掌握粒度成分的分析与表示方法；

· 掌握土中水的类型和性质；掌握土中气的类型和性质；

· 掌握土的结构类型，熟悉土的构造，掌握土的特点；

· 掌握土的物理性质指标和土的物理状态指标；

· 掌握土的工程分类。

能力目标

· 能够绘制土的三相草图，能够绘制土的颗粒级配曲线，并利用土的颗粒级配曲线计算土的不均匀系数，判定土的级配优劣；

· 能够动手做土的密度试验、土的天然含水量试验、土的界限含水量试验；

· 能够根据土的物理性质指标和土的物理状态指标初步判断土的工程性质，对土进行工程分类。

大多数建筑物都是直接建造在地基土上的。土是岩石经风化、搬运、沉积形成的产物。不同的土其矿物成分和颗粒大小存在着很大差异，土颗粒、土中水和土中气的相对比例也各不相同，这就决定了不同的土具有不同的物理性质。同时，土的物理性质指标又与土的力学性质发生联系，并在一定程度上决定着土的工程性质。因此，土的物理性质及其工程分类，是进行土力学计算、地基基础设计和地基处理等必备的知识。

本章主要介绍土的成因、土的组成、土的物理性质指标、无黏性土的密实度、黏性土的物理特性以及土的工程分类。

第一节　土 的 成 因

一、土的生成

（一）土的概念

工程上所称的土，通常是指地球岩石圈经风化形成的散粒堆积物，包括岩石经物理风化崩解而成的碎块以及经化学风化后形成的细粒物质，粗至巨砾，细至黏粒，统称为土。土虽然是岩石风化后的产物，但具有区别于岩石的特性——散粒性。正是由于土的这一基本特性，决定了土与其他工程材料相比具有压缩性大、强度低、渗透性大的特点。

（二）土的生成

在地壳运动和岩浆活动的过程中，岩石受气温变化，风雪、山洪、河流、湖泊、海浪、冰川、生物等的作用，产生风化，风化后的岩石不断剥蚀，产生新的产物——碎屑。这些风化产物在山洪、河流、海浪、冰川或风力作用下，被搬运到大陆低洼处或海洋底部沉积下来。在漫长的地质年代中，沉积物越来越厚。在上覆压力和胶结物质的共同作用下，最初沉积下来的松散碎屑逐渐被压密、脱水、胶结、硬化生成一种新的岩石，称为沉积岩。而上述过程中，没有经过成岩过程的沉积物，即通常所说的土。

风化作用与气温变化、雨雪、山洪、风、空气、生物活动等（也称为外力地质作用）密切相关，一般分为物理风化、化学风化和生物风化三种。

（1）物理风化　长期暴露在大气中的岩石，受到温度、湿度变化的影响，体积经常在膨胀、收缩，从而逐渐崩解、破裂为大小和形状各异的碎块，这个过程叫物理风化。物理风化的过程仅限于体积大小和形状改变，而不改变颗粒的矿物成分。其产物保留了原来岩石的性质和成分，称为原生矿物，自然界中粗颗粒土即无黏性土就是物理风化的产物。

（2）化学风化　如果原生矿物与周围的氧气、二氧化碳、水等接触，并受到有机物、微生物的作用，发生化学变化，产生出与原来岩石矿物成分不同的次生矿物，这个过程叫做化学风化。化学风化所形成的细粒土，颗粒之间具有黏结能力，通常称为黏性土。自然界中物理风化和化学风化过程是同时或交替进行的，所以，原生矿物与次生矿物是堆积在一起的，这就是人们所见到的性质复杂的土。

（3）生物风化　由于动、植物的生长使岩石破碎属于生物风化，这种风化作用具有物理风化和化学风化的双重作用。

二、土的成因类型

土由于成因不同而具有不同的工程地质特征，下面介绍土的几种主要成因类型。

在地质学中，把地质年代划分为五大代（太古代、元古代、古生代、中生代和新生代），代又分若干纪，纪又分若干世。上述"沉积土"基本是在离最近的新生代第四纪（Q）形成的，因此人们也把土称为第四纪沉积物。由于沉积的历史不长（见表1-1），尚未胶结岩化，通常是松散软弱的多孔体，与岩石的性质有很大的差别。第四纪沉积物在地表分布极广，成因类型也很复杂。不同成因类型的沉积土，各具有一定的分布规律、地形形态及工程性质。根据地质成因类型，可将第四纪沉积物的土体划分为残积土、坡积土、洪积土、冲积土、湖积土、海积土、风积土、冰积土等。

表 1-1　第四纪地质年代

纪	世		距今年代/万年
第四纪 Q	全新世 Q_4		2.5
	更新世	晚更新世 Q_3	15
		中更新世 Q_2	50
		早更新世 Q_1	100

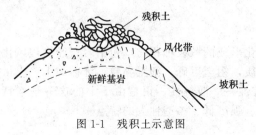

图 1-1　残积土示意图

（一）残积土

残积土是指由岩石经风化后未被搬运而残留于原地的碎屑物质所组成的土体，如图1-1所示，它处于岩石风化壳的上部，向下则逐渐变为强风化或中等风化的半坚硬岩石，与新鲜岩石之间没有明显的界线，是渐变的过渡关系。残积土的分布受地形控制。在宽广的分水岭上，由于地表水流速度很小，风化产物能够留在原地，形成一定的厚度。在平缓的山坡或低洼地带也常有残积土分布。

残积土中残留碎屑的矿物成分，在很大程度上与下卧母岩一致，这是它区别于其他沉积土的主要特征。例如，砂岩风化剥蚀后生成的残积土多为砂岩碎块。由于残积土未经搬运，其颗粒大小未经分选和磨圆，颗粒大小混杂，没有层理构造，均质性差，土的物理力学性质各处不一，且其厚度变化大。同时多为棱角状的粗颗粒土，孔隙度较大，作为建筑物地基容易引起不均匀沉降。因此，在进行工程建设时，要注意残积土地基的不均匀性。我国南部地区的某些残积层，还具有一些特殊的工程性质。如，由石灰岩风化而成的残积红黏土，虽然孔隙比较大，含水量高，但因结构性较强故而承载力高。又如，由花岗岩风化而成的残积土，虽然室内测定的压缩模量较低，孔隙也比较大，但是其承载力并不低。

（二）坡积土

坡积土是雨雪水流将高处的岩石风化产物，顺坡向下搬运，或由于重力的作用而沉积在较平缓的山坡或坡角处的土，如图 1-2 所示。它一般分布在坡腰或坡脚，其上部与残积土相接。

坡积土随斜坡自上而下逐渐变缓，呈现由粗而细的分选作用，但层理不明显。其矿物成分与下卧基岩没有直接关系，这是它与残积土明显区别之处。

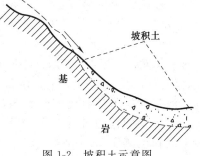

图 1-2　坡积土示意图

坡积土底部的倾斜度取决于下卧基岩面的倾斜程度，而其表面倾斜度则与生成的时间有关。时间越长，搬运、沉积在山坡下部的物质越厚，表面倾斜度也越小。坡积土的厚度变化较大，在斜坡较陡地段的厚度通常较薄，而在坡脚地段则较厚。坡积物中一般见不到层理，但有时也具有局部的不清晰的层理。

新近堆积的坡积物经常具有垂直的孔隙，结构比较疏松，一般具有较高的压缩性。由于坡积土形成于山坡，故较易沿下卧基岩倾斜面发生滑动。因此，在坡积土上进行工程建设时，要考虑坡积土本身的稳定性和施工开挖后边坡的稳定性。

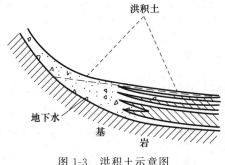

图 1-3　洪积土示意图

（三）洪积土

洪积土是由暴雨或大量融雪骤然集聚而成的暂时性山洪急流，将大量的基岩风化产物或将基岩剥蚀、搬运、堆积于山谷冲沟出口或山前倾斜平原而形成的堆积物，如图 1-3 所示。由于山洪流出沟谷口后，流速骤减，被搬运的粗碎屑物质先堆积下来，离山渐远，颗粒随之变细，其分布范围也逐渐扩大。洪积土地貌特征，靠山近处窄而陡，离山较远处宽而缓，形似扇形或锥体，故称为洪积扇（锥）。

洪积物质离山区由近渐远颗粒呈现由粗到细的分选作用，碎屑颗粒的磨圆度由于搬运距离短而仍然不佳。又由于山洪大小交替和分选作用，常呈现不规则交错层理构造，并有夹层或透镜体（在某一土层中存在着形状似透镜的局部其他沉积土）等，如图 1-4 所示。

洪积土的颗粒虽因搬运工程中的分选作用而呈现由粗到细的变化，但由于搬运距离短，颗粒棱角仍较明显。由于靠近山区的洪积土颗粒较粗，所处的地势较高，而地下水位低，且地基承载力较高，常为良好的天然地基。离山区较远地段的洪积土多由较细颗粒组成，厚度较大，这部分土分为两种情况：一种由于形成过程受到周期性干旱作用，土体被析出的可溶盐类固结，土质较坚硬密实，承载力较高；另一种由于场地环境影响，地下水溢出地表而造成宽广的沼泽地，土质较弱而承载力较低。

（四）冲积土

冲积土是河流两岸的基岩及其上部覆盖的松散物质被河流流水剥蚀后，经搬运、沉积于

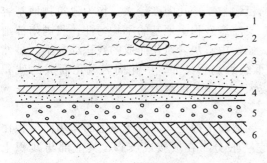

图 1-4　土的层理构造

1—表层土；2—淤泥夹黏土透镜体；3—黏土尖灭层；
4—砂土夹黏土层；5—砾石层；6—石灰岩层层

河流坡降平缓地带而形成的沉积土。冲积土的特点是具有明显的层理构造。经过搬运过程的作用，颗粒的磨圆度好。随着从上游到下游的流速逐渐减小，冲积土具有明显的分选现象。上游沉积物多为粗大颗粒，中下游沉积物大多由砂粒逐渐过渡到粉粒（粒径为 0.005～0.075mm）和黏粒（粒径小于 0.005mm）。典型的冲积土是形成于河谷内的沉积物，冲积土可分为平原河谷冲积土、山区河谷冲积土、三角洲冲积土等类型。

1. 平原河谷冲积土

平原河谷除河床外，大多有河漫滩及阶地等地貌单元，如图 1-5 所示。平原河谷的冲积土比较复杂，它包括河床沉积土、河漫滩沉积土、河流阶地沉积土及古河道沉积土等。河床沉积土大多为中密砂砾，承载力较高，但必须注意河流冲刷作用可能导致建筑物地基的毁坏及凹岸边坡的稳定问题。河漫滩沉积土其下层为砂砾、卵石等粗粒物质，上部则为河水泛滥时沉积的较细颗粒的土，局部夹有淤泥和泥炭层。河漫滩地段地下水埋藏很浅，当沉积土为淤泥和泥炭土时，其压缩性高，强度低。河流阶地沉积土是由河床沉积土和河漫滩沉积土演变而来的，其形成时间较长，又受周期性干燥作用，故土的强度较高。

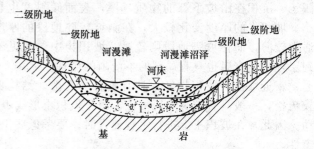

图 1-5　平原河谷横断面示例（垂直比例尺放大）

1—砾卵石；2—中粗砂；3—粉细砂；
4—粉质黏土；5—粉土；6—黄土；7—淤泥

2. 山区河谷冲积土

在山区，河谷两岸陡峭，大多仅有河谷阶地，如图 1-6 所示。山区河流流速很大，故沉积土较粗，大多为砂粒所填充的卵石、圆砾等。山间盆地和宽谷中有河漫滩冲积土，其分选性较差，具有透镜体和倾斜层理构造，但厚度不大，在高阶地往往是岩石或坚硬土层，作为地基或路基，其工程地质条件很好。

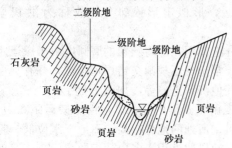

图 1-6　山区河谷横断面示例

3. 三角洲冲积土

三角洲冲积土是由河流所搬运的物质在入海或入湖的地方沉积而成的。三角洲的分布范围较广，其中水系密布且地下水位较高，沉积物厚度也较大。

三角洲沉积土的颗粒较细，含水量大且呈饱和状态。在三角洲沉积土的上层，由于经过长期的干燥和压实，已形成一层所谓"硬壳"层，硬壳层的承载力常较下面土层为高，在工程建设中应该加以利用。另外，在三角洲进行工程建设时，应注意查明有无被冲积土所掩盖的暗浜或暗沟存在。

（五）其他沉积土

除了上述四种成因类型的沉积土外，还有海洋沉积土、湖泊沉积土、冰川沉积土及风积土等，它们分别是由海洋、湖泊、冰川及风等的地质作用形成的。

总之，土的成因类型决定了土的工程地质特性。一般来说，处于相似的地质环境中形成的第四纪沉积物，工程地质特征具有很大的一致性。

三、土的工程特性

土与其他具有连续固体介质的工程材料相比，具有压缩性高、强度低、透水性大三个显著的工程特性。

（1）土的压缩性高　土的压缩主要是在压力作用下，土颗粒位置发生重新排列，导致土孔隙体积减小和孔隙中水和气体排出的结果。反映材料压缩性高低的指标为弹性模量 E（土称为变形模量），随着材料性质不同而有很大差别。例如：HPB300 钢筋 $E = 2.1 \times 10^5$ MPa；C20 混凝土 $E = 2.55 \times 10^4$ MPa；卵石 $E = 40 \sim 50$ MPa；饱和细砂 $E = 8 \sim 16$ MPa。当应力数值和材料厚度相同时，卵石和饱和细砂的压缩性比钢筋或混凝土的压缩性高许多倍，而软塑或流塑状态的黏性土往往比饱和细砂的压缩性还要高，足以说明土的压缩性很高。

（2）土的强度低　土的强度是指土的抗剪强度。无黏性土的强度来源于土粒表面粗糙不平产生的摩擦力，黏性土的强度除摩擦力外还有黏聚力。无论摩擦力和黏聚力，其强度均小于建筑材料本身强度，因此土的强度比其他工程材料要低得多。

（3）土的透水性大　材料的透水性可以用实验来说明。将一杯水倒在木桌面上可以保留较长时间，说明木材透水性小；若将水倒在混凝土地板上，也可保留一段时间；若将水倒在室外土地上，则发现水即刻不见。这是由于土体中固体矿物颗粒之间有无数孔隙，这些孔隙是透水的。因此土的透水性大，尤其是卵石或粗砂，其透水性更大。

土的工程特性与土的生成条件有着密切的关系，通常流水搬运沉积的土优于风力搬运沉积的土。土的沉积年代越长，则土的工程性质越好。土的工程特性的优劣与工程设计和施工关系密切，需高度重视。

第二节　土的三相组成

土的三相组成是指土由固相（土粒）、液相（液体水）和气相（气体）三部分组成。土中的固体矿物构成土的骨架，骨架之间贯穿着大量孔隙，孔隙中充填着水和气体。在特殊情况下土体也可以成为两相物质，没有气体时就成为饱和土，没有液体时就是干土。这里的相是指土生成后物质的存在状态，包括微观的结构、构造。

随着环境的变化，土的三相比例也发生相应的变化，土体三相比例不同，土的状态和工程性质也随之各异。研究土的各项工程性质首先必须研究土的三相组成。

一、土的固体颗粒
（一）土粒的矿物组成

土中的固体颗粒的形状、大小、矿物成分及组成情况是决定土的物理力学性质的主要因素。粗大颗粒往往是岩石经物理风化后形成的碎屑，即原生矿物；而细粒土主要是化学风化作用形成的次生矿物和生成过程中混入的有机物质。粗大颗粒均成块状或粒状，而细小颗粒主要呈片状。土粒的组合情况就是大大小小的土粒含量的相对数量关系。

（二）土的颗粒级配

自然界中的土，都是由大小不同的颗粒组成，土颗粒的大小与土的性质有密切的关系。土粒由粗到细逐渐变化时，土的性质相应发生变化，由无黏性变为有黏性，渗透性由大变小。粒径大小在一定范围内的土粒，其性质也比较接近，因此，可将土中不同的土粒，按适当的粒径范围，分成若干小组，即粒组。划分粒组的分界尺寸称界限粒径。表 1-2 是常用的粒组划分方法，表中根据界限粒径 200mm、20mm、2mm、0.075mm 和 0.005mm 把土粒分成六大组，即漂石（块石）颗粒、卵石（碎石）颗粒、圆砾（角砾）颗粒、砂粒、粉粒和黏粒。

表 1-2　土粒的粒组划分

粒 组 名 称		粒径范围/mm	一 般 特 征
漂石（块石）颗粒 卵石（碎石）颗粒		＞200 200～60	透水性很大，无黏性
圆砾或角砾颗粒	粗 中 细	60～20 20～5 5～2	透水性大，无黏性，毛细水上升高度不超过粒径大小
砂粒	粗 中 细 极细	2～0.5 0.5～0.25 0.25～0.1 0.1～0.075	易透水，当混入云母等杂质时透水性减小，而压缩性增加；无黏性，遇水不膨胀，干燥时松散；毛细水上升高度不大，随粒径变小而增大
粉粒	粗 细	0.075～0.01 0.01～0.005	透水性小，湿时稍有黏性，遇水膨胀小，干时稍有收缩；毛细水上升高度较大较快，极易出现冻胀现象
黏粒		＜0.005	透水性很小，湿时有黏性、可塑性，遇水膨胀大，干时收缩显著；毛细水上升高度大，但速度较慢

注：1. 漂石、卵石和圆砾颗粒均呈一定的磨圆形状（圆形或亚圆形）；块石、碎石和角砾颗粒都带有棱角。
　　2. 黏粒或称黏土粒；粉粒或称粉土粒。

土粒的大小及其组成情况，通常以土中各个粒组的相对含量的百分数（是指土样各粒组的质量占土粒总质量的百分数）来表示，称为土的颗粒级配或粒度成分。

土的颗粒级配或粒度成分是通过土的颗粒分析试验测定的，常用的测定方法有筛分法和密度计法。两类分析方法可联合使用。

1. 筛分法

筛分法是将土样风干、分散之后，取具有代表性的土样倒入一套按孔径大小排列的标准筛（例如孔径为 200mm、20mm、2mm、0.5mm、0.25mm、0.075mm 的筛及底盘），经振摇后，分别称出留在各个筛及底盘上土的质量，即可求出各粒组相对含量的百分数。小于 0.075mm 的土颗粒不能采用筛分的方法分析，可采用密度计法测定其级配。

2. 密度计法

密度计法适用于土颗粒直径小于 0.075mm 的土。密度计法的主要仪器为土壤密度计和容积为 1000mL 的量筒。根据土粒直径大小不同，在水中沉降速度也不同的特性，将密度计放入悬液中，测出 0.5min、1min、2min、5min、15min、30min、60min、120min 和 1440min 的密度计读数，然后计算出各粒组相对含量的百分数。

根据颗粒大小分析试验结果，在半对数坐标纸上，以纵坐标表示小于某粒径颗粒含量占总质量的百分数，横坐标表示颗粒直径，绘出颗粒级配曲线（见图 1-7）。由曲线的陡缓大致可判断土的均匀程度。如曲线较陡，则表示颗粒大小相差不多，土粒均匀；反之曲线平缓，则表示粒径大小相差悬殊，土粒不均匀。图 1-7 中曲线 *a* 最陡，曲线 *c* 较陡，曲线 *b* 较平缓，故土样 *b* 的级配最好，土样 *a* 的级配最差，土样 *c* 的级配居中。

在工程中，采用定量分析的方法判断土的级配，常以不均匀系数 C_u 表示颗粒的不均匀程度，即

$$C_u = \frac{d_{60}}{d_{10}} \tag{1-1}$$

式中　d_{60}——小于某粒径颗粒含量占总土质量的 60% 时的粒径，该粒径称为限定粒径，mm；

　　　d_{10}——小于某粒径颗粒含量占总土质量的 10% 时的粒径，该粒径称为有效粒径，mm。

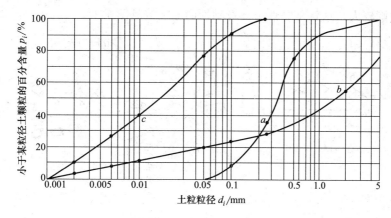

图 1-7　土的颗粒级配曲线

不均匀系数反映颗粒的分布情况，C_u 越大，表示颗粒分布范围越广，越不均匀，其级配越好，作为填方工程的土料时，比较容易获得较大的干密度；C_u 越小，颗粒越均匀，级配不良，土的密实性差。工程中将 $C_u < 5$ 的土称为级配不良的土，$C_u > 10$ 的土称为级配良好的土。

颗粒级配可以在一定程度上反映土的某些性质。对于级配良好的土，较粗颗粒间的孔隙被较细的颗粒填充，因而土的密实度较好，相应地基土的强度和稳定性也较好，透水性和压缩性较小，可用作建筑物的地基，以及路基、堤坝或其他土建工程的填方土料。

二、土中水

一般情况下，土中总是含有水的。土中细粒越多，水对土的性质影响越大，对水的研究，包括其存在的状态和与土的相互作用。存在于土粒晶格之间的水称为结晶水，它只有在较高的温度（>105℃）下才能化为气态水与土粒分开。从工程性质分析，结晶水作为矿物的一部分。建筑工程中所讨论的土中水，主要是以液态形式存在着的结合水与自由水。

（一）结合水

结合水是指在电分子引力作用下吸附于土粒表面的水。这种电分子引力高达几千到几万个大气压，使部分水分子和土粒表面牢固地黏结在一起。

由于土粒表面一般带有负电荷，围绕土粒形成电场，在土粒电场范围内的水分子和水溶液中的阳离子被吸附在土粒表面。原来不规则排列的极性分子，被吸附后呈定向排列。在靠近土粒表面处，由于静电引力较强，能把水化离子和极性分子牢固地吸附在颗粒表面而形成固定层。在固定层外围，静电引力比较小，水化离子和极性分子活动性比在固定层中大些，形成扩散层。由此可将结合水分成强结合水和弱结合水两种。

1. 强结合水

强结合水是指紧靠土粒表面的结合水。它的特征是：没有溶解盐类的能力，不能传递静水压力，只有吸热变成蒸汽时才能移动。这种水分子极牢固地结合在土颗粒表面上，其性质接近固体，密度为 $1.2\sim2.4\mathrm{g/cm^3}$，冰点为 $-78℃$，具有极大的黏滞性、弹性和抗剪强度。如果将干燥的土放在天然温度的空间，土的质量增加，直到土中强结合水达到最大吸着度为止。土越细，吸着度越大。黏性土只有强结合水存在时，呈固体状态。

2. 弱结合水

弱结合水紧靠于强结合水的外围形成一层结合水膜。它仍不能传递静压力，但水膜较厚的弱结合水能向邻近较薄的水膜缓慢移动。当土中含有较多的弱结合水时，土则具有一定的可塑性。因砂粒比表面积较小，几乎不具有可塑性。而黏性土比表面积较大，含薄膜水较多，其可塑范围较大，这就是黏性土具有黏性的原因（见图1-8）。

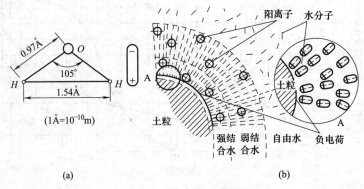

(a)   (b)

图1-8　结合水示意图

随着与土粒表面距离增大，吸附力减小，弱结合水逐渐过渡为自由水。

（二）自由水

存在于土颗粒表面电场影响范围以外的水称为自由水。它的性质和普通水一样，能传递静水压力和溶解盐类，冰点0℃。自由水按其移动所受作用力的不同分为重力水和毛细水。

1. 重力水

重力水是在土孔隙中受重力作用能自由流动的水，一般存在于地下水位以下的透水层中。重力水在土的孔隙中流动时，能产生动水压力，带走土中细颗粒，而且还能溶解土中的盐类。这两种作用会使土的孔隙增大，压缩性提高，抗剪强度降低。

地下水位以下的土粒受水的浮力作用，使应力状态发生变化。重力水对开挖基坑、排水等方面均产生较大影响。

2. 毛细水

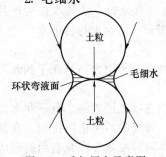

图1-9　毛细压力示意图

毛细水是受到水与空气界面处表面张力作用的自由水。毛细水存在于地下水位以上的透水层中。毛细水与地下水位无直接联系的称为毛细悬挂水。与地下水位相连的称为毛细上升水。

土孔隙中局部存在毛细水时，毛细水的弯液面和土粒接触处的表面引力反作用于土粒上，使土粒之间由于这种毛细压力而挤紧，土呈现出黏聚现象，这种力称为毛细黏聚力，也称假黏聚力（见图1-9）。在施工现场可见到稍湿状态的砂性地基可开挖成一定深度的直立坑壁，就是因为砂粒间存在着假黏聚力的缘故。当地基饱和或特别干燥时，不存在水与空气的界面，假黏聚力消失，坑壁就会塌落。

在工程中，应特别注意毛细水上升的高度和速度。因为毛细水的上升对建筑物地下部分的防潮措施和地基土的浸湿与冻胀有重要影响。

地基土的土温随大气温度变化。当地温降到0℃以下，土体便因土中水冻结而形成冻土。细粒土在冻结时，往往发生膨胀，即所谓冻胀。冻胀的机理是由于土层冻结时，下部未冻区土中的水分向冻结区迁移、集聚所致。弱结合水的外层已接近自由水，在−0.5℃时冻结，越靠近土粒表面，冰点越低，在大约−30℃以下才能全部冻结。当低温传入土中时，土中的自由水首先冻结成冰，弱结合水的外层开始冻结，使冰晶体逐渐扩大，冰晶体周围土粒的水膜变薄，土粒产生剩余的电分子引力；另外，由于结合水膜变薄，使水膜中的离子浓度增加，产生渗透压力。在这两种力的作用下，下部未冻结区的自由水便被吸到冻结区维持平衡，受温度影响而冻结，水晶体增大，不平衡引力继续形成。若下卧层中未冻结区能不断地给予水源补充，则水晶体不断扩大，在土层中形成夹冰层，地面随之隆起，出现冻胀现象。当土层解冻时，还将有冰层融化，地面下陷，即出现融陷现象。对此，在道路、房屋设计中应给予足够的重视。

三、土中气体

土中气体存在于土孔隙中未被水占据的部位。土中气体有两种存在形式，即自由气体和封闭气泡。

1. 自由气体

土的孔隙中的气体与大气连通的部分为自由气体。自由气体存在于接近地表的土孔隙中，其含量与孔隙体积大小及孔隙被填充的程度有关，它对土的工程性质影响不大。

2. 封闭气泡

在细粒土中常存在着与大气隔绝的封闭气泡。在外力作用下，土中封闭气体易溶解于水，外力解除后，溶解的气体又重新释放出来。由于气泡的栓塞作用，降低了土的透水性，增大了土的弹性和压缩性。

第三节　土的结构和构造

一、土的结构

试验资料表明，同一种土，原状土样和重塑土样的力学性质有很大差别。这就是说，土的组成不是决定土的性质的全部因素，土的结构和构造对土的性质也有很大影响。

土的结构是指土粒的原位集合体特征，是由土粒单元的大小、形状、相互排列及其联结关系等因素形成的综合特征。土粒的形状、大小、位置和矿物成分，以及土中水的性质与组成对土的结构有直接影响。土的结构按其颗粒的排列及联结，一般分为单粒结构、蜂窝结构和絮凝结构三种基本类型。

（一）单粒结构

单粒结构是由粗大土粒在水或空气中下沉而形成的，土颗粒相互间有稳定的空间位置，为碎石土和砂土的结构特征。在单粒结构中，因颗粒较大，土粒间的分子吸引力相对很小，颗粒间几乎没有联结。只是在浸润条件下（潮湿而不饱和），粒间会有微弱的毛细压力联结。单粒结构可以是疏松的，也可以是紧密的，如图 1-10（a）、（b）所示。呈紧密状态单粒结构的土，由于其土粒排列紧密，在动、静荷载作用下都不会产生较大的沉降，所以强度较大，压缩性较小，一般是良好的天然地基。但是，具有疏松单粒结构的土，其骨架是不稳定的，当受到震动及其他外力作用时，土粒易发生移动，土中孔隙剧烈减少，引起土的很大变形。因此，这种土层如未经处理一般不宜作为建筑物的地基或路基。

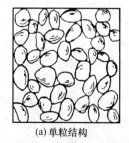  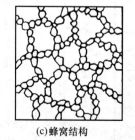 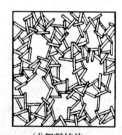

(a) 单粒结构　　　　(b) 单粒结构　　　　(c) 蜂窝结构　　　　(d) 絮凝结构

图 1-10　土的结构

（二）蜂窝结构

蜂窝结构主要是由粉粒或细砂组成的土的结构形式。据研究，粒径为 $0.075\sim0.005mm$（粉粒粒组）的土粒在水中沉积时，基本上是以单个土粒下沉，当碰上已沉积的土粒时，由于它们之间的相互引力大于其重力，因此土粒就停留在最初的接触点上不再下沉，逐渐形成土粒链。土粒链组成弓架结构，形成具有很大孔隙的蜂窝状结构，如图 1-10（c）所示。

具有蜂窝结构的土有很大孔隙，但由于弓架作用和一定程度的粒间联结，使得其可以承担一般水平的静载荷。但是，当其承受高应力水平荷载或动力荷载时，结构将被破坏，并可导致严重的地基沉降。

（三）絮凝结构

对细小的黏粒（其粒径小于 $0.005mm$）或胶粒（其粒径小于 $0.002mm$），重力作用很小，能够在水中长期悬浮，不因自重而下沉。在高含盐量的水中沉积的黏性土，在粒间较大的净吸力作用下，黏土颗粒容易絮凝成集合体下沉，形成盐液中的絮凝结构，如图 1-10（d）所示。混浊的河水流入海中，由于海水的高盐度，很容易絮凝沉积为淤泥。在无盐的溶液中，有时也可能产生絮凝。

具有絮凝结构的黏性土，一般不稳定，在很小的外力作用下（如施工扰动）就可能破坏。但其土粒之间的联结强度（结构强度），往往由于长期的固结作用和胶结作用而得到加强。因此，土粒间的联结特征，是影响这一类土工程性质的主要因素之一。

二、土的构造

在同一土层中的物质成分和颗粒大小等都相近的各部分之间的相互关系的特征称为土的构造。常见的有下列几种。

（1）层状构造 土层由不同的颜色或不同的粒径的土组成层理，一层一层相互平行。平原地区的层理通常呈水平方向。这种层状构造反映不同年代不同搬运条件形成的土层，层状构造为细粒土的一个重要特征。

（2）分散构造 土层中土粒分布均匀，性质相近，如砂与卵石层为分散构造。通常分散构造的工程性质最好。

（3）裂隙状构造 土层中有很多不连续的小裂隙，如黄土的柱状裂隙。裂隙的存在大大降低土体的强度和稳定性，增大透水性，对工程不利。

第四节　土的物理性质指标

土是由固相、液相和气相三相组成的松散颗粒集合体。固相部分即为土粒，构成土的骨架，是最稳定、变化最小的部分。骨架之间有许多孔隙，而孔隙可以被液体或气体或二者共同填充；水及其溶解物为土中的液相；气体为土中的气相。如果土中的孔隙全部被水所充满时，称为饱和土；如果孔隙全部被气体所充满时，称为干土；如孔隙中同时存在水和空气时，称为湿土。饱和土和干土都是二相系，湿土为三相系。这些组成部分的相互作用和它们在数量上的比例关系，将决定土的基本物理力学性质。

土中的三相分布本来是交错分布的，为了形象地分析土的三相组成的比例关系，通常把土体中的三相分开，以三相图表示，如图1-11所示。

图 1-11 中符号的意义如下。

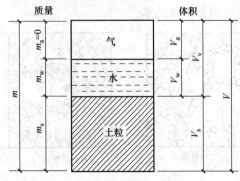

图 1-11　土的三相组成比例图

m_s 为土粒质量；m_w 为土中水的质量；m_a 为气体的质量，一般假定为零；m 为土的总质量，$m=m_s+m_w$。V_s 为土粒体积；V_w 为土中水的体积；V_a 为土中气体的体积；V_v 为土中孔隙的体积，$V_v=V_w+V_a$；V 为土的总体积，$V=V_v+V_s$。

一、土的基本物理性质指标及其测定

土的密度、土粒相对密度和含水率可直接通过土工试验测定，称为土的基本物理性质指标，亦称直接测定指标。

（一）土的质量密度 ρ 和重力密度 γ

单位体积土体的质量称为土的质量密度，其单位为 g/cm^3，即

$$\rho=\frac{m}{V}=\frac{m_s+m_w}{V_s+V_w+V_a} \tag{1-2}$$

土的密度可用环刀法测定，将环刀刀刃向下放在削平的原状土样上面，徐徐削去环刀外围的土，边削边压，使保持天然状态的土样压满环刀内，称得环刀内土样的质量，求得它与环刀容积之比值即为其质量密度。

天然状态下土的密度变化范围较大，其参考值为：一般黏性土 $\rho=1.8\sim2.0g/cm^3$，砂土 $\rho=1.6\sim2.0g/cm^3$，腐质土 $\rho=1.5\sim1.7g/cm^3$。

工程上常用重度 γ 来表示单位体积土的重力，又称土的重力密度，单位为 kN/m^3，其数值为

$$\gamma=\frac{mg}{V}=\rho g \tag{1-3}$$

（二）土粒相对密度（土粒比重）d_s

土粒的质量与同体积纯蒸馏水在 4℃ 时质量的比值称为土粒的相对密度，也称为土粒比重，其值为

$$d_s=\frac{m_s}{V_s\rho_w}=\frac{\rho_s}{\rho_w} \tag{1-4}$$

式中　ρ_s——土粒的密度，即单位体积土粒的质量；

　　　ρ_w——4℃时纯蒸馏水的密度，一般取 $\rho_w=1.0g/cm^3$。

由于 $\rho_w=1.0g/cm^3$，所以实际上土粒相对密度在数值上即等于土粒的密度，但它是一个无量纲量。

土粒相对密度的测定一般采取以下原则：对于土粒粒径小于 5mm 的土，可采用比重瓶法；对于土粒粒径大于 5mm 的土，则依据其含粒径大于 20mm 颗粒的含量分别采用浮称法或虹吸筒法测定，如果土中含粒径大于 20mm 的颗粒含量小于 10%，用浮称法，否则用虹吸筒法。

由于天然土体是由不同的矿物颗粒所组成，而这些矿物的相对密度各不相同，因此试验测定的是试验土样所含的土粒的平均相对密度。

土粒相对密度取决于土的矿物成分。细粒土（黏性土）一般为 2.70～2.75；砂土一般为 2.65 左右。土中有机质含量增加时，土粒相对密度减小。

（三）土的含水率 w

土中水的质量与土颗粒质量之比，以百分数表示，称为土的含水率（含水量），即

$$w=\frac{m_w}{m_s}\times100\%=\frac{m-m_s}{m_s}\times100\% \tag{1-5}$$

土的含水率通常用烘干法测定，先称小块原状土样的湿土质量，然后置于烘箱内维持 100～105℃ 烘至恒重，再称干土质量，湿、干土质量之差与干土质量的比值，就是土的含水率。此外含水率测定也可近似采用酒精燃烧法、比重法等快速方法。

土的含水率是标志土的湿度的一个重要指标。天然土层的含水率变化范围较大，与土的

类别、埋藏条件、水的补给环境等有关，一般在 $10\%\sim60\%$ 之间。对于干的粗砂土，其值可以接近于零，而饱和砂土，可达 40%；坚硬的黏性土的含水率一般小于 30%，而饱和状态的软黏性土（如淤泥），则可达 60% 或更大。同一类土的含水率较小，则表明土较干，一般说来强度也会较高。

二、土的其他物理性质指标

测出上述三个基本试验指标后，就可根据图 1-11 所示的三相图，分别计算出三相各自的体积和质量，并由此确定土体的其他物理性质指标。

（一）土的孔隙比 e 和孔隙率 n

土的孔隙比是土中孔隙体积与土颗粒体积之比，即

$$e=\frac{V_v}{V_s} \tag{1-6}$$

孔隙比用小数表示，它是一个重要的物理性质指标，可以用来评价天然土层的密实程度，一般 $e<0.6$ 的土是密实的低压缩性土；$e>1.0$ 的土是疏松的高压缩性土。

土的孔隙率是土中孔隙所占体积与土的总体积之比。以百分数表示，即

$$n=\frac{V_v}{V}\times100\%=\frac{V_v}{V_s+V_v}\times100\% \tag{1-7}$$

孔隙率也是表示土的密实程度的重要物理指标，其值不仅与土形成过程中所受到的压力有关，而且与土体的粒径与颗粒级配有关。一般粗粒土的孔隙率小，细粒土的孔隙率大，砂类土的孔隙率一般为 $28\%\sim35\%$，黏性土的孔隙率可高达 $60\%\sim70\%$。

（二）土的干密度 ρ_d、饱和密度 ρ_{sat} 和有效密度 ρ'

单位体积土体中固体颗粒部分的质量，称为土的干密度 ρ_d

$$\rho_d=\frac{m_s}{V} \tag{1-8}$$

在工程上常用干密度来评定土体的密实程度，以控制填土工程的施工质量。

土体孔隙中充满水时的单位体积土体的质量，称为土的饱和密度 ρ_{sat}

$$\rho_{sat}=\frac{m_s+V_v\rho_w}{V} \tag{1-9}$$

在地下水位以下，单位体积土体中土颗粒的质量扣除同体积水的质量后，即为单位体积土体中土粒的有效质量，称为土的有效密度（亦称浮密度）ρ'，即

$$\rho'=\frac{m_s-V_s\rho_w}{V} \tag{1-10}$$

土体的几种密度在数值上有如下关系：

$$\rho_{sat}>\rho>\rho_d>\rho'$$

与上述三种指标相对应，工程上常用干重度、饱和重度、有效重度（亦称浮重度）来表示相应含水状态下单位体积土的重力，其数值为相应的密度乘以重力加速度，即

$$\gamma_d=\rho_d g \tag{1-11}$$

$$\gamma_{sat}=\rho_{sat} g \tag{1-12}$$

$$\gamma'=\rho' g \tag{1-13}$$

（三）土的饱和度 S_r

土中被水充满的孔隙体积与孔隙总体积之比，称为土的饱和度，以百分数表示，其数值介于 0 和 1 之间，即

$$S_r=\frac{V_w}{V_v}\times100\% \tag{1-14}$$

　　饱和度用来描述土中水充满孔隙的程度，也就是土的干湿程度，若 $S_r=0$，说明土体为完全干燥状态，$S_r=100\%$ 则表明土体孔隙已经被水充满。土的干湿程度对于细砂或粉砂的强度影响很大，因为饱和粉、细砂在振动或渗流作用下，比较容易丧失其稳定性。

三、土的物理性质指标的换算

　　通过试验直接测定土的三个基本物理指标，根据土的三相图便可推算出其他指标。

　　首先由前述已知：

$$V=\frac{m}{\rho};$$

$$m_s=\frac{m}{(1+w)};$$

$$V_s=\frac{m_s}{d_s\rho_w}=\frac{m}{(1+w)d_s\rho_w}$$

则由孔隙比的定义可得：

$$e=\frac{V_v}{V_s}=\frac{V-V_s}{V_s}=\frac{V}{V_s}-1=\frac{(1+w)d_s\rho_w}{\rho}-1$$

同理可推得其他相应的指标换算公式如下：

$$n=\frac{V_v}{V}=\frac{V_v}{V_v+V_s}=\frac{e}{1+e}$$

$$\rho_d=\frac{m_s}{V}=\frac{m\rho}{(1+w)m}=\frac{\rho}{1+w}$$

$$\rho_{sat}=\frac{m_s+V_v\rho_w}{V}=\frac{V_sd_s\rho_w+V_v\rho_w}{V_s+V_v}=\frac{(d_s+e)\rho_w}{1+e}$$

$$\rho'=\frac{m_s-V_s\rho_w}{V}=\frac{V_sd_s\rho_w-V_s\rho_w}{V_s+V_v}=\frac{(d_s-1)\rho_w}{1+e}$$

$$s_r=\frac{V_w}{V_v}=\frac{m_w}{\rho_wV_v}=\frac{m_sw}{\rho_weV_s}=\frac{V_sd_s\rho_ww}{\rho_weV_s}=\frac{d_sw}{e}$$

表 1-3 列出了常用的三相比例指标换算公式。

表 1-3　土的三相比例指标常用换算公式

名称	符号	三相比例表达式	常用换算公式	单位	常见的数值范围
密度	ρ	$\rho=\dfrac{m}{V}$	$\rho=\dfrac{d_s(1+w)}{1+e}\rho_w$ $\rho=\rho_d(1+w)$	g/cm³	1.6～2.0
土粒相对密度	d_s	$d_s=\dfrac{m_s}{V_s\rho_w}$	$d_s=\dfrac{s_re}{w}$		黏性土：2.72～2.75 粉土：2.70～2.71 砂土：2.65～2.69
含水率	w	$w=\dfrac{m_w}{m_s}\times100\%$	$w=\dfrac{\rho}{\rho_d}-1$ $w=\dfrac{s_re}{d_s}$		
干密度	ρ_d	$\rho_d=\dfrac{m_s}{V}$	$\rho_d=\dfrac{\rho}{1+w}$ $\rho_d=\dfrac{d_s\rho_w}{1+e}$	g/cm³	1.3～1.8
饱和密度	ρ_{sat}	$\rho_{sat}=\dfrac{m_s+V_v\rho_w}{V}$	$\rho_{sat}=\dfrac{(d_s+e)\rho_w}{1+e}$	g/cm³	1.8～2.3
有效密度	ρ'	$\rho'=\dfrac{m_s-V_s\rho_w}{V}$	$\rho'=\dfrac{(d_s-1)\rho_w}{1+e}$	g/cm³	0.8～1.3

续表

名称	符号	三相比例表达式	常用换算公式	单位	常见的数值范围
重度	γ	$\gamma = \dfrac{m}{V}g = \rho g$	$\gamma = \dfrac{d_s(1+w)}{1+e}\gamma_w$	kN/m³	16～20
干重度	γ_d	$\gamma_d = \dfrac{m_s}{V}g = \rho_d g$	$\gamma_d = \dfrac{d_s\gamma_w}{1+e}$	kN/m³	13～18
饱和重度	γ_{sat}	$\gamma_{sat} = \dfrac{m_s+V_v\rho_w}{V}g = \rho_{sat}g$	$\gamma_{sat} = \dfrac{(d_s+e)\gamma_w}{1+e}$	kN/m³	18～23
有效重度	γ'	$\gamma' = \dfrac{m_s-V_s\rho_w}{V}g$	$\gamma' = \dfrac{(d_s-1)\gamma_w}{1+e}$	kN/m³	8～13
孔隙比	e	$e = \dfrac{V_v}{V_s}$	$e = \dfrac{(1+w)d_s\rho_w}{\rho}-1$ $e = \dfrac{d_s\rho_w}{\rho_d}-1$		黏性土和粉土:0.40～1.20 砂土:0.30～0.90
孔隙率	n	$n = \dfrac{V_v}{V}\times100\%$	$n = \dfrac{e}{1+e}$		黏性土和粉土:30%～60% 砂土:25%～45%
饱和度	S_r	$S_r = \dfrac{V_w}{V_v}\times100\%$	$S_r = \dfrac{d_sw}{e}$		0～100%

【例 1-1】 某天然土样经试验测得体积为 $100cm^3$，湿土质量为 190g，干土质量为 172g，土粒的相对密度为 2.70，试求该土样的密度、含水率、孔隙比、饱和度、干密度、干重度、饱和密度、饱和重度、有效重度。

解
$$\rho = \frac{m}{V} = \frac{190}{100} = 1.90 \ (\text{g/cm}^3)$$

$$w = \frac{m_w}{m_s}\times100\% = \frac{190-172}{172}\times100\% = 10.47\%$$

$$e = \frac{(1+w)d_s\rho_w}{\rho}-1 = \frac{(1+10.47\%)\times2.70\times1.0}{1.90}-1 = 0.57$$

$$S_r = \frac{d_sw}{e}\times100\% = \frac{2.70\times10.47\%}{0.57}\times100\% = 49.60\%$$

$$\rho_d = \frac{\rho}{1+w} = \frac{1.90}{1+10.47\%} = 1.72 \ (\text{g/cm}^3)$$

$$\gamma_d = \rho_d g = 1.72\times10 = 17.2 \ (\text{kN/m}^3)$$

$$\rho_{sat} = \frac{(d_s+e)\rho_w}{1+e} = \frac{(2.70+0.57)\times1.0}{1+0.57} = 2.08 \ (\text{g/cm}^3)$$

$$\gamma_{sat} = \rho_{sat} g = 2.08\times10 = 20.8 \ (\text{kN/m}^3)$$

$$\gamma' = \frac{(d_s-1)\gamma_w}{1+e} = \frac{(2.70-1)\times10}{1+0.57} = 10.8 \ (\text{kN/m}^3)$$

土的基本指标换算公式为计算土的物理指标带来了很大的方便，但由于其公式表达形式比较复杂，难以准确记忆，如果理解土的三相分布原理，也可以按照定义来求得土的各项基本指标，无需死记硬背换算公式。

比如在上述例题中，对孔隙比和饱和度可以按定义计算：

土粒体积 $$V_s = \frac{m_s}{\rho_s} = \frac{172}{2.70 \times 1.0} = 63.70 \; (cm^3)$$

则土中孔隙体积 $$V_v = V - V_s = 100 - 63.70 = 36.30 \; (cm^3)$$

土中水的体积 $$V_w = \frac{m_w}{\rho_w} = \frac{190 - 172}{1.0} = 18 \; (cm^3)$$

所以可得：

孔隙比 $$e = \frac{V_v}{V_s} = \frac{36.30}{63.70} = 0.57$$

饱和度 $$S_r = \frac{V_w}{V_v} \times 100\% = \frac{18}{36.30} \times 100\% = 49.60\%$$

【例 1-2】 已知某完全干燥的砂土样的重度为 16.5kN/m³，土粒相对密度为 2.70，现向该土样加水，使其饱和度增至 40%，而体积保持不变。求加水后土样的重度和含水率。

解一　利用物理指标换算公式

$$\rho_d = \frac{\gamma_d}{g} = \frac{16.5}{10} = 1.65 \; (g/cm^3)$$

$$e = \frac{d_s \rho_w}{\rho_d} - 1 = \frac{2.70 \times 1.0}{1.65} - 1 = 0.6364$$

$$w = \frac{S_r e}{d_s} = \frac{0.4 \times 0.6364}{2.70} = 9.43\%$$

$$\rho = \rho_d(1+w) = 1.65 \times (1+9.43\%) = 1.81 \; (g/cm^3)$$

$$\gamma = \rho g = 1.81 \times 10 = 18.1 \; (kN/m^3)$$

解二　利用土的三相组成和定义计算

为了计算方便，假设取土样 100g 计算。

则土样体积 $$V = \frac{m}{\rho} = \frac{100}{1.65} = 60.606 \; (cm^3)$$

土粒体积 $$V_s = \frac{m_s}{\rho_s} = \frac{100}{2.70} = 37.037 \; (cm^3)$$

孔隙体积 $$V_v = V - V_s = 60.61 - 37.04 = 23.569 \; (cm^3)$$

添加水的体积为 $$V_w = S_r V_v = 23.569 \times 0.40 = 9.43 \; (cm^3)$$

$$m_w = V_w \rho_w = 9.43 \times 1.0 = 9.43 \; (g)$$

$$\rho = \frac{m_s + m_w}{V} = \frac{100 + 9.43}{60.61} = 1.81 \; (g/cm^3)$$

$$\gamma = \rho g = 1.81 \times 10 = 18.1 \; (kN/m^3)$$

$$w = \frac{m_w}{m_s} = \frac{9.43}{100} = 9.43\%$$

第五节　土的物理状态指标

一、无黏性土的密实度

无黏性土一般是指砂类土和碎石土。这两类土的物理状态主要取决于土的密实程度。无黏性土的密实度对其工程性质有重大影响。无黏性土呈密实状态时，强度较大，是良好的天然地基；呈松散状态时则是一种软弱地基，尤其是饱和的粉、细砂，稳定性很差，在震动荷载作用下，可能发生液化。

（一）砂土的密实度

砂土的密实度在一定程度上可根据天然孔隙比 e 的大小来评定。但对于级配相差较大的不同类土，则天然孔隙比 e 难以有效判定密实度的相对高低。例如，就某一确定的天然孔隙比，级配不良的砂土，根据该孔隙比可评定为密实状态；而对于级配良好的土，同样具有这一孔隙比，则可能判为中密或者稍密状态。因此，为了合理判定砂土的密实度状态，在工程上提出了相对密实度 D_r 的概念。D_r 的表达式为：

$$D_r = \frac{e_{max} - e}{e_{max} - e_{min}} \tag{1-15}$$

式中　e_{max}——砂土在最松散状态时的孔隙比，即最大孔隙比；

　　　e_{min}——砂土在最密实状态时的孔隙比，即最小孔隙比；

　　　e——砂土在天然状态时的孔隙比。

当 $D_r = 0$，表示砂土处于最松散状态；当 $D_r = 1$，表示砂土处于最密实状态。砂土密实度的划分标准见表 1-4。

表 1-4　按相对密实度 D_r 划分砂土密实度

密实度	密　实	中　密	松　散
D_r	$D_r > 2/3$	$2/3 \geqslant D_r > 1/3$	$D_r < 1/3$

从理论上讲，相对密实度的理论比较完善，也是国际上通用的划分砂类土密实度的方法。但测定 e_{max} 和 e_{min} 的试验方法存在问题，对同一种砂土的试验结果往往离散性很大。

我国科技工作者收集了大量砂土资料，建立了砂土相对密实度 D_r 与天然孔隙比的关系，进一步将松散一档细分为稍密和松散两档，得出了直接按天然孔隙比确定砂土密实度的标准。这一方法指标简单，避免使用离散性较大的最大、最小孔隙比指标，该方法要求采取原状砂土样。由于天然孔隙比测定比较困难，因此为了有效避免采取原状砂样的困难，在现行国家标准《建筑地基基础设计规范》（GB 50007—2011）中用按原位标准贯入试验锤击数 N 划分砂土密实度，见表 1-5。

表 1-5　按标准贯入试验锤击数 N 划分砂土密实度（GB 50007—2011）

密实度	密　实	中　密	稍　密	松　散
标准贯入击数 N	$N > 30$	$30 \geqslant N > 15$	$15 \geqslant N > 10$	$N \leqslant 10$

注：当用静力触探探头阻力判定砂土的密实度时，可根据当地经验确定。

（二）碎石土的密实度

碎石土的密实度可按重型（圆锥）动力触探锤击数 $N_{63.5}$ 划分，见表 1-6。

表 1-6　按重型（圆锥）动力触探锤击数 $N_{63.5}$ 划分碎石土密实度（GB 50007—2011）

密实度	密　实	中　密	稍　密	松　散
重型动力触探击数 $N_{63.5}$	$N_{63.5} > 20$	$20 \geqslant N_{63.5} > 10$	$10 \geqslant N_{63.5} > 5$	$N_{63.5} \leqslant 5$

注：1. 本表适用于平均粒径小于等于 50mm 且最大粒径不超过 100mm 的卵石、碎石、圆砾、角砾。对于平均粒径大于 50 mm 或最大粒径大于 100mm 的碎石土，可按野外鉴别方法确定密实度。

2. 表内 $N_{63.5}$ 为经综合修正后的平均值。

对于大颗粒含量较多的碎石土，其密实度很难做室内试验或原位触探试验，可按表 1-7 野外鉴别方法来划分。

表 1-7　碎石土密实度野外鉴别方法

密实度	骨架颗粒含量和排列	可 挖 性	可 钻 性
密实	骨架颗粒含量大于总重的70%，呈交错排列，连续接触	锹镐挖掘困难，用撬棍方能松动，井壁一般较稳定	钻进极困难，冲击钻探时，钻杆、吊锤跳动剧烈，孔壁较稳定
中密	骨架颗粒含量等于总重的60%～70%，呈交错排列，大部分接触	锹镐可挖掘，井壁有掉块现象，从井壁取出大颗粒处，能保持颗粒凹面形状	钻进较困难，冲击钻探时，钻杆、吊锤跳动不剧烈，孔壁有坍塌现象
稍密	骨架颗粒含量小于总重的55%～60%，排列混乱，大部分不接触	锹可以挖掘，井壁易坍塌，从井壁取出大颗粒后，砂土立即坍落	钻进较容易，冲击钻探时，钻杆稍有跳动，孔壁易坍塌
松散	骨架颗粒含量小于总重的55%，排列十分混乱，绝大部分不接触	锹易挖掘，井壁极易坍塌	钻进很容易，冲击钻探时，钻杆无跳动，孔壁极易坍塌

注：1. 骨架颗粒系指与表 1-12 碎石土分类名称相对应粒径的颗粒。

2. 碎石土密实度的划分，应按表列各项要求综合确定。

二、黏性土的物理特征

（一）黏性土的可塑性及界限含水量

同一种黏性土随其含水量的不同，而分别处于固态、半固态、可塑状态和流动状态，其界限含水量分别为缩限、塑限和液限，如图 1-12 所示。所谓可塑状态，就是当黏性土在某含水量范围内，可用外力塑成任何形状而不发生裂纹，并当外力移去后仍能保持既得的形状，土的这种性能叫做可塑性。黏性土

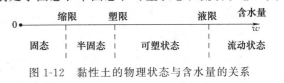

图 1-12　黏性土的物理状态与含水量的关系

由一种状态转到另一种状态的分界含水量，称为界限含水量。它对黏性土的分类及工程性质的评价有重要意义。

土由可塑状态转到流动状态的界限含水量称为液限（或塑性上限含水量或流限），用符号 w_L 表示；土由半固态转到可塑状态的界限含水量称为塑限（或塑性下限含水量），用符号 w_p 表示；土由半固体状态不断蒸发水分，则体积继续逐渐缩小，直到体积不再收缩时，对应土的界限含水量叫缩限，用符号 w_s 表示。界限含水量都以百分数表示（省去%符号）。

我国采用锥式液限仪（见图 1-13）来测定黏性土的液限 w_L，即圆锥仪法。将调成均匀的浓糊状试样装满盛土杯内（盛土杯置于底座上），刮平杯口表面，将 76g 重的圆锥体轻放在试样表面的中心，使其在自重作用下沉入试样，若圆锥体经 5s 恰好沉入 10mm 深度，这时杯内土样的含水量就是液限 w_L 值。为了避免放锥时的人为晃动影响，可采用电磁放锥的方法，可以提高测试精度，实践证明其效果较好。

美国、日本等国家使用碟式液限仪来测定黏性土的液限。它是将调成浓糊状的试样装在碟内，刮平表面，用切槽器在土中成槽，槽底宽度为 2mm，如图 1-14 所示，然后将碟子抬高 10mm，使碟自由下落，连续下落 25 次后，如土槽合拢长度为 13mm，这时试样的含水量就是液限。

黏性土的塑限 w_p，采用"搓条法"测定。即用双手将天然湿度的土样搓成小圆球（球径小于 10mm），放在毛玻璃板上再用手掌慢慢搓滚成小土条，若土条搓到直径为 3mm 时恰好开始断裂，这时断裂土条的含水量就是塑限 w_p 值。搓条法受人为因素的影响较大，因而成果不稳定。利用锥式液限仪联合测定液限、塑限，实践证明可以取代搓条法。

联合测定法求液限、塑限是采用锥式液限仪以电磁放锥法对黏性土试样以不同的含水量

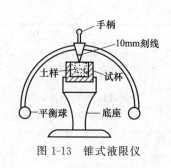

图 1-13 锥式液限仪

图 1-14 碟式液限仪

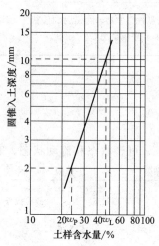

图 1-15 圆锥入土深度与
含水量的关系曲线

进行若干次试验（一般为 3 组），并按测定结果在双对数坐标纸上作出 76g 圆锥体的入土深度与含水量的关系曲线（见图 1-15）。根据大量试验资料，它接近于一根直线。如同时采用圆锥仪法及搓条法分别做液限、塑限试验进行比较，则对应于圆锥体入土深度为 10mm 和 2mm 时土样的含水量分别为该土的液限和塑限。

20 世纪 50 年代以来，我国一直以 76g 圆锥仪下沉深度 10mm 作为液限标准，但这与碟式仪测得的液限值不一致。国内外研究成果分析表明，圆锥仪下沉深度 17 mm 时的含水量与碟式仪测出的液限值相当。目前由于资料积累不足，在计算塑性指数、液性指数以及相应的土的分类、与地基承载力的相关关系中，仍然以圆锥沉入 10mm 为标准。

（二）黏性土的塑性指数和液性指数

黏性土的可塑性指标除了上述塑限、液限及缩限外，还有塑性指数、液性指数等指标。

1. 塑性指数 I_p

塑性指数是指液限与塑限的差值（省去％符号），即土处在可塑状态的含水量变化范围，用符号 I_p 表示，即

$$I_p = w_L - w_p \tag{1-16}$$

显然，塑性指数愈大，土处于可塑状态的含水量范围也愈大。换句话说，塑性指数的大小与土中结合水的可能含量有关。从土的颗粒来说，土粒愈细，则其比表面（积）愈大，结合水含量愈高，因而 I_p 也随之增大。从矿物成分来说，黏土矿物（尤以蒙脱石类）含量愈多，水化作用愈剧烈，结合水愈高，因而 I_p 也愈大。从土中水的离子成分和浓度来说，当水中高价阳离子的浓度增加时，土粒表面吸附的反离子层中阳离子数量减少，层厚变薄，结合水含量相应减少，I_p 也小；反之，随着反离子层中的低价阳离子的增加，I_p 变大。在一定程度上，塑性指数综合反映了影响黏性土及其组成的基本特性。因此，在工程上常按塑性指数对黏性土进行分类。

2. 液性指数 I_L

液性指数是指黏性土的天然含水量和塑限的差值与塑性指数之比，用符号 I_L 表示，即

$$I_L = \frac{w - w_p}{w_L - w_p} \tag{1-17}$$

从式 (1-17) 中可见，当土的天然含水量 w 小于 w_p 时，I_L 小于 0，天然土处于坚硬状态；当 w 大于 w_p 时，I_L 大于 1，天然土处于流动状态；当 w 在 w_p 与 w_L 之间时，即 I_L 在 0～1 之间，则天然土处于可塑状态。因此，可以利用液性指数 I_L 作为黏性土的划分指

标。I_L 值愈大，土质愈软；反之，土质愈硬。黏性土根据液性指数值划分软硬状态，其划分标准见表1-8。

表 1-8　黏性土的状态

状态	坚硬	硬塑	可塑	软塑	流塑
液性指数 I_L	$I_L \leqslant 0$	$0 < I_L \leqslant 0.25$	$0.25 < I_L \leqslant 0.75$	$0.75 < I_L \leqslant 1.0$	$I_L > 0$

注：当用静力触探探头阻力或标准贯入锤击数判定黏性土的状态时，可根据当地经验确定。

在这里必须强调一点，黏性土界限含水量指标 w_p 与 w_L 都是采用重塑土测定的，仅仅是天然结构完全破坏的重塑土的物理状态界限含水量。它们反映黏土颗粒与水的相互作用，但并不能完全反映具有结构性的黏性土体与水的关系，以及作用后表现出的物理状态。因此，保持天然结构的原状土，在其含水量达到液限以后，并不处于流动状态。当然，一旦土的这种结构性被破坏，土体则呈现流动状态。

（三）黏性土的结构性和触变性

天然状态下的黏性土通常都具有一定的结构性，土的结构性是指天然土的结构受到扰动影响而改变的特性。当受到外来因素的扰动时，土粒间的胶结物质以及土粒、离子、水分子所组成的平衡体系受到破坏，土的强度降低和压缩性增大。土的结构性对强度的这种影响，一般用灵敏度来衡量。土的灵敏度是以原状土的强度与该土经重塑（土的结构性彻底破坏）后的强度之比来表示。对于饱和黏性土的灵敏度 S_t，可按下式计算：

$$S_t = \frac{q_u}{q_u'} \tag{1-18}$$

式中　q_u——原状试样的无侧限抗压强度，kPa；

q_u'——重塑试样的无侧限抗压强度，kPa。

根据灵敏度可将饱和黏性土分为低灵敏（$1 < S_t \leqslant 2$）、中灵敏（$2 < S_t \leqslant 4$）和高灵敏（$S_t > 4$）三类。土的灵敏度愈高，其结构性愈强，受扰动后的强度降低就愈多。所以在基础施工中应注意保护基坑或基槽，尽量减少对坑底土结构的扰动。饱和黏性土的结构受到扰动，导致强度降低，但当扰动停止后，土的强度又随时间而逐渐增长而（部分）恢复。黏性土的这种抗剪强度随时间恢复的胶体化学性质称为土的触变性。这是土体中土颗粒、离子和水分子体系随时间而逐渐趋于新的平衡状态的缘故。在黏性土中沉桩时，往往利用振扰的方法，破坏桩侧土与桩尖土的结构，以降低沉桩的阻力。但在沉桩完成后，土的强度可随时间部分恢复，使桩的承载力逐渐增加，这就是利用了土的触变性机理。

第六节　土的压实原理

在土木工程中，经常遇到填土或软弱地基，为改善这些土的工程性质，采用压实的方法使土变得密实，往往是改善土的工程性质的一种经济、合理的方法。它采用人工或机械对土施以夯压能量（如夯、碾、振动等方式），使土颗粒重新排列并压实变密，外部的机械功使土在短时间内得到新的结构强度。

大量工程实践和试验研究表明，影响土的压实效果的主要因素是：土的含水量，压实机械及其压实功和添加料等。这些因素对压实效果的影响关系就是指导压实工程的基本原理。

土的压实效果常用干密度 ρ_d 来衡量。未压实松散土的干密度一般约为 $1.1 \sim 1.3 g/cm^3$，经压实后可达 $1.55 \sim 1.8 g/cm^3$，一般填土约为 $1.6 \sim 1.7 g/cm^3$。

一、最优含水量

工程实践表明，对黏性土，当压实功和条件相同时，土的含水量过小，土体不易压实，反之，过湿则出现软弹现象（俗称"橡皮土"），土体也压实不了，只有把土的含水量调整到其间某一适宜值时，才能收到最佳的压实效果。在一定压实机械功条件下，土最易于被压实，并能达到最大密实度时的含水量，称为最优含水量 w_{op}，相应的干密度则称为最大干密度 ρ_{dmax}。

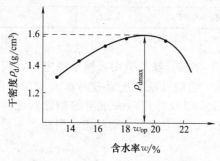

图 1-16　干密度与含水量的关系曲线

土的最优含水量可在试验室内进行击实试验测得。试验时将同一种土，配制成若干份不同含水量的试样，用同样的压实功分别对每一份试样进行击实，试验的仪器和方法见《土工试验方法标准》（GB/T 50123—1999），然后测定各试样击实后的含水量 w 和干密度 ρ_d，从而绘制含水量与干密度关系曲线（图 1-16），称为压实曲线。曲线表明了压实效果随含水量的变化规律，相应于干密度峰值（即最大干密度 ρ_{dmax}）的含水量就是最优含水量 w_{op}。

关于土的压实机理已有多种假说，但以普洛特（Proctor）的流行较广。他认为，含水量较小时，土粒表面的结合水膜很薄（主要是强结合水），颗粒间很大的分子力阻碍着土的压实；含水量增大时，结合水膜增厚，粒间联结力减弱，水起着润滑的作用，使土粒易于移动而形成最优的密实排列，压实效果就变好；但当含水量继续增大，以致土中出现了自由水，压实时，孔隙水不易排出，形成较大的孔隙压力，势必阻止土粒的靠拢，所以压实效果反而下降。

试验统计证明：最优含水量 w_{op} 与土的塑限 w_p 有关，大致为 $w_{op} = w_p + 2$（%）。土中黏土矿物含量大，则最优含水量愈大。

二、压实系数

工程实践中常用压实系数 λ_c（公路系统称为压实度 K_c）表示压实效果的好坏，压实系数是指填土压实后的干密度 ρ_d 与该土料的最大干密度 ρ_{dmax} 之比，用百分数表示：

$$\lambda_c = \frac{\rho_d}{\rho_{dmax}} \times 100\% \tag{1-19}$$

压实系数是检测压实效果的重要指标，《建筑地基基础设计规范》（GB 50007—2011）对不同结构类型压实系数的要求如表 1-9 所示。

表 1-9　压实填土的质量控制

结构类型	填土部位	压实系数 λ_c	控制含水量/%
砌体承重结构和框架结构	在地基主要受力层范围内	≥0.97	$w_{op} \pm 2$
	在地基主要受力层范围以下	≥0.95	
排架结构	在地基主要受力层范围内	≥0.96	
	在地基主要受力层范围以下	≥0.94	

三、击实试验

确定标准最大干密度的常用方法为击实试验法。在实验室内，用以研究土的击实性的实验称为击实试验，即用击实仪测定土的密度和含水率的关系，从而确定土的最大干密度和最佳含水率。目前我国通用的击实仪有两种，即轻型击实仪和重型击实仪，根据击实土的最大粒径，分别采用两种不同规格的击实仪。轻型击实仪适用于粒径小于 5mm 的黏性土；重型击实仪适用于粒径小于 20mm 的土。

击实试验时，将不同含水率的土样（不少于 5 个）分层装入击实筒内，按要求摊铺击实，测定土样的密度和含水率，即可换算出土的干密度。这样便得到一组对应于不同含水率的干密度数据，以干密度为纵坐标，含水率为横坐标绘制土的击实曲线（图 1-17），这是研究土的压实特性的基本关系图。

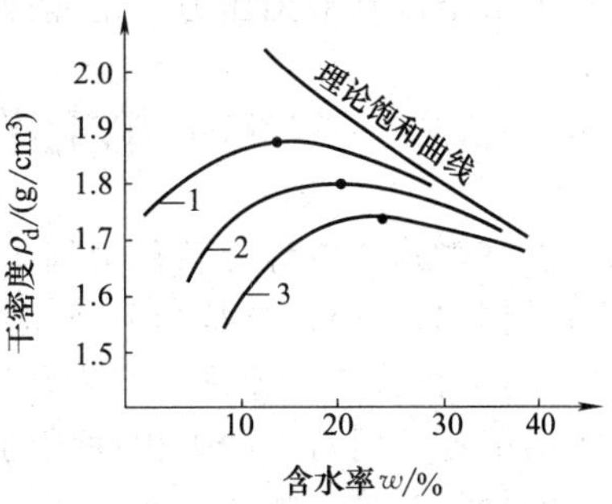

图 1-17　压实功对击实曲线的影响

击实曲线具有如下特点。

① 击实曲线有一峰值，此处的干密度最大，称为最大干密度，与之对应的含水率为最佳含水率（最优含水率）。在一定的击实功作用下，只有土样处于最佳含水率时，土才能被击实至最大干密度，这时候的压实效果也最好。最佳含水率与土的塑限接近。

② 击实曲线与饱和曲线的位置关系。理论饱和曲线表示当土处于饱和状态时的 ρ_d-w 的关系。击实曲线位于饱和曲线的左侧，表明击实土不可能被击实到完全饱和状态。试验证明，黏性土在最佳击实情况下（击实曲线峰值），其饱和度通常约为 80%。这表明当土的含水率接近和大于最佳值时，土孔隙中的气体越来越处于与大气不连通的状态，击实作用已不能将其排出土体外。

四、影响压实效果的因素

大量的工程实践和试验研究表明，影响土的压实效果的主要因素有：土的含水率、压实功、压实条件以及土的类别和颗粒级配等。

(1) 含水率　含水率的大小对土的压实效果影响极大，在一定压实机械功条件下，只有在最优含水量 w_{op} 时，才能获得最好的压实效果。

(2) 压实功　夯击的压实功与夯锤的重量、落高、夯击次数以及被夯击土的厚度等有关；碾压的压实功则与碾压机具的重量、接触面积、碾压遍数以及土层的厚度等有关。

对于同类土，随着压实功大小的变化，最大干密度和最优含水量也随之变化（图 1-17）。当压实功较小时，如图 1-17 中曲线 3，土压实后的最大干密度较小，对应的最优含水量则较大；反之，干密度较大，对应的最优含水量则较小，如图 1-17 中曲线 2 和曲线 1。所以在压实工程中，若土的含水量较小，则需选用夯实功较大的机具，才能把土压实至最大干密度；在碾压过程中，如不能将土压至最密实的程度，则须增大压实功（选用功较大的机具或增加碾压遍数等）；若土的含水量较大，则应选用压实功较小的机具，否则会出现"橡皮土"现象。因此，若要把土压实到工程要求的干密度，必须合理控制压实时土的含水量，选用适合的压实功，才能获得预期的效果。

(3) 压实条件　这是指压实时被压实土层的特点，所采用压实机械功和性能，压实的方法和方式等。压实条件不同，例如选择填土与天然地基土、夯击与碾压、振动碾压与压路机碾压等，其压实的效果是不同的。室内击实试验与现场夯击或碾压试验的压实条件也是不同的，所以指导工程实践的最优含水量应通过现场压实试验来确定，室内击实试验的结果只能作为工程实践的参考。

(4) 土的类别和颗粒级配等　土的颗粒粗细、级配、矿物成分和添加的材料等因素对压实效果是有影响的。颗粒越粗，就越能在低含水量时获得最大的干密度；颗粒级配越均匀，压实曲线的峰值范围就越宽广而平缓；对于黏性土其压实效果与其中的黏土矿物成分含量有关；添加木质素和铁基材料可改善土的压实效果。干燥砂土在压力与振动作用下，容易密实；稍湿的砂土，因为有毛细压力作用使砂土互相靠紧，阻止颗粒移动，击实效果不好；饱和砂土由于没有毛细压力，击实效果较好。

第七节　土（岩）的工程分类

土（岩）的工程分类是根据工程实践经验和土（岩）的主要特征，把工程性能近似的土（岩）划分为一类，这样既便于正确选择对土的研究方法，又可根据分类名称大致判断土（岩）的工程特性，评价土（岩）作为建筑材料或地基的适宜性。

由于各部门对土的工程性质的着眼点不完全相同，因而目前还没有涵盖全国各个行业的统一的分类方法，本节主要介绍《建筑地基基础设计规范》（GB 50007—2011）的分类法。

《建筑地基基础设计规范》（GB 50007—2011）将地基土（岩）分为岩石、碎石土、砂土、粉土、黏性土和人工填土。

一、岩石

岩石是指颗粒间牢固黏结，呈整体或具有节理裂隙的岩体。

（一）岩石按成因分类

岩石按成因可分为岩浆岩、沉积岩和变质岩。

岩浆岩是由地球内部高温熔融的岩浆逐渐冷却结晶而成，如花岗岩等。

沉积岩是由早期形成的岩石，经风化破坏后，再搬运、沉积并固结而成的层状岩石，如砂岩等。

变质岩是岩浆岩或沉积岩形成后，长期在高温、高压作用下，矿物成分、结构和构造发生变化后形成的岩石，如大理岩等。

（二）岩石按坚硬程度分类

岩石按坚硬程度分为坚硬岩、软硬岩、较软岩、软岩和极软岩，如表1-10所示。

表1-10　岩石坚硬程度的划分

名称		饱和单轴抗压力强度标准值 f_{rk}/MPa	定性鉴定	代表性岩石
硬质岩	坚硬岩	>60	锤击声清脆，有回弹，难击碎，基本无吸水反应	未风化~微风化的花岗岩、闪长岩、辉绿岩、玄武岩、安山岩、片麻岩、石英岩、硅质砾岩、石英砂岩、硅质石灰岩等
	软硬岩	60≥f_{rk}>30	锤击声较清脆，有轻微回弹，稍震手，较难击碎，有轻微吸水反应	1. 微风化的坚硬岩 2. 未风化~微风化的大理岩、板岩、石灰岩、钙质砂岩等
软质岩	较软岩	30≥f_{rk}>15	锤击声不清脆，无回弹；指甲可刻出印痕	1. 中风化的坚硬岩和较硬岩 2. 未风化~微风化的凝灰岩、千枚岩、砂质岩、泥灰岩等
	软岩	15≥f_{rk}>5	锤击声哑，无回弹，有凹痕，易击碎；浸水后可捏成团	1. 强风化的坚硬岩和较硬岩 2. 中风化的较软岩 3. 未风化~微风化的泥质砂岩、泥岩等
极软岩		≤5	锤击声哑，无回弹，有较深凹痕，手可捏碎；浸水后可捏成团	1. 风化的软岩 2. 全风化的各种岩石 3. 各种半成岩石

（三）岩石按风化程度分类

岩石按风化程度可分为未风化、微风化、中风化、强风化和全风化。

（四）岩石按完整程度分类

岩石的完整程度按表 1-11 划分为完整、较完整、较破碎、破碎和极破碎。

二、碎石土

碎石土是指粒径大于 2mm 的颗粒含量超过全重的 50％的土。

碎石土根据粒组含量和颗粒形状分为漂石或块石、卵石或碎石、圆砾或角砾，其划分标准见表 1-12。

表 1-11 岩石完整程度划分

名　称	完整性指数	控制性结构面平均间距/m	相应结构类型
完整	＞0.75	＞1.0	整体状或巨厚层状结构
较完整	0.75～0.55	0.4～1.0	块状或厚层状结构
较破碎	0.55～0.35	0.2～0.4	裂隙块状、镶嵌状、中薄层状结构
破碎	0.35～0.15	＜0.2	碎裂状结构、页状结构
极破碎	＜0.15	无序	散体状结构

注：完整性指数为岩体纵波波速与岩块纵波波速之比的平方。选定岩体、岩块测定波速时应注意其代表性。

表 1-12 碎石土的分类

土的名称	颗粒形状	粒组含量
漂石 块石	圆形及亚圆形为主棱角形为主	粒径大于 200mm 的颗粒含量超过全重的 50％
卵石 碎石	圆形及亚圆形为主棱角形为主	粒径大于 20mm 的颗粒含量超过全重的 50％
圆砾 角砾	圆形及亚圆形为主棱角形为主	粒径大于 2mm 的颗粒含量超过全重的 50％

注：分类时应根据粒组含量由大到小以最先符合者确定。

三、砂土

砂土是指粒径大于 2mm 的颗粒含量不超过全重的 50％且粒径大于 0.075mm 的颗粒含量超过全重的 50％的土。

按粒组含量，砂土分为砾砂、粗砂、中砂、细砂和粉砂，其划分标准见表 1-13。

表 1-13 砂土的分类

土的名称	粒组含量
砾砂	粒径大于 2mm 的颗粒含量占全重的 25％～50％
粗砂	粒径大于 0.5mm 的颗粒含量超过全重的 50％
中砂	粒径大于 0.25mm 的颗粒含量超过全重的 50％
细沙	粒径大于 0.075mm 的颗粒含量超过全重的 85％
粉砂	粒径大于 0.075mm 的颗粒含量超过全重的 50％

注：分类时应根据粒组含量由大到小以最先符合者确定。

四、粉土

粉土是指粒径大于 0.075mm 的颗粒含量不超过全重的 50％，且塑性指数 $I_p \leqslant 10$ 的土。

它的性质介于砂土和黏土之间。

五、黏性土

黏性土是指塑性指数 $I_p > 10$ 的土，按塑性指数 I_p 的大小，黏性土可分为黏土和粉质黏土两类，见表 1-14。

六、人工填土

人工填土是指由于人类活动而形成的堆积物，其物质成分复杂，均匀性差。根据其物质组成和成因，可分为素填土、杂填土和冲填土。

表 1-14 黏性土的分类

塑 性 指 数 I_p	土 的 名 称
$I_p > 17$	黏土
$10 < I_p \leqslant 17$	粉质黏土

注：塑性指数由相应于 76g 圆锥体沉入土样中深度为 10mm 时测定的液限计算而得。

（一）素填土

素填土指的是由碎石、砂土、粉土、黏性土等组成的填土，不含杂质或含杂质很少。经分层压实或夯实的素填土称为压实填土。

（二）杂填土

杂填土为含有建筑垃圾、工业废料、生活垃圾等杂物的填土。按主要成分可分为建筑垃圾土、工业废料土和生活垃圾土。

（三）冲填土

冲填土是由水力充填泥砂形成的填土。

人工填土的工程性质与天然沉积土比较起来有很大的不同，主要体现在：①物质成分十分复杂，有天然土成分，也有人类活动产生的垃圾；②工程性质很不均匀，分布与厚度无规律性；③具有较大的孔隙比，压缩性很高，是一种欠固结土；④具有湿陷性。

除了上述六种土类以外，还有一些特殊土，包含淤泥和淤泥质土、红黏土、膨胀土和湿陷性黄土等。此类土具有特殊的工程性质，其含义在后续相应章节详细介绍。

【例 1-3】 某砂土试样筛分结果如表 1-15，确定该土的名称。

表 1-15 某砂土试样的筛分结果

粒径/mm	<0.075	0.075~0.25	0.25~0.5	0.5~1.0	>1.0
粒组含量/%	5.0	30.0	45.0	15.0	5.0

解 按照定名时粒径分组由大到小以最先符合者为准的原则。

（1）粒径大于 0.5mm 的颗粒，其含量占全部质量的百分数为：

$$15\% + 5\% = 20\% < 50\%$$

故土样不能定名为粗砂。

（2）粒径大于 0.25mm 的颗粒，其含量占全部质量的百分数为：

$$45\% + 15\% + 5\% = 65\% > 50\%$$

故该土样可定名为中砂。

小 结

本章讲述了土的生成条件、土的主要成因类型、土的三相组成、土的结构和构造、土的物理性质指标、土的物理状态指标、土的压实原理以及土（岩）的工程分类。

　　土是岩石经风化、剥蚀、搬运、沉积形成的产物。根据地质成因类型，可将土划分为残积土、坡积土、洪积土、冲积土、湖积土、海积土、风积土、冰积土等。

　　土的三相组成是指土由固相（土粒）、液相（液体水）和气相（气体）三部分组成。土中的固体矿物构成土的骨架，骨架之间贯穿着大量孔隙，孔隙中充填着水和气体。

　　土的固体颗粒的形状、大小、矿物成分及组成情况是决定土的物理力学性质的主要因素。土粒的大小及其组成情况，通常以颗粒级配的方式表示。级配良好的土，密实度较好，相应地基土的强度和稳定性也较好，压缩性较小，可用作建筑物的地基，路基、堤坝。

　　建筑工程中所讨论的土中水，主要是以液态形式存在着的结合水与自由水。结合水又分成强结合水和弱结合水；自由水又分成毛细水和重力水。

　　土中气体有两种存在形式，即自由气体和封闭气泡。

　　土的结构和构造对土的性质也有很大影响。土的结构按其颗粒的排列及联结，一般分为单粒结构、蜂窝结构和絮凝结构三种基本类型。土的构造一般分为层状构造、分散构造、结核状构造和裂隙状构造四种类型。

　　土的物理性质指标包括土的基本物理性质指标和其他物理性质指标。土的基本物理性质指标包括土的密度、土粒相对密度和土的含水率；其他物理性质指标包括土的孔隙比和孔隙率、土的干密度、饱和密度和有效密度、土的饱和度。通过这部分内容的学习，读者能根据指标判别土的性状；利用三相简图进行指标间的相互换算；利用换算公式对土的物理指标进行计算；掌握测定土的密度、含水率的试验方法。

　　土的物理状态指标包括无黏性土的密实度和黏性土的稠度。无黏性土一般是指砂类土和碎石土。砂类土根据标准贯入试验锤击数 N 将土分为密实、中密、稍密、松散四种状态，根据相对密实度 D_r 将土分为密实、中密、松散三种状态。碎石土根据重型圆锥动力触探锤击数 $N_{63.5}$ 将土分为密实、中密、稍密、松散四种状态，根据野外鉴别将土分为密实、中密、稍密、松散四种状态。

　　黏性土的物理状态指标包括黏性土的界限含水量液限 w_L、塑限 w_p、塑性指数 I_p 和液性指数 I_L。根据液性指数 I_L 将黏性土分为坚硬、硬塑、可塑、软塑、流塑五种状态。

　　土体在一定的压实功下，只有在最优含水量下才能获得最大的干密度。工程上常用压实系数 λ_c（公路系统称为压实度 K_c）表示压实效果的好坏。影响土的压实效果的主要因素是土的含水量、压实机械及其压实功和添加料等。

　　土的工程分类内容均为工程实践经验的总结。土的分类方法着重于《建筑地基基础设计规范》（GB 50007—2011）分类法，将地基土（岩）分为岩石、碎石土、砂土、粉土、黏性土和人工填土。

思 考 题

　　1. 土是怎样形成的？什么是残积土、坡积土、洪积土和冲积土？其工程性质各有什么特征？

　　2. 土是由哪几部分组成的？各部分的特征如何？土的三相比例的变化对土的工程性质有何影响？

　　3. 什么是土的颗粒级配？土的颗粒级配指标有哪些？如何利用土的颗粒级配曲线形态和颗粒级配指标评价土的工程性质？

　　4. 土中液态水有哪些类型？它们对土的性质有哪些影响？

　　5. 土中气有哪些类型？它们对土的性质有哪些影响？

　　6. 何谓土的结构？土的结构有哪些类型？何谓土的构造？土的构造有哪些类型？

　　7. 土的三相比例指标有哪些？各如何定义？哪些可以直接测定？如何测定？哪些需要通过换算求得？

　　8. 说明土的天然重度 γ、饱和重度 γ_{sat}、浮重度 γ' 和干重度 γ_d 的物理意义，并比较它们的大小。

　　9. 砂土密实度的划分标准有哪些？具体如何划分？

10. 碎石土密实度的划分标准有哪些? 具体如何划分?

11. 黏性土的界限含水量有哪些? 各如何确定? 如何利用界限含水量划分黏性土的物理状态?

12. 什么是塑性指数? 塑性指数的大小与哪些因素有关? 在工程上有何应用?

13. 什么是液性指数? 如何应用液性指数来评价土的软硬状态?

14. 什么是最优含水量? 什么是压实系数? 影响土的压实效果的主要因素是哪些?

15. 地基土分为几大类? 各类土的划分依据是什么?

习　题

1. 某土样在天然状态下的体积为 200cm³, 质量为 334g, 烘干后质量为 290g, 土粒相对密度 $d_s=$ 2.66, 试计算该土样的密度、含水量、干密度、孔隙比、孔隙率和饱和度。

2. 用体积为 72cm³ 的环刀取得某原状土样重 129.5g, 烘干后土重 121.5g, 土粒相对密度 $d_s=2.70$, 试计算该土样的天然含水量 w、孔隙比 e、饱和度 S_r、重度 γ、饱和重度 γ_{sat}、浮重度 γ' 和干重度 γ_d。

3. 某完全饱和的中砂土样的含水量 $w=32\%$, 土粒相对密度 $d_s=2.68$, 试求该土样的孔隙比 e 和重度 γ。

4. 某砂土样的密度为 $\rho=1.77\text{g/cm}^3$, 含水量 $w=9.8\%$, 土粒相对密度 $d_s=2.67$, 烘干后测定最小孔隙比为 0.461, 最大孔隙比为 0.943, 试求该土样的相对密实度 D_r, 并判定该砂土的密实状态。

5. 某砂土的含水量 $w=28.5\%$, 天然重度 $\gamma=19.0\text{kN/m}^3$, 土粒相对密度 $d_s=2.68$, 颗粒分析结果见表 1-16。

表 1-16　土颗粒分析结果

土粒组的粒径范围/mm	>2	2~2.5	0.5~0.25	0.25~0.075	<0.075
粒组占干土总质量的百分数/%	9.4	18.6	21.0	37.5	13.5

要求：(1) 确定该土样的名称。

(2) 计算该土的孔隙比和饱和度。

(3) 确定该土的湿度状态。

(4) 如该土埋深在离地面 3m 以内, 其标准贯入锤击数 $N=14$, 试确定该土的密实度。

6. 某黏性土的含水量 $w=36.4\%$, 液限 $w_L=48\%$, 塑限 $w_p=25.4\%$。要求：

(1) 计算该土的塑性指数 I_p 和液性指数 I_L。

(2) 确定该土的名称及状态。

第二章　地基土中的应力

知识目标

- 了解土体中自重应力、基底压力以及土体中附加应力的基本概念；
- 熟悉自重应力和附加应力沿深度分布的规律；
- 掌握土体中自重应力、基底压力和土体中的附加应力的计算方法；
- 熟练掌握角点法及应用。

能力目标

- 会自重应力、基底压力、土体中附加应力的计算，为地基变形计算和有效控制基础底面尺寸打下基础；
- 能熟练运用角点法计算矩形及条形基础在各种荷载作用下地基中的附加应力。

　　土中应力按其产生的原因可分为自重应力和附加应力。所谓自重应力，就是土体自身重量引起的应力。对于天然土层，自从土体生成开始，在自重应力长期作用下土体的变形已完成，其沉降早已稳定。但在天然土层上建造建筑物时，会引起土中应力的变化。所谓附加应力，就是由土自重以外的作用引起的应力，即土中产生的应力增量。当附加应力过大时，地基就会发生过量的沉降，影响建筑物的使用和安全，甚至也会导致土的强度破坏，使土体丧失稳定。因此，计算和分析土中应力是进行地基变形和稳定问题研究的基础。

　　土是三相物质的综合体，其应力-应变关系是非常复杂的。目前在计算地基中的应力时，通常假设地基土为连续、均质、各向同性和半无限弹性体，采用弹性理论，即假定其应力-应变是线性关系。这虽然同土体的实际情况有差别，但其计算结果仍可满足工程的需要。

　　土中某点的总应力应为自重应力与附加应力之矢量和。本章主要讨论竖向应力的计算方法。

第一节　地基土中的自重应力

　　在未修建建筑物或构筑物之前，由土体本身自重引起的应力称为土的自重应力，记为 σ_c。它是土体的初始应力状态。在计算自重应力时，假定地基为半无限弹性体，土体中所有竖直面和水平面上均无剪应力存在，由此可知，在均匀土体中，土中某点的自重应力只与该点的深度有关。

一、均质地基土中的自重应力

　　如图 2-1 所示，如果地面下土质均匀，其天然重度为 γ，则在深度为 z 的 M 点处竖向自重应力 σ_{cz} 可取为该深度上任意单位面积的土柱体自重 $\gamma z \times 1$。于是 M 点的竖向自重应力为

$$\sigma_{cz} = \gamma z \tag{2-1}$$

式中　γ——土的天然重度，kN/m^3；

　　　z——计算点的深度，m。

　　M 点的水平自重应力为

$$\sigma_{cx} = \sigma_{cy} = K\sigma_{cz} \tag{2-2}$$

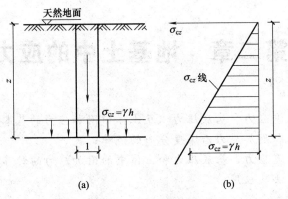

图 2-1　均质地基土中的自重应力分布

式中　　K——土的侧压力系数。

K 可通过试验获得，如无试验资料时可按经验公式推算。

二、成层地基土中的自重应力

当地基土是由不同性质的多层土组成时，如图 2-2 所示，各土层分界面上的竖向自重应力分别是

第 1 层土的底面（或第 2 层土的顶面）　　　　$\sigma_{c1} = \gamma_1 h_1$

第 2 层土的底面（或第 3 层土的顶面）　　　　$\sigma_{c2} = \gamma_1 h_1 + \gamma_2 h_2$　　　　（2-3）

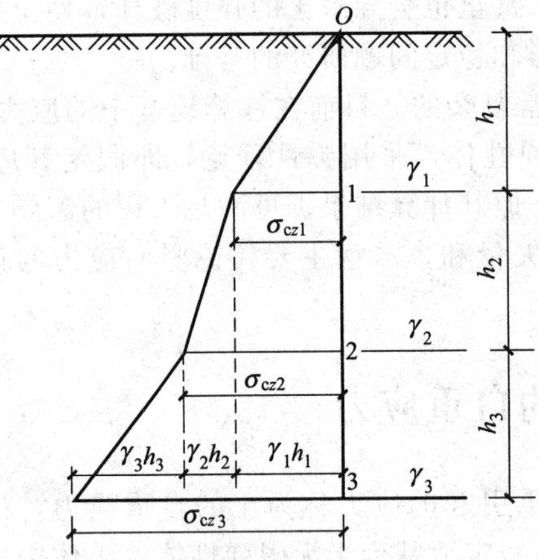

式中　γ_1，γ_2——第 1、2 层土的重度，kN/m^3；

　　　　h_1，h_2——第 1、2 层土的厚度。

由此可知，在地面以下任一层面处的自重应力为

$$\sigma_{cz} = \gamma_1 h_1 + \gamma_2 h_2 + \cdots + \gamma_n h_n = \sum_{i=1}^{n} \gamma_i h_i$$

（2-4）

图 2-2　成层地基土中的自重应力分布

三、有地下水时土层中的自重应力

当土层位于地面水或地下水位以下时，如图 2-3 所示，计算地基土中的自重应力应根据土的性质确定是否需要考虑水的浮力作用。通常认为水中的砂性土应考虑浮力作用，其重度要用浮重度 γ'。如果在地下水位以下，埋藏有不透水层（如岩层或连续分布的坚硬黏性土层），由于不透水层不存在浮力，所以计算这部分土中的自重应力应采用天然重度 γ。作用在不透水层层面及层面以下的土自重应力应按上覆土和水的总重计算，如图 2-4 所示。但有些黏性土的不透水性很难判别，从而无法确定是否考虑浮力作用。此时，常规的做法是同时考虑两种情况，取其最不利者予以计算。

地下水位升降会引起土中自重应力的变化，由此也会引起地面的升降。在沿海一些软土地区，由于大量抽取地下水，造成地下水位大幅下降，使土中的有效自重应力增加，从而造成地表大面积的下沉。又如三峡库区的蓄水，大幅度抬高了地面水水位，导致土中的自重应力的变化。

自重应力随深度变化的分布情况，见图 2-2 和图 2-3。从图中可以看出，同一均质地基土

层中自重应力分布为直线，多层地基土中自重应力分布则为折线，转折点在各土层分界面上。同样，在地下水位面上也是自重应力分布的转折点。总之，自重应力随深度增加而增加。

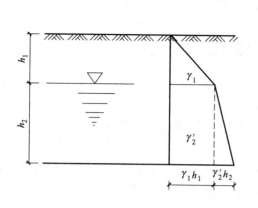

图 2-3 有地下水的地基土中的
自重应力分布

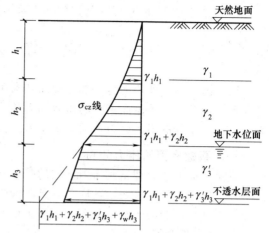

图 2-4 有地下水的成层地基土中
（含不透水层）自重应力分布

【例 2-1】 已知某土层中上层为透水性土，下层为非透水性土，其重度如图 2-5 所示，求河底 O 处以及点 1、2、3、4、5、6、7 处的竖向自重应力，并绘制自重应力沿深度的分布图。

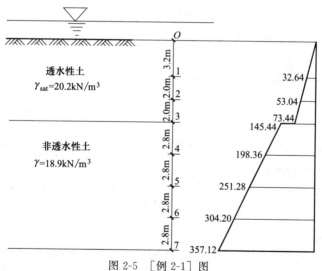

图 2-5 ［例 2-1］图

解 由于土层均处于地下水位以下，要考虑地下水的作用。其中水下透水性土用浮重度 γ'，非透水性土则用 γ 计算。河底处自重应力为零，其他各点为：

点 1 处 $\qquad \sigma_{c1} = \gamma' h_1 = 10.2 \times 3.2 = 32.64$ （kPa）

点 2 处 $\qquad \sigma_{c2} = \gamma' h_2 = 10.2 \times 5.2 = 53.04$ （kPa）

点 3 处 $\qquad \sigma_{c3上} = \gamma' h_3 = 10.2 \times 7.2 = 73.44$ （kPa）

$\qquad\qquad \sigma_{c3下} = \gamma' h_3 + 10 \times 7.2 = 10.2 \times 7.2 + 72 = 145.44$ （kPa）

点 4 处 $\quad \sigma_{c4} = 145.44 + \gamma h_4 = 145.44 + 18.9 \times 2.8 = 198.36$ （kPa）

点 5 处 $\quad \sigma_{c5} = 145.44 + \gamma h_5 = 145.44 + 18.9 \times 5.6 = 251.28$ （kPa）

点 6 处　　$\sigma_{c6}=145.44+\gamma h_6=145.44+18.9\times8.4=304.20$（kPa）

点 7 处　　$\sigma_{c7}=145.44+\gamma h_7=145.44+18.9\times11.2=357.12$（kPa）

地基土中的自重应力分布如图 2-5 所示。

第二节　基　底　压　力

前面已指出，外荷载与上部结构和基础所受的重力是通过基础传到土中去的。作用于基础底面处传至地基单位面积上的压力称为基底压力。在基底压力作用下，地基土中除自重应力外又会产生新的附加应力，而基底压力的分布直接影响着地基中的附加应力。

一、基础底面的压力分布

基础底面的压力即基底压力，它的分布问题是一个比较复杂的问题。在弹性理论中称为接触压力问题。实验表明，基底压力分布既受基础形状、大小、刚度和埋置深度的影响，又受作用于基础荷载的大小、分布、地基土性质的影响。

（一）柔性基础

由土筑成的路堤、土坝等，本身刚度很小，在竖向荷载作用下没有抵抗弯曲变形的能力，基础与地基同步变形。土路堤、土坝就相当于一种柔性基础。路堤基底压力分布就与路堤断面形状相同即梯形分布，如图 2-6 所示。

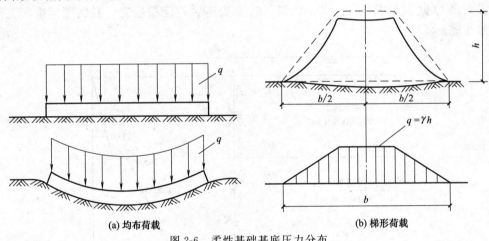

(a) 均布荷载　　　　　　　　　　(b) 梯形荷载

图 2-6　柔性基础基底压力分布

（二）刚性基础

建筑物或基础采用大块混凝土结构时，其刚度远超过土的刚度。这一类基础可以认为是刚性基础。刚性基础底面的压力分布情况比较复杂，通常有以下几种分布。

（1）马鞍形分布　当荷载较小，又中心受压时，基底压力分布是马鞍形的，中央小两边缘大，如图 2-7（a）所示。

（2）抛物线形分布　当作用的荷载较大时，由于基础边缘的应力很大，使基础边缘地基土中产生塑性变形区，边缘的应力不会增大，而基础中心下的压力不断增加，同时基底压力重新分布，最后呈抛物线形分布，如图 2-7（b）所示。

（3）钟形分布　当荷载继续增大，接近地基的极限荷载时，则基底压力分布会变成钟形分布，如图 2-7（c）所示。

上述基础底面压力分布呈各种曲线，若不进行简化就计算地基中的附加应力，将使计算变得非常复杂。理论和实验也证明，当作用在基础上的荷载总值和作用点不变时，基底压力

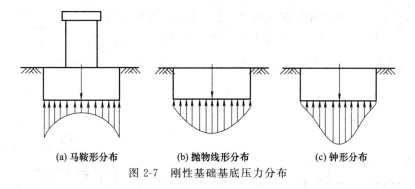

(a) 马鞍形分布　　　　(b) 抛物线形分布　　　　(c) 钟形分布

图 2-7　刚性基础基底压力分布

分布形状对土中附加应力的影响仅仅局限在较浅的土中，在超过一定深度后这种影响就变得非常小。因此，在实际计算时，对基底压力的分布可近似地认为是按直线规律变化的，这样就大大简化了土中附加应力的计算。

二、中心荷载作用下的基底压力

当竖向荷载的合力通过基础底面的形心点时，基底压力假定为均匀分布，如图 2-8 所示，此时基底压力设计值按下式计算

$$p = \frac{F+G}{A} \tag{2-5}$$

式中　F——作用在基础上的竖向力设计值，kN；

　　　G——基础自重设计值与其上回填土重标准值，kN；

　　　A——基础底面面积，m^2。

其中，$G = \gamma_G A d$，γ_G 为基础及回填土的平均重度，一般取 $20kN/m^3$，地下水位以下取浮重度；d 为基础埋深，从设计地面或室内外平均设计地面算起；对矩形基础，$A = bl$，b 和 l 分别为基础的短边和长边的长度，对荷载沿长度方向均匀分布的条形基础，可沿长度方向截取一单位长度进行计算，而 F 和 G 则为单位长度上的作用荷载。

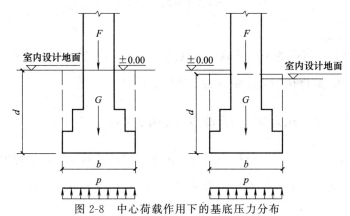

图 2-8　中心荷载作用下的基底压力分布

三、偏心荷载作用下的基底压力

在工程设计时，通常考虑的偏心荷载是单向偏心荷载，并且将基础长边方向定为偏心方向，见图 2-9。此时基底压力可按下列公式计算

$$\begin{matrix} p_{max} \\ p_{min} \end{matrix} = \frac{F+G}{A} \pm \frac{M}{W} = \frac{F+G}{bl}\left(1 \pm \frac{6e}{l}\right) \tag{2-6}$$

式中　p_{max}，p_{min}——基底边缘最大压力、最小压力，kN/m^2；

　　　　M——作用于基础底面的力矩，$kN \cdot m$；

　　　　W——基础底面的抵抗矩，m^3，$W = \dfrac{bl^2}{6}$；

　　　　e——偏心距，m，$e = \dfrac{M}{F+G}$。

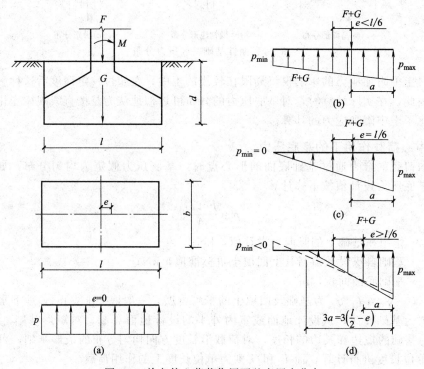

图 2-9　单向偏心荷载作用下基底压力分布

由式（2-6）可知：

① 当 $e=0$ 时，即荷载为中心荷载，基底压力分布呈均匀分布，见图 2-9（a）。

② 当 $e < \dfrac{l}{6}$ 时，基底压力呈梯形分布，见图 2-9（b）。

③ 当 $e = \dfrac{l}{6}$ 时，基底压力呈三角形分布，见图 2-9（c）。

④ 当 $e > \dfrac{l}{6}$ 时，$p_{min} < 0$，见图 2-9（d）；由于基础与地基之间承受拉力的能力极小，此时基础底面与地基局部脱开，使基底压力重新分布。p_{max} 应按下式计算

$$p_{max} = \frac{2(F+G)}{3ab} \tag{2-7}$$

式中　b——基础地面宽度，m；

　　　　a——单向偏心竖向荷载作用点至基底最大压力边缘的距离，m，$a = \dfrac{l}{2} - e$。

四、基底附加压力

基底附加压力是指引起地基中附加应力的基底压力，其大小等于基底压力减去基底处原

有的土中自重应力。当基底压力为均匀分布时（见图 2-10）

$$p_0 = p - \gamma_0 d \qquad (2\text{-}8)$$

当基底压力为梯形分布时

$$\begin{matrix} p_{0max} \\ p_{0min} \end{matrix} = \begin{matrix} p_{max} \\ p_{min} \end{matrix} - \gamma_0 d \qquad (2\text{-}9)$$

式中　p_0——基底附加压力，kN/m^2；

　　　　p——基底压力，kN/m^2；

　　　　γ_0——基础底面以上天然土层的加权平均重度（其中位于地下水位以下的取浮重度），kN/m^3；

　　　　d——从天然地面起算的基础埋深，m，对于新近填土场地，则应从老天然地面算起。

基底附加压力可看作作用在地基表面的荷载，然后再进行地基中的附加应力计算。

【例 2-2】　某柱下独立基础 $l = 2.1m$，$b = 1.5m$，承受的荷载如图 2-11 所示。$F = 450kN$，$M = 125kN \cdot m$，试计算基底压力和基底附加压力。

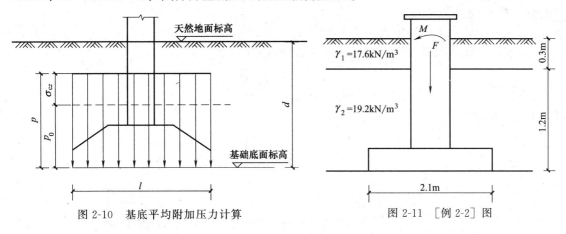

图 2-10　基底平均附加压力计算　　　　图 2-11　[例 2-2] 图

解　（1）计算 G

$$\begin{aligned} G &= \gamma_G A d = 20 \times 2.1 \times 1.5 \times (0.3 + 1.2) \\ &= 94.5 \, (kN) \end{aligned}$$

（2）计算偏心距 e

$$e = \frac{M}{F + G} = \frac{125}{450 + 94.5} = 0.23 \, (m)$$

（3）求基底压力

$$\begin{matrix} p_{max} \\ p_{min} \end{matrix} = \frac{F + G}{bl}\left(1 \pm \frac{6e}{l}\right) = \frac{450 + 94.5}{1.5 \times 2.1}\left(1 \pm \frac{6 \times 0.23}{1.5}\right) = \begin{matrix} 286 \\ 59 \end{matrix} \, (kPa)$$

（4）求基底附加压力

$$\gamma_0 = \frac{17.6 \times 0.3 + 19.2 \times 1.2}{0.3 + 1.2} = 18.88 \, (kN/m^3)$$

$$\begin{matrix} p_{0max} \\ p_{0min} \end{matrix} = \begin{matrix} p_{max} \\ p_{min} \end{matrix} - \gamma_0 d = \begin{matrix} 286 \\ 59 \end{matrix} - 18.88 \times 1.5 = \begin{matrix} 258 \\ 31 \end{matrix} \, (kPa)$$

第三节　地基土中的附加应力

地基附加应力是指基础底面附加压力在地基中产生的附加于原有自重应力之上的应力，它是引起地基变形与破坏的主要因素。由于地基中附加应力的计算比较复杂，通常采用作一些假定来简化计算。一般假定：①地基土是连续、均匀、各向同性的线性变形半无限体；②计算地基附加应力时，都把基底压力看作是柔性荷载，即基础刚度为零。

一、垂直集中力作用下地基土中的附加应力

（一）布辛奈斯克公式

1885 年法国数学家布辛奈斯克用弹线理论求解出了在半无限空间弹线体表面作用有垂直集中力 P 时，在弹线体内任意点 $M(x, y, z)$ 所引起的六个应力分量和三个位移分量（见图 2-12）。其中对基础沉降计算直接有关的垂直附加应力 σ_z 为

$$\sigma_z = \frac{3Pz^3}{2\pi R^5} \tag{2-10}$$

式中　P——垂直集中荷载，kN；

　　　z——M 点距弹线体表面的深度，m；

　　　R——M 点到垂直集中力 P 的作用点的距离，m。

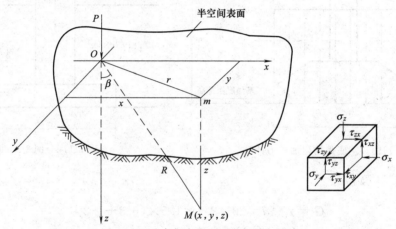

图 2-12　垂直集中力所引起的附加应力

如图 2-12 所示，以 P 作用点为原点，xOy 平面为地面，P 的作用线为 z 轴，M 点的坐标为 (x, y, z)，则 $r = \sqrt{x^2 + y^2}$，$R = \sqrt{r^2 + z^2} = \sqrt{x^2 + y^2 + z^2}$。

为方便计算，一般把式（2-10）改写成

$$\sigma_z = \frac{3Pz^3}{2\pi R^5} = \frac{3}{2\pi\left[1 + \left(\dfrac{r}{z}\right)^2\right]^{\frac{5}{2}}}\frac{P}{z^2} = K\frac{P}{z^2} \tag{2-11}$$

式中　K——垂直集中力 P 作用下的地基竖向附加应力系数，可按 r/z 查表 2-1。

利用式（2-11）可以求出地基中任意点的附加应力，由此可以绘制出地基中铅直方向附加应力等值线分布图（将附加应力值相等的点连起来）及附加应力沿垂直集中力作用线和不同深度处的水平面上的分布，如图 2-13 所示。从图 2-13 中可看出，地基中附加应力的分布随着点的位置不同其分布规律也不同，概括起来有如下特征。

表 2-1　垂直集中力作用下的竖向附加应力系数

$\dfrac{r}{z}$	K	$\dfrac{r}{z}$	K	$\dfrac{r}{z}$	K	$\dfrac{r}{z}$	K	$\dfrac{r}{z}$	K
0.00	0.4775	0.50	0.2733	1.00	0.0844	1.50	0.0251	2.00	0.0085
0.05	0.4745	0.55	0.2466	1.05	0.0744	1.55	0.0224	2.20	0.0058
0.10	0.4657	0.60	0.2214	1.10	0.0658	1.60	0.0200	2.40	0.0040
0.15	0.4516	0.65	0.1978	1.15	0.0581	1.65	0.0179	2.60	0.0029
0.20	0.4329	0.70	0.1762	1.20	0.0513	1.70	0.0160	2.80	0.0021
0.25	0.4103	0.75	0.1565	1.25	0.0454	1.75	0.0144	3.00	0.0015
0.30	0.3849	0.80	0.1386	1.30	0.0402	1.80	0.0129	3.50	0.0007
0.35	0.3577	0.85	0.1226	1.35	0.0357	1.85	0.0116	4.00	0.0004
0.40	0.3294	0.90	0.1083	1.40	0.0317	1.90	0.0105	4.50	0.0002
0.45	0.3011	0.95	0.0956	1.45	0.0282	1.95	0.0095	5.00	0.0001

（1）在垂直集中力 P 作用线上　在 P 作用线上，$r=0$。当 $z=0$ 时，$\sigma_z \to \infty$；σ_z 的分布是：随着深度 z 增加而递减，见图 2-13 中 a 线。

（2）在 $r>0$ 的竖直线上　在 $r>0$ 的竖直线上，σ_z 的分布是：随着深度 z 增加，σ_z 从零逐渐变大，至一定深度后又随着 z 的增加逐渐减小，见图 2-13 中 b 线。

（3）在 z 为常数的平面上　在 z 为常数的平面上，σ_z 的分布是：σ_z 值在集中力作用线上最大，并随着 r 的增加而逐渐变小。随着深度 z 增加，这一分布趋势保持不变，而水平面上 σ_z 的分布趋于均匀，如图 2-13 中 c_1、c_2、c_3 线。

在通过 P 作用线的任意竖直面上，把 σ_z 值相同的点连接起来，可得到如图 2-14 所示的 σ_z 等值线。若将空间等值点连接起来，则成泡状，所以图 2-14 也称为应力泡。由图 2-14 可知，集中力 P 在地基中引起的附加应力 σ_z 是向下、向四周无限扩散开的，其值逐渐减小，此即应力扩散的概念。

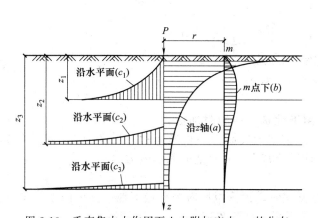

图 2-13　垂直集中力作用下土中附加应力 σ_z 的分布

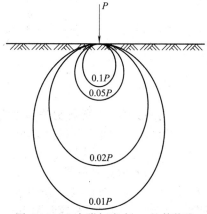

图 2-14　土中附加应力 σ_z 的等值线

（二）等代荷载法

当有多个集中荷载作用时，可分别利用式（2-11）计算每一个荷载产生的 σ_z，然后进行叠加，求出地基中任意点 M 的附加应力。计算公式为

$$\sigma_z = K_1 \frac{P_1}{z^2} + K_2 \frac{P_2}{z^2} + \cdots + K_n \frac{P_n}{z^2} = \frac{1}{z^2} \sum_{i=1}^{n} K_i P_i \tag{2-12}$$

式中　n——集中荷载数；

K_i——第 i 个集中力 P_i 作用下的竖向附加应力系数；

z——M 点至荷载作用面的距离，m。

在实际工程中，荷载都是通过一定尺寸的基础传递给地基的。当基础底面形状不规则或荷载分布较复杂时，可将基础底面分为若干个小面积单元，每个单元的分布荷载视为集中力，然后利用式（2-12）计算附加应力。这种计算附加应力的方法就是等代荷载法。这也使得利用高等数学的方法来计算一般性荷载所产生的附加应力成为可能。

【例 2-3】 某地基上作用二集中力 $P_1 = P_2 = 100\text{kN}$，如图 2-15 所示。试确定深度 $z = 2\text{m}$ 处的水平面上的附加应力分布。

解 P_1 或 P_2 所产生的附加应力计算结果见表 2-2。

表 2-2 P_1 与 P_2 所产生的附加应力计算

z/m	r/m	r/z	K	σ_z/kPa
2	0	0	0.4775	11.9
2	1	0.5	0.2733	6.8
2	2	1.0	0.0844	2.1
2	3	1.5	0.0251	0.6
2	4	2.0	0.0085	0.2

P_1 与 P_2 共同作用下，$z = 2\text{m}$ 处的附加应力见图 2-15。

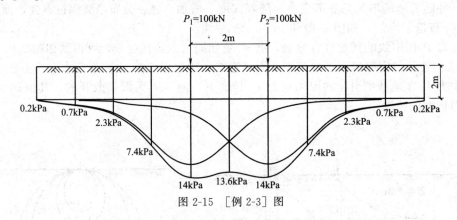

图 2-15 ［例 2-3］图

二、矩形面积上各种分布荷载作用下地基土中的附加应力

在工程上，有许多基础是矩形的。假设基础底面为一矩形面积，长度为 l，宽度为 b，且 $l/b < 10$，下面按不同荷载分布形式计算地基中的垂直竖向附加应力。

（一）均布的垂直荷载

当竖向垂直均布荷载 p 作用于矩形基底时，计算矩形四个角点下地基土中的附加应力。因四个角点应力相同，只需计算其中一个即可，见图 2-16。

矩形基底角点下任一深度 z 处的附加应力可采用式（2-10）进行二重积分求得：

$$\sigma_z = \int_0^l \int_0^b \frac{3p}{2\pi} \frac{z^3}{(x^2 + y^2 + z^2)^{5/2}} dx \, dy \tag{2-13}$$

$$= \frac{p}{2\pi} \left[\arctan \frac{m}{n\sqrt{1+m^2+n^2}} + \frac{mn}{\sqrt{1+m^2+n^2}} \left(\frac{1}{m^2+n^2} + \frac{1}{1+n^2} \right) \right]$$

式中，$m = \dfrac{l}{b}$，$n = \dfrac{z}{b}$。

令 $K_c = = \dfrac{1}{2\pi} \left[\arctan \dfrac{m}{n\sqrt{1+m^2+n^2}} + \dfrac{mn}{\sqrt{1+m^2+n^2}} \left(\dfrac{1}{m^2+n^2} + \dfrac{1}{1+n^2} \right) \right]$，则

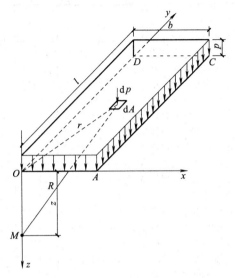

图 2-16 矩形面积均布垂直荷载作用时角点下的附加应力

$$\sigma_z = K_c p \tag{2-14}$$

式中 K_c——均布垂直荷载作用下矩形基底角点下垂直附加应力分布系数，可查表 2-3。

要计算矩形面积受均布垂直荷载作用下地基中任意点的竖向附加应力时，可以通过需计算的点作几条辅助线，将矩形面积划分为几个矩形，应用式（2-14）分别计算每一矩形上的均布荷载产生的附加应力，然后进行叠加求得，此法称为"角点法"。

图 2-17 中列出了几种计算点不在角点的情况，其计算方法如下。

（1）计算点 m 在矩形面积内时［见图 2-17（a）］

$$\sigma_z = (K_{cⅠ} + K_{cⅡ} + K_{cⅢ} + K_{cⅣ}) p$$

式中 $K_{cⅠ}$，$K_{cⅡ}$，$K_{cⅢ}$，$K_{cⅣ}$——相应于面积Ⅰ、面积Ⅱ、面积Ⅲ和面积Ⅳ的角点下附加应力系数。

（2）计算点 m 在矩形面积边缘上时［见图 2-17（b）］

$$\sigma_z = (K_{cⅠ} + K_{cⅡ}) p$$

（3）计算点 m 在矩形面积边缘外侧时［见图 2-17（c）］，可设想将基础底面增大，使 m 点成为矩形边缘上的角点，

$$\sigma_z = (K_{cⅠ} - K_{cⅡ} + K_{cⅢ} - K_{cⅣ}) p$$

式中，Ⅰ 为 $mfbg$；Ⅲ 为 $mecg$。

（4）计算点 m 在矩形面积角点外侧时［见图 2-17（d）］

$$\sigma_z = (K_{cⅠ} - K_{cⅡ} - K_{cⅢ} + K_{cⅣ}) p$$

式中，Ⅰ 为 $mhce$；Ⅱ 为 $mgde$；Ⅲ 为 $mhbf$。

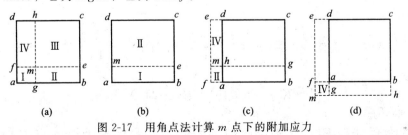

图 2-17 用角点法计算 m 点下的附加应力

表 2-3　矩形面积上作用垂直均布荷载时角点下附加应力系数

$n=z/b$ ＼ $m=l/b$	1.0	1.2	1.4	1.6	1.8	2.0	3.0	4.0	5.0	6.0	10.0
0.0	0.2500	0.2500	0.2500	0.2500	0.2500	0.2500	0.2500	0.2500	0.2500	0.2500	0.2500
0.2	0.2486	0.2489	0.2490	0.2491	0.2491	0.2491	0.2492	0.2492	0.2492	0.2492	0.2492
0.4	0.2401	0.2420	0.2429	0.2434	0.2437	0.2439	0.2442	0.2443	0.2443	0.2443	0.2443
0.6	0.2229	0.2275	0.2300	0.2315	0.2324	0.2329	0.2339	0.2341	0.2342	0.2342	0.2342
0.8	0.1999	0.2075	0.2120	0.2147	0.2165	0.2176	0.2196	0.2200	0.2202	0.2202	0.2202
1.0	0.1752	0.1851	0.1911	0.1955	0.1981	0.1999	0.2034	0.2042	0.2044	0.2045	0.2046
1.2	0.1516	0.1626	0.1705	0.1758	0.1793	0.1818	0.1870	0.1882	0.1885	0.1887	0.1888
1.4	0.1308	0.1423	0.1508	0.1569	0.1613	0.1644	0.1712	0.1730	0.1735	0.1738	0.1740
1.6	0.1123	0.1241	0.1329	0.1436	0.1445	0.1482	0.1567	0.1590	0.1598	0.1601	0.1604
1.8	0.0969	0.1083	0.1172	0.1241	0.1294	0.1334	0.1434	0.1463	0.1474	0.1478	0.1482
2.0	0.0840	0.0947	0.1034	0.1103	0.1158	0.1202	0.1314	0.1350	0.1363	0.1368	0.1374
2.2	0.0732	0.0832	0.0917	0.0984	0.1039	0.1084	0.1205	0.1248	0.1264	0.1271	0.1277
2.4	0.0642	0.0734	0.0812	0.0879	0.0934	0.0979	0.1108	0.1156	0.1175	0.1184	0.1192
2.6	0.0566	0.0651	0.0725	0.0788	0.0842	0.0887	0.1020	0.1073	0.1095	0.1106	0.1116
2.8	0.0502	0.0580	0.0649	0.0709	0.0761	0.0805	0.0942	0.0999	0.1024	0.1036	0.11048
3.0	0.0447	0.0519	0.0583	0.0640	0.0690	0.0732	0.0870	0.0931	0.0959	0.0973	0.0987
3.2	0.0401	0.0467	0.0526	0.0580	0.0627	0.0668	0.0806	0.0870	0.0900	0.0916	0.0933
3.4	0.0361	0.0421	0.0477	0.0527	0.0571	0.0611	0.0747	0.0814	0.0847	0.0864	0.0882
3.6	0.0326	0.0382	0.0433	0.0480	0.0523	0.0561	0.0694	0.0763	0.0799	0.0816	0.0837
3.8	0.0296	0.0348	0.0395	0.0439	0.0479	0.0516	0.0645	0.0717	0.0753	0.0773	0.0796
4.0	0.0270	0.0318	0.0362	0.0403	0.0441	0.0474	0.0603	0.0674	0.0712	0.0733	0.0758
4.2	0.0247	0.0291	0.0333	0.0371	0.0407	0.0439	0.0563	0.0634	0.0674	0.0696	0.0724
4.4	0.0227	0.0268	0.0306	0.0343	0.0376	0.0407	0.0527	0.0597	0.0639	0.0662	0.0692
4.6	0.0209	0.0247	0.0283	0.0317	0.0348	0.0378	0.0493	0.0564	0.0606	0.0630	0.0663
4.8	0.0193	0.0229	0.0262	0.0294	0.0324	0.0352	0.0463	0.0533	0.0576	0.0601	0.0635
5.0	0.0179	0.0212	0.0243	0.0274	0.0302	0.0328	0.0435	0.0504	0.0547	0.0573	0.0610
6.0	0.0127	0.0151	0.0174	0.0196	0.0218	0.0238	0.0325	0.0388	0.0431	0.0460	0.0506
7.0	0.0094	0.0112	0.0130	0.0147	0.0164	0.0180	0.0251	0.0306	0.0346	0.0376	0.0428
8.0	0.0073	0.0087	0.0101	0.0114	0.0127	0.0140	0.0198	0.0246	0.0283	0.0311	0.0367
9.0	0.0058	0.0069	0.0080	0.0091	0.0102	0.0112	0.0161	0.0202	0.0235	0.0262	0.0319
10.0	0.0047	0.0056	0.0065	0.0074	0.0083	0.0092	0.0132	0.0167	0.0198	0.0222	0.0280

应用"角点法"时，要注意以下几点。

① 划分矩形时，m 点应为公共角点；

② 所有划分的矩形总面积应等于原有受荷面积；

③ 每一个矩形面积中，长边为 l，短边为 b。

【例 2-4】　如图 2-18 所示，垂直均布荷载为 $p=100\text{kN/m}^2$，荷载作用面积为 20m×10m，求荷载面上点 A、E、O 以及荷载面外点 F、G 各点下 $z=2\text{m}$ 深度处的垂直附加应力。

解　（1）A 点下应力

A 是矩形 $ABCD$ 的角点，且 $m=\dfrac{l}{b}=\dfrac{20}{10}=2$，$n=\dfrac{z}{b}=\dfrac{2}{10}=0.2$，查表 2-3 得 $K_c=0.2491$，故

$$\sigma_z=K_c p=0.2491\times100=24.9\,(\text{kPa})$$

（2）E 点下应力

过 E 点作辅助线 EI，将矩形荷载面积分为两个相等矩形 $EADI$ 和 $EBCI$。求

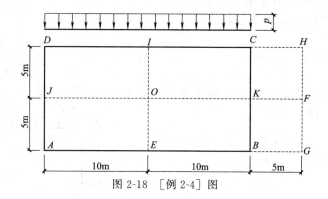

图 2-18 [例 2-4] 图

$EADI$ 的角点应力系数 K_c：

$$m=\frac{l}{b}=\frac{10}{10}=1,\ n=\frac{z}{b}=\frac{2}{10}=0.2,\ \text{查表 2-3 得 } K_c=0.2486,\ \text{故}$$

$$\sigma_z=2K_c p=2\times0.2486\times100=49.7\ (\text{kPa})$$

（3）O 点下应力

过 O 点作辅助线 EI 和 JK，将原矩形面积分为四个相等矩形 $OEAJ$、$OJDI$、$OKBE$ 和 $OICK$。求 $OEAJ$ 角点应力系数 K_c：

$$m=\frac{l}{b}=\frac{10}{5}=2,\ n=\frac{z}{b}=\frac{2}{5}=0.4,\ \text{查表 2-3 得 } K_c=0.2439,\ \text{故}$$

$$\sigma_z=4K_c p=4\times0.2439\times100=97.6\ (\text{kPa})$$

（4）F 点下应力

过 F 点作矩形 $FGAJ$、$FJDH$、$FGBK$ 和 $FKCH$。显然，只要求 $FGAJ$ 和 $FGBK$ 的角点应力系数 K_{c1} 和 K_{c2}，就可求出 F 点下应力 σ_z。

求 K_{c1}：$m=\frac{l}{b}=\frac{25}{5}=5,\ n=\frac{z}{b}=\frac{2}{5}=0.4,\ \text{查表 2-3 得 } K_{c1}=0.2443$

求 K_{c2}：$m=\frac{l}{b}=\frac{5}{5}=1,\ n=\frac{z}{b}=\frac{2}{5}=0.4,\ \text{查表 2-3 得 } K_{c2}=0.2401$

故　　　　　　$\sigma_z=2(K_{c1}-K_{c2})p=2\times(0.2443-0.2401)\times100=0.84\ (\text{kPa})$

（5）G 点下应力

过 G 点作矩形 $GADH$ 和 $GBCH$，分别求出它们的角点应力系数 K_{c1} 和 K_{c2}。

求 K_{c1}：$m=\frac{l}{b}=\frac{25}{10}=2.5,\ n=\frac{z}{b}=\frac{2}{10}=0.2,\ \text{查表 2-3 得 } K_{c1}=0.2491$

求 K_{c2}：$m=\frac{l}{b}=\frac{10}{5}=2,\ n=\frac{z}{b}=\frac{2}{5}=0.4,\ \text{查表 2-3 得 } K_{c2}=0.2439$

故　　　　　　$\sigma_z=(K_{c1}-K_{c2})p=(0.2491-0.2439)\times100=0.52\ (\text{kPa})$

（二）三角形分布的垂直荷载

如图 2-19 所示，在矩形基底面积上作用着三角形分布垂直荷载，最大荷载强度为 p_t。把坐标原点 O 建在荷载强度为零的一个角点上，由荷载的分布情况可知，荷载为零的两个角点下附加应力相同，荷载为 p_t 的两个角点下附加应力相同，将荷载为零的角点记作 1 角点，荷载为 p_t 的两个角点为 2 角点。

同样可由式（2-10）以集中力

$$\mathrm{d}p = \frac{p_t x}{b}\mathrm{d}x\,\mathrm{d}y \qquad (2\text{-}15)$$

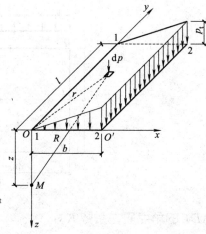

代替作用其上的分布荷载，用二重积分求得 1 点下任意深度 z 处的垂直附加应力 σ_z

$$\sigma_z = \frac{3p_t z^3}{2\pi b}\int_0^b\int_0^l \frac{x\,\mathrm{d}x\,\mathrm{d}y}{(x^2+y^2+z^2)^{5/2}}$$

$$= \frac{mn}{2\pi}\left[\frac{1}{\sqrt{m^2+n^2}} - \frac{n^2}{(1+n^2)\sqrt{1+m^2+n^2}}\right]p_t \qquad (2\text{-}16)$$

图 2-19　三角形分布荷载作用时角点
下的附加应力

式中，$m=\dfrac{l}{b}$，$n=\dfrac{z}{b}$，其中 b 是沿三角形荷载变化方向的矩形边长；l 为矩形的另一边长。

为了计算方便，通常把式（2-16）简写成

$$\sigma_z = K_{t1}p_t \qquad (2\text{-}17)$$

式中，$K_{t1} = \dfrac{mn}{2\pi}\left[\dfrac{1}{\sqrt{m^2+n^2}} - \dfrac{n^2}{(1+n^2)\sqrt{1+m^2+n^2}}\right]$，称 K_{t1} 为矩形面积垂直三角形荷载作用时角点 1 的附加应力系数，可查表 2-4。

同理，垂直三角形荷载最大值边的角点 2 下任意深度 z 处的附加应力 σ_z 为

$$\sigma_z = K_{t2}p_t \qquad (2\text{-}18)$$

式中　K_{t2} ——角点 2 下的垂直附加应力系数，可查表 2-4。

表 2-4　矩形面积受垂直三角形荷载作用时角点下的附加应力系数

z/b	l/b 0.2		0.4		0.6		0.8		1.0	
点	1	2	1	2	1	2	1	2	1	2
0.0	0.0000	0.2500	0.0000	0.2500	0.0000	0.2500	0.0000	0.2500	0.0000	0.2500
0.2	0.0223	0.1821	0.0280	0.2115	0.0296	0.2165	0.0301	0.2178	0.0304	0.2182
0.4	0.0269	0.1094	0.0420	0.1604	0.0487	0.1781	0.0517	0.1844	0.0531	0.1870
0.6	0.0259	0.0700	0.0448	0.1165	0.0560	0.1405	0.0621	0.1520	0.0654	0.1575
0.8	0.0232	0.0480	0.0421	0.0853	0.0553	0.1093	0.0637	0.1232	0.0688	0.1311
1.0	0.0201	0.0346	0.0375	0.0638	0.0508	0.0852	0.0602	0.0996	0.0666	0.1086
1.2	0.0171	0.0260	0.0324	0.0491	0.0450	0.0673	0.0546	0.0807	0.0615	0.0901
1.4	0.0145	0.0202	0.0278	0.0386	0.0392	0.0540	0.0483	0.0661	0.0554	0.0751
1.6	0.0123	0.0160	0.0238	0.0310	0.0339	0.0440	0.0424	0.0547	0.0492	0.0628
1.8	0.0105	0.0130	0.0204	0.0254	0.0294	0.0363	0.0371	0.0457	0.0435	0.0534
2.0	0.0090	0.0108	0.0176	0.0211	0.0255	0.0304	0.0324	0.0387	0.0384	0.0456
2.5	0.0063	0.0072	0.0125	0.0140	0.0183	0.0205	0.0236	0.0265	0.0284	0.0313
3.0	0.0046	0.0051	0.0092	0.0100	0.0135	0.0148	0.0176	0.0192	0.0214	0.0233
5.0	0.0018	0.0019	0.0036	0.0038	0.0054	0.0056	0.0071	0.0074	0.0088	0.0091
7.0	0.0009	0.0010	0.0019	0.0019	0.0028	0.0029	0.0038	0.0038	0.0047	0.0047
10.0	0.0005	0.0004	0.0009	0.0010	0.0014	0.0014	0.0019	0.0019	0.0023	0.0024

续表

l/b	1.2		1.4		1.6		1.8		2.0	
点 z/b	1	2	1	2	1	2	1	2	1	2
0.0	0.0000	0.2500	0.0000	0.2500	0.0000	0.2500	0.0000	0.2500	0.0000	0.2500
0.2	0.0305	0.2148	0.0305	0.2185	0.0306	0.2185	0.0306	0.2185	0.0306	0.2185
0.4	0.0539	0.1881	0.0543	0.1886	0.0545	0.1889	0.0546	0.1891	0.0547	0.1892
0.6	0.0673	0.1602	0.0684	0.1616	0.0690	0.1625	0.0694	0.1630	0.0696	0.1633
0.8	0.0720	0.1355	0.0739	0.1381	0.0751	0.1396	0.0759	0.1405	0.0764	0.1412
1.0	0.0708	0.1143	0.0735	0.1176	0.0753	0.1202	0.0766	0.1215	0.0774	0.1225
1.2	0.0664	0.0962	0.0698	0.1007	0.0721	0.1037	0.0738	0.1055	0.0749	0.1069
1.4	0.0606	0.0817	0.0644	0.0864	0.0672	0.0897	0.0692	0.0921	0.0707	0.0937
1.6	0.0545	0.0696	0.0586	0.0743	0.0616	0.0780	0.0639	0.0806	0.0656	0.0826
1.8	0.0487	0.0596	0.0528	0.0644	0.0560	0.0681	0.0585	0.0709	0.0604	0.0730
2.0	0.0434	0.0513	0.0474	0.0560	0.0507	0.0596	0.0533	0.0625	0.0553	0.0649
2.5	0.0326	0.0365	0.0362	0.0405	0.0393	0.0440	0.0419	0.0469	0.0440	0.0491
3.0	0.0249	0.0270	0.0280	0.0303	0.0307	0.0333	0.0331	0.0359	0.0352	0.0380
5.0	0.0104	0.0108	0.0120	0.0123	0.0135	0.0139	0.0148	0.0154	0.0161	0.0167
7.0	0.0056	0.0056	0.0064	0.0066	0.0073	0.0074	0.0081	0.0083	0.0089	0.0091
10.0	0.0028	0.0028	0.0033	0.0032	0.0037	0.0037	0.0041	0.0042	0.0046	0.0046

l/b	3.0		4.0		6.0		8.0		10.0	
点 z/b	1	2	1	2	1	2	1	2	1	2
0.0	0.0000	0.2500	0.0000	0.2500	0.0000	0.2500	0.0000	0.2500	0.0000	0.2500
0.2	0.0306	0.2186	0.0306	0.2186	0.0306	0.2186	0.0306	0.2186	0.0306	0.2186
0.4	0.0548	0.1894	0.0549	0.1894	0.0549	0.1894	0.0549	0.1894	0.0549	0.1894
0.6	0.0701	0.1638	0.0702	0.1639	0.0702	0.1640	0.0702	0.1640	0.0702	0.1640
0.8	0.0773	0.1423	0.0776	0.1424	0.0776	0.1426	0.0776	0.1426	0.0776	0.1426
1.0	0.0790	0.1244	0.0794	0.1248	0.0795	0.1250	0.0796	0.1250	0.0796	0.1250
1.2	0.0774	0.1096	0.0779	0.1103	0.0782	0.1105	0.0783	0.1105	0.0783	0.1105
1.4	0.0739	0.0973	0.0748	0.0982	0.0752	0.0986	0.0752	0.0987	0.0753	0.0987
1.6	0.0697	0.0870	0.0708	0.0882	0.0714	0.0887	0.0715	0.0888	0.0715	0.0889
1.8	0.0652	0.0782	0.0666	0.0797	0.0673	0.0805	0.0675	0.0806	0.0675	0.0808
2.0	0.0607	0.0707	0.0624	0.0726	0.0634	0.0734	0.0636	0.0736	0.0636	0.0738
2.5	0.0504	0.0559	0.0529	0.0585	0.0543	0.0601	0.0547	0.0604	0.0548	0.0605
3.0	0.0419	0.0451	0.0449	0.0482	0.0469	0.0504	0.0474	0.0509	0.0476	0.0511
5.0	0.0214	0.0221	0.0248	0.0256	0.0283	0.0290	0.0296	0.0303	0.0301	0.0309
7.0	0.0124	0.0126	0.0152	0.0154	0.0186	0.0190	0.0204	0.0207	0.0212	0.0216
10.0	0.0066	0.0066	0.0084	0.0083	0.0111	0.0111	0.0128	0.0130	0.0139	0.0141

三、圆形面积上均布荷载作用下地基土中的附加应力

在工程上，有一些基础是圆形的，譬如现浇混凝土桩基础。设圆形基础半径为 R，其工作面有均布荷载 p，需求圆形面积中心点下深度 z 处的竖向附加应力（见图 2-20）。现采用极坐标，将极坐标原点放在圆心 O 处，在圆面积内取微分面积 $dA = r d\beta dr$，将其上的荷载视为集中力 $dp = p dA = p r d\beta dr$，由式（2-10）用二重积分求得圆心 O 点下深度 z 处的垂直附加应力，其公式为

$$\sigma_z = K_0 p \tag{2-19}$$

式中　K_0——圆形面积均布荷载作用时，圆心点下的垂直附加应力系数，可查表 2-5。

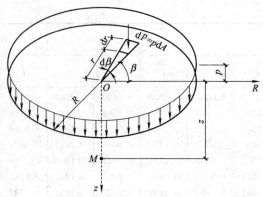

图 2-20 圆形面积上均布荷载作用时中心点下的附加应力

同理，圆形面积均布荷载作用时，圆形荷载周边下的附加应力 σ_z 为

$$\sigma_z = K_r p \qquad (2\text{-}20)$$

式中 K_r——圆形面积均布荷载作用时，圆周边下的垂直附加应力系数，可查表 2-5。

表 2-5 均布圆形荷载中心点及周边下的附加应力系数

系数 z/R	K_O	K_r	系数 z/R	K_O	K_r	系数 z/R	K_O	K_r
0.0	1.000	0.500	1.6	0.390	0.244	3.2	0.130	0.103
0.1	0.999	0.482	1.7	0.360	0.229	3.3	0.124	0.099
0.2	0.993	0.464	1.8	0.332	0.217	3.4	0.117	0.094
0.3	0.976	0.447	1.9	0.307	0.204	3.5	0.111	0.089
0.4	0.949	0.432	2.0	0.285	0.193	3.6	0.106	0.084
0.5	0.911	0.412	2.1	0.264	0.182	3.7	0.100	0.079
0.6	0.864	0.374	2.2	0.246	0.172	3.8	0.096	0.074
0.7	0.811	0.369	2.3	0.229	0.162	3.9	0.091	0.070
0.8	0.756	0.363	2.4	0.211	0.154	4.0	0.087	0.066
0.9	0.701	0.347	2.5	0.200	0.146	4.2	0.079	0.058
1.0	0.646	0.332	2.6	0.187	0.139	4.4	0.073	0.052
1.1	0.595	0.313	2.7	0.175	0.133	4.6	0.067	0.049
1.2	0.547	0.303	2.8	0.165	0.125	4.8	0.062	0.047
1.3	0.502	0.286	2.9	0.155	0.119	5.0	0.057	0.045
1.4	0.461	0.270	3.0	0.146	0.113			
1.5	0.424	0.256	3.1	0.138	0.108			

四、条形面积上各种分布荷载作用下地基土中的附加应力

在工程中，像路基、坝基、挡土墙、墙基等建筑物或构造物基础，其长度远远超过宽度。基础的长宽比 $l/b \geqslant 10$ 时，即认为是条形基础。一般地，当基础底面的长宽比 $l/b \geqslant 10$ 时，计算的地基土中附加应力与按 $l/b = \infty$ 时的计算结果相差甚微。当无限长条形基础承受均布荷载时，在土中垂直于长度方向的任一截面上的附加应力分布规律均相同，且在长度延伸方向地基的应变和位移均为零。因此，对条形基础只要算出任一截面上的附加应力，即可代表其他平行的截面。

（一）垂直均布线荷载

当垂直均布线荷载作用于地基表面时（见图 2-21），在线荷载上取一微分段 $\mathrm{d}y$。作用于 $\mathrm{d}y$ 上的荷载为 $p\mathrm{d}y$，可将其看做一个集中力，其在地基内 M 点引起的垂直附加应力为

$$\mathrm{d}\sigma_z = \frac{3pz^3}{2\pi R^5}\mathrm{d}y$$

则
$$\sigma_z = \int_{-\infty}^{+\infty} \frac{3pz^3}{2\pi(x^2+y^2+z^2)^{\frac{5}{2}}}\mathrm{d}y = \frac{2pz^3}{\pi(x^2+z^2)^2} \tag{2-21}$$

同集中荷载相同，实际意义上的线荷载是不存在的。它可以看做是条形面积在宽度趋于零时的特殊情况。以线荷载为基础，通过积分可求条形面积作用着各种分布荷载时地基土中的附加应力。

（二）垂直均布条形荷载

如图 2-22 所示，在地基表面作用无限长垂直均布条形荷载 p，则地基中 M 点的垂直附加应力可由式（2-21）在荷载分布宽度 b 范围内积分求得。

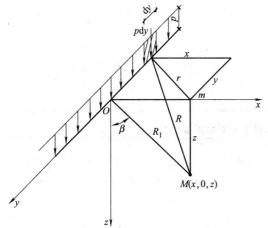

图 2-21 垂直均布线荷载下地基中附加应力

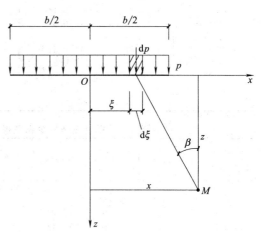

图 2-22 垂直均布条形荷载作用下地基中附加应力

$$\sigma_z = \int_{-b/2}^{b/2} \frac{3pz^3\mathrm{d}\xi}{\pi[(x-\xi)^2+z^2]^2}$$

$$= \frac{p}{\pi}\left[\arctan\frac{1-2m}{2n} + \arctan\frac{1+2m}{2n} - \frac{4n(4m^2-4n^2-1)}{(4m^2+4n^2-1)^2+16n^2}\right] = K_{sz}p \tag{2-22}$$

式中 K_{sz}——条形基础上作用垂直均布荷载时竖向附加应力系数，可查表 2-6。其中

$$m = \frac{x}{b}, \ n = \frac{z}{b}$$

（三）垂直三角形分布条形荷载

如图 2-23 所示，在地基表面上作用无限长垂直三角形分布条形荷载，荷载最大值为 p_t。取零荷载处为坐标原点，以荷载增大的方向为 x 正向，则地基中 M 点的竖向附加应力可由式（2-21）在荷载分布宽度 b 范围内积分求得

$$\sigma_z = \frac{2z^3p}{\pi b}\int_0^b \frac{\xi\mathrm{d}\xi}{[(x-\xi)^2+z^2]^2}$$

$$= \frac{p}{\pi}\left[\begin{array}{l} n\left(\arctan\dfrac{m}{n}-\arctan\dfrac{m-1}{n}\right)\\ -\dfrac{n(m-1)}{(m-1)^2+n^2} \end{array}\right] = K_{tz}p$$

$$\tag{2-23}$$

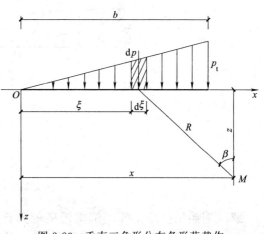

图 2-23 垂直三角形分布条形荷载作用下地基中附加应力

式中 k_{tz}——条形基础上作用三角形分布荷载时附加应力系数，可查表2-7。其中

$$m = \frac{x}{b}, \quad n = \frac{z}{b}$$

表 2-6　垂直均布条形荷载作用下地基中附加应力系数 K_{sz}

z/b　　x/b	0.00	0.25	0.50	1.00	1.50	2.00
0.00	1.00	1.00	0.50	0.00	0.00	0.00
0.25	0.96	0.90	0.50	0.02	0.00	0.00
0.50	0.82	0.74	0.48	0.08	0.02	0.00
0.75	0.67	0.61	0.45	0.15	0.04	0.02
1.00	0.55	0.51	0.41	0.19	0.07	0.03
1.25	0.46	0.44	0.37	0.20	0.10	0.04
1.50	0.40	0.38	0.33	0.21	0.11	0.06
1.75	0.35	0.34	0.30	0.21	0.13	0.07
2.00	0.31	0.31	0.28	0.20	0.14	0.08
3.00	0.21	0.21	0.20	0.17	0.13	0.10
4.00	0.16	0.16	0.15	0.14	0.12	0.10
5.00	0.13	0.13	0.12	0.12	0.11	0.09
6.00	0.11	0.11	0.10	0.10	0.10	—

表 2-7　垂直三角形分布条形荷载作用下地基中附加应力系数 K_{tz}

z/b　　x/b	−0.50	−0.25	+0.00	+0.25	+0.50	+0.75	+1.00	+1.25	+1.50
0.01	0.000	0.000	0.003	0.249	0.500	0.750	0.497	0.000	0.000
0.1	0.000	0.002	0.032	0.251	0.498	0.737	0.468	0.010	0.002
0.2	0.003	0.009	0.061	0.255	0.489	0.682	0.437	0.050	0.009
0.4	0.010	0.036	0.011	0.263	0.441	0.534	0.379	0.137	0.043
0.6	0.030	0.066	0.140	0.258	0.378	0.421	0.328	0.177	0.080
0.8	0.050	0.089	0.155	0.243	0.321	0.343	0.285	0.188	0.106
1.0	0.065	0.104	0.159	0.224	0.275	0.286	0.250	0.184	0.121
1.2	0.070	0.111	0.154	0.204	0.239	0.246	0.221	0.176	0.126
1.4	0.080	0.144	0.151	0.186	0.210	0.215	0.198	0.165	0.127
2.0	0.090	0.108	0.127	0.143	0.153	0.155	0.147	0.134	0.115

【例 2-5】 已知某条形基础底宽 $b = 15\text{m}$，地基表面上作用的荷载如图 2-24 所示，试求基础中心点下附加应力 σ_z 沿深度的分布。

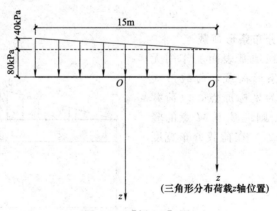

图 2-24 ［例 2-5］图

解 将条形基底上作用的垂直梯形分布荷载分成一个 $p_t = 40\text{kN/m}^2$ 的三角形分布荷载与一个 $p = 80\text{kN/m}^2$ 的均布荷载。分别计算 $z = 0\text{m}$、0.15m、1.5m、3m、6m、9m、12m、15m、21m 处的附加应力，计算结果列于表 2-8。

表 2-8　［例 2-5］表

点号	深度 z/m	$\dfrac{z}{b}$	均布荷载 $p=80\mathrm{kN/m^2}$			三角形荷载 $p_\mathrm{t}=40\mathrm{kN/m^2}$			$\sigma_z=\sigma_z'+\sigma_z''$ /kPa
			$\dfrac{x}{b}$	K_{sz}	σ_z'	$\dfrac{x}{b}$	K_{tz}	σ_z''	
0	0	0	0	1	80.0	0.5	0.5	20	100
1	0.15	0.01	0	0.999	79.9	0.5	0.5	20	99.9
2	1.5	0.1	0	0.997	79.8	0.5	0.498	19.9	99.7
3	3.0	0.2	0	0.978	78.2	0.5	0.489	19.6	97.8
4	6.0	0.4	0	0.881	70.5	0.5	0.441	17.6	88.1
5	9.0	0.6	0	0.756	60.5	0.5	0.378	15.1	75.6
6	12.0	0.8	0	0.642	51.4	0.5	0.321	12.8	64.2
7	15.0	1.0	0	0.549	43.9	0.5	0.275	11.0	54.9
8	21.0	1.4	0	0.420	33.6	0.5	0.210	8.4	42.0

讨论：本题（例 2-5）若采用对称性和叠加原理，取 $p=100\mathrm{kPa}$，按垂直均布荷载计算将会得到同样的结果，且计算更简捷。请自行分析。

小　结

地基土中的应力包括自重应力和附加应力两部分。自重应力是由土体自身重量引起的，附加应力是由自身以外的荷载引起的。本章主要介绍了这两种应力的计算方法。

基底压力的计算是附加应力计算的基础。计算分以下两种情况。

（1）中心荷载作用时，基底压力 $p=(F+G)/A$

（2）单向偏心荷载作用时，基底压力

$$\begin{matrix}p_{\max}\\p_{\min}\end{matrix}=\frac{F+G}{A}\pm\frac{M}{W}=\frac{F+G}{bl}\left(1+\frac{6e}{l}\right)$$

基底附加压力是指导致地基中产生附加应力的那部分基底压力。有以下两种情况。

（1）基地压力均匀分布时，$p_0=p-\gamma_0 d$

（2）基底压力梯形分布时，

$$\begin{matrix}p_{0\max}\\p_{0\min}\end{matrix}=\begin{matrix}p_{\max}\\p_{\min}\end{matrix}-\gamma_0 d$$

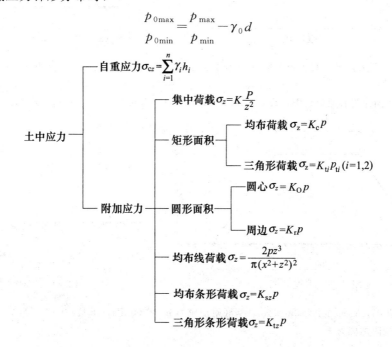

思 考 题

1. 何谓土的自重压力？如何计算？
2. 地下水位升降对土中应力分布有何影响？
3. 如何计算基底附加压力？在计算中为什么要减去基底自重压力？
4. 在集中荷载作用下，地基中附加应力的分布有何规律？
5. 何谓"角点法"？如何应用"角点法"计算基础底面下任意点的附加应力？
6. 宽度相同的矩形与条形基础，其基底压力相同，在同一深处，哪一个基础下产生的附加应力大？为什么？
7. 附加应力在基底以外沿深度分布的规律是怎样的？
8. 基底面积无限大的基础承受均布荷载时，地基中的附加应力的特点是什么？

习 题

1. 某工程地质勘察结果：第一、二层土为不透水性土，其天然重度为 $\gamma_1 = 19 \mathrm{kN/m^3}$，$\gamma_2 = 20 \mathrm{kN/m^3}$；第三层土为透水性土，其饱和重度为 $\gamma_{3\mathrm{sat}} = 24 \mathrm{kN/m^3}$，如图 2-25 所示。求各层面的垂直自重应力，并画出其分布线。

2. 如图 2-26 所示，某钢筋混凝土基础底面尺寸为 $l = 4\mathrm{m}$，$b = 2\mathrm{m}$。作用于其基底荷载有中心荷载 $F = 680 \mathrm{kN}$，力矩 $M = 891 \mathrm{kN \cdot m}$，基础埋深为 2m，求基底压力分布。

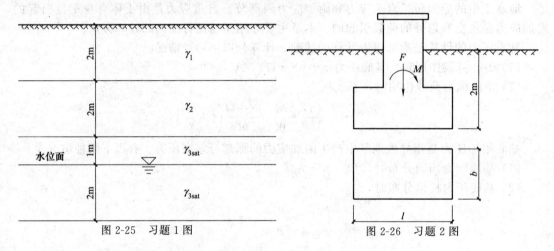

图 2-25 习题 1 图   图 2-26 习题 2 图

3. 如图 2-27 所示，有一土坝高度为 5m，顶宽为 10m，底宽 20m，已知填土重为 $20 \mathrm{kN/m^3}$。求基底压力分布。

4. 在地基表面作用有两个集中荷载，见图 2-28，试计算地基中 1、2、3 点（深度为 2m）附加应力。

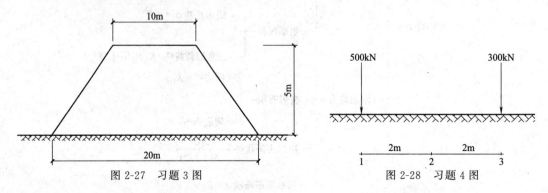

图 2-27 习题 3 图   图 2-28 习题 4 图

5. 某矩形基础，底面尺寸为 $2\mathrm{m} \times 4\mathrm{m}$，基底附加应力 $p_0 = 200 \mathrm{kPa}$，求基底中心、两个边缘中心点及角点下 $z = 3\mathrm{m}$ 处的附加应力 σ_z。

6. 在习题 3 中，求路堤中心点下 4m 处的附加应力。

7. 水中有一矩形基础，底面积为 8m×5m，作用于基底的中心荷载 $N = 1200$kN（包括基础重力及水的浮力），基础埋深为 3.2m，各土层为透水性土。其重度见图 2-29。试计算基底中心点下各点的竖向自重应力 σ_{cz} 与附加应力 σ_z。

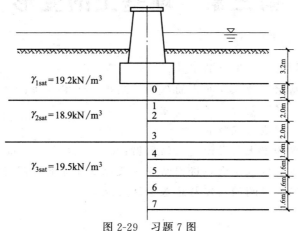

$\gamma_{1sat} = 19.2$kN/m^3

$\gamma_{2sat} = 18.9$kN/m^3

$\gamma_{3sat} = 19.5$kN/m^3

图 2-29　习题 7 图

第三章　地基土的变形

- 了解土的压缩与基础沉降的实质；
- 熟悉室内固结试验的原理和土的压缩性指标的测定方法；熟悉有效应力原理；
- 掌握地基最终沉降量的各种计算方法；
- 了解应力历史对地基沉降的影响；
- 了解达西定律和流土与管涌发生的原因；
- 熟悉饱和黏性土地基单向渗透固结理论及地基沉降随时间变化的规律；
- 了解建筑物沉降观测的内容与地基容许沉降量。

- 会测定土的压缩性指标，并能运用这些指标对土的压缩性作出评价；
- 会计算基础的沉降量；
- 能进行建筑物沉降观测。

在由建筑物或构筑物等引起的基底附加压力的作用下，地基土中会产生附加应力。同其他材料一样，在附加应力的作用下，地基土会产生附加的变形，这种变形包括体积变形和形状变形。在附加应力作用下，土的体积变形通常表现为体积缩小，土的这种性能称为土的压缩性。

由于土具有压缩性，因而地基土承受基底附加压力后，必然在垂直方向产生一定的位移，这种位移称为地基沉降。地基沉降值的大小，一方面与荷载有关，即与建筑物或构筑物等荷载的大小和分布有关；另一方面与土的状况有关，即与地基土的类型、分布、土层的厚度及其压缩性有关。

地基沉降有均匀沉降和不均匀沉降两种。无论哪种沉降都会对建筑物或构筑物产生危害。轻则会影响建筑物或构筑物的正常使用和美观，例如挡水土坝，若产生较大的沉降，将不能满足抗洪蓄水的要求；重则造成建筑物或构筑物的破坏。因此，进行地基设计时，必须根据建筑物或构筑物的情况和勘探试验资料，计算地基可能发生的沉降，并设法将其控制在建筑物或构筑物所容许的范围内。

本章主要介绍土的压缩性、地基最终沉降量计算、地基沉降与时间的关系及地基容许沉降量。

第一节　土的压缩试验和指标

土的压缩性是指土在压力作用下体积缩小的特性，而土的体积缩小主要是由于孔隙体积减小引起的。试验研究表明，固体土颗粒和孔隙水本身的压缩量是很微小的。在通常工程压力（<600kPa）作用下，其压缩量不足总压缩量的1/400，一般可不予考虑。对于封闭气体的压缩，只有在高饱和的土中发生，但因土中含气率很小，它的压缩量在土体总压缩量中所占的比例也很小，一般也可以忽略不计。因此，土的压缩主要是在压力作用下，由于土粒产生相对移动并重新排列，导致土的孔隙体积减小和孔隙水及气体的排除所引起的。对于透水性较大的无黏性土，由于水极易排出，这一压缩过程在极短时间内即可完成；而对于饱和黏

性土，由于透水性小，排水缓慢，故需要很长时间才能达到压缩稳定。土体在压力作用下，其压缩量随时间增长的过程称为土的固结。一般情况下，无黏性土在施工完毕时固结基本完成，而黏性土尤其是饱和黏性土需要几年甚至几十年才能达到固结稳定。

为了进行基础设计，计算地基的沉降量，必须先获取土的压缩性指标。土的压缩性指标可以通过室内侧限压缩试验方法取得。

一、土的侧限压缩试验及 e-p 曲线

（一）土的侧限压缩试验

研究土的压缩性及其特征的室内试验方法称为压缩试验，亦称固结试验。压缩试验通常是取天然结构的原状土样，进行侧限压缩试验。所谓侧限压缩试验是指限制土体的侧向变形，使土样只产生竖向变形。对一般工程来说，在压缩土层厚度较小的情况下，侧限压缩试验的结果与实际情况比较吻合。进行压缩试验的仪器叫压缩仪，又称固结仪，试验装置如图 3-1 所示。

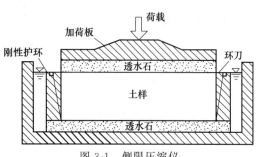

图 3-1 侧限压缩仪

实验时，先用金属环刀（内径 61.8mm 或 79.8mm，高 20mm）从原状土样切取试样，然后将环刀和试样一起放入一刚性护环内，上下面各置一块透水石，以使试样受压后能够自由排水，传压板通过透水石上面对试样施加垂直荷载。由于被金属环刀及刚性护环限制，土样在压力作用下只能在竖向产生压缩，而不能产生侧向变形，故称为侧限压缩。详细的操作步骤见《土工试验方法标准》（GB/T 50123—1999）[2007 版]。

实验中，荷载逐渐增加（不少于四级荷载），在每级荷载作用下将土样压至稳定后，再加下一级荷载。一般工程压力为 50kPa、100kPa、200kPa、400kPa、800kPa、1600kPa、3200kPa，根据每级荷载作用下的稳定压缩变形量，可以计算各级荷载作用下的孔隙比，从而绘制出土样的压缩曲线，即 e-p 曲线。

（二）e-p 曲线

e-p 曲线又称为压缩曲线。

根据土样的竖向压缩量与土样的三项基本物理性质指标，可以导出试验过程孔隙比的计算公式。

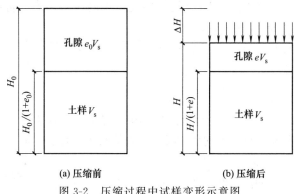

(a) 压缩前　　　　(b) 压缩后

图 3-2 压缩过程中试样变形示意图

设试样初始高度为 H_0，试样受压变形稳定后的高度为 H，试样变形量为 ΔH，即 $H = H_0 - \Delta H$。若试样受压前初始孔隙比为 e_0，则受压后孔隙比为 e，如图 3-2 所示。

由于试验过程中土粒体积 V_s 不变和在侧限条件下试验使得试样的面积 A 不变，根据试验过程中的基本物理关系可列出下式

$$V_0 = H_0 A = V_s + e_0 V_s = V_s(1 + e_0)$$

由此可得

$$\frac{H_0}{1+e_0} = \frac{V_s}{A}$$

同样，
$$HA = V_s + eV_s = V_s(1+e)$$

$$\frac{H}{1+e} = \frac{V_s}{A}$$

由于 A 及 V_s 为不变量，所以有

$$\frac{H_0}{1+e_0} = \frac{H}{1+e}$$

将 $H = H_0 - \Delta H$ 代入上式，并整理得

$$e = e_0 - \frac{\Delta H}{H_0}(1+e_0) \tag{3-1}$$

式中 e_0——试样受压前初始孔隙比，可由基础物理性质指标求得，即

$$e_0 = \frac{d_s(1+w)\rho_w}{\rho} - 1$$

d_s——土粒相对密度；

ρ_w——水的密度，g/cm^3；

w——试样的初始含水量；

ρ——试样的受压前初始密度，g/cm^3；

H_0——试样的初始高度，mm；

ΔH——某级压力下试样高度变化，mm。

根据式（3-1），在 e_0 已知的情况下，只要压缩试验测得各级压力 p 作用下压缩量，就能求出对应的孔隙比 e，从而绘出试样压缩试验的 e-p 曲线。见图 3-3。

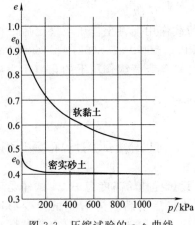

图 3-3 压缩试验的 e-p 曲线

二、土的压缩性指标

通常将侧限压缩试验的 e-p 关系用普通直角坐标绘制如图 3-3 的 e-p 曲线。

（一）压缩系数 a

从图 3-3 可以看出，由于软黏土的压缩性大，当发生压力变化 Δp 时，则相应的孔隙比的变化 Δe 也大，因而曲线就比较陡；相反地，像密实砂土的压缩性小，当发生相同压力变化 Δp 时，相应的孔隙比的变化 Δe 就小，因而曲线比较平缓，因此，土的压缩性大小可以用 e-p 曲线的斜率来表示。

e-p 曲线上任意点的切线斜率 a 称为压缩系数：

$$a = -\frac{de}{dp} \tag{3-2}$$

式（3-2）中，为了 a 取正值而加了一个负号。

如图 3-4 所示，当压力变化范围不大时，土的 e-p 曲线可近似用割线来表示。当压力由 p_1 增至 p_2 时，相应的孔隙比由 e_1 减小到 e_2，则压缩系数近似地用割线 M_1M_2 的斜率来表示，即

$$a = \tan\alpha = -\frac{\Delta e}{\Delta p} = \frac{e_1 - e_2}{p_2 - p_1} \tag{3-3}$$

式中 a——压缩系数，MPa^{-1}；

p_1——地基土中某深度处土中的原有的垂直自重应力，kPa；

p_2——地基土中某深度处自重应力与附加应力之和，kPa；

e_1——相应于 p_1 作用下压缩稳定后土的孔隙比；

e_2——相应于 p_2 作用下压缩稳定后土的孔隙比。

压缩系数 a 表示在单位压力增量作用下土的孔隙比的减小量。因此，压缩系数 a 越大，土的压缩性就越大。不同的土压缩性差异很大，即使是同一种土，其压缩性也是有差异的。由于 $e\text{-}p$ 曲线在压力较小时，曲线较陡，而随着压力的增大曲线越来越平缓，因此，一种土的压缩系数 a 值不是一个常量。工程上提出用 $p_1 = 100\text{kPa}$，$p_2 = 200\text{kPa}$ 时相对应的压缩系数 a_{1-2} 来评价土的压缩性。

$a_{1-2} < 0.1\text{MPa}^{-1}$，属低压缩性土；

$0.1\text{MPa}^{-1} \leqslant a_{1-2} < 0.5\text{MPa}^{-1}$，属中压缩性土；

$a_{1-2} \geqslant 0.5\text{MPa}^{-1}$，属高压缩性土。

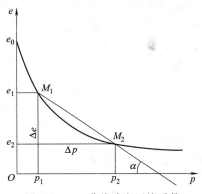

图 3-4　$e\text{-}p$ 曲线确定压缩系数

（二）压缩指数

土的压缩试验结果也可用 $e\text{-}\lg p$ 曲线表示，即横坐标用对数表示，见图 3-5。从图中可以看出，在压力较大部分，$e\text{-}\lg p$ 曲线趋于直线，该直线的斜率称为压缩指数，用 C_c 表示，它是无量纲量。

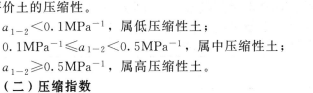

$$C_c = \frac{e_1 - e_2}{\lg p_2 - \lg p_1} = \frac{e_1 - e_2}{\lg \dfrac{p_2}{p_1}} \tag{3-4}$$

压缩指数 C_c 与压缩系数 a 不同，a 值随压力变化而变化，而 C_c 值在压力较大时为常数，不随压力变化而变化。由于 $e\text{-}\lg p$ 曲线使用起来较为方便，在国内外被广泛应用于分析研究应力历史对土的压缩性的影响。

图 3-5　$e\text{-}\lg p$ 曲线确定压缩指数

压缩指数 C_c 也是表示土的压缩性高低的指标，C_c 越大，压缩曲线越陡，压缩性越高；反之压缩性越低。低压缩性土的 C_c 值一般小于 0.2，高压缩性土的 C_c 值一般大于 0.4，中压缩性土的 C_c 值一般在 0.2～0.4 范围内。

（三）压缩模量 E_s

根据 $e\text{-}p$ 曲线，可以得到土的另一个重要的侧限压缩性指标——侧限压缩模量，简称压缩模量，用 E_s 表示。

压缩模量是指侧限条件下，土的垂直应力增量 Δp 与应变 ε_z 之比。在土的压缩试验中，在 p_1 作用下至变形稳定时，试样的高度为 H_1，此时试样的孔隙比为 e_1。当压力从 p_1 增至 p_2 时，压力增量 $\Delta p = p_2 - p_1$，其稳定的试样高度为 H_2，变形量 $\Delta s = H_1 - H_2$，相应的孔隙比为 e_2，由式（3-1）得

$$\Delta s = \frac{e_1 - e_2}{1 + e_1} H_1 \tag{3-5}$$

由土的压缩模量的定义及式（3-5），可得

$$E_s = \frac{\Delta p}{\varepsilon_z} = \frac{p_2 - p_1}{\dfrac{\Delta s}{H_1}} = \frac{p_2 - p_1}{\dfrac{e_1 - e_2}{1 + e_1}} = \frac{1 + e_1}{\dfrac{e_1 - e_2}{p_2 - p_1}} = \frac{1 + e_1}{a} \tag{3-6}$$

土的压缩模量 E_s 是表示土的压缩性的又一个指标。同压缩系数 a 一样，压缩模量也不是常数，而是随着压力变化而变化的。显然，在同一条 $e\text{-}p$ 曲线上，当压力小的时候，压缩系数 a 大，压缩模量 E_s 小；在压力大的时候，压缩系数 a 小，压缩模量 E_s 大。

压缩模量 E_s 与压缩系数成反比，压缩系数 a 越大，压缩模量越小，土的压缩性越高。一般当 $E_s < 4MPa$ 时属高压缩性土；当 $E_s = 4 \sim 15MPa$ 时属中压缩性土；当 $E_s > 15MPa$ 时属低压缩性土。

实际上，土的压缩模量与其他材料的弹性模量一样，它是反映土抵抗变形的能力，但需要说明的是，两者之间有着本质的区别：①土的压缩只能竖向变形，不能侧向变形，即侧面受到约束；②土不是弹性体，而是弹塑性复合体，当应力去除后不能恢复到原来状态，土的变形既有弹性变形，又有塑性变形。

【例 3-1】 某原状土的试样进行室内侧限压缩试验，其试验结果见表 3-1。求土的压缩系数 a_{1-2}、压缩模量 E_{s1-2}，并判别土的压缩性大小。

表 3-1 土的侧限压缩试验

p/kPa	50	100	200	400
e	0.924	0.908	0.888	0.859

解

$$a_{1-2} = \frac{0.908 - 0.888}{0.2 - 0.1} = 0.2 \,(MPa^{-1})$$

$$E_{s1-2} = \frac{1 + e_1}{a_{1-2}} = \frac{1 + 0.908}{0.2} = 9.54 \,(MPa)$$

该土样为中等压缩性。

第二节 分层总和法计算地基最终沉降量

在进行地基基础设计时，无论采用天然地基还是采用人工地基，都必须先估算地基最终沉降量。地基最终沉降量是指地基在荷载作用下变形稳定后基底处的最大竖向位移。地基最终沉降量的计算方法有多种，本节介绍常用的分层总和法，下一节介绍规范法。

一、基本假定

所谓分层总和法，就是将地基土在计算深度范围内，分成若干土层，计算每一土层的压缩变形量，然后叠加起来，就得到地基的沉降量。在采用分层总和法计算地基最终沉降量时，为了简化计算，通常假定如下。

① 地基是均质、各向同性的半无限线性变形体，即可按弹性理论计算土中应力。

② 地基土在压缩变形时，只产生竖向压缩变形，不产生侧向变形，因此可采用侧限条件下的压缩性指标。为了弥补由于忽略地基土侧向变形而使计算结果偏小的误差，通常取基底中心点下的附加应力进行沉降量计算，以基底中点的沉降作为基础的沉降。

二、计算公式

（一）单一薄压缩土层的沉降计算

如图 3-6 所示，当基础下压缩土层厚度 $H < 0.5b$（b 为基础宽度），或当基础尺寸或荷载面积水平向为无限分布时，地基压缩层内只有竖向压缩变形，而没有侧向变形，因而，地基土应力与变形情况都与压缩仪中试样的应力和变形情况类似。由式（3-5），薄层地基土压缩为

$$\Delta S = \Delta H = \frac{e_1 - e_2}{1 + e_1} H = \frac{\Delta e}{1 + e_1} H \tag{3-7}$$

式中 H——薄压缩层原厚度，mm；

e_1——与薄压缩层自重应力值 σ_c（即初始压力 p_1）对应的孔隙比，可从土的 e-p 曲线上查得。

e_2——与自重应力 σ_c 和附加应力之和（即 p_2）对应的孔隙比，可从土的 e-p 曲线上

查得。

不难证明，式（3-7）亦可写成

$$\Delta S = \frac{a}{1+e_1}\sigma_z H = \frac{1}{E_s}\sigma_z H \qquad (3\text{-}8)$$

式中　a——压缩系数，MPa^{-1}；

　　　σ_z——薄地基压缩层中平均附加应力，

　　　　　即 $\sigma_z = p_2 - p_1$，kPa；

　　　E_s——压缩模量，MPa。

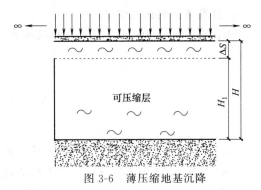

图 3-6　薄压缩地基沉降

（二）单向压缩分层总和法

对于压缩土层较厚或成层，而荷载仅在局部范围分布的地基，可以采用分层总和法来计算地基最终沉降量。所谓分层总和法，就是将地基土在计算深度范围内分成若干水平土层，计算每层土的压缩量，然后叠加起来，就得到地基最终沉降量。

由于地基土的应力扩散作用，地基表面上作用的局部荷载在地基土中产生的附加应力随深度的增加而变小，而随深度增加地基土中的自重固结应力不断变大，使得地基土中附加应力引起的变形随深度增加而逐渐减低，因此，超过一定深度后，土层的压缩量对总沉降量的影响可以被忽略。满足这一条件的深度称为沉降计算深度。

对于如图 3-7 所示的地基及应力分布，可将地基分成若干层，分别计算基础中心点下地基中各个分层土的压缩变形量 ΔS_i，基础的平均沉降量 S 等于 ΔS_i 的总和，即

$$S = \sum_{i=1}^{n}\Delta S_i = \sum_{i=1}^{n}\frac{e_{1i}-e_{2i}}{1+e_{1i}}H_i = \sum_{i=1}^{n}\frac{a_i}{1+e_{1i}}\overline{\sigma}_{zi}H_i = \sum_{i=1}^{n}\frac{\overline{\sigma}_{zi}}{E_{si}}H_i \qquad (3\text{-}9)$$

式中　e_{1i}——与第 i 层土自重应力的平均值 $\overline{\sigma}_{ci}$ 对应的孔隙比，可从土的 $e\text{-}p$ 曲线上查得；

　　　e_{2i}——与第 i 层土平均自重应力和平均附加应力之和 $\overline{\sigma}_{ci}+\overline{\sigma}_{zi}$ 对应的孔隙比，可从土的 $e\text{-}p$ 曲线上查得；

　　　H_i——第 i 层土的厚度，mm；

　　　a_i——第 i 层土的压缩系数，MPa^{-1}；

　　　$\overline{\sigma}_{zi}$——第 i 层土的平均附加应力，kPa；

　　　E_{si}——第 i 层土的侧限压缩模量，MPa。

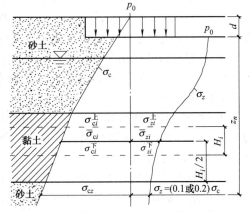

图 3-7　分层总和法计算地基沉降量

三、计算步骤

单向压缩分层总和法计算步骤如下。

1. 绘制基础中心下地基中的自重应力分布曲线和附加应力分布曲线

自重应力分布曲线由天然地面起算，基底压力 p 由作用于基础上的荷载计算。地基中的附加应力分布曲线用第二章所讲的方法计算。

2. 确定沉降计算深度 z_n

一般取附加应力与自重应力的比值为 20%（一般土）或 10%（软土）的深度处作为沉降计算深度的下限。在沉降计算深度范围内存在基岩时，z_n 可取至基岩表面。

3. 确定沉降计算深度范围内的分层界面

成层土的层面（不同土层的压缩性及重度不同）及地下水位面作为划分薄层的分层界

面。此外分层厚度一般不大于基础宽度的 0.4 倍。

4. 计算各分层的压缩量

根据自重应力和附加应力分布曲线确定各分层的自重应力平均值 $\bar{\sigma}_{ci}$ 和附加应力平均值 $\bar{\sigma}_{zi}$（见图 3-7）。

$$\bar{\sigma}_{ci} = \frac{1}{2}(\sigma_{ci}^{\pm} + \sigma_{ci}^{\top}) \tag{3-10}$$

$$\bar{\sigma}_{zi} = \frac{1}{2}(\sigma_{zi}^{\pm} + \sigma_{zi}^{\top}) \tag{3-11}$$

式中 $\sigma_{ci}^{\pm}$，$\sigma_{ci}^{\top}$——第 i 层分层上、下层面处的自重应力，kPa；

$\sigma_{zi}^{\pm}$，$\sigma_{zi}^{\pm}$——第 i 层分层上、下层面处的附加应力，kPa。

根据 $p_{1i} = \bar{\sigma}_{ci}$ 和 $p_{2i} = \bar{\sigma}_{ci} + \bar{\sigma}_{zi}$，分别由 $e\text{-}p$ 压缩曲线确定相应的初始空隙比 e_{1i} 和压缩稳定后的孔隙比 e_{2i}。则第 i 分层土的沉降量为

$$\Delta S_i = \frac{e_{1i} - e_{2i}}{1 + e_{1i}} H_i \tag{3-12}$$

5. 计算基础最终沉降量

将地基压缩层计算深度范围内各土层压缩量相加，即得地基沉降量 S

$$S = \sum_{i=1}^{n} \Delta S_i \tag{3-13}$$

式中 n——地基压缩层计算深度范围内的分层数。

在计算地基最终沉降量时，对地基土压缩前后的孔隙比取值，需注意以下几个问题。

① 建筑物或构筑物基础下地基变形计算，用平均自重应力 $\bar{\sigma}_{cz}$ 查曲线得到压缩前的孔隙比 e_1，用平均自重应力加平均附加应力（$\bar{\sigma}_{cz} + \bar{\sigma}_z$）查 $e\text{-}p$ 曲线得到压缩变形后的孔隙比 e_2。

② 附加应力计算应考虑土体在自重作用下的固结稳定，若地基土在其自重作用下未完全固结，则附加应力中还应包括地基土本身的自重作用。即用平均自重应力 $\bar{\sigma}_{cz}$ 查 $e\text{-}p$ 曲线得到 e_1，用平均自重应力加平均附加应力（包含土的自重作用）查 $e\text{-}p$ 曲线得到 e_2。

③ 有相邻荷载作用时，应将相邻荷载在各压缩分层内引起的应力叠加到附加应力中去，用平均自重应力 $\bar{\sigma}_{cz}$ 查 $e\text{-}p$ 曲线得到 e_1，用平均自重应力加平均附加应力（含相邻荷载作用）查 $e\text{-}p$ 曲线得到 e_2。

④ 地下水位下降引起地基土中应力变化，用水位下降前平均自重应力（有效重度对应的自重应力）查 $e\text{-}p$ 曲线得到 e_1，用水位下降后平均自重应力（天然重度对应的自重应力）查 $e\text{-}p$ 曲线得到 e_2。

⑤ 建筑物或构筑物增层改造引起地基变形计算，用增层前的（$\bar{\sigma}_{cz} + \bar{\sigma}_z$）查 $e\text{-}p$ 曲线得到 e_1，用增层后的（$\bar{\sigma}_{cz} + \bar{\sigma}_z$）查 $e\text{-}p$ 曲线得到 e_2。

【例 3-2】 某基础地面尺寸为 $4\text{m} \times 4\text{m}$，在基底下有一土层厚 1.5m，其上下层面的附加应力分别为 $\sigma_z^{\pm} = 80\text{kPa}$，$\sigma_z^{\top} = 58\text{kPa}$，通过试验测得土的天然孔隙比为 0.7，压缩系数为 0.6，求该土层的最终沉降量。

解 解法一：该土层的厚度 $H = 1.5\text{m} < 0.4b = 1.6\text{m}$，因此可以采用式（3-7）或式（3-8）进行计算。

由式（3-11）得 $\bar{\sigma}_{zi} = \frac{1}{2}(\sigma_{zi}^{\pm} + \sigma_{zi}^{\top}) = \frac{80 + 58}{2} = 69 \ (\text{kPa})$

再由式（3-8）得 $\Delta S = \frac{a}{1 + e_1} \bar{\sigma}_z H = \frac{0.6 \times 69 \times 10^{-3}}{1 + 0.7} \times 1500 = 36.5 \ (\text{mm})$

解法二：由式（3-6）得 $E_s = \dfrac{1+e_1}{a} = \dfrac{1+0.7}{0.6} = 2.83$ （MPa）

再由式（3-8）得 $\Delta S = \dfrac{1}{E_s}\bar{\sigma}_z H = \dfrac{69 \times 10^{-3}}{2.83} \times 1500 = 36.5$ （mm）

【例 3-3】 有一基础，其基底尺寸为 $l=5\text{m}$，$b=4\text{m}$，在基底下 $3 \sim 4\text{m}$ 的土层中，已知平均自重应力为 68.6kPa，平均附加应力为 82.4kPa，在附加应力作用下，该土层已完全固结。由于该基础附近建造新的建筑物，该土层附加应力增加了 20kPa。若土的 $e\text{-}p$ 压缩曲线关系为 $e=1.2-0.0013p$，计算该土层新增加的沉降量。

解 $p_1 = 68.6 + 82.4 = 151$ （kPa），$e_1 = 1.2 - 0.0013 \times 151 = 1.0037$

$p_2 = 68.6 + 82.4 + 20 = 171$ （kPa），$e_2 = 1.2 - 0.0013 \times 171 = 0.9777$

由式（3-7）得到该土层的新增加的沉降量为

$$\Delta S = \frac{e_1 - e_2}{1+e_1}H = \frac{1.0037 - 0.9777}{1+1.0037} \times 1000 = 13.0 \quad (\text{mm})$$

【例 3-4】 某地基为粉质黏土，地下水位面深度为 2m，$\gamma_{\text{sat}} = 22\text{kN/m}^3$。现由于工程需要，需大范围降低地下水位 3m，降水区的天然重度为 $\gamma = 19\text{kN/m}^3$，降水区的 $e\text{-}p$ 曲线关系为 $e = 1.15 - 0.0016p$。计算由降低地下水而引起的沉降量。

解 降水前，2m 处的自重应力 $\sigma_{cz}^{\text{上}} = 19 \times 2 = 38$ （kPa）

5m 处的自重应力 $\sigma_{cz}^{\text{下}} = 38 + (22-10) \times 3 = 74$ （kPa）

平均自重应力 $p_1 = (38+74)/2 = 56$ （kPa）

$\qquad e = 1.15 - 0.0016p_1 = 1.15 - 0.0016 \times 56 = 1.0604$

降水后，2m 处的自重应力 $\sigma_{cz}^{\text{上}} = 19 \times 2 = 38$ （kPa）

5m 处的自重应力 $\sigma_{cz}^{\text{下}} = 19 \times 5 = 95$ （kPa）

平均自重应力 $p_2 = (38+95)/2 = 66.5$ （kPa）

$\qquad e_2 = 1.15 - 0.0016p_2 = 1.15 - 0.0016 \times 66.5 = 1.0436$

由式（3-7）计算由降水引起的沉降量为

$$\Delta S = \frac{e_1 - e_2}{1+e_1}H = \frac{1.0604 - 1.0436}{1+1.0604} \times 3000 = 24.5 \quad (\text{mm})$$

【例 3-5】 某正方形基础，$l=b=4\text{m}$，埋深 $d=1\text{m}$，地基为粉质黏土，地下水位面深 3.4m，上部结构传至基础顶面荷载 $F=1504\text{kN}$。地下水位以上，土的天然重度 $\gamma = 16.0\text{kN/m}^3$，地下水以下，土的饱和重度 $\gamma_{\text{sat}} = 17.2\text{kN/m}^3$，见图 3-8。试用分层总和法计算基础最终沉降量。

解 （1）地基分层

考虑分层厚度 $< 0.4b = 1.6\text{m}$ 以及地下水位，基底至地下水位分 2 层，层厚均为 1.2m，地下水位以下土层分层厚度均取 1.6m。

（2）计算自重应力

从天然地面起算，计算分层处的自重应力。地下水位以下取有效重度进行计算。计算结果见表 3-2。

表 3-2　自重应力值

深度/m	0	1.2	2.4	4.0	5.6	7.2
自重应力/kPa	16	35.2	54.4	65.9	77.4	89.0
平均自重应力/kPa		25.6	44.8	60.2	71.7	83.2

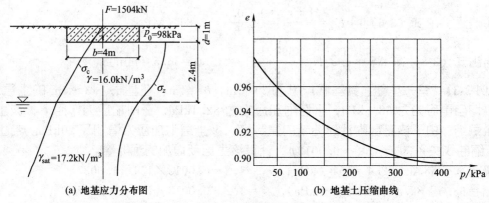

图 3-8　[例 3-5]图

（3）计算基底附加压力

$$p = \frac{F+G}{A} = \frac{1504+20\times4\times4\times1}{4\times4} = 114\,(\text{kPa})$$

$$p_0 = p - \gamma d = 114 - 16\times1 = 98\,(\text{kPa})$$

（4）计算基底中心点下地基土中附加应力

地基土中的附加应力按角点法计算，将基础分为四个相同的小块。计算边长 $l=b=2\text{m}$，附加应力 $\sigma_z = 4K_c p_0$，具体计算见表 3-3。

表 3-3　附加应力计算表

深度/m	l/b	z/b	附加应力系数 K_c	σ_z/kPa	$\bar{\sigma}_z/\text{kPa}$
0	1.0	0	0.2500	98.0	
					92.7
1.2	1.0	0.6	0.2229	87.4	
					73.4
2.4	1.0	1.2	0.1516	59.4	
					46.2
4.0	1.0	2.0	0.0840	32.9	
					26.3
5.6	1.0	2.8	0.0502	19.7	
					16.2
7.2	1.0	3.6	0.0326	12.8	

（5）确定压缩层深度

一般按 $\sigma_z = 0.2\sigma_{cz}$ 来确定压缩层深度。$z=5.6\text{m}$ 处，$\sigma_z = 19.7\text{kPa} > 0.2\sigma_c = 15.5\text{kPa}$；$z=7.2\text{m}$ 处，$\sigma_z = 12.8\text{kPa} < 0.2\sigma_c = 17.8\text{kPa}$。所以压缩层深度 $z_n = 7.2\text{m}$。

（6）计算各分层的压缩量

由式（3-7）计算各分层的压缩量，列于表 3-4。

表 3-4　分层总和法计算地基最终沉降量

土层编号	$\bar{\sigma}_{cz}/\text{kPa}$	$\bar{\sigma}_z/\text{kPa}$	H_i/mm	$\bar{\sigma}_{cz}+\bar{\sigma}_z/\text{kPa}$	e_1	e_2	$\Delta S_i/\text{mm}$
1	25.6	92.7	1200	118.3	0.972	0.931	24.9
2	44.8	73.4	1200	118.2	0.961	0.931	18.4
3	60.2	48.6	1600	108.8	0.956	0.935	17.2
4	71.7	26.3	1600	98.0	0.950	0.938	9.8
5	83.2	16.2	1600	99.4	0.945	0.937	6.6

（7）计算基础平均最终沉降量

$$S = \sum \Delta S_i = 24.9+18.4+17.2+9.8+6.6 = 76.9\,(\text{mm})$$

第三节 规范法计算地基最终沉降量

分层总和法中所做的基本假定使采用该法计算的地基最终沉降量与地基实际沉降量有一定的误差，大量的沉降观测和理论计算表明：中等压缩性土，计算值与实测值相差较小；高压缩性土，计算值远小于实测值，最多可相差 40％；低压缩性土，计算值大大超过实测值，最大相差可达 5 倍以上。

规范法是《建筑地基基础设计规范》（GB 50007—2011）提出的计算地基最终沉降量的另一种形式的分层总和法，该法仍然采用上一节分层总和法的假设前提，但在计算中采用了平均附加应力系数，以简化分层总和法的计算方法。规范法在总结了大量实践经验的基础上，引入了地基沉降计算经验系数，对分层总和法进行了修正，使得计算值更接近实测值。

一、特点

① 规范法按地基土的天然分层面划分计算土层，简化了分层总和法。
② 引入了平均附加应力系数，所以该法也称为应力面积法。
③ 引入沉降计算经验系数 ψ_s，对分层总和法计算的结果进行了修正。
④ 重新规定了沉降计算深度。

二、计算公式

（一）基本计算公式的推导

如图 3-9 所示，假设地基土是均质的，且土在侧限条件下的压缩模量 E_s 不随深度而变，则地基土中第 i 分层土的压缩量为

$$\Delta S_i' = \int_{z_{i-1}}^{z_i} \varepsilon_z \, dz = \int_{z_{i-1}}^{z_i} \frac{\sigma_z}{E_{si}} \, dz = \frac{1}{E_{si}} \int_{z_{i-1}}^{z_i} \sigma_z \, dz = \frac{1}{E_{si}} \left(\int_0^{z_i} \sigma_z \, dz - \int_0^{z_{i-1}} \sigma_z \, dz \right) \quad (3-14)$$

式中 $\int_0^z \sigma_z \, dz$ ——深度 z 范围内的附加应力面积。

根据附加应力计算通式 $\sigma_z = K p_0$，附加应力面积

$$\int_0^z \sigma_z \, dz = p_0 \int_0^z K \, dz$$

式中 $\int_0^z K \, dz$ ——深度 z 范围内的附加应力系数面积。

引入平均附加应力系数 $\bar{\alpha}$，其定义为

$$\bar{\alpha} = \frac{\int_0^z K \, dz}{z} = \frac{\int_0^z \sigma_z \, dz}{p_0 z} \quad (3-15)$$

则附加应力面积 $\int_0^z \sigma_z \, dz = \bar{\alpha} p_0 z$ ，由此得到

$$\Delta S_i' = \frac{p_0}{E_{si}} (z_i \bar{\alpha}_i - z_{i-1} \bar{\alpha}_{i-1}) \quad (3-16)$$

这样，基础平均沉降量可表示为

$$S' = \sum_{i=1}^n \Delta S_i' = \sum_{i=1}^n \frac{p_0}{E_{si}} (z_i \bar{\alpha}_i - z_{i-1} \bar{\alpha}_{i-1}) \quad (3-17)$$

式中 S' ——按分层总和法计算的沉降量，mm；

n ——沉降计算深度范围划分的土层数；

p_0 ——基底附加应力，kPa；

E_{si}——基础底面下第 i 层土的压缩模量，MPa，取土的自重应力至土的自重应力与附
加应力之和的压力段计算；

z_{i-1}，z_i——基础底面至第 i 层土的顶面、底面的距离，mm；

$\bar{\alpha}_{i-1}$，$\bar{\alpha}_i$——基础底面计算点至第 i 层土顶面、底面范围内平均附加应力系数。

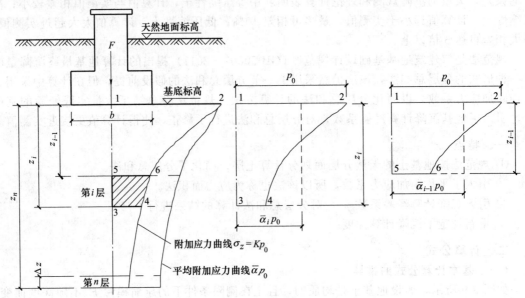

图 3-9　规范法计算地基沉降量

表 3-5 给出了矩形面积上均布荷载作用下角点下平均竖向附加应力系数 $\bar{\alpha}$ 值。

表 3-5　矩形面积上均布荷载作用下角点下平均竖向附加应力系数 $\bar{\alpha}$ 值

l/b z/b	1.0	1.2	1.4	1.6	1.8	2.0	2.4	2.8	3.2	3.6	4.0	5.0	10.0
0.0	0.2500	0.2500	0.2500	0.2500	0.2500	0.2500	0.2500	0.2500	0.2500	0.2500	0.2500	0.2500	0.2500
0.2	0.2496	0.2497	0.2497	0.2498	0.2498	0.2498	0.2498	0.2498	0.2498	0.2498	0.2498	0.2498	0.2498
0.4	0.2474	0.2479	0.2481	0.2483	0.2483	0.2484	0.2485	0.2485	0.2485	0.2485	0.2485	0.2485	0.2485
0.6	0.2423	0.2437	0.2444	0.2448	0.2451	0.2452	0.2454	0.2455	0.2455	0.2455	0.2455	0.2455	0.2456
0.8	0.2346	0.2372	0.2387	0.2395	0.2400	0.2403	0.2407	0.2408	0.2409	0.2409	0.2410	0.2410	0.2410
1.0	0.2252	0.2291	0.2313	0.2326	0.2335	0.2340	0.2346	0.2349	0.2351	0.2352	0.2352	0.2353	0.2353
1.2	0.2149	0.2199	0.2229	0.2248	0.2260	0.2268	0.2278	0.2282	0.2285	0.2286	0.2287	0.2288	0.2289
1.4	0.2043	0.2102	0.2140	0.2164	0.2180	0.2191	0.2204	0.2211	0.2215	0.2217	0.2218	0.2220	0.2221
1.6	0.1939	0.2006	0.2049	0.2079	0.2099	0.2113	0.2130	0.2138	0.2143	0.2146	0.2148	0.2150	0.2152
1.8	0.1840	0.1912	0.1960	0.1994	0.2018	0.2034	0.2055	0.2066	0.2073	0.2077	0.2079	0.2082	0.2084
2.0	0.1746	0.1822	0.1875	0.1912	0.1938	0.1958	0.1982	0.1996	0.2004	0.2009	0.2012	0.2015	0.2018
2.2	0.1659	0.1737	0.1793	0.1833	0.1862	0.1883	0.1911	0.1927	0.1937	0.1943	0.1947	0.1952	0.1955
2.4	0.1578	0.1657	0.1715	0.1757	0.1789	0.1812	0.1843	0.1862	0.1873	0.1880	0.1885	0.1890	0.1895
2.6	0.1503	0.1583	0.1642	0.1686	0.1719	0.1745	0.1779	0.1799	0.1812	0.1820	0.1825	0.1832	0.1838
2.8	0.1433	0.1514	0.1574	0.1619	0.1654	0.1680	0.1717	0.1739	0.1753	0.1763	0.1769	0.1777	0.1784
3.0	0.1369	0.1449	0.1510	0.1556	0.1592	0.1619	0.1658	0.1682	0.1698	0.1708	0.1715	0.1725	0.1733
3.2	0.1310	0.1390	0.1450	0.1497	0.1533	0.1562	0.1602	0.1628	0.1645	0.1657	0.1664	0.1675	0.1685
3.4	0.1256	0.1334	0.1394	0.1441	0.1478	0.1508	0.1550	0.1577	0.1595	0.1607	0.1616	0.1628	0.1639
3.6	0.1205	0.1282	0.1342	0.1389	0.1427	0.1456	0.1500	0.1528	0.1548	0.1561	0.1570	0.1583	0.1595
3.8	0.1158	0.1234	0.1293	0.1340	0.1378	0.1408	0.1452	0.1482	0.1502	0.1516	0.1526	0.1541	0.1554
4.0	0.1114	0.1189	0.1248	0.1294	0.1332	0.1362	0.1408	0.1438	0.1459	0.1474	0.1485	0.1500	0.1516

续表

z/b \ l/b	1.0	1.2	1.4	1.6	1.8	2.0	2.4	2.8	3.2	3.6	4.0	5.0	10.0
4.2	0.1073	0.1147	0.1205	0.1251	0.1289	0.1319	0.1365	0.1396	0.1418	0.1434	0.1445	0.1462	0.1479
4.4	0.1035	0.1107	0.1164	0.1210	0.1248	0.1279	0.1325	0.1357	0.1379	0.1396	0.1407	0.1425	0.1444
4.6	0.1000	0.1070	0.1127	0.1172	0.1209	0.1240	0.1287	0.1319	0.1342	0.1359	0.1371	0.1390	0.1410
4.8	0.0967	0.1036	0.1091	0.1136	0.1173	0.1204	0.1250	0.1283	0.1307	0.1324	0.1337	0.1357	0.1379
5.0	0.0935	0.1003	0.1057	0.1102	0.1139	0.1169	0.1216	0.1249	0.1273	0.1291	0.1304	0.1325	0.1348
5.2	0.0906	0.0972	0.1026	0.1070	0.1106	0.1136	0.1183	0.1217	0.1241	0.1259	0.1273	0.1295	0.1320
5.4	0.0878	0.0943	0.0996	0.1039	0.1075	0.1105	0.1152	0.1186	0.1211	0.1229	0.1243	0.1265	0.1292
5.6	0.0852	0.0916	0.0968	0.1010	0.1046	0.1076	0.1122	0.1156	0.1181	0.1200	0.1215	0.1238	0.1266
5.8	0.0828	0.0890	0.0941	0.0983	0.1018	0.1047	0.1094	0.1128	0.1153	0.1172	0.1187	0.1211	0.1240
6.0	0.0805	0.0866	0.0916	0.0957	0.0991	0.1021	0.1067	0.1101	0.1126	0.1146	0.1161	0.1185	0.1216
6.2	0.0783	0.0842	0.0891	0.0932	0.0966	0.0995	0.1041	0.1075	0.1101	0.1120	0.1136	0.1161	0.1193
6.4	0.0762	0.0820	0.0869	0.0909	0.0942	0.0971	0.1016	0.1050	0.1076	0.1096	0.1111	0.1137	0.1171
6.6	0.0742	0.0799	0.0847	0.0886	0.0919	0.0948	0.0993	0.1027	0.1053	0.1073	0.1088	0.1114	0.1149
6.8	0.0723	0.0779	0.0826	0.0865	0.0898	0.0926	0.0970	0.1004	0.1030	0.1050	0.1066	0.1092	0.1129
7.0	0.0705	0.0761	0.0806	0.0844	0.0877	0.0904	0.0949	0.0982	0.1008	0.1028	0.1044	0.1071	0.1109
7.2	0.0688	0.0742	0.0787	0.0825	0.0857	0.0884	0.0928	0.0962	0.0987	0.1008	0.1023	0.1051	0.1090
7.4	0.0672	0.0725	0.0769	0.0806	0.0838	0.0865	0.0908	0.0942	0.0967	0.0988	0.1004	0.1031	0.1071
7.6	0.0656	0.0709	0.0752	0.0789	0.0820	0.0846	0.0889	0.0922	0.0948	0.0968	0.0984	0.1012	0.1054
7.8	0.0642	0.0693	0.0736	0.0771	0.0802	0.0828	0.0871	0.0904	0.0929	0.0950	0.0966	0.0994	0.1036
8.0	0.0627	0.0678	0.0720	0.0755	0.0785	0.0811	0.0853	0.0886	0.0912	0.0932	0.0948	0.0976	0.1020
8.2	0.0614	0.0663	0.0705	0.0739	0.0769	0.0795	0.0837	0.0869	0.0894	0.0914	0.0931	0.0959	0.1004
8.4	0.0601	0.0649	0.0690	0.0724	0.0754	0.0779	0.0820	0.0852	0.0878	0.0893	0.0914	0.0943	0.0938
8.6	0.0588	0.0636	0.0676	0.0710	0.0739	0.0764	0.0805	0.0836	0.0862	0.0882	0.0898	0.0927	0.0973
8.8	0.0576	0.0623	0.0663	0.0696	0.0724	0.0749	0.0790	0.0821	0.0846	0.0866	0.0882	0.0912	0.0959
9.2	0.0554	0.0599	0.0637	0.0670	0.0697	0.0721	0.0761	0.0792	0.0817	0.0837	0.0853	0.0882	0.0931
9.6	0.0533	0.0577	0.0614	0.0645	0.0672	0.0696	0.0734	0.0765	0.0789	0.0809	0.0825	0.0855	0.0905
10.0	0.0514	0.0556	0.0592	0.0622	0.0649	0.0672	0.0710	0.0739	0.0763	0.0783	0.0799	0.0829	0.0880
10.4	0.0496	0.0537	0.0572	0.0601	0.0627	0.0649	0.0686	0.0716	0.0739	0.0759	0.0775	0.0804	0.0857
10.8	0.0479	0.0519	0.0553	0.0581	0.0606	0.0628	0.0664	0.0693	0.0717	0.0736	0.0751	0.0781	0.0834
11.2	0.0463	0.0502	0.0535	0.0563	0.0587	0.0609	0.0644	0.0672	0.0695	0.0714	0.0730	0.0759	0.0813
11.6	0.0448	0.0486	0.0518	0.0545	0.0569	0.0590	0.0625	0.0652	0.0675	0.0694	0.0709	0.0738	0.0793
12.0	0.0435	0.0471	0.0502	0.0529	0.0552	0.0573	0.0606	0.0634	0.0656	0.0674	0.0690	0.0719	0.0774
12.8	0.0409	0.0444	0.0474	0.0499	0.0521	0.0541	0.0573	0.0599	0.0621	0.0639	0.0654	0.0682	0.0739
13.6	0.0387	0.0420	0.0448	0.0472	0.0493	0.0512	0.0543	0.0568	0.0589	0.0607	0.0621	0.0649	0.0707
14.4	0.0367	0.0398	0.0425	0.0448	0.0468	0.0486	0.0516	0.0540	0.0561	0.0577	0.0592	0.0619	0.0677
15.2	0.0349	0.0379	0.0404	0.0426	0.0445	0.0463	0.0492	0.0515	0.0535	0.0551	0.0565	0.0592	0.0650
16.0	0.0332	0.0361	0.0385	0.0407	0.0425	0.0442	0.0469	0.0492	0.0511	0.0527	0.0540	0.0567	0.0625
18.0	0.0297	0.0323	0.0345	0.0364	0.0381	0.0396	0.0422	0.0442	0.0460	0.0475	0.0487	0.0512	0.0570
20.0	0.0269	0.0292	0.0312	0.0330	0.0345	0.0359	0.0383	0.0402	0.0418	0.0432	0.0444	0.0468	0.0524

（二）沉降计算深度 z_n 的确定

按规范法计算地基沉降时，沉降计算深度 z_n 应满足下式：

$$\Delta S'_n \leqslant 0.025 \sum_{i=1}^{n} \Delta S'_i \tag{3-18}$$

式中　$\Delta S'_i$——计算深度范围内，第 i 层土的计算沉降值，mm；

$\Delta S'_n$——在由计算深度向上取厚度为 Δz 的土层计算沉降值，mm，Δz 的取值按表 3-6 确定。

若确定的计算深度下部仍有软弱土层，则继续向下计算。

若无相邻荷载影响，基础宽度在 $1\sim30$m 范围内时，地基沉降计算深度可按下列简化公式计算

$$z_n = b(2.5 - 0.4\ln b) \tag{3-19}$$

式中 b ——基础宽度，m。

在计算深度范围内存在基岩时，取至基岩表面。

表 3-6 Δz 值

基底宽度 b/m	$b \leqslant 2$	$2 < b \leqslant 4$	$4 < b \leqslant 8$	$b > 8$
Δz/m	0.3	0.6	0.8	1.0

（三）沉降计算经验系数 ψ_s

规范法规定，按式（3-17）计算得到的沉降值 S' 还应乘以一个沉降经验系数 ψ_s，以提高计算准确度。沉降计算经验系数，根据地区沉降观测资料及经验确定，无地区经验时可采用表 3-7 的数值。

表 3-7 沉降计算经验系数 ψ_s

$\overline{E}_s$/MPa ＼ 基底附加压力	2.5	4.0	7.0	15.0	20.0
$p_0 \geqslant f_{ak}$	1.4	1.3	1.0	0.4	0.2
$p_0 \leqslant 0.75 f_{ak}$	1.1	1.0	0.7	0.4	0.2

注：$\overline{E}_s$ 为沉降计算深度范围内各分层压缩模量的当量值，按下式计算

$$\overline{E}_s = \frac{\sum A_i}{\sum \dfrac{A_i}{E_{si}}} \tag{3-20}$$

式中 A_i ——第 i 层土附加应力面积，$A_i = p_0(z_i\overline{\alpha}_i - z_{i-1}\overline{\alpha}_{i-1})$；

f_{ak} 为地基承载力特征值，表列数值可内插。

三、计算步骤

1. 确定沉降计算分层

以自然土层界面划分沉降计算分层，不需要划分较小的土层。

2. 计算平均附加应力系数

根据基础的类型（矩形、条形、圆形），荷载分布形式（均布、三角形）计算平均附加应力系数。

3. 计算各土层的沉降量

由公式 $\Delta S_i = \dfrac{p_0}{E_{si}}(z_i\overline{\alpha}_i - z_{i-1}\overline{\alpha}_{i-1})$ 计算第 i 土层的沉降量。

4. 确定沉降计算深度 z_n

由式（3-18）或式（3-19）确定沉降计算深度 z_n。

5. 确定沉降经验系数 ψ_s

6. 计算地基最终沉降量 S

$$S = \psi_s S' = \psi_s \sum_{i=1}^{n} \frac{p_0}{E_{si}}(z_i\overline{\alpha}_i - z_{i-1}\overline{\alpha}_{i-1})$$

【例 3-6】 某基础底面尺寸为 2.5m×2.5m，埋深为 2m，基底附加应力 $p_0 =$ 200kPa。地基土分层及各层的其他数据如图 3-10 所示。用规范法计算地基最终沉降量。

解 ① 确定沉降计算深度

$$z_n = b(2.5 - 0.4\ln b) = 2.5 \times (2.5 - 0.4 \times \ln 2.5)$$
$$= 5.33 \text{ (m)}，取 z_n = 5.4\text{m}$$

② 计算地基沉降计算深度范围内土层压缩量，见表 3-8。

表 3-8 [例 3-6] 表

z/m	l/b	z/b	$\bar{\alpha}_i$	$z_i\bar{\alpha}_i/m$	$z_i\bar{\alpha}_i - z_{i-1}\bar{\alpha}_{i-1}/m$	E_{si}/MPa	$\Delta S_i'/mm$
0	1.0	0					
1.0	1.0	0.8	0.9384	0.9384	0.9384	4.4	42.65
5.4	1.0	4.32	0.4201	2.2685	1.3301	6.8	39.12

③ 复核计算深度

因 $2 < b \le 4$，查表 3-6 得 $\Delta z = 0.6m$，$z_{n-1} = 5.4 - 0.6 = 4.8$（m），即要求计算 4.8～5.4m 土层的沉降量。

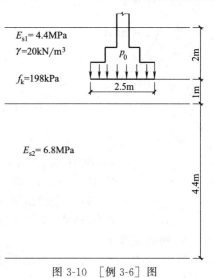

$z_{n-1} = 4.8m$，$l/b = 1$，$z_{n-1}/b = 4.8/1.25 = 3.84$，查表 3-5 的 $\bar{\alpha}_{n-1} = 0.4596$

$z_n = 5.4m$，$l/b = 1$，$z_n/b = 5.4/1.25 = 4.32$，查表 3-5 得 $\bar{\alpha}_n = 0.4201$

4.8～5.4m 土层产生的沉降量：

$$\Delta S_n' = \frac{p_0}{E_{s2}}(z_i\bar{\alpha}_i - z_{i-1}\bar{\alpha}_{i-1})$$
$$= \frac{200}{6.8} \times (0.4201 \times 5.4 - 0.4596 \times 4.8)$$
$$= 1.84(mm) < 0.025(\Delta S_1' + \Delta S_2')$$
$$= 0.025 \times (42.65 + 39.12)$$
$$= 2.04(mm)，满足要求。$$

图 3-10 [例 3-6] 图

④ 确定沉降计算经验系数

计算附加应力面积

$$A_1 = \bar{\alpha}_1 p_0 z_1 = 0.9384 \times 200 \times 1 = 187.7（kPa \cdot m）$$

$$A_2 = \bar{\alpha}_2 p_0 z_2 - \bar{\alpha}_1 p_0 z_1 = 0.4201 \times 200 \times 5.4 - 0.9384 \times 200 \times 1 = 266（kPa \cdot m）$$

代入式（3-20）得：

$$\overline{E}_s = \frac{\sum A_i}{\sum \frac{A_i}{E_{si}}} = \frac{A_1 + A_2}{\frac{A_1}{E_{s1}} + \frac{A_2}{E_{s2}}} = \frac{187.7 + 266}{\frac{187.7}{4.4} + \frac{266}{6.8}} = \frac{453.7}{89.8} = 5.55（MPa）$$

由 $p_0 \ge f_k$，$\overline{E}_s = 5.55MPa$，查表 3-7 内插得 $\psi_s = 1.15$

⑤ 计算地基最终沉降量

$$S = \psi_s S' = \psi_s \times (\Delta S_1' + \Delta S_2') = 1.15 \times (42.65 + 39.12) = 94（mm）$$

四、应力历史对地基沉降的影响

（一）土的侧限回弹曲线和再压缩曲线

如图 3-11 所示，在室内侧限压缩试验中，逐级加荷得到土的 e-p 曲线 abc。现在如果加荷至 b 点开始逐级进行卸载直至零，并且测得各卸载等级下试样回弹稳定后土样高度，进而用式（3-1）求得相应的孔隙比 e，即可绘制出卸载阶段的 e-p 曲线 bed。曲线 bed 称为回弹曲线（或膨胀曲线）。如果卸载至零后，再逐级加载，土的试样又开始沿 db' 再压缩，至 b' 后与压缩曲线重合。曲线 db' 称为再压缩曲线。

从土的回弹和再压缩曲线可以看出：

① 土不是一般的弹性材料，其回弹曲线不和原压缩曲线相重合，卸载至零时的孔隙比

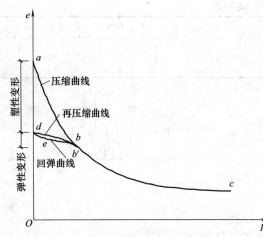

图 3-11　土的回弹曲线和再压缩曲线

没有恢复到初始压力为零时的孔隙比 e，这就显示土残留了一部分压缩变形，称之为残余应变。

② 土的再压缩曲线比原压缩曲线斜率要小得多。说明土经过压缩后，卸载再压缩时，其压缩性明显降低。土的这一特性在工程实践中应引起足够的重视。

（二）黏性土的沉降

根据对饱和黏性土地基在局部荷载作用下的实际变形特征的观察，并从机理上来分析，黏性土地基最终沉降量是由三个部分组成的，见图 3-12，即

$$S = S_d + S_c + S_s \qquad (3-21)$$

式中　S_d——瞬时沉降（初始沉降，不排水沉降）；

　　　S_c——固结沉降（主固结沉降）；

　　　S_s——次固结沉降（次压缩沉降，徐变沉降）。

1. 瞬时沉降

瞬时沉降是指加载后瞬时地基发生的沉降，在很短的时间内，孔隙中的水来不及排出，沉降量在没有体积变形的条件下产生的。这种变形实质是地基土在荷载作用下只发生剪切变形，即形状变形。因此这一沉降计算应该考虑侧向变形，而像分层总和法等地基沉降计算方法则没有考虑这一方面。

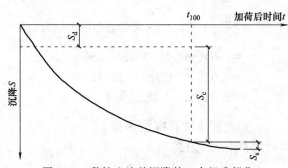

图 3-12　黏性土地基沉降的三个组成部分

2. 固结沉降

固结沉降是指饱和或接近于饱和的黏性土在荷载作用下，孔隙水被逐渐挤出，孔隙体积逐渐变小，从而土体被压密产生体积变形所造成的沉降。对于一般黏性土，固结沉降是地基沉降最主要的组成部分，且需要较长时间才能完成。在实用中可采用分层总和法来计算固结沉降。

3. 次固结沉降

次固结沉降是指在有效应力不变的情况下，土的骨架随时间发生的蠕动变形。一般情况下，次固结沉降所占比例很小，但对于高塑性的软黏土，次固结沉降不可忽视。

事实上，这三种沉降自从地基受荷后就开始交错发生，只是某个阶段以一种沉降变形为主而已。不同的土，三种沉降的相对大小及时间是不同的。譬如，中粗砂地基沉降可以认为是在荷载施加后瞬间发生的，其中有瞬时沉降和固结沉降，次固结沉降很小。对于饱和软黏土，瞬时沉降可占最终沉降量的 30%～40%，次固结沉降量同固结沉降量相比往往是不明显的。

（三）土的应力历史对土的压缩性的影响

土的应力历史是指土体在历史上曾经受到过的应力状态。土层在历史所经受过最大的固结压力，称为先（前）期固结压力 p_c。一般用先期固结压力 p_c 与现时上覆土重 p_0 的对比来描述土层的应力历史。据此可将土分为正常固结土，超固结土和欠固结土三类，如图 3-13 所示。

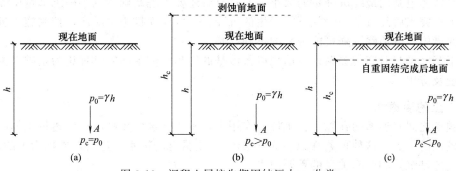

图 3-13 沉积土层按先期固结压力 p_c 分类

1. 正常固结土

在历史上所经受的先期固结压力等于现在的覆盖土重，即 $p_c = p_0$，如图 3-13（a）中的覆盖土层是逐渐沉积到现在的地面的。由于经历了漫长的地质年代，在土的自重作用下已经到达固结稳定状态，其先期固结压力 $p_c = \gamma h_c$ 等于现有的覆盖土自重应力 $p_0 = \gamma h$，$h = h_c$，所以这类土属于正常固结土。

2. 超固结土

在历史上所经受的先期固结压力大于现在的覆盖土重，即 $p_c > p_0$，如图 3-13（b）中的覆盖土层在历史上本来具有相当厚的覆盖沉积层，在土的自重作用下也已达到固结稳定状态，图中虚线表示当时沉积层的地表。后经过水流冲刷或其他原因，土层受剥蚀，原地表降至现地面。由此先期固结压力 $p_c = \gamma h_c$ 超过了现有的土自重应力 $p_0 = \gamma h$，$h_c > h$，所以这类土是超固结土。

3. 欠固结土

欠固结土是指历史上所受的先期固结压力小于现在的覆盖土重，即 $p_c < p_0$，如图 3-13（c）中的土层，虽然也和图 3-13（a）中土层一样是逐渐沉积而成为现在地面的状况，但并没有达到固结稳定状态。如一些新近沉积黏性土，人工填土等，由于沉积年代较短，在自重作用下尚未完全固结，图中虚线表示将来固结完毕后的地表，因此 $p_c = \gamma h_c < p_0 = \gamma h$，$h_c < h$，所以这类土是欠固结土。

在工程中，常见的是正常固结土，地基土的变形是由建筑物或构筑物荷载产生的附加应力引起的。超固结土相当于在其历史上已受过预压力，只有当地基中的总应力（附加应力与自重应力之和）超过其先期固结压力后，地基土才会有明显压缩变形，因此超固结土由于压缩性低，对工程有利。欠固结土不仅要考虑附加应力产生的压缩，还需考虑自重应力作用产生的压缩变形，其压缩性较高。

第四节　地基沉降与时间的关系

前面介绍了采用分层总和法来计算地基土在外荷载作用下压缩稳定后的沉降量，也称为最终沉降量。饱和土体的压缩过程实质上是土中孔隙水的排水过程，因此，排水的速率影响到土体沉降稳定所需的时间。对于碎石和砂土地基，由于土的透水性强，压缩性小，沉降能很快完成，一般在施工完毕时就能沉降稳定。而黏性土地基，特别是饱和黏性土地基，由于其排水过程较慢，固结稳定时间较长，因此其沉降（固结）往往要持续几年甚至几十年时间才能稳定。

土的压缩性越高，渗透性越小，达到沉降稳定所需的时间越长。对于饱和黏性土地基，不但需要估算地基的最终沉降量的大小，而且有时还要了解基础达到某一沉降量所需的时间或预估工程完工后经过某一时间可能产生的沉降量，以便安排施工顺序，控制施工进度及采取必要的措施，以消除沉降可能带来的不利影响。

关于沉降量与时间的关系，目前均以太沙基的饱和土体单向固结理论为基础，本节介绍这一理论及应用。

一、土的渗透性

土颗粒之间有连通的孔隙，在水位差作用下，水会从水位较高的一侧透过土体的孔隙流向水位较低的一侧，这种现象称为渗透（渗流）。土具有的被水透过的性能称为土的渗透性，这是决定地基沉降和时间关系的重要因素。

由于土体中的孔隙通道很小且很曲折，水在土体中流动的阻力很大，其流速较慢且流动平稳，因此可将它视为层流（渗流十分缓慢，相邻两个水分子运动的轨迹相互平行而不混掺）。

1856 年，法国工程师达西（Darcy）在层流条件下，采用如图 3-14 所示试验装置对均匀砂进行了大量的渗透试验，得到渗流速度与水头梯度和土的渗透性质之间关系的基本规律，即渗流的基本规律——达西定律。

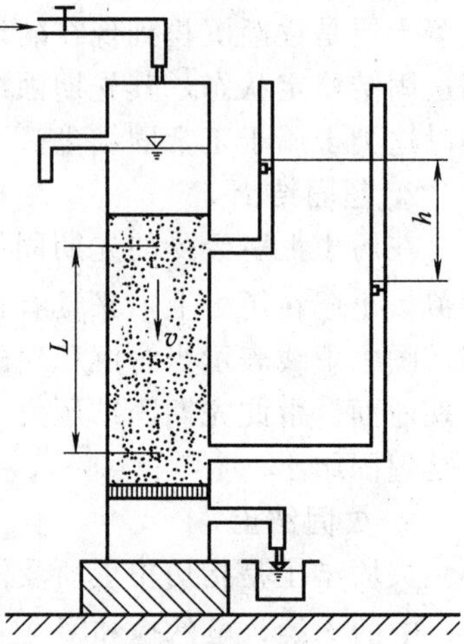

达西定律认为，土体中水渗流的速度 v 与水头梯度 I 成正比，且与土的渗透性质有关，其表达式为

$$v = kI \tag{3-22}$$

或

$$q = kIA \tag{3-23}$$

式中　v——断面平均渗流速度，m/s；

　　　q——单位渗流量，m³/s；

　　　I——水头梯度，$I = h/L$，指单位长度上的水头损失；

　　　A——垂直于渗流方向的试样截面积（圆筒的内断面面积），m²；

　　　k——土的渗透系数，m/s，反应土的透水性能。

图 3-14　达西渗透试验装置

渗透系数 k 的大小，反映了土渗透性的强弱，它受许多因素影响，包括土的颗粒级配、矿物成分、土的密实度、土的饱和度、土的结构和水的温度等，可通过室内渗透试验确定。常见土的渗透系数参考值如表 3-9 所示。一般来说，土的颗粒越小，渗透系数越小，渗透性就越差，由于黏性土的渗透系数很小，所以压实的黏性土可以认为是不透水的。

表 3-9　土的渗透系数参考值

土的类别	渗透系数/(m/s)	渗透性	土的类别	渗透系数/(m/s)	渗透性
黏土	$<5 \times 10^{-8}$	几乎不透水	中砂	$5 \times 10^{-5} \sim 2 \times 10^{-4}$	中
粉质黏土	$5 \times 10^{-8} \sim 1 \times 10^{-6}$	极低	粗砂	$2 \times 10^{-4} \sim 5 \times 10^{-4}$	中
粉土	$1 \times 10^{-6} \sim 5 \times 10^{-6}$	低	圆砾	$5 \times 10^{-4} \sim 1 \times 10^{-3}$	高
粉砂	$5 \times 10^{-6} \sim 1 \times 10^{-5}$	低	卵石	$1 \times 10^{-3} \sim 5 \times 10^{-3}$	高
细砂	$1 \times 10^{-5} \sim 5 \times 10^{-5}$	低			

达西定律是在层流条件下得到的，故一般仅适用于中砂、细砂、粉砂等，对于粗砂、砾石、卵石等粗颗粒土则不太适合，因为在这些土的孔隙中水的渗流速度较大，不再是层流而是紊流。

对于密实的黏性土，由于土颗粒周围存在着结合水，结合水因受到分子引力作用而呈现黏滞性，对水的渗流产生一定的阻力，只有克服结合水的黏滞阻力后水才能开始渗流。将克服结合水黏滞阻力所需要的水头梯度称为起始水头梯度 I_0。此时达西定律可修正为

$$v = k(I - I_0) \tag{3-24}$$

图 3-15 绘出了砂土与黏土的渗流规律曲线，直线 a 表示砂土，它是通过原点的一条直线；曲线 b（图中虚线所示）表示密实黏性土，d 点为起始水头梯度。为简单起见，一般常用折线 c（图中 Oef 线）代替曲线 b，认为 e 点为黏土的起始水头梯度。

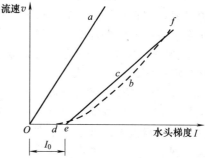

图 3-15　砂土与黏土的渗流规律曲线

二、土的渗透变形

当水在土体孔隙中流动时，由于土粒的阻力而产生水头损失，这种阻力的反作用力即为水对土颗粒施加的渗流作用力，单位体积土颗粒所受到的渗流作用力称为渗透力或动水力。土的渗透变形就是指渗透力引起的土体失稳现象。

渗透力的计算公式为

$$G_D = F = \gamma_w I \tag{3-25a}$$

式中　G_D——渗透力或动水力，kN/m^3；

$\quad\quad F$——单位体积土体颗粒对水渗流的阻力，kN/m^3；

$\quad\quad \gamma_w$——水的重度，kN/m^3；

$\quad\quad I$——水头梯度。

由式（3-25a）可见，渗透力的大小和水头梯度成正比，其方向与渗流方向一致。

土的渗透变形主要表现为流土和管涌。

渗透力对土的作用特点随其作用方向而异，当水的渗流方向自上而下时，渗透力的作用方向与土颗粒的重力方向一致，这样将增加土颗粒间的压力，使土体稳定；若水的渗流方向自下而上时，渗透力的作用方向与土颗粒的重力方向相反，将减小土颗粒间的压力，可能导致土体不稳定。

当渗透力与土的浮重度相等时，即

$$G_D = \gamma_w I = \gamma' \tag{3-25b}$$

此时土粒间的压力（有效应力）等于零，土颗粒处于悬浮状态而失去稳定性，并随水流一起流动，这种现象称为流土现象。流土现象多发生于砂土中，因此也称为流砂。这时的水头梯度称为临界水头梯度 I_{cr}。

由式（3-25b）可得：

$$I_{cr} = \frac{\gamma'}{\gamma_w} = \frac{\gamma_{sat}}{\gamma_w} - 1 = \frac{d_s - 1}{1 + e} \tag{3-26}$$

任何类型的土只要渗流时的水头梯度 I 大于临界水头梯度 I_{cr}，就会发生流土。流土现象从开始到破坏历时较短，容易造成地基失稳、基坑塌方等工程事故，因此在设计与施工中，必须保证一定的安全系数，把土中渗流的水头梯度控制在允许水头梯度 $[I]$ 之内，即

$$I \leqslant [I] = \frac{I_{cr}}{k} \tag{3-27}$$

式中　k——安全系数，一般取 $2.0 \sim 2.5$ 之间。

流土现象通常发生在渗流逸出处，发生的土类多为颗粒级配均匀的饱和细砂、粉砂及粉

土层。

防治流土的原则是"治流土必治水"。防治流土的关键在于控制逸出处的水头梯度，其主要途径有：减少水头差、增长渗径、平衡渗流力、加固土层等。

当水在砂类土中渗流时，土中的一些细小颗粒在渗透力作用下，可能通过粗颗粒的孔隙被水流带走，并在粗颗粒之间形成贯通的渗流管道，这种现象称为管涌，也叫潜蚀。管涌可以发生在土体中的局部范围，也可能发生在较大的土体范围内。较大土体范围内的管涌久而久之，就会在土体内部逐步形成管状流水孔道，并在渗流出口形成孔穴甚至洞穴，并最终导致土体失稳破坏。1998 年发生于我国长江的大洪水曾使长江两岸的数段河堤发生管涌破坏，给国家和人民财产造成巨大损失。

无黏性土中产生管涌必须具备两个条件：①土中粗颗粒所构成的孔隙直径必须大于细颗粒的直径；②渗流力能够带动细颗粒在孔隙中移动。

流土现象发生在土体表面的渗流逸出处，不会发生于土体内部；而管涌现象既可以发生在渗流逸出处，也可以发生于土体内部。流土现象主要发生在细砂、粉砂及粉土中，而在粗粒土及黏土中则不易发生。

基坑开挖排水时，若采用表面直接排水，坑底土将受到向上的渗透力作用并可能引发流土现象。这时坑底挖土会边挖边冒，无法清除，给工程建设造成困难。由于坑底土随水涌入基坑，致使地基土结构遭受破坏，强度降低，还可能诱发工程事故。

在基坑开挖中防治流土的主要原则如下。

① 减小或消除基坑内外地下水的水头差；

② 通过设置防水板桩等增长渗流路径；

③ 在向上渗流出口处地表用透水材料覆盖压重以平衡动水力。

河滩路堤两侧有水位差时，水在路堤内或基底内发生渗流，水头梯度较大时，可能产生管涌现象，严重时还可能导致路堤坍塌破坏。为了防止管涌现象的发生，一般可在路堤下游边坡的水下土体中设置反滤层，这样可以防止路堤中细小颗粒被水流带走。

三、有效应力原理

饱和土在外荷载作用下，孔隙水被挤出，孔隙体积减小，从而产生压缩变形的过程称为渗透固结。饱和土孔隙中水的挤出速度，主要取决于土的渗透性和土的厚度。土的渗透性越低或土层越厚，孔隙水挤出所需的时间就越长。为了说明饱和土的渗透固结过程，可用一简单的力学模型来说明。

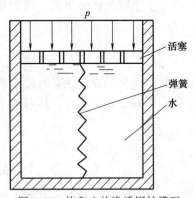

图 3-16 饱和土的渗透固结模型

图 3-16 为太沙基（1923 年）建立的模拟饱和土渗透固结的弹簧模型。模型的容器中盛满水，水面放置一个带有很小排水孔的活塞，其下端有一弹簧支撑。整个模型表示饱和土体，弹簧代表土的固体颗粒骨架，容器内的水代表土体中的孔隙水。

由容器内的水承担的压力相当于由外荷载 p 在土体孔隙中水所引起的超静水压力，即土体中有孔隙水所传递的压力，称为孔隙水压力，记作 u；弹簧承担的压力相当于由骨架所传递的压力，即粒间接触压力，称为有效应力，记作 σ'。

当 $t=0$ 的加荷瞬间，容器中的水来不及排出，活塞不动，$u=p$，$\sigma'=0$；

当 $t>0$ 时，水从活塞水孔中逐渐排出，活塞下降，弹簧压缩。随着容器中水的不断排出，u 不断减小，σ' 不断增大。

当水从孔隙中充分排出，弹簧变形稳定，此时活塞不再下降，外荷载 p 全部由土骨架承担，$\sigma'=p$，这表示饱和土的渗透固结完成。

由此可知，饱和土的渗透固结过程就是孔隙水压力向有效应力转化的过程。若以外荷载 p 模拟土体中的总应力 σ，则在任一时刻，有效应力 σ' 和孔隙水压力 u 之和应始终等于饱和土体中的总应力 σ。即

$$\sigma=\sigma'+u \tag{3-28}$$

式（3-28）就是在土力学中著名的饱和土体的有效应力原理。在渗透固结过程中，孔隙水压力在逐渐消散，有效应力在逐渐增长，土的体积也在逐渐减小，而土的强度随之提高。

四、土的单向渗透固结理论

饱和土的单向渗透固结是指土在压缩变形时，孔隙水只能沿一个方向（通常指垂直方向 z）渗流，土的变形也只能在垂直方向产生。这种情形类似于土的室内侧限压缩试验的情况。现将太沙基（1925 年）提出的饱和土单向渗透固结理论介绍如下。

（一）单向渗透固结理论的基本假定

① 无限大的面积上作用的均布荷载是瞬时施加的；
② 土层是均质的，完全饱和的；
③ 土粒和水是不可压缩的；
④ 土层的压缩和孔隙水的排出是沿竖向发生的，是一维的；
⑤ 土中水的渗流服从达西定律；
⑥ 土在固结过程中的渗透系数 k、压缩系数 a 保持不变。

（二）单向渗透固结微分方程

如图 3-17 所示，在厚度为 $2H$ 的饱和黏性土层上作用着无限大的垂直连续均布荷载 σ，土层上下两面为透水层。在土层任意深度 z 处，取一微分体 $\mathrm{d}x\mathrm{d}y\mathrm{d}z$，假定固体的体积为 1。在单位时间内，此微分体内挤出的水量 Δq 等于微分体孔隙体积的压缩量 ΔV。设微分体底面渗流速度为 v，顶面速度为 $v+\dfrac{\partial v}{\partial z}\mathrm{d}z$，根据水流连续性原理、达西定律和有效应力原理，可建立饱和单向固结微分方程

$$C_\mathrm{v}\frac{\partial^2 u}{\partial z^2}=\frac{\partial u}{\partial t} \tag{3-29}$$

式中 C_v——称为土的固结系数，$\mathrm{m}^2/$年，$C_\mathrm{v}=\dfrac{k(1+e)}{\gamma_\mathrm{w}a}$；

$\quad\quad k$——土的渗透系数，$\mathrm{m}/$年；

$\quad\quad e$——土层固结过程中的平均孔隙比；

$\quad\quad \gamma_\mathrm{w}$——水的重度，$10\mathrm{kN}/\mathrm{m}^3$；

$\quad\quad a$——土的压缩系数，MPa^{-1}。

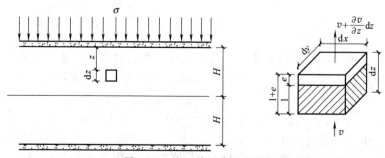

图 3-17 饱和单向渗透固结

（三）单向固结微分方程的解

根据图 3-17 的不同初始条件和边界条件可求得单向渗透固结微分方程的特解。

当 $t=0$ 和 $0 \leqslant z \leqslant 2H$ 时，$u=\sigma=$ 常数；

当 $0 < t < \infty$ 和 $z=0$ 时，$u=0$；

当 $0 < t < \infty$ 和 $z=2H$ 时，$u=0$。

采用分离变量法可求得满足上述条件的傅里叶级数解如下：

$$u = \frac{4\sigma_z}{\pi} \sum_{m=1}^{\infty} \frac{1}{m} \sin \frac{m\pi z}{2H} e^{-m^2 \frac{\pi^2}{4} T_v} \tag{3-30}$$

$$T_v = \frac{C_v}{H^2} t \tag{3-31}$$

式中　m——正奇整数，即 1、3、5、…；

　　　e——自然对数底数；

　　　H——土层最大排水距离，m，当土层为单面排水时，H 等于土层厚度，当土层为上、下双面排水时，H 为土层厚度的一半；

　　　T_v——时间因数；

　　　t——固结时间，年。

（四）地基固结度

地基固结度指的是地基在固结过程中任一时刻 t 的固结沉降量 S_t 与其最终固结沉降量 S 之比，即

$$U = \frac{S_t}{S} \tag{3-32}$$

式中　S_t，S——地基在某一时刻和最终的沉降量。

地基最终沉降量的计算，由式（3-8），可写成求积的积分形式

$$S = \int_0^H \frac{a}{1+e_1} \sigma_z \mathrm{d}z = \frac{a}{1+e_1} \int_0^H \sigma_z \mathrm{d}z$$

对于某一时刻的沉降量，则必须用有效应力 σ'_z 进行计算，即

$$S_t = \frac{a}{1+e_1} \int_0^H \sigma'_z \mathrm{d}z$$

将 S 及 S_t 表达式代入式（3-32），可得

$$U = \frac{S_t}{S} = \frac{\dfrac{a}{1+e_1} \int_0^H \sigma'_z \mathrm{d}z}{\dfrac{a}{1+e_1} \int_0^H \sigma_z \mathrm{d}z} = \frac{\int_0^H \sigma'_z \mathrm{d}z}{\int_0^H \sigma_z \mathrm{d}z} = \frac{有效应力图形面积}{总应力图形面积} \tag{3-33}$$

根据有效应力原理，$\sigma'_z = \sigma_z - u$，上式也可写成

$$U = \frac{\int_0^H (\sigma_z - u) \mathrm{d}z}{\int_0^H \sigma_z \mathrm{d}z} = 1 - \frac{\int_0^H u \mathrm{d}z}{\int_0^H \sigma_z \mathrm{d}z} = 1 - \frac{孔隙水应力图形面积}{应力图形面积} \tag{3-34}$$

由此可见，地基的固结度就是土体中孔隙水压力向有效应力转化过程的完成程度。

将式（3-30）代入式（3-34），经积分可求得固结度的计算公式：

$$U_t = 1 - \frac{8}{\pi^2} \sum_{m=1}^{\infty} \frac{1}{m^2} e^{-m^2 \frac{\pi^2}{4} T_v} \tag{3-35}$$

式（3-35）中符号意义同式（3-30）。

由于式（3-35）中级数收敛很快，故当 T_v 值较大（如 $T_v \geqslant 0.16$）时，可只取其第一

项，其精度完全可以满足工程要求。上式可简化为

$$U_t = 1 - \frac{8}{\pi^2} e^{-\frac{\pi^2}{4}T_v}$$ (3-36)

固结度是时间因数 T_v 的函数，与土中附加应力的分布情况有关。式（3-36）适用于以下两种情况：

① 地基为上、下双排水；

② 地基为单面排水，地基中附加应力沿深度为均布的情况。

若地基为单面排水，且在土层的上下面的附加应力不相等的情况下，要对式（3-36）进行调整，可按下式计算

$$U_t = 1 - \frac{\left(\frac{\pi}{2}\alpha - \alpha + 1\right)\frac{32}{\pi^3}}{1+\alpha} e^{-\frac{\pi^2}{4}T_v}$$ (3-37)

式中 α——大小不同的附加应力分布，见图 3-18，$\alpha = \frac{\sigma_{z1}}{\sigma_{z2}}$；

σ_{z1}，σ_{z2}——透水面、不透水面上的附加应力，kPa。

（1）$\alpha = 0$ 即"1"型，压缩应力为土层自重应力沿深度成三角形分布，

$$U_1 = 1 - \frac{32}{\pi^3} e^{-\frac{\pi^2}{4}T_v}$$ (3-38)

（2）$\alpha = 1$ 即"0"型，有大面积荷载作用，或虽有局部荷载作用但土层很薄，其附加应力均匀分布，

$$U_0 = 1 - \frac{8}{\pi^2} e^{-\frac{\pi^2}{4}T_v}$$ (3-39)

其他 α 值时的固结度可按式（3-37）计算，也可利用式（3-39）及式（3-38）求得 u_0 及 u_1，按式（3-32）来计算

$$U_\alpha = \frac{2\alpha u_0 + (1-\alpha)u_1}{1+\alpha}$$ (3-40)

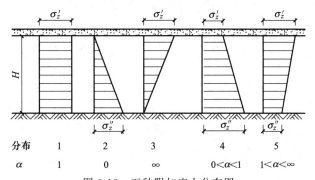

图 3-18 五种附加应力分布图

为方便查用，表 3-10 给出了不同的 α 下 U_t-T_v 关系。

表 3-10 单面排水，不同的 α 下 U_t-T_v 关系表

α	固 结 度 U_t											类型
	0.0	0.1	0.2	0.3	0.4	0.5	0.6	0.7	0.8	0.9	1.0	
0.0	0.0	0.049	0.100	0.154	0.217	0.290	0.380	0.500	0.660	0.950	∞	"1"
0.2	0.0	0.027	0.073	0.126	0.186	0.26	0.35	0.466	0.63	0.92	∞	
0.4	0.0	0.016	0.056	0.106	0.164	0.24	0.33	0.44	0.60	0.90	∞	"0-1"
0.6	0.0	0.012	0.042	0.092	0.148	0.22	0.31	0.42	0.58	0.88	∞	
0.8	0.0	0.010	0.036	0.079	0.134	0.20	0.29	0.41	0.57	0.86	∞	
1.0	0.0	0.008	0.031	0.071	0.126	0.20	0.29	0.40	0.57	0.85	∞	"0"
1.5	0.0	0.008	0.024	0.058	0.107	0.17	0.26	0.38	0.54	0.83	∞	
2.0	0.0	0.006	0.019	0.050	0.095	0.16	0.24	0.36	0.52	0.81	∞	
3.0	0.0	0.005	0.016	0.041	0.082	0.14	0.22	0.34	0.50	0.79	∞	
4.0	0.0	0.004	0.014	0.040	0.080	0.13	0.21	0.33	0.49	0.78	∞	"0-2"
5.0	0.0	0.004	0.013	0.034	0.069	0.12	0.20	0.32	0.48	0.77	∞	
7.0	0.0	0.003	0.012	0.030	0.065	0.12	0.19	0.31	0.47	0.76	∞	
10.0	0.0	0.003	0.011	0.028	0.060	0.11	0.18	0.30	0.46	0.75	∞	
20.0	0.0	0.003	0.010	0.026	0.060	0.11	0.17	0.29	0.45	0.74	∞	
∞	0.0	0.002	0.009	0.024	0.048	0.09	0.16	0.23	0.44	0.73	∞	"2"

【例 3-7】 某饱和黏土层如图 3-19 所示，其厚度为 5m，底面为不透水层，在大面积荷载作用下 $\sigma_z = 110\text{kPa}$。该土层的 $e_1 = 0.8$，压缩系数 $a = 0.4\text{MPa}^{-1}$，渗透系数 $k = 2\text{cm/年}$。试计算：①加荷 1 年后地基的沉降量；②沉降量达 100mm 所需的时间。

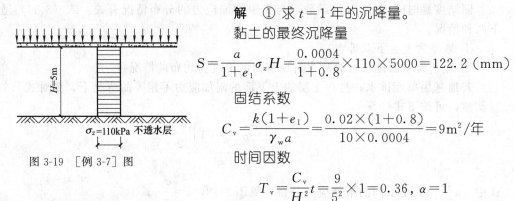

图 3-19 ［例 3-7］图

解 ① 求 $t = 1$ 年的沉降量。

黏土的最终沉降量

$$S = \frac{a}{1+e_1}\sigma_z H = \frac{0.0004}{1+0.8} \times 110 \times 5000 = 122.2 \text{（mm）}$$

固结系数

$$C_v = \frac{k(1+e_1)}{\gamma_w a} = \frac{0.02 \times (1+0.8)}{10 \times 0.0004} = 9\text{m}^2\text{/年}$$

时间因数

$$T_v = \frac{C_v}{H^2}t = \frac{9}{5^2} \times 1 = 0.36, \ \alpha = 1$$

由式（3-36）得地基的固结度为

$$U = 1 - \frac{8}{\pi^2}e^{-\frac{\pi^2}{4}T_v} = 1 - \frac{8}{\pi^2}e^{-\frac{\pi^2}{4} \times 0.36} = 0.67$$

故

$$S_t = US = 0.67 \times 122.2 = 81.9 \text{（mm）}$$

② 计算沉降量达 100mm 时所需时间。

固结度

$$U = \frac{S_t}{S} = \frac{100}{122.2} = 0.82$$

时间因数

$$T_v = -\frac{4}{\pi^2}\ln\frac{\pi}{8}(1-U_0) = -\frac{4}{\pi^2}\ln\frac{\pi}{8}(1-0.82) = 0.61$$

$$t = \frac{T_v H^2}{C_v} = \frac{0.61 \times 5^2}{9} = 1.69 \text{（年）}$$

第五节　地基沉降观测

一、地基沉降观测工作的内容

地基土体在上部建筑物的荷载作用下，必然产生应力和变形，从而引起基础沉降。通常均匀的沉降，对上部结构危害性较小；但均匀沉降较大时，将导致房屋、路面标高降低，影响建筑物的外观和使用。例如上海锦江饭店，建于解放初期，设计时对地基考虑不足，当初由大街进入饭店大厅要上几个台阶。而到 1985 年时，变成要下几个台阶。一层楼的门窗约一半沉入地面下，只好后来重新修建，并改名新锦江大酒店。至于不均匀沉降，那危害性就更大了。会造成上部结构产生次应力而出现各种问题，如房屋砖墙出现裂缝、高耸建筑物发生倾斜、路堤开裂、路面不平、机器转轴偏心以及与建筑物连接的管道断裂等。因此，研究地基的变形，对于保证建筑物的正常使用和经济安全，都具有重大的意义。建筑物沉降观测是研究地基变形的一种重要手段，它是验证建筑物地基设计方案和地基加固方案是否正确、分析地基事故的原因以及施工质量是否合格的重要依据，也是确定建筑物地基的容许变形值的重要参考。还可以通过对沉降计算值与实测值的比较，为进一步提高沉降计算的精确度和发展新的符合实际的沉降计算方法提供资料。

沉降观测主要用于控制地基的沉降量和沉降速率。一般情况下，建筑物在竣工半年至一年的时间内，不均匀沉降发展最快。在正常情况下，地基沉降速率会随时间逐渐减慢，如沉降速率减到 0.05mm/d 以下时，可认为地基沉降趋向稳定，这种沉降称为减速沉降。当地基等速沉降时，就会使地基出现丧失稳定的危险。当出现加速沉降时，表示地基已丧失稳定，应及时采取工程措施，防止建筑物发生工程事故。

《建筑地基基础设计规范》（GB 50007—2011）规定，以下建筑物应在施工期间及使用期间进行沉降观测。

① 地基基础设计等级为甲级的建筑物；

② 复合地基或软弱地基上的设计等级为乙级的建筑物；

③ 加层、扩建建筑物；

④ 受邻近深基坑开挖施工影响或受场地地下水等环境因素变化影响的建筑物；

⑤ 需要积累建筑经验或进行设计反分析的工程。

沉降观测工作的内容，主要包括以下四个方面。

1. 准备工作

在沉降观测对象确定后，首先要收集相关的勘察设计资料，包括：

① 被观测建筑物所在地区的总平面布置图；

② 该地区的工程地质勘察资料；

③ 被观测建筑物的建筑和结构平面图、立面图、剖面图与基础的平面图、剖面图等；

④ 结构荷载与地基基础的设计资料；

⑤ 工程施工进度计划。

在收集以上资料的基础上，制定沉降观测工作计划，包括观测目的和任务、水准基点和观测点的设置、观测方法和精度的要求、观测时间和次数以及观测资料处理的方法。

2. 水准基点与观测点设置

水准基点的设置以保证其稳定可靠为原则，宜设置在基岩上或压缩性较低的土层上。水准基点的位置应靠近观测点并设在建筑物产生压力影响的范围之外，不受行人车辆碰撞的地方。在一个观测区内，水准基点不应少于 3 个。

建筑物上的沉降观测点的位置由设计人员确定，数量不宜少于 6 个。一般设置在室外地面上，如建筑物的四个角点、沉降缝两侧、高低层交界处、地基土软硬交界两侧等，测点的间距为 8～12m。沉降观测点要尽可能布置在建筑物的纵横轴线上。

3. 观测次数与时间

建筑物沉降观测宜采用 II 级水准测量，视线长度为 20～30m，视线高度不宜低于 0.3m。水准测量宜采用闭合法。水准基点的导线测量与观测点的水准测量一般均应采用带有平行玻璃板的高精度水准仪和固氏线尺。

水准基点的导线测量一般在基点设置完毕一周后进行，在建筑物的沉降观测过程中（从建筑物开始施工到沉降稳定为止），各水准点要定期进行相互校核，若有变动应进行标高修正。观测点原始标高的测量一般应在水泥砂浆凝固后立即进行。一般情况下，民用建筑物每施工完一层（包括地下部分）应观测 1 次；工业建筑按不同荷载阶段分次观测，施工期间的观测不应少于 4 次。建筑物竣工后的观测，第一年不少于 3～5 次，第二年不少于 2 次，以后每年 1 次，直到沉降稳定为止。如遇突然发生严重裂缝或大量沉降情况时，应增加观测次数。

4. 观测资料的整理

建筑物沉降观测后应及时整理好资料，算出各观测点的标高、沉降量、累计沉降量及沉降速率，以便及早发现和处理出现的地基问题。

二、地基变形的类型及容许值

地基变形按其变形特征分为沉降量、沉降差、倾斜和局部倾斜。

（1）沉降量 指独立基础或刚性很大的基础中心点的沉降值；

（2）沉降差 指两相邻独立基础中心点的沉降量差值；

（3）倾斜 指独立基础在倾斜方向两端点的沉降差与其距离之比；

（4）局部倾斜 指砌体承重结构沿纵向 6～10m 内基础两点的沉降差与其距离之比。

目前，确定地基容许沉降量的方法主要有两类：一是理论分析法；二是经验统计法。

理论分析法的实质是综合考虑结构与地基的相互作用，在保证上部结构内部由于地基沉降引起的应力不超过其承载能力的前提下，确定地基容许变形值。该方法尚处于研究阶段，距实用仍有一定距离。因此，在实际工程中，目前主要采用经验统计法。

经验统计法是对大量的各种地基沉降进行观测，取得很多的数据，然后加以归纳整理提出各种容许变形值。

《建筑地基基础设计规范》（GB 50007—2011）规定：建筑物的地基变形值，不应大于地基变形允许值，并作为强制性条文执行。表 3-11 是《建筑地基基础设计规范》列出的建筑物地基基础变形允许值。对表 3-11 中未包括的建筑物，其地基变形允许值应根据上部结构对地基变形的适应能力和使用上的要求确定。

表 3-11　建筑物的地基变形允许值

变形特征		地基土类别	
		中、低压缩性土	高压缩性土
砌体承重结构基础的局部倾斜		0.002	0.003
工业与民用建筑相邻柱基的沉降差			
(1)框架结构		$0.002l$	$0.003l$
(2)砖石墙填充的边排柱		$0.0007l$	$0.001l$
(3)当基础不均匀沉降时不产生附加应力的结构		$0.005l$	$0.005l$
单层排架结构(柱距为 6m)柱基的沉降量/mm		(120)	200
桥式吊车轨面的倾斜(按不调整轨道考虑)			
纵向		0.004	
横向		0.003	
多层和高层建筑的整体倾斜	$H_g \leqslant 24$	0.004	
	$24 < H_g \leqslant 60$	0.003	
	$60 < H_g \leqslant 100$	0.0025	
	$H_g > 100$	0.002	
体型简单的高层建筑基础的平均沉降量/mm		200	
高耸结构建筑的倾斜	$H_g \leqslant 20$	0.008	
	$20 < H_g \leqslant 50$	0.006	
	$50 < H_g \leqslant 100$	0.005	
	$100 < H_g \leqslant 150$	0.004	
	$150 < H_g \leqslant 200$	0.003	
	$200 < H_g \leqslant 250$	0.002	
高耸结构基础的沉降量/mm	$H_g \leqslant 100$	400	
	$100 < H_g \leqslant 200$	300	
	$200 < H_g \leqslant 250$	200	

注：1. 本表数值为建筑物地基实际最终变形允许值。

2. 有括号者仅适用于中压缩性土。

3. l 为相邻柱基的中心距离（mm）；H_g 为自室外地面起算的建筑物高度（m）。

小　结

本章所涉及的内容是土力学课程的重要内容之一。主要介绍如下。

（1）地基的沉降原因主要是在附加应力作用下土中孔隙里的水和空气被挤出后孔隙体积的缩小。饱和土在被压缩的过程中，产生了超静水压力。随着水逐渐被排出超静水压力逐渐转至土颗粒的有效应力，直至超静水压力完全消失。这一过程也称为土的固结。在固结过程中，超静水压力与有效应力之和等于总压力，即 $\sigma = \sigma' + u$，这就是饱和土体的有效应力原理。

（2）土的侧限压缩试验是研究土体压缩性最基本的方法。通过试验可绘制 $e\text{-}p$ 曲线或 $e\text{-}\lg p$ 曲线。曲线愈陡，说明土的压缩性愈大。

土的压缩系数 a 表示 $e\text{-}p$ 曲线上的斜率，$a = \tan\alpha = -\Delta e/\Delta p = (e_1 - e_2)/(p_2 - p_1)$，工程中常用 a_{1-2} 来判别土的压缩性；土的压缩指数 C_c 表示 $e\text{-}\lg p$ 曲线上直线段的斜率，$C_c = (e_1 - e_2)/(\lg p_2 - \lg p_1)$，用压缩指数也可以判别土的压缩性；压缩模量 E_s 是指侧限条件下，土的垂直应力增量 Δp 与应变 ε_z 之比，$E_s = \Delta p/\varepsilon_z = (1 + e_1)/a$，工程中常用 E_{s1-2} 来判断土的压缩性高低。

（3）地基最终沉降量的常用计算方法有分层总和法和规范法。分层总和法计算要点如下。

① 绘制基础中点下 σ_c 和 σ_z 分布曲线；

② 确定地基沉降计算深度，使 $\sigma_z/\sigma_c \leqslant 0.2$（软土为 0.1）；

③ 确定分层厚度（$< 0.4b$）并分层；

④ 计算各分层沉降量并求和即为地基最终沉降量。

规范法在分层总和法的基础上引入经验系数而得，其分层厚度可按天然土层厚度直接计算，无须分层。

（4）渗流的基本规律——达西定律：土体中水渗流的速度 v 与水头梯度 I 成正比，且与土的渗透性质有关。

土的渗透变形就是指渗透力引起的土体失稳现象。土的渗透变形主要表现为流土和管涌。它们都与水头梯度大小有关。

流土现象发生在土体表面的渗流逸出处，不会发生于土体内部；而管涌现象既可以发生在渗流逸出处，也可以发生于土体内部。流土现象主要发生在细砂、粉砂及粉土中，而在粗粒土及黏土中则不易发生。

（5）用先期固结压力 p_c 与现时上覆土重 p_0 的比值将土分为正常固结土、超固结土、欠固结土。

（6）土的固结主要有以下两个问题。

① 求 t 时刻的沉降量；

② 求达到某一沉降量 S_t 所需的时间。

（7）地基变形特征可分为沉降量、沉降差、倾斜、局部倾斜四类。

思　考　题

1. 地基基础沉降的主要原因是什么？
2. 压缩系数的物理意义是什么？怎样用 a_{1-2} 判别土的压缩性质？
3. 地下水位升降对基础沉降有何影响？
4. 分层总和法计算地基最终沉降量的公式有哪几个？它们各自适用的条件是什么？
5. 什么叫正常固结土、超固结土和欠固结土？土的应力历史对土的压缩性有何影响？
6. 叙述达西定律。密实黏性土的达西定律与砂土的有何区别？
7. 简述有效应力的基本原理。

8. 为什么要研究地基的沉降量与时间的关系？

9. 建筑物沉降观测工作有哪些内容？

10. 地基变形有哪些特征？如何减小沉降的危害？

习 题

1. 某土的试样压缩试验结果如下：当荷载由 $p_1 = 100$kPa 增加至 $p_2 = 200$kPa 时，24h 内的试样的孔隙比由 0.875 减少至 0.813，求土的压缩系数 a_{1-2}，并计算相应的压缩模量 E_s，评价土的压缩性。

2. 某地基中自重应力与附加应力分布如图 3-20，室内压缩试验 e-p 关系见表 3-12，试用分层总和法求地基的最终沉降量。

表 3-12　室内压缩试验 e-p 关系

p/kPa	32	48	64	80	100	109	128	142
e	1.10	1.05	1.02	1.00	0.98	0.97	0.96	0.95

3. 某独立基础基底尺寸 3m×3m，上部结构垂直荷载为 2000kN、基础埋深 1m，其他数据如图 3-21 所示，按规范法计算地基最终沉降量。

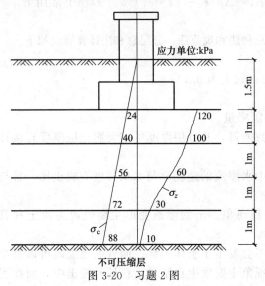

图 3-20　习题 2 图

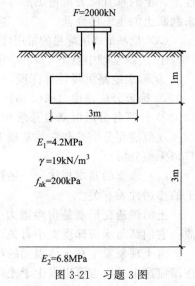

图 3-21　习题 3 图

4. 某地基为饱和黏土，厚度 $H = 10$m，底面为不透水层。该土层在大面积荷载作用下，$\sigma_z = 150$kPa，孔隙比 $e_1 = 0.8$，压缩系数 $a = 0.6$MPa^{-1}，渗透系数 $k = 2$cm/年，试计算：

① 加荷一年后地基的沉降量。

② 沉降量达 12cm 所需的时间。

第四章　土的抗剪强度和地基承载力

知识目标

- 了解土中一点的应力状态及剪切试验方法和成果表达方式，熟悉抗剪强度指标的选用；
- 掌握土体抗剪强度的规律、土中一点的极限平衡条件，以及直剪试验、三轴试验的试验原理；
- 了解浅基础地基破坏的三种不同方式和地基破坏的过程，掌握临塑荷载和临界荷载的概念及计算公式的意义；
- 理解浅基础地基极限承载力计算的基本假定、分析理论和计算公式。理解地基承载力的各种确定方法和适用条件。

能力目标

- 会判别土的状态；
- 能利用土的极限平衡条件分析土中任意一点所处的状态；
- 会应用抗剪强度试验测定数据确定土的抗剪强度指标；
- 会根据不同固结和排水条件选用合适的抗剪强度指标；
- 会利用规范确定地基承载力。

土的抗剪强度是指土体对于外荷载所产生的剪应力的极限抵抗能力。当土中某点由外力所产生的剪应力达到土的抗剪强度时，该点土体就会发生相对于相邻土体的移动，即该点发生了剪切破坏。如荷载继续增加，则剪应力达抗剪强度的区域（即塑性区）愈来愈大，最后形成连续的滑动面，一部分土体相对另一部分土体产生滑动，基础产生很大的沉降与倾斜，整个地基发生强度破坏，此时称为地基失去稳定。

工程实践和室内试验都验证了建筑物地基和土工构筑物的破坏绝大多数属于剪切破坏。例如堤坝、路堤、边坡的坍塌［图 4-1（a）］，挡土墙、基坑墙后填土的失稳［图 4-1（b）］、建筑物地基的失稳［图 4-1（c）］，都是由于沿某些面上的剪应力超过土的抗剪强度所造成。由此可见，土的抗剪强度是决定地基或土工构筑物稳定性的关键因素。因此研究土的抗剪强度的规律对于工程设计、施工都具有非常重要的实际意义。

(a)　　　　　　　　　(b)　　　　　　　　　(c)

图 4-1　土的剪切破坏实例

第一节　土的抗剪强度理论

一、库仑强度理论

（一）库仑定律

1773 年，法国科学家库仑（Coulomb）根据砂土剪切试验，提出砂土抗剪强度计算公式为：

$$\tau_f = \sigma \tan\varphi \tag{4-1a}$$

式中　τ_f——土的抗剪强度，kPa；

　　　σ——作用在剪切面的法向应力，kPa；

　　　φ——砂土的内摩擦角，（°），干松砂的 φ 值近似于其自然休止角（干松砂在自然状态下所能维持的斜坡的最大坡角）；

后来库仑又通过试验提出适合黏性土的抗剪强度计算公式：

$$\tau_f = \sigma \tan\varphi + c \tag{4-1b}$$

式中　c——土的黏聚力，kPa；

式（4-1a）与式（4-1b）一起统称为库仑定律，可分别用图 4-2（a）和图 4-2（b）表示。

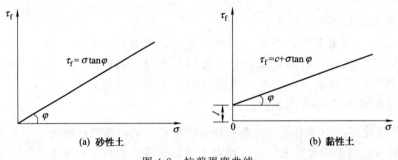

图 4-2　抗剪强度曲线

（二）抗剪强度的构成因素

式（4-1a）和式（4-1b）中的 c 和 φ 称为土的抗剪强度指标。它们是构成土抗剪强度的基本要素，它们的大小反映了土的抗剪强度的高低。由土的抗剪强度公式不难看出，土的抗剪强度的构成有两个方面：即内摩擦力与黏聚力。

1. 内摩擦力

存在于土体内部的摩擦力，由以下三部分组成。

① 滑动摩擦。颗粒与颗粒之间在粗糙的剪切面上滑动时产生的摩擦力；

② 咬合摩擦。由于颗粒之间的相互嵌入和互锁作用产生的咬合力；

③ 颗粒的破坏与重新排列。

2. 黏聚力

黏聚力 c 是由土颗粒之间的胶结作用、结合水膜以及水分子引力作用等形成的。

砂土的抗剪强度主要取决于摩擦力，黏性土的抗剪强度来源黏聚力和摩擦力二者兼有。土颗粒越粗，内摩擦角 φ 越大。土颗粒越细，塑性越大，黏聚力 c 也越大。

（三）抗剪强度的影响因素

影响土的抗剪强度的因素很多，主要包括以下几个方面：①土颗粒的矿物成分、形状及颗粒级配；②初始密度；③含水量；④土的结构扰动情况；⑤有效应力；⑥应力历史；⑦试验条件。

二、土的极限平衡条件

土的强度破坏通常是指剪切破坏。当土中某点的剪应力等于土的抗剪强度时的临界状态称为"极限平衡状态"。极限平衡状态时各种应力的关系，称为土的"极限平衡条件"。

1. 莫尔-库仑强度理论

为了简单起见，研究平面问题的情况，不计中间主应力 σ_2 的影响。在土中取一微单元 [见图 4-3（a）]，设作用在该单元体上的大小主应力分别为 σ_1 和 $\sigma_3(\sigma_1 > \sigma_3)$，在单元体内与大主应力 σ_1 作用平面成任意角 α 的 mn 平面上有正应力 σ 和剪应力 τ。取微棱柱体 abc 为隔离体 [见图 4-3（b）]，将各力分别在水平和垂直方向投影，根据静力平衡条件可建立 σ、τ 与 σ_1、σ_3 之间的关系。

$$\sigma_3 \cdot \mathrm{d}s \cdot \sin\alpha - \sigma \cdot \mathrm{d}s \cdot \sin\alpha + \tau \cdot \mathrm{d}s \cdot \cos\alpha = 0$$

$$\sigma_1 \cdot \mathrm{d}s \cdot \cos\alpha - \sigma \cdot \mathrm{d}s \cdot \cos\alpha - \tau \cdot \mathrm{d}s \cdot \sin\alpha = 0$$

联立求解以上方程可得 mn 平面上的应力为：

$$\sigma = \frac{\sigma_1 + \sigma_3}{2} + \frac{\sigma_1 - \sigma_3}{2}\cos 2\alpha \tag{4-2a}$$

$$\tau = \frac{\sigma_1 - \sigma_3}{2}\sin 2\alpha \tag{4-2b}$$

以上 σ、τ 与 σ_1、σ_3 之间的关系也可以用莫尔应力圆表示 [见图 4-3（c）]，应力圆的主要元素如下。

（1）坐标　σ-τ 直角坐标系，横坐标为正应力 σ，纵坐标为剪应力 τ；

（2）圆心　$D\left(\dfrac{\sigma_1 + \sigma_3}{2}, \ 0\right)$；

（3）直径　$BC(\sigma_1 - \sigma_3)$。

从 DC 开始逆时针旋转 2α 角得到 DA 线，DA 线与圆周交于 A 点，可以证明：A 点的横坐标即为斜面 mn 上的正应力 σ，A 点的纵坐标为斜面 mn 上的剪应力 τ。这样，莫尔圆就可以表示土体中一点的应力状态，莫尔圆圆周上各点的坐标就表示该点在相应平面上的正应力和剪应力。

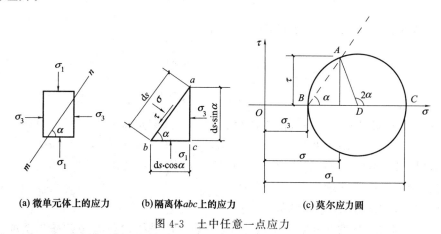

(a) 微单元体上的应力　　(b) 隔离体 abc 上的应力　　(c) 莫尔应力圆

图 4-3　土中任意一点应力

2. 极限平衡条件

为判别土中某点是否破坏，可将该点的莫尔应力圆与土的抗剪强度包线 σ-τ_f 绘在同一坐标图上并作相对位置比较，如图 4-4（a）所示，它们之间的关系存在以下三种情况。

（1）相离　弹性状态。某点莫尔应力圆整体位于抗剪强度包线的下方（圆Ⅰ），应力圆与抗剪强度线相离，表明该点在任何平面上的剪应力均小于土的抗剪强度。因而，该点未破坏。

（2）相切　极限平衡状态。某点莫尔应力圆与抗剪强度包线相切（圆Ⅱ），说明在切点所代表的平面上，剪应力恰好等于土的抗剪强度，该点处于极限平衡状态，此时应力圆亦称为极限应力圆。

（3）相割　破坏。某点莫尔应力圆与抗剪强度包线相割（圆Ⅲ），则该点早已破坏。实际圆Ⅲ所代表的应力状态是不可能存在的，因为该点破坏后，已超出土体的抗剪强度。

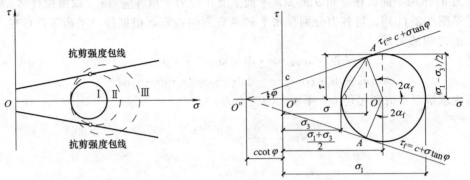

(a) 莫尔应力圆与抗剪强度包线位置关系　　(b) 极限平衡时莫尔圆与抗剪强度包线

图 4-4　莫尔应力圆与抗剪强度线的关系

土体处于极限平衡状态时，从图 4-4（b）中莫尔应力圆与抗剪强度包线的几何关系可得：

$$\sin\varphi = \frac{OA}{O''O} = \frac{(\sigma_1 - \sigma_3)/2}{(\sigma_1 + \sigma_3)/2 + c\cot\varphi}$$

化简并经三角函数变换后，可得：

$$\sigma_1 = \sigma_3 \tan^2\left(45° + \frac{\varphi}{2}\right) + 2c\tan\left(45° + \frac{\varphi}{2}\right) \qquad (4-3)$$

$$\sigma_3 = \sigma_1 \tan^2\left(45° - \frac{\varphi}{2}\right) - 2c\tan\left(45° - \frac{\varphi}{2}\right) \qquad (4-4)$$

对于无黏性土，$c = 0$，则其极限平衡条件为：

$$\sigma_1 = \sigma_3 \tan^2\left(45° + \frac{\varphi}{2}\right) \qquad (4-5)$$

$$\sigma_3 = \sigma_1 \tan^2\left(45° - \frac{\varphi}{2}\right) \qquad (4-6)$$

由图 4-4（b）可以看出，在极限平衡状态时，通过某点将产生一对破裂面（对应于 A 点），它们与大主应力作用面夹角 $\alpha_f = 45° + \varphi/2$，破裂面之间夹角为 $90° - \varphi$。

【例 4-1】　地基中某一单元土体上的大主应力 $\sigma_1 = 450\text{kPa}$，小主应力 $\sigma_3 = 150\text{kPa}$。通过试验测得土的抗剪强度指标 $c = 20\text{kPa}$，$\varphi = 26°$。

试问：① 该单元土体处于何种状态？

　　　　② 单元土体最大剪应力出现在哪个面上？是否会沿剪应力最大的面发生剪切破坏？

解　（1）问题①解答

方法 1

$$\sigma_{1f} = \sigma_3 \tan^2\left(45° + \frac{\varphi}{2}\right) + 2c\tan\left(45° + \frac{\varphi}{2}\right)$$

$$= 150 \times \tan^2\left(45° + \frac{26°}{2}\right) + 2 \times 20 \times \tan\left(45° + \frac{26°}{2}\right)$$

$$= 448.16 \ (kPa)$$

计算结果表明：$\sigma_{1f} \approx \sigma_1$，该单元土体处于极限平衡状态。

$$\sigma_{3f} = \sigma_1 \tan^2\left(45° - \frac{\varphi}{2}\right) - 2c\tan\left(45° - \frac{\varphi}{2}\right)$$

$$= 450 \times \tan^2\left(45° - \frac{26°}{2}\right) - 2 \times 20 \times \tan\left(45° - \frac{26°}{2}\right)$$

$$= 150.5 \ (kPa)$$

计算结果表明：$\sigma_{3f} \approx \sigma_3$，该单元土体处于极限平衡状态。

方法 2

在剪切破坏面上：$\alpha_f = 45° + \varphi/2 = 45° + 26°/2 = 58°$

$$\sigma = \frac{\sigma_1 + \sigma_3}{2} + \frac{\sigma_1 - \sigma_3}{2}\cos 2\alpha$$

$$= \frac{450 + 150}{2} + \frac{450 - 150}{2} \times \cos(2 \times 58°)$$

$$= 234.2 \ (kPa)$$

$$\tau = \frac{\sigma_1 - \sigma_3}{2}\sin 2\alpha = \frac{450 - 150}{2} \times \sin(2 \times 58°) = 134.8 \ (kPa)$$

库仑定律：$\tau_f = \sigma\tan\varphi + c = 234.2 \times \tan 26° + 20 = 134.2 \ (kPa)$

计算结果表明：$\tau_f \approx \tau$，该单元土体处于极限平衡状态。

(2) 问题②解答

最大剪应力面与大主应力作用面成 45°

$$\tau_{max} = \frac{\sigma_1 - \sigma_3}{2}\sin 2\alpha = \frac{450 - 150}{2} \times \sin(2 \times 45°) = 150 \ (kPa)$$

最大剪应力面上的法向应力：

$$\sigma = \frac{\sigma_1 + \sigma_3}{2} + \frac{\sigma_1 - \sigma_3}{2} \times \cos 2\alpha$$

$$= \frac{450 + 150}{2} + \frac{450 - 150}{2} \times \cos(2 \times 45°)$$

$$= 300 \ (kPa)$$

库仑定律：$\tau_f = \sigma\tan\varphi + c = 300 \times \tan 26° + 20 = 166.3 \ (kPa)$

计算结果表明：$\tau_f > \tau_{max}$，剪应力最大面处于弹性平衡状态。

第二节　土的剪切试验

土的抗剪强度指标 c、φ 值是土的重要力学性质指标，在确定地基土的承载力、挡土墙的土压力以及验算土坡的稳定性等问题时都要用到。因此，正确地测定和选择土的抗剪强度指标是土工试验与设计计算中十分重要的问题。

土的抗剪强度指标是通过土工试验确定的。试验方法可分为室内土工试验和现场原位测试两种。室内试验常用的方法有直接剪切试验、三轴剪切试验；现场原位测试的方法有十字板剪切试验和大型直剪试验。

一、直接剪切试验

1. 试验设备

直接剪切仪分为应变控制式和应力控制式两种，前者是等速推动试样产生位移，测定相应的剪应力，后者则是对试样分级施加水平剪应力，测定相应的位移。我国普遍采用的是应变控制式直剪仪，如图 4-5 所示，该仪器主要部分是剪切盒，剪切盒分为上、下盒。上盒通过量力环固定于仪器架上，不能移动，称为固定的上盒；下盒放在能沿滚珠槽滑动的底板上，可沿滚珠槽水平移动，称活动的下盒。试样放在上下盒内的上下两块透水石之间。

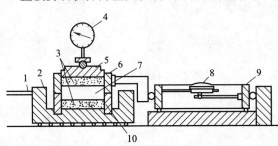

图 4-5 应变控制式直剪仪

1—轮轴；2—底座；3—透水石；4—量表；5—活塞；
6—土盒；7—土样；8—量表；9—量力环；10—下盒

2. 试验步骤

（1）施加垂直压应力 σ 试验时，由杠杆系统通过加压活塞和上透水石对试样施加某一垂直压力 P（$\sigma = P/A$，A 为试样面积），当土质比较松软时，宜分次施加，以防土样被挤出。

（2）施加水平推力 等速转动手轮对下盒施加水平推力，使试样在上下盒之间的水平接触面上产生剪切变形，逐级增加剪切面上的剪应力，同时每隔一定时间测量记录量力环表读数，直至试样剪切破坏。

（3）取密度、含水量相同的试样，重复以上步骤。

3. 抗剪强度指标的确定

（1）绘制 τ-s 曲线 将试验结果绘制成剪应力 τ 与剪切变形 s 的关系曲线［见图 4-6（a）］，剪应力的大小 τ 可借助与上盒接触的量力环的变形值计算确定，剪切变形 s 由百分表测定。

（2）确定 τ_f 剪切过程中，随着上下盒相对剪切变形的发展，土样中的抗剪强度逐渐发挥出来，直到剪应力等于土的抗剪强度时，土样剪切破坏。所以，土样的抗剪强度可用剪切破坏时的剪应力来量度。一般以曲线的峰值［见图 4-6（a）中 A 点］作为该级垂直压应力 σ_n 下相应的抗剪强度 τ_f。有些土（如软土、松砂）的 τ-s 曲线往往不出现峰值，此时可按某一剪切位移值作为控制破坏的标准，一般可取相应于 4mm 剪切位移值［见图 4-6（a）中 B 点］的剪应力作为土的抗剪强度 τ_f。

（3）绘制抗剪强度包线，确定抗剪强度指标 c、φ 每组试样不得少于 4 个，在不同垂直压应力 σ_i 作用下测得相应的 τ_f，在 σ-τ 坐标系上，绘制 σ-τ_f 曲线，即为土的抗剪强度包线。土的抗剪强度包线在纵坐标上的截距为黏聚力 c，土的抗剪强度包线与横坐标的夹角为内摩擦角 φ。

4. 不同排水条件的试验方法

试验和工程实践都表明，土的抗剪强度不仅受试验方法的影响，还与土体受力后的排水固结状况有关。因此，用于工程设计中的抗剪强度指标，其室内试验条件应与土体在现场受剪时的条件相符合。为了近似模拟土体的实际排水固结状况，按剪切前的固结程度、剪切时排水条件及加荷速率，把剪切试验分为快剪、固结快剪和慢剪三种试验方法。

（1）快剪 施加垂直压应力后，不待试样固结，立即快速施加水平剪应力，使试样快速（约 3~5min）剪切破坏。由于剪切速率快，可认为试样在短暂的试验过程中来不及排水固结。

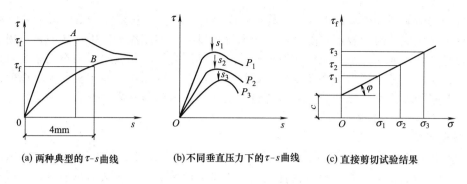

(a) 两种典型的 τ-s 曲线　　(b)不同垂直压力下的 τ-s 曲线　　(c) 直接剪切试验结果

图 4-6　直接剪切试验

（2）固结快剪　施加垂直压应力后，允许试样充分排水固结，待试样固结稳定后，再快速（约 $3\sim5$min）施加水平剪应力，使试样快速剪切破坏，可认为试样在剪切过程中来不及排水固结。

（3）慢剪　施加垂直压应力后，允许试样充分排水固结，待固结稳定后，再以缓慢的剪切速率施加水平剪应力，使试样在剪切过程中有充分时间排水，直至剪切破坏。

5. 优缺点

直剪试验已有上百年以上的历史，其仪器简单，操作方便，试样厚度薄，固结快，试验历时短，在工程实践中广泛应用。但这种仪器也存在如下缺点。

（1）剪切过程中试样内的剪应变和剪应力分布不均匀。试样剪破时，靠近剪切盒边缘的剪应变最大，而试样中间部位的应变相对小得多。此外，剪切面附近的应变也大于试样顶部和底部的应变；基于同样的原因，试样中的剪应力也是很不均匀的。

（2）剪切面人为地限制在上、下盒的接触面上，而该平面并非是试样抗剪最弱的剪切面。

（3）剪切过程中试样面积逐渐减小，垂直荷载发生偏心，但计算抗剪强度时却按受剪面积不变和剪应力均匀分布计算。

（4）不能严格控制排水条件，不能量测试样的孔隙水压力。

二、三轴剪切试验
1. 试验原理与试验设备

三轴剪切试验又称三轴压缩试验，是一种比较完善的测定土的抗剪强度的试验方法。其试验原理是在圆柱形试样上施加轴向主应力 σ_1 与水平向主应力 σ_3（亦称周围压力），保持其中之一不变（一般是 σ_3），改变另一个，使试样中的剪应力逐渐增大，直至剪切破坏（见图 4-7），由此求得土的抗剪强度。

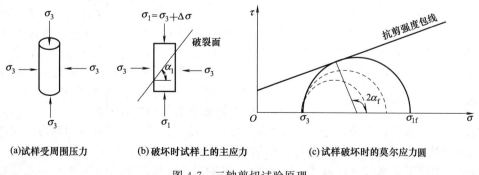

(a)试样受周围压力　　　(b)破坏时试样上的主应力　　　(c)试样破坏时的莫尔应力圆

图 4-7　三轴剪切试验原理

三轴剪力仪由压力室、轴向加压系统、周围压力系统和孔隙水压力量测系统等构成。三轴剪力仪的构造简图如图 4-8 所示。①其核心部分是压力室，它是一个由金属活塞、底座和透明有机玻璃组成的封闭容器；②轴向加压系统用以对试样施加轴向附加压力；③周围压力系统则通过液体（通常是水）或气体对试样施加周围压力；④孔隙水压力量测系统可用来量测试验过程中的孔隙水压力大小及变化。试样为圆柱形，并用橡皮膜包裹起来，以使试样中的孔隙水与膜外液体完全隔开。孔隙水通过其底部的透水面与孔隙水压力量测系统连通，并由孔隙水压力阀门控制。

2. 试验步骤

（1）施加周围压力 σ_3 将直径不小于 3.8cm，高度为直径 2 倍的圆柱形试样包在橡皮膜内，放于密封的压力室中，然后通过周围压力系统向压力室内压入液体或气体，使试样受到三个方向均等的压力，这时 $\sigma_1 = \sigma_2 = \sigma_3$，试样中没有剪应力。

（2）施加轴向压力 $\Delta\sigma$ 保持周围压力 σ_3 不变，通过轴向加压系统对试样施加竖向压力 $\Delta\sigma[\Delta\sigma = (\sigma_1 - \sigma_3)]$，逐渐增大 $\Delta\sigma$，直至试样剪切破坏。

（3）取同一密度和含水量的试样，改变周围压力 σ_3，重复上述步骤。

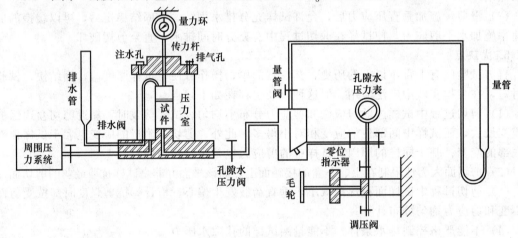

图 4-8 三轴剪力仪试验装置

3. 抗剪强度指标的确定

由上述试验可知，试样上的大主应力为 $\sigma_1 = \sigma_3 + \Delta\sigma$，而小主应力为 σ_3，以 $(\sigma_1 - \sigma_3)$ 为直径可画出一个极限应力圆，如图 4-9 中圆 A，用同一种土样的若干个试样（三个或三个以上），每个试样施加不同的周围压力 σ_3，可分别得出剪切破坏时的大主应力 σ_1，将这些结果绘成一组极限应力圆，如图 4-9 中的圆 A、B 和 C。由于这些试样都剪切至破坏，根据莫尔-库仑理论，作这组极限应力圆的公共切线，为土的抗剪强度包线，通常近似取为一条直线。该直线与横坐标的夹角为土的内摩擦角 φ，直线与纵坐标的截距为土的黏聚力 c。

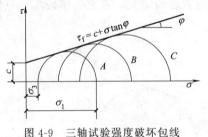

图 4-9 三轴试验强度破坏包线

4. 不同排水条件的试验方法

对应于直接剪切试验的快剪、固结快剪、慢剪试验，三轴剪切试验按剪切前受到周围压力 σ_3 的固结状态和固结时的排水条件，分为如下三种方法。

（1）不固结不排水剪（以符号 UU 表示） 试验时，无论施加周围压力 σ_3，还是轴向压力 $\Delta\sigma$，直至剪切破坏，均关闭排水阀。整个试验过程自始至终试样不能固结排水。试验指标用 c_u、φ_u 表示。

（2）**固结不排水剪（以符号 CU 表示）**　试验时，打开排水阀，让试样在施加周围压力 σ_3 时充分排水固结，待固结稳定后关闭排水阀，在不排水条件下施加轴向压力，直至剪切破坏。试验指标用 c_{cu}、φ_{cu} 表示。

（3）**固结排水剪（以符号 CD 表示）**　试验时，整个试验过程始终打开排水阀，不但要使试样在周围压力 σ_3 时充分排水固结，而且在剪切过程中也要让试样充分排水固结。因而，剪切速度尽可能缓慢，试验直至试样破坏。试验指标用 c_d、φ_d 表示。

5. 优缺点

三轴剪切试验可供在复杂应力条件下研究土的抗剪强度，其突出优点如下。

① 试验中能严格控制试样的排水条件，准确测定试样在剪切过程中孔隙水压力变化，从而可定量获得土中有效应力的变化情况。

② 与直接剪切试验对比起来，试样中的应力状态相对地较为明确和均匀，不硬性指定破裂面位置。

③ 除抗剪强度指标外，还可测定土的灵敏度、侧压力系数、孔隙水压力等力学指标。

但三轴剪切试验也存在试样制备和试验操作比较复杂，试样中的应力与应变仍然不够均匀的缺点。由于试样上下端的侧向变形分别受到刚性试样帽和底座的限制，而在试样的中间不受约束，因此，当试样接近破坏时，常被挤成鼓形。另外，试验中主应力 $\sigma_2 = \sigma_3$，而实际上土体的受力状态未必属于这类轴对称情况。已经问世的真三轴仪中的试样可在不同的主应力作用下进行试验。

三、无侧限抗压试验

1. 试验设备

无侧限抗压试验实际上是三轴试验的一种特殊情况，即周围压力 $\sigma_3 = 0$ 的三轴试验，适用于饱和黏性土，其主要设备应变式无侧限压缩仪由测力计、加压框架、升降设备组成。如图 4-10（a）所示。

2. 试验步骤

无侧限抗压试验所用试样为原状土样，试样直径宜为 35～50mm，高度与直径比宜采用 2.0～2.5。无侧限抗压强度试验，应按下列步骤进行。

① 在试样两端抹一薄层凡士林，当气候干燥时，试样周围亦需涂抹，防止水分蒸发。

② 将试样放在底座上，转动手轮，使底座缓慢上升，试样与加压板刚好接触，把测力计读数调整为零。

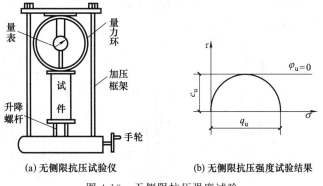

（a）无侧限抗压试验仪　　　（b）无侧限抗压强度试验结果

图 4-10　无侧限抗压强度试验

③ 转动手柄使升降设备上升进行试验，每隔一定时间，读数一次。试验宜在 8～10min 内完成。

④ 当测力计读数出现峰值时，继续进行 3%～5% 的应变后停止试验；当读数无峰值时，至应变达 20% 为止。

3. 抗剪强度指标的确定

以轴向应力为横坐标，轴向应变为纵坐标，绘制轴向应力与应变关系曲线。取曲线上最大轴向应力作为无侧限抗压强度 q_u；当曲线上峰值不明显时，取轴向应变15％所对应应力作为无侧限抗压强度值 q_u。由于不能改变周围压力 σ_3，所以只能测得一个通过原点的极限应力圆 ［见图4-10（b）］，得不到破坏包线。

饱和黏性土在不固结不排水的剪切试验中，破坏包线近似一条水平线，即 $\varphi_u=0$。对于这种情况，就可用无侧限抗压强度 q_u 来换算土的不固结不排水强度 c_u，即

$$\tau_f=\frac{q_u}{2}=c_u \tag{4-7}$$

在使用过程中应注意，由于取样过程中土样受到扰动，原位应力被释放，用这种试样测得的不排水强度并不能够完全代表试样的原位不排水强度。

4. 灵敏度的测定

将已做完无侧限抗压强度试验的土样，包以塑料薄膜，用手搓捏，彻底破坏其结构，然后将扰动土重塑成圆柱形，填压入重塑筒内，塑成与原状土试样同体积的试样，再进行无侧限抗试验，测得重塑土的无侧限抗压强度 q_0，求出该土的灵敏度：

$$S_t=\frac{q_u}{q_0} \tag{4-8}$$

四、十字板剪切试验

1. 现场剪切试验的优点

室内抗剪强度试验具有快速、简便、试验数量可以做得较多等优点。但室内的抗剪强度试验要求取得原状土样。由于试样在采取、运送、保存和制备等方面不可避免地受到扰动，特别是对于高灵敏度的软黏土，室内试验结果的精度就受到影响。因此，必要时除室内剪切试验外，尚需进行一定数量的现场剪切试验。现场剪切试验的优点如下。

① 试验可在原位进行，不需取试样，少受扰动；

② 能更好地反应土的结构、构造等特性；

③ 试验中的边界条件（如土的排水条件、天然受力状态等）与实际条件十分接近；

④ 特别适用于无法进行或很难进行室内试验的土，如：粗粒土、高灵敏度的饱和软黏土等。

2. 试验设备与试验原理

目前，国内常用的现场剪切试验是十字板剪切试验。十字板剪切仪构造如图4-11所示，其主要部分是十字板、钻杆、施加扭力设备和测力装置。

试验时先将套管打入到预定深度，并将套管内的土清除。将十字板装在钻杆的下端后，通过套管压入土中，压入深度约为750mm。然后由地面上的扭力设备对钻杆施加扭矩，使埋在土中的十字板旋转，直至土体剪切破坏。破坏面为十字板旋转所形成的圆柱面。

3. 抗剪强度指标的确定

设剪切破坏时所施加的扭矩为 M_{max}，则它

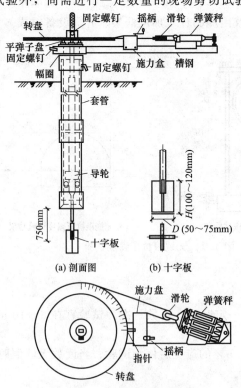

图4-11 十字板剪切仪

应该与剪切破坏圆柱面（包括侧面和上下底面）上土的抗剪强度所产生的抵抗力矩相等，即：

$$M_{\max} = 2 \times \frac{\pi D^2}{4} \times \frac{D}{3} \times \tau_h + \pi D H \times$$

$$\frac{D}{2} \times \tau_v = \frac{1}{6} \pi D^3 \tau_h + \frac{1}{2} \pi D^2 H \tau_v \tag{4-9}$$

式中　$M_{\max}$——剪切破坏时的扭矩，$kN \cdot m$；

　　　τ_h，τ_v——剪切破坏时的圆柱体上下底面和侧面土的抗剪强度，kPa；

　　　H，D——十字板的高度和直径，m。

试验结果表明天然土层的抗剪强度是非等向的，水平面上的抗剪强度大于垂直面上的抗剪强度。实用上为了简化计算，在常规的十字板试验中仍假设 $\tau_h = \tau_v = \tau_f$，将这一假设代入式（4-9）中，整理后得：

$$\tau_f = \frac{M_{\max}}{\frac{\pi D^2}{2}\left(\frac{D}{3} + H\right)} \tag{4-10}$$

式中　τ_f——现场由十字板测定的土的抗剪强度，kPa。

由十字板在现场测定的土的抗剪强度，属于不排水剪抗剪强度，因此其结果一般与无侧限抗压强度试验结果接近，即：

$$\tau_f \approx q_u / 2$$

十字板剪切仪适用于饱和软黏土($\varphi = 0$)，它构造简单、操作方便，原位测试时对土的扰动也较小，故在实际中得到广泛应用。但当软土层中夹砂薄层时，测试结果可能失真。

第三节　地基的临塑荷载和极限荷载

一、浅层平板载荷试验

对重要的建筑物，为进一步了解地基土的变形性能和承载能力，需做现场原位载荷试验。确定地基土的承载力及其沉降值的理想方法是做与基础同样尺寸的荷载板进行试验。但这种做法的实际可能性不大，因为试验的时间过长，另外为使较大荷载板下地基土产生破坏，需施加很大的荷载，这些都给试验带来一定的困难，所以一般都用一个小尺寸的荷载板进行试验，称为浅层平板载荷试验，可适用于确定浅部地基土层的承压板下应力主要影响范围内的承载力。

1. 试坑及试验装置

载荷试验一般在试坑内进行，承压板的面积不应小于 $0.25m^2$，对于软土不应小于 $0.5m^2$。试验基坑宽度不应小于承压板宽度或直径的三倍，深度依所需测试土层的深度而定。应保持试验土层的原状结构和天然湿度。宜在拟试压土层表面用粗砂或中砂层找平，其厚度不超过 20mm。

载荷试验是通过承压板把施加的荷载传到地层中，其装置一般包括三部分：加荷装置、反力装置和沉降观测装置。加荷装置包括承压板、立柱、加荷千斤顶及稳压器；反力装置包括地锚或堆重；观测装置包括百分表及

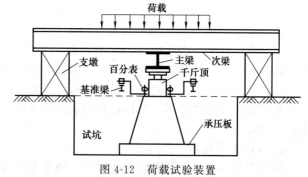

图 4-12　荷载试验装置

固定支架等。如图 4-12 所示为堆重-液压千斤顶加载装置。

2. 试验方法

试验加荷标准：第一级荷载（包括设备重）宜接近开挖浅层试坑所卸去的土自重，其相应沉降量不计；其后每级荷载增重，对较松软土可采用 10~25kPa，对较坚硬土则采用 50kPa；荷载应逐级增加，加荷等级不应少于 8 级；最大加荷量应尽量接近土的极限荷载，且不应小于设计要求的两倍。

试验观测：每加一级荷载后，按间隔 10min、10mim、10min、15min、15min，以后为每隔 30min 测读一次沉降量。当在连续 2h 内，每 1h 的沉降量小于 0.1mm 时，则认为已趋稳定，可加下一级荷载。

当出现下列情况之一时，即可终止加载。

① 承压板周围的土明显地侧向挤出（砂土）或出现裂纹（黏性土）；

② 荷载增加很小，但沉降 s 却急骤增大，荷载—沉降（p-s）曲线出现陡降段；

③ 在某一级荷载下，24h 内沉降速率不能达到稳定；

④ 沉降量与承压板宽度或直径之比大于或等于 0.06。

当满足前三种情况之一时，其对应的前一级荷载定为极限荷载。第四种情况将沉降量与承压板宽度或直径之比大于或等于 0.06 所对应的荷载作为最大加荷量。

3. p-s 曲线

根据试验记录，即可采用适当的比例尺绘制荷载 p 与稳定沉降 s 的关系曲线，如图 4-13 所示。

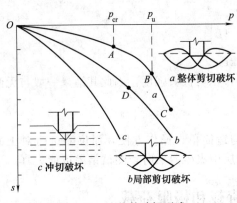

图 4-13　地基的破坏型式

二、地基破坏的类型

荷载作用下，地基土因承载力不足而产生的破坏，一般都是由地基土的剪切破坏引起的。试验研究表明，其破坏型式可分为整体剪切破坏、局部剪切破坏和冲切破坏三种。

1. 整体剪切破坏

整体剪切破坏的荷载-沉降曲线（p-s 曲线）如图 4-13 中曲线 a 所示，其破坏特征可分为以下三个阶段。

（1）线性变形阶段（OA 段）　p-s 曲线基本上成直线，地基的变形主要是由于孔隙体积减小而产生的压密变形，土中各点均处于弹性应力平衡状态，相应于 A 点的荷载称临塑荷载 p_{cr}。

（2）塑性变形阶段（AB 段）　p-s 曲线不再呈线性关系，随着荷载的增加，变形速率不断加大，土体开始产生剪切破坏，剪切破坏区（或塑性变形区）从基础边缘开始逐渐向纵深发展。相应于 B 点的荷载称极限荷载 p_u。

（3）完全破坏阶段（BC 段）　剪切破坏区最终发展为连续滑动面，基础急剧下沉并向一侧倾斜或倾倒，基础四周地面隆起，地基发生整体剪切破坏，丧失了继续承载的能力。

整体剪切破坏的 p-s 曲线有明显转折点，破坏前建筑物一般不会发生过大的沉降，它是一种典型的土体强度破坏，破坏具有一定的突然性。整体剪切破坏一般在密砂和坚硬的黏土中最有可能发生。

2. 局部剪切破坏

局部剪切破坏是一种在荷载作用下，地基某一范围内发生剪切破坏的地基破坏形式。其破坏特征是：在荷载作用下，地基在基础边缘开始发生剪切破坏之后，随着荷载的继续增加，剪切破坏区继续扩大，形成滑动面，但滑动面没有发展到地面。基础四周地面有隆起迹象，但不明显。基础没有明显的倾斜和倒塌。基础由于产生过大的沉降而丧失承载能力。$p\text{-}s$曲线如图 4-13 曲线 b 所示，一般没有明显的转折点，其直线段范围较小，是一种以变形为主要特征的破坏模式。

3. 冲切破坏

冲切破坏也称刺入破坏，是一种在荷载作用下地基土体发生垂直剪切破坏，使基础产生较大沉降的一种地基破坏模式。其破坏特征是：在荷载作用下基础产生较大沉降，基础四周的部分土体也产生下陷，破坏时好像"刺入"地基土层中，不出现明显的破坏区和滑动面，基础没有明显的倾斜。$p\text{-}s$曲线如图 4-13 曲线 c 所示，无明显拐点。冲切破坏常发生在压缩性较大的松砂、软土地基或基础埋深较大的地基中。

三、地基的临塑荷载和临界荷载

1. 塑性区边界方程

在均布条形荷载作用下，土中任一点 M 的应力来源于三方 [见图 4-14 (b)]：①基础底面附加压力 p_0；②基底以下土的自重应力 γz；③基底处的边侧荷载 $\gamma_m d$。

根据弹性理论，附加压力 p_0 作用于地基表面时 [见图 4-14 (a)]，在土中任一点 M 处产生的大、小主应力为：

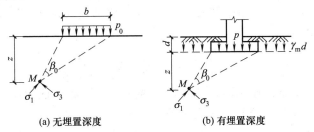

(a) 无埋置深度　　　　　　(b) 有埋置深度

图 4-14　均布条形荷载作用下地基中的主应力

$$\left.\begin{matrix}\sigma_1\\\sigma_3\end{matrix}\right\}=\frac{p_0}{\pi}(\beta_0\pm\sin\beta_0)\qquad(4\text{-}11)$$

式中　β_0——M 点到均布条形荷载两端点的夹角（弧度）。

考虑基底下土自重应力 γz 和基底处边侧荷载 $\gamma_m d$ 的影响时，为了简化计算，假定土的侧压力系数 $K_0=1$（实际 $K_0=0.35\sim0.8$），则基底下土自重应力和基底处边侧荷载在 M 点产生的大、小主应力可表示为：

$$\left.\begin{matrix}\sigma_1\\\sigma_3\end{matrix}\right\}=\gamma_m d+\gamma z$$

由于土中自重应力场没有改变点 M 附加应力场的方向，因此，地基土中任一点 M 的大、小主应力为：

$$\left.\begin{matrix}\sigma_1\\\sigma_3\end{matrix}\right\}=\frac{p-\gamma_m d}{\pi}(\beta_0\pm\sin\beta_0)+\gamma_m d+\gamma z\qquad(4\text{-}12)$$

式中　p——基底压力，$p=p_0+\gamma_m d$，kN/m^2；

　　γ_m——基础埋深 d 范围内土层的加权平均重度，地下水位以下取浮重度，kN/m^3；

　　d——基础埋深，m；

　　γ——地基土重度，地下水位以下采用浮重度，kN/m^3。

当 M 点处于极限平衡条件时，其大、小主应力满足：

$$\sin\varphi = \frac{(\sigma_1 - \sigma_3)/2}{(\sigma_1 - \sigma_3)/2 + c \cdot \cot\varphi} \tag{4-13}$$

将式 (4-12) 代入式 (4-13) 整理得：

$$z = \frac{p - \gamma_m d}{\pi r}\left(\frac{\sin\beta_0}{\sin\varphi} - \beta_0\right) - \frac{c}{\gamma\tan\varphi} - \frac{\gamma_m}{\gamma}d \tag{4-14}$$

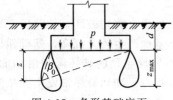

图 4-15　条形基础底面
边缘的塑性区

此即满足极限平衡条件的地基塑性区边界方程。该方程给出了塑区边界上任意一点的坐标 z 与 β_0 角的关系。如果 p、γ、γ_m、d、φ、c 已知，假定不同的 β_0 值，可求出相应的深度 z，将这一系列点连接起来，就形成了塑性区的边界线（见图 4-15）。

2. 临塑荷载

临塑荷载是指理论上地基中将要而尚未出现剪切破坏（塑性变形）时基底单位面积上所承受的荷载。

随着基础荷载的增大，在基础两侧以下土中塑性区逐渐发展，在一定荷载作用下，塑性区的最大深度 z_{max}，可从式 (4-14) 按数学上求极值的方法，由 $d\beta_0/dz = 0$ 的条件求得：

$$\frac{dz}{d\beta_0} = \frac{p - \gamma_m d}{\pi r}\left(\frac{\cos\beta_0}{\sin\varphi} - 1\right) = 0$$

求解上式则有：$\cos\beta_0 = \sin\varphi$，即 $\beta_0 = \pi/2 - \varphi$。将其代入式 (4-14)，得到塑性区发展最大深度 z_{max} 的表达式为：

$$z_{max} = \frac{p - \gamma_m d}{\pi r}\left(\cot\varphi - \frac{\pi}{2} + \varphi\right) - \frac{c}{\gamma\tan\varphi} - \frac{\gamma_m}{\gamma}d \tag{4-15}$$

根据定义，当临塑荷载作用时，塑性区将要出现，因此可认为此时塑性区的最大深度 $z_{max} = 0$，将其入式 (4-15) 整理后可得临塑荷载 p_{cr}：

$$p_{cr} = \frac{\pi(c \cdot \cot\varphi + \gamma_m d)}{\cot\varphi - \frac{\pi}{2} + \varphi} + \gamma_m d \tag{4-16a}$$

或
$$p_{cr} = \gamma_m d \cdot N_q + c \cdot N_c \tag{4-16b}$$

式中　N_c、N_q——承载力系数，均为 φ 的函数，

$N_c = \pi\cot\varphi/(\cot\varphi + \varphi - \pi/2)$，$N_q = (\cot\varphi + \varphi + \pi/2)/(\cot\varphi + \varphi - \pi/2)$。

3. 临界荷载

工程实践表明，采用不允许地基产生塑性区的临塑荷载 p_{cr} 作为地基承载力特征值，往往不能充分发挥地基的承载能力，取值偏于保守。对于中等强度以上地基土，将地基土塑性区控制在一定深度范围内，就不致影响建筑物的安全和正常使用。地基塑性区发展的容许深度与建筑物类型、荷载性质以及土的特性等因素有关，目前尚无一致意见。

根据工程实践经验，在中心荷载作用下，控制塑性区的最大发展深度 $z_{max} = b/4$，在偏心荷载下控制 $z_{max} = b/3$，对一般建筑是允许的。$p_{1/4}$、$p_{1/3}$ 分别是允许地基产生 $z_{max} = b/4$ 和 $b/3$ 范围塑性区时所对应的荷载，称为临界荷载。

根据定义，分别将 $z_{max} = b/4$ 和 $z_{max} = b/3$ 代入式 (4-15)，整理后得：

$$p_{1/4} = \frac{\pi(\gamma b/4 + c \cdot \cot\varphi + \gamma_m d)}{\cot\varphi - \frac{\pi}{2} + \varphi} + \gamma_m d \tag{4-17a}$$

或
$$p_{1/4} = \gamma_m d \cdot N_q + c \cdot N_c + \gamma b \cdot N_{1/4} \tag{4-17b}$$

$$p_{1/3} = \frac{\pi(\gamma b/3 + c \cdot \cot\varphi + \gamma_m d)}{\cot\varphi - \frac{\pi}{2} + \varphi} + \gamma_m d \tag{4-17c}$$

或

$$p_{1/3} = \gamma_m d \cdot N_q + c \cdot N_c + \gamma b \cdot N_{1/3} \tag{4-17d}$$

式中　　b——基础底面宽度，m；

$N_{1/4}$，$N_{1/3}$——承载力系数，均为 φ 的函数，

$$N_{1/4} = \pi / [4(\cot\varphi + \varphi - \pi/2)]，N_{1/3} = \pi / [3(\cot\varphi + \varphi - \pi/2)]。$$

应该指出以下几点。

① p_{cr}、$p_{1/4}$、$p_{1/3}$ 是根据条形荷载推导而得，如用于空间问题（如矩形、圆形基础），理论上虽不精确，但偏于安全。

② 在计算临界荷载时，土中已出现塑性变形，仍按弹性力学公式，其推导是不够严格的，但其误差在工程上是允许的。

③ p_{cr}、$p_{1/4}$、$p_{1/3}$ 不只与土的性质有关，还与基础的埋深 d 和宽度 b 有关。

四、地基的极限荷载

地基丧失整体稳定时的荷载，称极限荷载。这时土内的塑性区已发展为连续贯通的滑动面。在载荷试验的 p-s 曲线上表现出沉降急剧增大或很长时间不停止。求解极限荷载的途径如下。

① 用严密的数解法求解土中某点达到极限平衡时的静力平衡方程组，以得到极限荷载，此法在理论上较严密，但运算过程甚繁。

② 根据模型试验的实际滑动面形状，简化为假定的滑动面，按假定滑动面上的极限平衡条件求出极限荷载。

不同研究者进行简化的方法不同或假定滑动面的形状不同。1920 年 L. 普朗德尔（L. Prandtl）根据塑性理论，研究了刚性冲模压入无质量的半无限刚塑性介质，介质达到破坏时的滑动面形状和极限压应力公式，人们把它的解应用到地基极限承载力的问题上。之后，不少学者在这方面进行了许多研究工作，根据不同的假设条件，得出各种不同的极限承载力近似计算方法。例如，K. 太沙基（K. Terzaghi，1943）、G. G. 梅耶霍夫（G. G. Meyerhoff，1951）、J. B. 汉森（J. B. Hansen）、A. S. 魏锡克（A. S. Vesic）等在普朗德尔的基础上作了修正和发展。限于篇幅，下面仅介绍太沙基和魏锡克地基承载力理论公式。

1. 太沙基（K. Terzaghi）公式

太沙基公式是常用的求解极限荷载的公式之一，适用于基础底面粗糙的条形基础。

当条形基础受均布荷载作用发生整体剪切破坏时，太沙基假定地基中的滑动面形状如图 4-16 所示，共分三区。

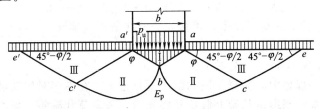

图 4-16　太沙基公式中假设的滑动面形状

Ⅰ区——由于基底与土之间的摩擦力阻止了剪切位移，因此，基底以下的Ⅰ区就像弹性核一样随着基础一起向下移动，称为弹性区，滑动面 $a'b$、ab 与基底角度均为 φ。

Ⅱ区——滑动面按对数螺旋线变化，b 点处螺旋线的切线垂直，c 点处螺旋线的切线与

水平线成$(45°-\varphi/2)$角。

Ⅲ区——底角与水平线成$(45°-\varphi/2)$的等腰三角形。

除弹性核外，在滑动区域范围Ⅱ、Ⅲ区内所有的土体均处于塑性极限平衡状态，考虑单位长基础，取Ⅰ区弹性核为脱离体，分析其受力状态，取竖直方向力的平衡，经整理化简后可得：

$$p_u = \frac{1}{2}\gamma b \cdot N_r + \gamma_m d \cdot N_q + c \cdot N_c \tag{4-18}$$

式中 N_r，N_q，N_c——承载力系数，仅与土的内摩擦角有关，可查图4-17确定。

式（4-18）是在条形基础发生整体剪切破坏的条件下推导出来的，当地基土发生局部剪切破坏或基础形状发生变化时，需对承载力进行修正。

（1）考虑局部剪切破坏时极限承载力的修正　当地基土发生局部剪切破坏时，太沙基建议采用降低土的抗剪强度指标的方法对承载力公式进行修正，即令抗剪强度指标c和φ分别降低为$2c/3$和$\arctan[(2\tan\varphi)/3]$，此时极限承载力公式为：

$$p_u = \frac{1}{2}\gamma b \cdot N_r' + \gamma_m d \cdot N_q' + \frac{2}{3}c \cdot N_c' \tag{4-19}$$

式中 N_r'，N_q'，N_c'——局部剪切时的承载力系数，如图4-17虚线所示。

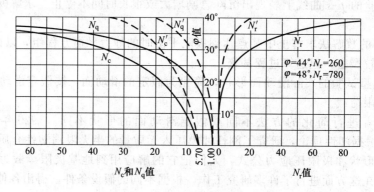

图4-17　太沙基公式承载力系数

（2）考虑基础形状时极限承载力的修正　对于边长为b的正方形基础，太沙基建议按以下公式计算：

整体剪切破坏　　　$p_u = 0.4\gamma b \cdot N_r + \gamma_m d \cdot N_q + 1.2c \cdot N_c$ 　　(4-20)

局部剪切破坏　　　$p_u = 0.4\gamma b \cdot N_r' + \gamma_m d \cdot N_q' + 0.8c \cdot N_c'$ 　(4-21)

对于直径为b的圆形基础，太沙基建议按以下公式计算：

整体剪切破坏　　　$p_u = 0.6\gamma b \cdot N_r + \gamma_m d \cdot N_q + 1.2c \cdot N_c$ 　(4-22)

局部剪切破坏　　　$p_u = 0.6\gamma b \cdot N_r' + \gamma_m d \cdot N_q' + 0.8c \cdot N_c'$ 　(4-23)

对于宽度b、长度l的矩形基础，可按b/l值在条形基础（$b/l=0$）和方形基础（$b/l=1$）计算的极限承载力之间用差值法求得。

2. 魏锡克（A.S.Vesic）公式

在实际工程中，理想中心荷载作用的情况不是很多，在许多时候荷载是偏心的，甚至是倾斜的。魏锡克在太沙基理论基础上假定基底光滑，考虑荷载倾斜、偏心、基础形状、基础埋深等的影响，对承载力计算公式提出了如下修正公式：

$$P_{uv} = \frac{1}{2}\gamma b N_r S_r i_r d_r + q N_q S_q i_q d_q + c N_c S_c i_c d_c \tag{4-24}$$

式中 P_{uv}——地基极限承载力的垂直分力，kN/m^2；

q——基础底面以上两侧的超载，$q=\gamma_m d$，kPa；

N_r，N_q，N_c——承载力系数，仅与土的内摩擦角有关，可查表 4-1 确定；

S_r，S_q，S_c——基础形状修正系数，见表 4-2；

i_r，i_q，i_c——基础倾斜修正系数，见表 4-2；

d_r，d_q，d_c——基础埋深修正系数，见表 4-2。

表 4-1 Vesic 公式承载力系数

$\varphi/(°)$	N_c	N_q	N_r	$\varphi/(°)$	N_c	N_q	N_r	$\varphi/(°)$	N_c	N_q	N_r
0	5.14	1.00	0.00	18	13.10	5.26	4.07	36	50.59	37.75	56.31
2	5.63	1.20	0.15	20	14.83	6.40	5.39	38	61.35	48.93	78.03
4	6.19	1.43	0.34	22	16.88	7.82	7.13	40	75.31	64.20	109.41
6	6.81	1.72	0.57	24	19.32	9.60	9.44	42	93.71	85.38	155.55
8	7.53	2.06	0.86	26	22.25	11.85	12.54	44	118.37	115.31	224.64
10	8.35	2.47	1.22	28	25.80	14.72	16.72	46	152.10	158.51	330.35
12	9.28	2.97	1.60	30	30.14	18.40	22.40	48	199.26	222.31	496.01
14	10.37	3.59	2.29	32	35.49	23.18	30.22	50	266.89	319.07	762.89
16	11.63	4.34	3.06	34	42.16	29.44	41.06				

表 4-2 Vesic 公式中的各修正系数表达式

基础形状系数		基础倾斜系数	基础埋深系数
矩形	$S_c=1+\dfrac{b}{l}\cdot\dfrac{N_q}{N_c}$ $S_q=1+\dfrac{b}{l}\cdot\tan\varphi$ $S_r=1-0.4\cdot\dfrac{b}{l}$	$i_c=1-\dfrac{mH}{b'l'cN_c}(\varphi=0)$ $i_c=i_q-\dfrac{1-i_q}{N_c\tan\varphi}(\varphi>0)$ $i_q=\left(1-\dfrac{H}{Q+b'l'c\cdot\cot\varphi}\right)^m$ $i_r=\left(1-\dfrac{H}{Q+b'l'c\cdot\cot\varphi}\right)^{m+1}$	$d_r=1.0$ 当 $d/b\leqslant1$ 时： $d_c=d_q-\dfrac{1-d_q}{N_c\tan\varphi}(\varphi>0)$ $d_c=1+0.4\dfrac{d}{b}(\varphi=0)$ $d_q=1+2\tan\varphi(1-\sin\varphi)^2\dfrac{d}{b}$ 当 $d/b>1$ 时： $d_c=d_q-\dfrac{1-d_q}{N_c\tan\varphi}(\varphi>0)$ $d_c=1+0.4\arctan\dfrac{d}{b}(\varphi=0)$ $d_q=1+2\tan\varphi(1-\sin\varphi)^2\arctan\dfrac{d}{b}$
方形和圆形	$S_c=1+\dfrac{N_q}{N_c}$ $S_q=1+\tan\varphi$ $S_r=0.60$		

注：l'、b'——基础假想的折算长度与宽度，$l'=l-2e_l$，$b'=b-2e_b$；

e_l，e_b——荷载在基础长边与短边方向的偏心距；

H，Q——倾斜荷载在基底上水平分力和竖直分力；

m——系数，当荷载在短边方向倾斜时，$m_b=2+(b/l)/(1+b/l)$；当荷载在长边方向时，$m_l=2+(l/b)/(1+l/b)$；对于条形基础：$m=2$。

第四节 地基承载力的确定

一、按土的抗剪强度指标确定

按土的抗剪强度指标确定地基承载力，计算公式很多，各有一定的适用范围。我国《建筑地基基础设计规范》（GB 50007—2011）参照了地基临界荷载 $p_{1/4}$ 的计算公式，对其中内摩擦角 $\varphi>22°$ 时的承载力系数，根据试验和经验做了局部修正，计算公式如下：

$$f_a = M_b \gamma b + M_d \gamma_m d + M_c c_k \tag{4-25}$$

式中　　　　f_a——由土的抗剪强度指标确定的地基承载力特征值，kPa；

M_b，M_d，M_c——承载力系数，按查表 4-3 确定；

　　　　b——基础底面宽度，m，$b > 6m$ 时按 6m 取值，对于砂土，$b < 3m$ 时按 3m 取值；

　　　　c_k——基底下一倍短边宽深度内土的黏聚力标准值，kPa。

表 4-3　承载力系数 M_b、M_d、M_c

土的内摩擦角标准值 $\varphi_k/(°)$	M_b	M_d	M_c	土的内摩擦角标准值 $\varphi_k/(°)$	M_b	M_d	M_c
0	0	1.00	3.14	22	0.61	3.44	6.04
2	0.03	1.12	3.32	24	0.80	3.87	6.45
4	0.06	1.25	3.51	26	1.10	4.37	6.90
6	0.10	1.39	3.71	28	1.40	4.93	7.40
8	0.14	1.55	3.93	30	1.90	5.59	7.95
10	0.18	1.73	4.17	32	2.60	6.35	8.55
12	0.23	1.94	4.42	34	3.40	7.21	9.22
14	0.29	2.17	4.69	36	4.20	8.25	9.97
16	0.36	2.43	5.00	38	5.00	9.44	10.80
18	0.43	2.72	5.31	40	5.80	10.84	11.73
20	0.51	3.06	5.66				

二、按地基载荷试验确定

根据载荷试验曲线确定承载力的方法，《建筑地基基础设计规范》（GB 50007—2011）中对确定地基承载力特征值的规定如下。

① 当载荷试验的荷载沉降 p-s 曲线上有明确的比例界限时，取该比例界限所对应的荷载值；

② 当极限荷载能确定，且该值小于对应比例界限的荷载值的 2.0 倍时，取极限荷载值的一半；

③ 不能按上述两点确定时，如荷载板面积为 $0.25 \sim 0.50 m^2$，可取 $s/b = 0.01 \sim 0.015$ 所对应的荷载值，但其值不应大于最大加载量的一半。

同一土层参加统计的试验点不应少于三点，当试验实测值的极差不超过其平均值的 30% 时，取其平均值作为该土层的地基承载力特征值 f_{ak}。

荷载板的尺寸一般都比较小，因此载荷试验的影响深度不大，约为荷载板宽度或直径的两倍，不能充分反映较深土层的影响，这个尺寸效应问题应引起重视。如为成层土，必要时可在不同深度的土层上做载荷试验，以了解各土层的承载力，特别是在持力层下有软弱下卧层时，常需这样做。

三、按地基极限承载力理论公式确定

由理论公式计算的极限承载力是在地基处于极限平衡时的承载力，为了保证建筑物的安全和正常使用，地基承载力设计值应以一定的安全度将极限承载力加以折减。安全系数 K 的取值与确定极限承载力的理论公式、上部结构的类型、荷载性质、地基土类别及建筑物预期寿命和破坏后果等因素有关，目前尚无统一标准，一般认为可取 $2 \sim 3$，但不得小于 2。

四、确定地基承载力的其他方法

1. 其他试验方法确定地基承载力

前述载荷试验只能用来测定浅层土的承载力，如果需要测定的土层位于地下水位以下或位于比较深的地方，就不能采用一般的浅层平板载荷试验的方法。深层平板载荷试验、旁压

试验和螺旋板载荷试验可以适用于地下水位以下的土层和埋藏很深的土层，是比较理想的原位测定地基承载力的方法。

（1）深层平板载荷试验　深层平板载荷试验可适用于确定深部地基土层及大直径桩桩端土层，在承压板下应力主要影响范围内的承载力。深层平板载荷试验的承压板采用直径为0.8m的刚性板，紧靠承压板周围外侧的土层高度应不少于80cm。由 p-s 曲线确定地基承载力特征值［具体试验要点参见《建筑地基基础设计规范》（GB 50007—2011）附录D］。

（2）旁压试验　旁压试验（PMT）是用可侧向膨胀的旁压器，对钻孔壁周围的土体施加径向压力的原位测试（实质上是在钻孔中进行横向载荷试验），使土体产生变形，由此测得土体的应力-应变关系曲线，用于评价地基土的承载力和变形特性。旁压仪分为预钻式、自钻式和压入式三种。

（3）螺旋板载荷试验　螺旋板载荷试验（SPLT）是将螺旋形板旋入地面以下预定的深度，通过传力杆对螺旋板施加竖向荷载，同时测量螺旋板的沉降量，以测定土层的荷载-变形-时间关系，从而确定土的承载力与变形指标等。

2. 经验方法确定地基承载力

（1）间接原位测试的方法　上述原位测试地基承载力的方法均可直接测得地基承载力值。其他的原位测试方法如静力触探试验和标准贯入试验，不能直接测定地基承载力，但可以通过与载荷试验所确定地基承载力的相关关系来间接确定地基承载力。

选择一定数量有代表性的土层同时进行载荷试验和原位测试，分别求得地基承载力和原位测试指标，用回归分析的方法建立回归方程，确定地基承载力与原位测试指标间的函数关系，以确定地基承载力。

（2）规范推荐的地基承载力表　我国《建筑地基基础设计规范》（GBJ 7—89）中曾给出根据土的物理力学性质确定地基承载力的表。承载力表使用方便是其主要优点，但也存在一些不足。我国幅员辽阔，土质条件各异，用几张表很难概括全国的规律。用查表确定承载力，在大多数地区可能基本合适或偏于保守，但也不排除个别地区可能不安全。因此，《建筑地基基础设计规范》（GB 50007—2011）已将所有的承载力表取消了，但这并不说明这类地基承载力表就没有实用价值了，可以在本地区得到验证的条件下，作为一种推荐性的经验方法使用，但应慎用。

五、地基承载力特征值的修正

当基础宽度大于3m或埋置深度大于0.5m时，从载荷试验或其他原位测试、经验值等方法确定的地基承载力特征值，应按下式修正：

$$f_a = f_{ak} + \eta_b \gamma (b-3) + \eta_d \gamma_m (d-0.5) \tag{4-26}$$

式中　f_a——修正后的地基承载力特征值，kPa；

　　　f_{ak}——地基承载力特征值，kPa；

　η_b，η_d——基础宽度和埋深的地基承载力修正系数，按基底下土的类别查表4-4取值；

　　　γ——基础底面以下土的重度，kN/m³，地下水位以下取浮重度；

　　　b——基础底面宽度，m，当基宽小于3m时按3m取值，大于6m时按6m取值；

　　　γ_m——基础底面以上土的加权平均重度，kN/m³，位于地下水位以下的土层取有效重度；

　　　d——基础埋置深度，m，宜自室外地面标高算起；在填方整平地区，可自填土地面标高算起，但填土在上部结构施工后完成时，应从天然地面标高算起；对于地下室，如采用箱形基础或筏基时，基础埋置深度自室外地面标高算起；当采用独立基础或条形基础时，应从室内地面标高算起。

表 4-4 承载力修正系数

土 的 类 别		η_b	η_d
淤泥和淤泥质土		0	1.0
人工填土 e 或 I_L 大于等于 0.85 的黏性土		0	1.0
红黏土	含水比 $\alpha_w > 0.8$	0	1.2
	含水比 $\alpha_w \leqslant 0.8$	0.15	1.4
大面积压实填土	压实系数大于 0.95、黏粒含量 $\rho_c \geqslant 10\%$ 的粉土	0	1.5
	最大干密度大于 2.1t/m³ 的级配砂石	0	2.0
粉土	黏粒含量 $\rho_c \geqslant 10\%$ 的粉土	0.3	1.5
	黏粒含量 $\rho_c < 10\%$ 的粉土	0.5	2.0
e 及 I_L 均小于 0.85 的黏性土		0.3	1.6
粉砂、细砂(不包括很湿与饱和时的稍密状态)		2.0	3.0
中砂、粗砂、砾砂和碎石土		3.0	4.4

注：1. 强风化和全风化的岩石，可参照所风化成的相应土类取值，其他状态下的岩石不修正。

2. 地基承载力特征值按《建筑地基基础设计规范》(GB 50007—2011)附录 D 深层平板载荷试验确定时，η_d 取 0。

【例 4-2】 已知某独立基础，基础底面积为 3.2m×4.0m，埋置深度 $d = 1.5$m，基础埋深范围内土的重度 $\gamma_m = 17$kN/m³，基础底面下为较厚的黏土层，重度 $\gamma = 18$kN/m³，孔隙比 $e = 0.80$，液性指数 $I_L = 0.76$，地基承载力特征值 $f_{ak} = 140$kPa。试对该地基土的承载力进行修正。

解 已知黏土层的孔隙比 $e = 0.80$，液性指数 $I_L = 0.76$，查表 4-4 可得：$\eta_b = 0.3$，$\eta_d = 1.6$，代入式 (4-26) 可得：

$$f_a = f_{ak} + \eta_b \gamma (b - 3) + \eta_d \gamma_m (d - 0.5)$$
$$= 140 + 0.3 \times 18 \times (3.2 - 3) + 1.6 \times 17 \times (1.5 - 0.5)$$
$$= 168.28 \ (kPa)$$

小　结

1. 土的抗剪强度

(1) 土的抗剪强度概念 土的抗剪强度是由与正应力有关的摩擦因素 $\sigma \tan\varphi$ 和与正应力无关的内聚力因素 c 这两部分构成。无黏性土是一种散粒结构，内聚力因素不存在。

(2) 土的极限平衡理论 土的极限平衡理论表示土体达到极限平衡条件时，土中某点的两个主应力大小与土的两个抗剪强度指标的关系。土的极限平衡理论的基本概念在土力学中占了很重要的地位，在计算土压力、地基承载力等内容时都会使用，应加以重视。

(3) 抗剪强度的测定 土的抗剪强度试验方法很多，室内试验方法有直接剪切、无侧限抗压和三轴剪切等。现场试验方法主要有十字板剪切和大型直剪试验等。不同试验方法得到的强度是不同的，具体选用哪一种试验方法，要根据土质条件，工程情况以及分析计算方法而定。抗剪强度指标选择的不同，对计算结果有极大的影响。

2. 地基承载力

(1) 地基临塑荷载、临界荷载和极限荷载 地基临塑荷载、临界荷载和极限荷载都属于地基承载力问题，是土的抗剪强度的实际应用。确定地基承载力是地基基础设计工作中的一个基本问题，目的是在工程设计中选定基础方案，并确定基础的底面积。

(2) 地基承载力的概念 地基承载力是指地基土单位面积上所能承受荷载的能力。因为土是一种三相体，荷载又是作用在半无限体的表面，所以地基的承载力不是一个简单的常数。将地基承载力与塑性区开展深度联系起来，允许基底下有一定深度塑性区开展，承载力就可以提高。另外确定地基承载力时，还应该考虑到上部结构的特性。

（3）地基承载力的确定　地基承载力的确定方法有：①按土的抗剪强度指标确定；②按地基载荷试验确定；③按理论公式地基极限承载力确定；④确定地基承载力的其他方法，如深层平板载荷试验、旁压试验、间接原位测试的方法和规范推荐的地基承载力表等。在设计工作中具体采用哪种方法确定地基承载力，要综合考虑建筑物的规模、重要性、当地的地形和地貌特征及工程经验等。

思 考 题

1. 砂土与黏性土的抗剪强度表达式有何不同？

2. 何谓土的抗剪强度？土的抗剪强度指标是什么？同种土样的抗剪强度是不是定值？为什么？

3. 土中首先发生剪切破坏的平面是否就是剪应力最大面，为什么？在何种情况下剪切破坏面与最大剪应力面一致？

4. 抗剪强度指标常用室内测定方法和原位测定方法有哪几种？其优缺点及适用范围是什么？

5. 什么是土的极限平衡状态？土的极限平衡条件是什么？

6. 地基的变形分哪几个阶段？地基破坏形式有哪些？

7. 什么是土的临塑荷载与临界荷载？

8. 确定地基承载力的方法有哪些？

习 题

1. 某砂土试样在法向应力 $\sigma = 150\text{kPa}$ 作用下进行直剪试验，测得其抗剪强度 $\tau_f = 90\text{kPa}$。求：

（1）用作图法确定该土样的抗剪强度指标 φ；

（2）如果试样的法向应力增至 $\sigma = 350\text{kPa}$，则土样的抗剪强度是多少？

2. 某土样进行三轴剪切试验，剪切破坏时测得 $\sigma_1 = 350\text{kPa}$，$\sigma_3 = 100\text{kPa}$，剪切破坏面与水平面夹角为 $60°$。求：

（1）土的抗剪强度指标 c、φ 值；

（2）剪切破坏面上的正应力和剪应力。

3. 某土的内摩擦角和黏聚力分别为 $\varphi = 30°$，$c = 15\text{kPa}$，若 $\sigma_3 = 120\text{kPa}$，求：

（1）达到极限平衡时的大主应力；

（2）极限平衡面与大主应力面的夹角；

（3）当 $\sigma_1 = 340\text{kPa}$ 时，土体是否被剪切破坏？

4. 已知某承受中心荷载的柱下独立基础，底面尺寸为 $3.0\text{m} \times 1.8\text{m}$，埋深 $d = 1.8\text{m}$，$\gamma_m = 18\text{kN/m}^3$；地基土为粉土，黏粒含量 $\rho_c = 5\%$，$\gamma = 19\text{kN/m}^3$，地基承载力特征值 $f_{ak} = 160\text{kPa}$，试对地基承载力特征值进行修正。

第五章 边坡稳定及挡土墙

知识目标

- 熟悉三种土压力的概念；
- 熟悉朗肯土压力理论、库仑土压力理论的假设条件、原理及适用范围；
- 熟练掌握主动、被动土压力的计算方法；
- 了解挡土墙的类型，熟悉其有关构造措施；
- 熟悉挡土墙稳定计算的内容和方法，掌握重力式挡土墙的设计计算方法；
- 熟悉土坡稳定性分析的原理和方法。

能力目标

- 能正确判别三种土压力；
- 会用朗肯土压力理论计算常见情况下的主动、被动土压力；
- 能用库仑土压力理论计算主动、被动土压力；
- 能依据工程实际情况，正确选择土压力理论，确定支挡结构上作用的土压力，独立完成重力式挡土墙的设计；
- 会应用土坡稳定性分析的原理进行简单土坡的稳定性分析。

在建筑工程中常遇到在天然土坡上修筑建筑物，为了防止土体的滑坡和坍塌，常用各种类型的挡土结构加以支挡，挡土墙是最常用的支挡结构物。如：山区和丘陵地区，在土坡上修筑房屋时，防止土坡坍塌 [图 5-1 (a)]、房屋地下室的侧墙 [图 5-1 (b)]、江河岸桥的桥台 [图 5-1 (c)]、基坑开挖时支挡周围土体的板桩 [图 5-1 (d)]、堆放散粒材料的挡墙 [图 5-1 (e)]、筒仓 [图 5-1 (f)] 等。

土体作用在挡土墙上的压力称为土压力。它是指挡土墙后的填土因自重或外荷载作用对

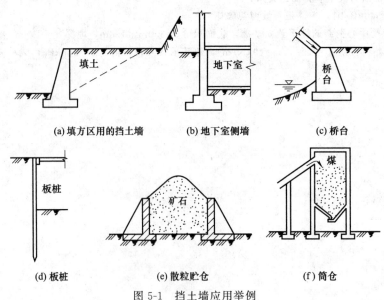

(a) 填方区用的挡土墙　　(b) 地下室侧墙　　(c) 桥台

(d) 板桩　　(e) 散粒贮仓　　(f) 筒仓

图 5-1 挡土墙应用举例

墙背产生的侧压力。它与填料的性质、挡土墙的型式和位移方向以及地基土质等因素有关，计算十分复杂。目前多采用古典的朗肯和库仑土压力理论。

土坡按其成因可分为天然边坡和人工边坡。天然边坡是指由于地质作用而自然形成的土坡，如山区的天然山坡、江河的岸坡。人工边坡是指人们在修建各种工程时，在天然土体中开挖或填筑而成的土坡。

由于某些外界不利因素（如坡顶堆载、雨水侵袭、地震、爆破等）的影响，造成边坡局部土体滑动而丧失稳定性。边坡失稳常会造成严重的工程事故。滑坡的规模有大有小，大则数百万立方米的土体瞬间向下滑动，淹没村庄，毁坏铁路、桥梁，堵塞河道，造成灾害性的破坏；小则几十立方米或几百立方米土体滑动，如基坑坍塌造成人员伤亡和给施工带来困难。

第一节　土压力理论

一、土压力的类型

1. 土压力的影响因素

土压力的计算是个比较复杂的问题，影响土压力大小及分布规律的因素很多，归纳起来主要如下。

（1）挡土墙的位移　挡土墙的位移（或转动）方向和位移量的大小；

（2）挡土墙的性质　包括挡土墙的墙高、形状、材料类型、结构型式、墙背的光滑程度等；

（3）填土的性质　包括填土的重度、含水量、内摩擦角和黏聚力的大小及填土面的倾斜程度等。

其中，挡土墙的位移方向和位移量的大小、挡土墙的墙高、填土的内摩擦角和黏聚力的大小是最主要的因素。

2. 土压力的类型

根据挡土墙的位移情况和墙后填土所处的应力状态，土压力可分为以下三种。

（1）静止土压力　当挡土墙静止不动，土体处于弹性平衡状态时，作用在墙背上的土压力称静止土压力，以 E_0 表示，如图 5-2（a）所示的情况。

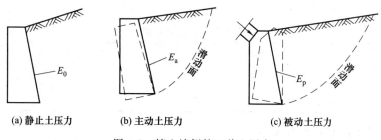

(a) 静止土压力　　　(b) 主动土压力　　　(c) 被动土压力

图 5-2　挡土墙侧的三种土压力

（2）主动土压力　当挡土墙向离开土体方向偏移至土体达到极限平衡状态时，作用在墙背上的土压力称主动土压力，用 E_a 表示，如图 5-2（b）所示的情况。

（3）被动土压力　当挡土墙向土体方向偏移至土体达到极限平衡状态时，作用在墙背上的土压力称被动土压力，用 E_p 表示，如图 5-2（c）所示的情况。

3. 三种土压力的比较

挡土墙计算属平面应变问题，故在土压力计算中，均取 1 延米的墙长度，单位为 kN/m，而土压力强度则取 kPa。土压力的计算理论主要有古典的 W. J. M. 朗肯

（W. J. M. Rankine，1857）理论和 C. A. 库仑（C. A. CouLomb，1773）理论。自从库仑理论发表以来，人们先后进行过多次多种的挡土墙模型实验、原型观测和理论研究。实验表明：在相同条件下，主动土压力小于静止土压力，而静止土压力又小于被动土压力，亦即 $E_a < E_0 < E_p$，而且产生被动土压力所需的位移 Δ_p 大大超过产生主动土压力所需的位移 Δ_a，如图 5-3 所示。

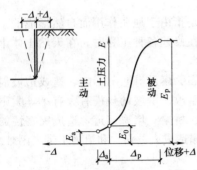

图 5-3　墙身位移和土压力的关系

二、静止土压力

（一）产生条件

静止土压力产生条件：挡土墙静止不动，位移 $\Delta = 0$，转角为零。

修筑在坚硬土质或岩石地基上、断面很大的挡墙，由于墙体自重大，不会发生位移；又因地基坚硬不会产生不均匀沉降，挡土墙与墙后填土之间没有发生相对位移，此时，作用在墙背上的土压力即为静止土压力。

（二）静止土压力计算

1. 计算公式

在挡土墙后水平填土表面以下，任意深度 z 处取一微小单元体，此单元体上作用的竖向力为土的自重应力 γz，该处作用的水平向应力即为静止土压力强度，可按下式计算：

$$\sigma_0 = K_0 \gamma z \tag{5-1}$$

式中　σ_0——静止土压力强度，kPa；

　　　K_0——静止土压力系数；

　　　γ——填土的重度，地下水位以下取有效重度，kN/m³；

　　　z——计算点深度，m。

静止土压力系数可按下列方法确定。

（1）取经验值，查表 5-1 确定。

（2）按半经验公式确定：

$$K_0 = 1 - \sin\varphi' \tag{5-2}$$

式中　φ'——土的有效内摩擦角，(°)。

表 5-1　K_0 的经验值

土的种类和状态	K_0	土的种类和状态		K_0	土的种类和状态		K_0
砂石土	0.18~0.25	粉质黏土	坚硬状态	0.33	黏土	坚硬状态	0.33
砂土	0.25~0.33		可塑状态	0.43		可塑状态	0.53
粉土	0.33		软塑状态	0.53		软塑状态	0.72

2. 静止土压力强度分布及大小

由式（5-1）可知，式中 K_0 与 γ 均为常数，静止土压力强度 σ_0 与深度 z 成正比，σ_0 沿墙高呈三角形分布，如图 5-4 所示。如取挡土墙长度方向 1 延米计算，则作用在墙体上的土压力大小为三角形分布图形的面积，即：

$$E_0 = \frac{1}{2}\gamma H^2 K_0 \tag{5-3}$$

式中　E_0——单位墙长上的静止土压力，kN/m；

　　　H——挡土墙的高度，m。

静止土压力 E_0 的作用点在距墙底 $H/3$ 处，即三角形的形心。

三、朗肯土压力理论

朗肯土压力理论是土压力计算中两个著名的古典土压力理论之一，由英国科学家朗肯（W. J. M. Rankine）于 1857 年提出。它是根据墙后填土处于极限平衡状态时，应用极限平衡理论条件，推导出主动土压力和被动土压力的计算公式。

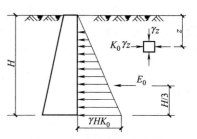

图 5-4　静止土压力的分布

朗肯土压力理论的基本假设条件是：①墙背竖直、光滑；②墙后填土面水平。

（一）基本理论

在表面水平的半无限弹性体中，于深度 z 处取一微小单元体，则微元体上作用的竖向应力即为该处土的自重应力 σ_z，水平应力则为土的静止土压力强度 σ_0［见图 5-5（a）］，因此，$\sigma_1 = \sigma_z = \gamma z$；$\sigma_3 = \sigma_x = K_0 \gamma z$。

此微元体的应力状态用莫尔应力圆表示，如图 5-5（b）中的圆 I 所示，该点处于弹性平衡状态，莫尔圆与抗剪强度包线相离。

若由于某种原因使整个土体在水平方向均匀地伸展，即墙体背离土体移动，如图 5-5（c）所示，则作用在微元体上的竖向应力 σ_z 保持不变，而水平向应力逐渐减小，绘制新的莫尔圆将逐渐靠近抗剪强度包线，直至莫尔圆与土的抗剪强度包线相切，土体达到主动极限平衡状态（称为主动朗肯状态），此时 σ_x 达最小值 σ_a，如图 5-5（b）中的圆 II 所示。

反之，如果土体在水平方向压缩，即墙体向土体方向移动，如图 5-5（d）所示，这时作用在微元体上的竖向应力 σ_z 保持不变，而水平向应力则由静止土压力逐渐增大，并超过 σ_z，直至土体达到极限平衡状态（称为被动朗肯状态）。此时，σ_x 达最大值 σ_p，莫尔圆与土的抗剪强度包线相切，如图 5-5（b）中的圆 III 所示。

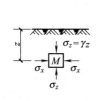
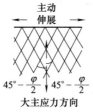
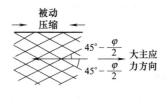

(a) 半空间内的微单元体　　(c) 半空间的主动朗肯状态　　(d) 半空间的被动朗肯状态

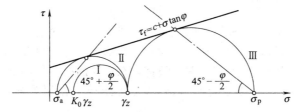

(b) 用莫尔圆表示主动和被动朗肯状态

图 5-5　半空间的极限平衡状态

（二）主动土压力

1. 计算公式

在极限平衡状态下，土中任意一点的大、小主应力 σ_1、σ_3 满足：

无黏性土
$$\sigma_3 = \sigma_1 \tan^2(45° - \varphi/2)$$

黏性土
$$\sigma_3 = \sigma_1 \tan^2(45° - \varphi/2) - 2c \tan(45° - \varphi/2)$$

由前述可知，当土体处于主动极限平衡状态时：$\sigma_1=\sigma_z=\gamma z$，$\sigma_3=\sigma_x=\sigma_a$，将其代入上式，并令 $K_a=\tan^2(45°-\varphi/2)$，可得：

$$无黏性土 \quad \sigma_a=\gamma z K_a \tag{5-4}$$

$$黏性土 \quad \sigma_a=\gamma z K_a-2c\sqrt{K_a} \tag{5-5}$$

式中 σ_a——主动土压力强度，kPa；

$\quad K_a$——主动土压力系数，$K_a=\tan^2(45°-\varphi/2)$；

$\quad c$——土的黏聚力，kPa。

2. 主动土压力强度分布及大小

（1）无黏性土 由式（5-4）可知，主动土压力强度 σ_a 与深度 z 成正比，σ_a 沿墙高呈三角形分布，如图 5-6（b）所示。取挡土墙长度方向 1 延米计算，则主动土压力大小为：

$$E_a=\frac{1}{2}\gamma H^2 K_a \tag{5-6}$$

式中 E_a——单位墙长上的主动土压力，kN/m。

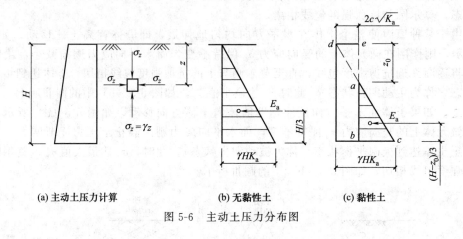

| (a) 主动土压力计算 | (b) 无黏性土 | (c) 黏性土 |

图 5-6 主动土压力分布图

土压力 E_a 的作用点在距墙底 $H/3$ 处。

（2）黏性土

① 主动土压力强度分布。由式（5-5）可知，黏性土的主动土压力由两部分组成。

第一部分为 $\gamma z K_a$，与无黏性土相同，由土的自重 γz 产生的，与深度 z 成正比，呈三角形分布。

第二部分为 $-2c\sqrt{K_a}$，由黏性土的黏聚力 c 产生的，与深度 z 无关，是个常量。

两部分土压力叠加后，如图 5-6（c）所示。顶部土压力三角形 $\triangle ade$ 对墙顶部的作用力为负值，即为拉力。实际上，墙与土并非整体，在很小的拉力作用下，墙与土即分离，亦即挡土墙不承受拉力，可认为挡土墙顶部 ae 段墙上土压力作用为零，因此主动土压力只有 $\triangle abc$ 部分。

② 临界深度 z_0。主动土压力强度为零的 a 点的深度 z_0 称为临界深度，可令 $\sigma_a=0$ 求得，即：

$$\sigma_a=\gamma z_0 K_a-2c\sqrt{K_a}=0$$

$$z_0=\frac{2c}{\gamma\sqrt{K_a}} \tag{5-7}$$

③ 主动土压力 E_a 大小。取挡土墙长度方向 1 延米计算，土压力大小为三角形 $\triangle abc$ 的面积，即：

$$E_a = \frac{1}{2}(H - z_0)(\gamma H K_a - 2c\sqrt{K_a}) = \frac{1}{2}\gamma H^2 K_a - 2cH\sqrt{K_a} + \frac{2c^2}{\gamma} \tag{5-8}$$

土压力 E_a 的作用点在距墙底 $(H - z_0)/3$ 处。

（三）被动土压力

1. 计算公式

在极限平衡状态下，土中任意一点的大、小主应力 σ_1、σ_3 满足：

无黏性土 $\qquad\qquad\qquad \sigma_1 = \sigma_3 \tan^2(45° + \varphi/2)$

黏性土 $\qquad\qquad \sigma_1 = \sigma_3 \tan^2(45° + \varphi/2) + 2c\tan(45° + \varphi/2)$

由前述可知，当土体处于被动极限平衡状态时，$\sigma_3 = \sigma_z = \gamma z$，$\sigma_1 = \sigma_x = \sigma_p$，将其代入上式，并令 $K_p = \tan^2(45° + \varphi/2)$，可得：

无黏性土 $\qquad\qquad\qquad \sigma_p = \gamma z K_p \tag{5-9}$

黏性土 $\qquad\qquad\qquad \sigma_p = \gamma z K_p + 2c\sqrt{K_p} \tag{5-10}$

式中 σ_p——被动土压力强度，kPa；

$\qquad K_p$——被动土压力系数，$K_p = \tan^2(45° + \varphi/2)$。

2. 被动土压力分布及大小

（1）无黏性土 由式（5-9）可知，被动土压力强度 σ_p 与深度 z 成正比，沿墙高呈三角形分布，如图 5-7（b）所示。取挡土墙长度方向 1 延米计算，则土压力大小为：

$$E_p = \frac{1}{2}\gamma H^2 K_p \tag{5-11}$$

式中 E_p——单位墙长上的被动土压力，kN/m。

土压力 E_p 的作用点在距墙底 $H/3$ 处。

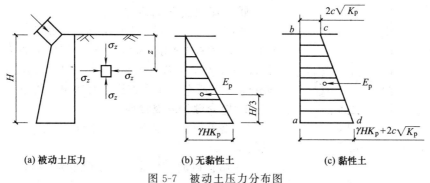

（a）被动土压力　　　　（b）无黏性土　　　　（c）黏性土

图 5-7　被动土压力分布图

（2）黏性土

① 被动土压力分布。由式（5-10）可知，黏性土的被动土压力由两部分组成。

第一部分为 $\gamma z K_p$，与无黏性土相同，由土的自重 γz 产生的，与深度 z 成正比，呈三角形分布。

第二部分为 $2c\sqrt{K_p}$，由黏性土的黏聚力 c 产生的，与深度 z 无关，是个常量，故此部分土压力呈矩形分布。

上述两部分土压力叠加后，呈梯形分布，如图 5-7（c）所示。

② 被动土压力 E_p 大小。如取挡土墙长度方向 1 延米计算，被动土压力为梯形分布图的面积，即：

$$E_p = \frac{1}{2}\gamma H^2 K_p + 2cH\sqrt{K_p} \tag{5-12}$$

被动土压力 E_p 的作用点通过梯形分布图的形心。

【例 5-1】 某挡土墙，墙高 5m，墙背竖直、光滑，墙后填土面水平，填土的物理力学性质如下：$c = 12\text{kPa}$，$\varphi = 18°$，$\gamma = 18\text{kN/m}^3$。试求主动土压力及其作用点，并绘制主动土压力强度分布图。

解 先求主动土压力系数

$$K_a = \tan^2\left(45° - \frac{\varphi}{2}\right)$$
$$= \tan^2\left(45° - \frac{18°}{2}\right) = 0.53$$

令 $\sigma_a = 0$，求得：

$$z_0 = \frac{2c}{\gamma\sqrt{K_a}} = \frac{2 \times 12}{18 \times \sqrt{0.53}} = 1.83 \text{（m）}$$

当 $z = 5\text{m}$ 时，

$$\sigma_a = \gamma H K_a - 2c\sqrt{K_a} = 18 \times 5 \times 0.53 - 2 \times 12 \times \sqrt{0.53} = 30.25 \text{（kPa）}$$

主动土压力为 σ_a 图形的分布面积，

$$E_a = \frac{1}{2}(H - z_0)\left(\gamma H K_a - 2c\sqrt{K_a}\right) = \frac{1}{2} \times (5 - 1.83) \times 30.25 = 47.95 \text{（kN/m）}$$

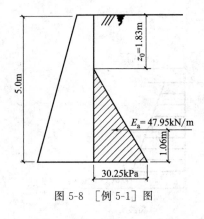

图 5-8 ［例 5-1］图

E_a 作用方向垂直于墙背，作用点在距离墙脚 $(5-1.83)/3 = 1.06$（m）处（图 5-8）。

四、库仑土压力理论

法国库仑（Coulomb）用静力平衡方程解出了挡土墙后滑动楔体达极限平衡状态时，作用于墙背的土压力，于 1776 年提出了著名的库仑土压力理论。与朗肯土压力理论相比，库仑土压力理论更有普遍实用意义。

1. 库仑理论研究课题

① 墙背倾斜，倾角为 α，俯斜时为正，仰斜时为负 ［图 5-9（a）］；

② 墙背粗糙，与填土外摩擦角为 δ；

③ 墙后填土为无黏性土，即 $c = 0$；

④ 填土表面倾斜，坡角为 β。

2. 库仑理论的基本假定

① 墙后填土沿着墙背 AB 和一个通过墙踵的平面 BC 滑动，形成滑动楔体 ABC；

② 挡土墙和楔体 ABC 是刚性的，不计其本身压缩变形。

（一）主动土压力计算

1. 计算原理

当墙背 AB 在土压力作用下向前移动或转动时，取滑动楔体 ABC 为脱离体，其受到三个力的作用，具体如下。

（1）重力 W 楔体 ABC 的自重，当滑动面 BC 确定时，$W = \gamma V_{ABC}$ 为已知。

（2）土压力 E AB 面上正压力及向上摩擦力引起的合力，位于 AB 面法线下方，与法线成 δ 角。

（3）反力 R　BC 面上正压力及向上摩擦力引起的合力，位于 BC 面法线下方，与法线成 φ 角。

楔体 ABC 在 W、E、R 三个力的作用下处于静力平衡状态，组成力矢三角形 [图 5-9（b）]，由三角形正弦定理可得：

$$E = W \frac{\sin(\theta - \varphi)}{\sin(\theta - \varphi + \psi)} \quad (5\text{-}13)$$

式中，$\psi = 90° - \alpha - \delta$。

由式（5-13）可知，不同的 θ 可求出不同 E，即 E 是滑动面倾角 θ 的函数，找出 $E_{\max}$ 即为真正的主动土压力 E_a。

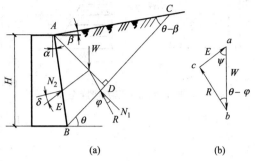

图 5-9　库仑主动土压力计算图

2. 计算公式

令 $\mathrm{d}E/\mathrm{d}\theta = 0$ 可求出破裂角 θ_{cr} 及 $E_{\max}$（即 E_a）。将求出的破裂角 θ_{cr} 及 $W = \gamma V_{ABC}$ 代入式（5-13），即可得出墙高为 H 的主动土压力计算公式：

$$E_a = \frac{1}{2}\gamma H^2 \frac{\cos^2(\varphi - \alpha)}{\cos^2\alpha\cos(\alpha + \delta)\left[1 + \sqrt{\dfrac{\sin(\varphi + \delta)\sin(\varphi - \beta)}{\cos(\alpha + \delta)\cos(\alpha - \beta)}}\right]^2} \quad (5\text{-}14)$$

令

$$K_a = \frac{\cos^2(\varphi - \alpha)}{\cos^2\alpha\cos(\alpha + \delta)\left[1 + \sqrt{\dfrac{\sin(\varphi + \delta)\sin(\varphi - \beta)}{\cos(\alpha + \delta)\cos(\alpha - \beta)}}\right]^2} \quad (5\text{-}15)$$

则式（5-14）可写成

$$E_a = \frac{1}{2}\gamma H^2 K_a \quad (5\text{-}16)$$

式中　K_a——库仑主动土压力系数，按式（5-15）确定；

　　　　α——墙背倾斜角，（°），俯斜时为正，仰斜时为负；

　　　　δ——挡土墙背与填土的摩擦角（°），可查表 5-2 确定；

　　　　β——墙后填土面倾角（°）。

表 5-2　填土对挡土墙背的摩擦角

挡土墙情况	摩擦角 δ	挡土墙情况	摩擦角 δ
墙背平滑、排水不良	$(0 \sim 0.33)\varphi$	墙背很粗糙、排水良好	$(0.5 \sim 0.67)\varphi$
墙背粗糙、排水良好	$(0.33 \sim 0.5)\varphi$	墙背与填土间不可能滑动	$(0.67 \sim 1.0)\varphi$

当墙背竖直（$\alpha = 0$）、光滑（$\delta = 0$）、填土面水平（$\beta = 0$）时，式（5-14）变为：

$$E_a = \frac{1}{2}\gamma H^2 \tan^2\left(45° - \frac{\varphi}{2}\right)$$

可见朗肯公式只是库仑公式的一个特例。

3. 土压力强度分布

为求得主动土压力强度 σ_a 沿墙高的变化，可将主动土压力 E_a 对深度 z 求导：

$$\sigma_a = \frac{\mathrm{d}E_a}{\mathrm{d}z} = \frac{\mathrm{d}}{\mathrm{d}z}\left(\frac{1}{2}\gamma z^2 K_a\right) = \gamma z K_a \quad (5\text{-}17)$$

由式（5-17）可知，σ_a 沿墙高呈三角形分布（图5-10），E_a 为土压力强度分布图形的面积，作用点在三角形的形心处；作用方向与墙背法线顺时针成 δ 角，即与水平线成（$\alpha + \delta$）角。

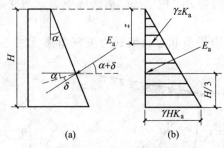

图 5-10　库仑主动土压力强度分布

（二）被动土压力计算

1. 计算原理及计算公式

墙背 AB 受到外力向填土方向移动或转动时（图 5-11），迫使土体体积收缩。当达到极限平衡状态时，出现破裂面 BC，楔体 ABC 在重力 W、反力 R 和被动土压力 E_p 作用下平衡，E_p 和 R 的方向分别在 AB 和 AC 法线的上方，与法线分别成 δ 和 φ 角。

按上述求主动土压力 E_a 同样的原理，可求得库仑理论的被动土压力公式为：

$$E_p = \frac{1}{2}\gamma H^2 K_p \tag{5-18}$$

$$K_p = \frac{\cos^2(\varphi + \alpha)}{\cos^2\alpha\cos(\alpha - \delta)\left[1 - \sqrt{\dfrac{\sin(\varphi + \delta)\sin(\varphi + \beta)}{\cos(\alpha - \delta)\cos(\alpha - \beta)}}\right]^2} \tag{5-19}$$

式中　K_p——库仑被动土压力系数，按式（5-19）确定。

其余符号同前。

当墙竖直（$\alpha = 0$）、光滑（$\delta = 0$）、填土面水平（$\beta = 0$）时，式（5-18）变为：

$$E_p = \frac{1}{2}\gamma H^2\tan^2\left(45° + \frac{\varphi}{2}\right)$$

显然，满足朗肯理论条件时，库仑理论与朗肯理论的被动土压力计算公式也相同。

2. 被动土压力分布

与主动土压力相同，被动土压力强度 σ_p 沿墙高的变化为：

$$\sigma_p = \frac{dE_p}{dz} = \frac{d}{dz}\left(\frac{1}{2}\gamma z^2 K_p\right) = \gamma z K_p \tag{5-20}$$

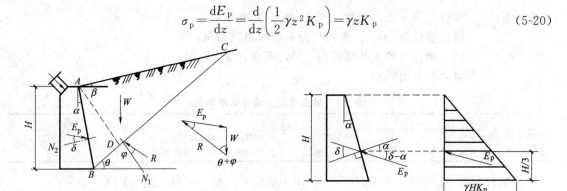

图 5-11　库仑被动土压力计算图　　　　图 5-12　库仑被动土压力强度分布

由上式可知，σ_p 沿墙高也呈三角形分布（图 5-12），E_p 为被动土压力强度分布图形的面积，作用点在距墙底 $H/3$ 处；作用方向与墙背法线逆时针成 δ 角。

【例 5-2】　某挡土墙高 $H = 6\text{m}$，$\alpha = 20°$，$\beta = 15°$，墙后填土为砂土，$\gamma = 18\text{kN/m}^3$，$\varphi = 35°$，$c = 0\text{kPa}$。试求分别求出 $\delta = 15°$ 和 $\delta = 0°$ 时，作用于墙背主动土压力 E_a 的大小、方向及作用点，并绘制主动土压力强度分布图。

解　用库仑土压力理论计算

（1）求 $\delta = 15°$ 时的主动土压力 E_{a1}

$$K_{a1}=\frac{\cos^2(\varphi-\alpha)}{\cos^2\alpha\cos(\alpha+\delta)\left[1+\sqrt{\dfrac{\sin(\varphi+\delta)\sin(\varphi-\beta)}{\cos(\alpha+\delta)\cos(\alpha-\beta)}}\right]^2}$$

$$=\frac{\cos^2(35°-20°)}{\cos^2 20°\cos(20°+15°)\left[1+\sqrt{\dfrac{\sin(35°+15°)\sin(35°-15°)}{\cos(20°+15°)\cos(20°-15°)}}\right]^2}$$

$$=0.5256$$

$$E_{a1}=\frac{1}{2}\gamma H^2 K_{a1}=\frac{1}{2}\times18\times6^2\times0.5256=170.3\ (\text{kN/m})$$

当 $z=6\text{m}$ 时，$\sigma_a=\gamma H K_a=18\times6\times0.5256=56.8\ (\text{kPa})$

E_{a1} 作用方向与墙背法线成 $\delta=15°$，作用点在距墙脚 $H/3=2\text{m}$ 处 [图 5-13（a）]。

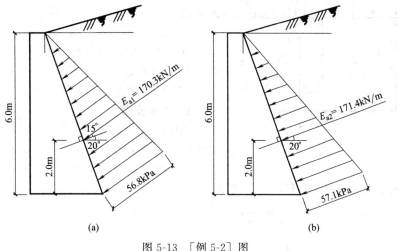

图 5-13　[例 5-2] 图

（2）求 $\delta=0°$ 时的主动土压力 E_{a2}

$$K_{a2}=\frac{\cos^2(\varphi-\alpha)}{\cos^2\alpha\cos(\alpha+\delta)\left[1+\sqrt{\dfrac{\sin(\varphi+\delta)\sin(\varphi-\beta)}{\cos(\alpha+\delta)\cos(\alpha-\beta)}}\right]^2}$$

$$=\frac{\cos^2(35°-20°)}{\cos^2 20°\cos(20°+0°)\left[1+\sqrt{\dfrac{\sin(35°+0°)\sin(35°-15°)}{\cos(20°+0°)\cos(20°-15°)}}\right]^2}$$

$$=0.5291$$

$$E_{a2}=\frac{1}{2}\gamma H^2 K_{a2}=\frac{1}{2}\times18\times6^2\times0.5291=171.4\ (\text{kN/m})$$

当 $z=6\text{m}$ 时，$\sigma_a=\gamma H K_a=18\times6\times0.5291=57.1\ (\text{kPa})$

E_{a2} 作用方向与墙背垂直，作用点同 E_{a1} [图 5-13（b）]。

（3）由上述计算可知，当墙背与填土之间的外摩擦角 δ 减小时，主动土压力 E_a 将增大。因此，朗肯土压力理论忽略墙背与填土之间摩擦，用于计算主动土压力 E_a 是偏于安全的。

五、几种特殊情况下的土压力计算

工程中所遇到的墙后土体的条件，可能要比朗肯理论假定的条件复杂得多。例如填土面上有荷载，填土本身可能是性质不同的成层土，墙后填土有地下水等。对于这些情况，可在朗肯理论的基础上做近似修正。以下将介绍几种特殊情况下的主动土压力计算方法。

（一）表面有均布荷载

1. 计算公式

当挡土墙后有连续均布荷载 q 作用时，墙背面 z 深度处土单元所受的大主应力 $\sigma_1 = \sigma_z = q + \gamma z$，小主应力 $\sigma_3 = \sigma_a = \sigma_1 K_a - 2c\sqrt{K_a}$，即：

黏性土 $$\sigma_a = (\gamma z + q)K_a - 2c\sqrt{K_a} \tag{5-21}$$

无黏性土 $$\sigma_a = (\gamma z + q)K_a \tag{5-22}$$

2. 土压力强度分布

以无黏性土为例，由式（5-22）可以看出主动土压力强度由两部分组成：

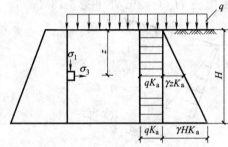

① 由均布荷载 q 引起，其分布与深度 z 无关，是常数；

② 由土重引起，与深度 z 成正比。

σ_a 沿墙高呈梯形分布（图 5-14），E_a 为土压力强度分布图形的面积，作用点在梯形的形心处。

图 5-14 填土面有连续均布荷载的图

（二）墙后填土分层

1. 计算公式

当墙后填土是由多层不同种类的水平分布的土层组成时，填土面下任意深度 z 处土单元的大主应力为其上覆土的自重应力之和，即：$\sigma_1 = \sigma_z = \sum \gamma_i h_i$（$\gamma_i$、$h_i$ 为第 i 层土的重度和厚度），因此

黏性土 $$\sigma_a = K_{ai} \sum \gamma_i h_i - 2c_i \sqrt{K_{ai}} \tag{5-23}$$

无黏性土 $$\sigma_a = K_{ai} \sum \gamma_i h_i \tag{5-24}$$

式中 K_{ai}——第 i 层土的主动土压力系数。

2. 土压力强度分布求解示例

如图 5-15 所示，当墙后填土为三层不同性质无黏性土时，墙背土压力强度 σ_a 的分布情况如下。

第一层土 顶面 $\sigma_{aA} = 0$

底面 $\sigma_{aB}^{\perp} = \gamma_1 h_1 K_{a1}$

第二层土 顶面 $\sigma_{aB}^{\top} = \gamma_1 h_1 K_{a2}$

底面 $\sigma_{aC}^{\perp} = (\gamma_1 h_1 + \gamma_2 h_2)K_{a2}$

第三层土 顶面 $\sigma_{aC}^{\top} = (\gamma_1 h_1 + \gamma_2 h_2)K_{a3}$

底面 $\sigma_{aD} = (\gamma_1 h_1 + \gamma_2 h_2 + \gamma_3 h_3)K_{a3}$

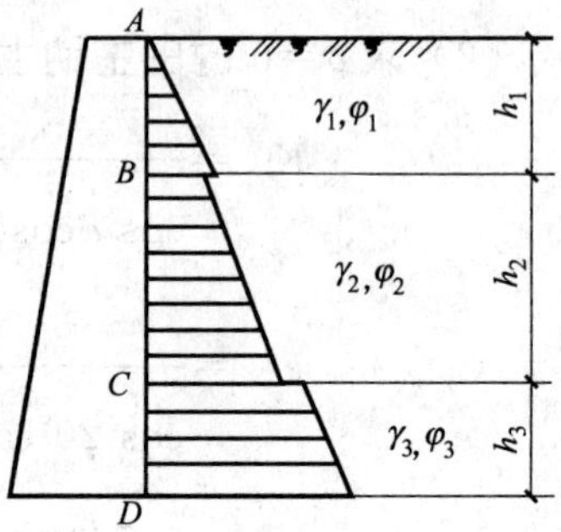

图 5-15 成层填土的土压力计算

由于各层土 φ 值不同，主动土压力系数 K_a 也不同，因此在土层分界面处，土压力强度有两个值。图 5-15 所示为 $\varphi_2 > \varphi_1$、$\varphi_2 > \varphi_3$ 时的土压力强度分布图。

（三）墙后填土有地下水

1. 地下水影响

挡土墙后的填土常会部分或全部处于地下水位以下，此时应考虑地下水位对土压力的影响，具体表现以下几点。

① 填土重量因受到水的浮力而减小，计算土压力采用有效重度 γ'。

② 土的含水率增加，抗剪强度降低，土压力增大。

③ 对墙背产生静水压力。

2. 计算公式

当墙后填土有地下水时，作用在墙背上的侧压力由土压力和水压力两部分组成。计算土压力时，假设水位上、下土的内摩擦角和黏聚力都相同，水位以下取有效重度计算。

以图 5-16 所示的挡土墙为例，若墙后填土为无黏性土，地下水位在填土表面下 H_1 处，则土压力强度可按下式计算：

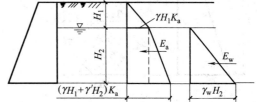

图 5-16　墙后有地下水时土压力计算

地下水位处 $\sigma_a = \gamma H_1 K_a$

墙底处 $\sigma_a = (\gamma H_1 + \gamma' H_2) K_a$

作用在墙背上的水压力按静水压力计算：

$$E_w = \frac{1}{2} \gamma_w H_2^2 \tag{5-25}$$

式中　γ_w——水的重度，kN/m^3；

　　　H_2——水位以下的墙高，m。

作用在挡土墙上的总压力为主动土压力 E_a 和水压力 E_w 之和。

【例 5-3】 如图 5-17，某挡土墙高 4m，墙背竖直、光滑，墙后填土面水平，并作用有均布荷载 $q = 20kPa$，填土分两层，上层 $\gamma_1 = 17kN/m^3$，$\varphi_1 = 25°$，$h_1 = 2m$；下层 $\gamma_2 = 18kN/m^3$，$\varphi_2 = 20°$，$c_2 = 10kPa$，$h_2 = 2m$。试求墙背主动土压力 E_a，并绘制土压力强度分布图。

解　墙背竖直光滑，填土面水平，符合朗肯理论条件，故：

$$K_{a1} = \tan^2\left(45° - \frac{\varphi}{2}\right) = \tan^2\left(45° - \frac{25°}{2}\right) = 0.406$$

$$K_{a2} = \tan^2\left(45° - \frac{\varphi}{2}\right) = \tan^2\left(45° - \frac{20°}{2}\right) = 0.490$$

第一层土主动土压力强度：

$$\sigma_{aA} = (\gamma z + q) K_{a1} = (17 \times 0 + 20) \times 0.406 = 8.1 \ (kPa)$$

$$\sigma_{aB}^{\perp} = (\gamma z + q) K_{a1} = (2 \times 17 + 20) \times 0.406 = 22.0 \ (kPa)$$

第二层土主动土压力强度：

$$\sigma_{aB}^{\top} = (\gamma z + q) K_{a2} - 2c_2\sqrt{K_{a2}}$$
$$= (2 \times 17 + 20) \times 0.490 - 2 \times 10 \times \sqrt{0.490}$$
$$= 12.5 \ (kPa)$$

$$\sigma_{aC} = (\gamma z + q) K_{a2} - 2c_2\sqrt{K_{a2}}$$
$$= (2 \times 17 + 2 \times 18 + 20) \times 0.490 - 2 \times 10 \times \sqrt{0.490}$$
$$= 30.1 \ (kPa)$$

各点土压力强度绘于图 5-17 中，主动土压力为图中阴影部分的面积，即：

$$E_a = \frac{1}{2} \times (8.1 + 22.0) \times 2 + \frac{1}{2} \times (12.5 + 30.1) \times 2 = 72.70 \ (kN/m)$$

【例 5-4】 如图 5-18 所示，某重力挡土墙高 5m，墙背竖直、光滑，墙后填土面水平，填土的物理力学性质如下：$\gamma = 18.5kN/m^3$，$\varphi = 30°$，$c = 0kPa$，$\gamma_{sat} = 19.5kN/m^3$，地下水位于墙顶面下 3m 处。试求墙背作用总侧压力。

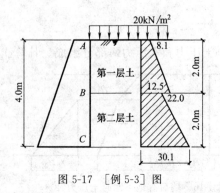

图 5-17 [例 5-3] 图

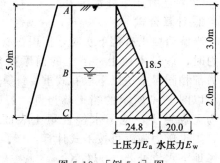

图 5-18 [例 5-4] 图

解 先求主动土压力系数

$$K_a = \tan^2\left(45° - \frac{\varphi}{2}\right) = \tan^2\left(45° - \frac{30°}{2}\right) = 0.333$$

地下水位以上填土用天然重度

$$\sigma_{aA} = 0\text{kPa}$$

$$\sigma_{aB} = \gamma h_1 K_{a1} = 18.5 \times 3 \times 0.333 = 18.5 \ (\text{kPa})$$

地下水位以下填土采用有效重度

$$\sigma_{aC} = (\gamma h_1 + \gamma' h_2)K_a = [18.5 \times 3 + (19.5-10) \times 2] \times 0.333 = 24.8 \ (\text{kPa})$$

主动土压力 $E_a = \frac{1}{2} \times 18.5 \times 3 + \frac{1}{2} \times (18.5 + 24.8) \times 2 = 71.05 \ (\text{kN/m})$

水压力强度 $\sigma_w = \gamma_w h_w = \gamma_w h_2 = 10 \times 2 = 20 \ (\text{kPa})$

水压力 $E_w = \frac{1}{2} \times 20 \times 2 = 20 \ (\text{kN/m})$

总侧压力 $E = E_a + E_w = 71.05 + 20 = 91.05 \ (\text{kN/m})$

第二节 挡 土 墙

一、挡土墙的类型

挡土墙常用类型现分述如下。

1. 重力式挡土墙

重力式挡土墙 [见图 5-19 （a）] 是以墙身自重来维持墙体在土压力作用下的稳定，多用砖、石或混凝土材料建成，截面尺寸较大。重力式挡土墙结构简单、施工方便、取材容易，在土建工程中应用极为广泛，适用于高度小于 8m，地层稳定的地段。

2. 悬臂式挡土墙

悬臂式挡土墙 [见图 5-19 （b）] 采用钢筋混凝土建造，挡土墙的截面尺寸较小，重量较轻，墙身的稳定是靠墙踵板上土重来维持，墙身内配钢筋来承担拉力。这类挡土墙的优点是能充分利用钢筋混凝土的受力特性，墙体截面较小。可适用于墙体较高，地基土质较差以及工程比较重要时。如市政工程、厂矿贮库中多采用悬臂式挡土墙。

3. 扶壁式挡土墙

当挡土墙较高时，为了增强悬臂式挡土墙中立壁的抗弯性能，以保持挡土墙的整体性，沿墙的长度方向每隔 （0.8～1.0）H 设置一道扶壁，如图 5-19 （c）所示，称为扶壁式挡土墙。

4. 锚定板与锚杆式挡土墙

锚定板挡土墙是由预制的钢筋混凝土立柱、墙面板、钢拉杆和埋入土中的锚定板在现场拼

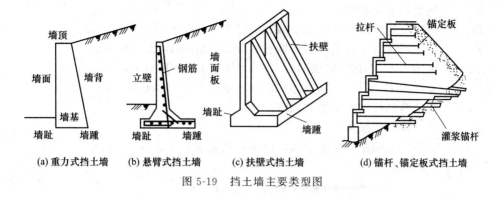

(a) 重力式挡土墙　　(b) 悬臂式挡土墙　　(c) 扶壁式挡土墙　　(d) 锚杆、锚定板式挡土墙

图 5-19　挡土墙主要类型图

装而成［如图 5-19（d）］，挡土墙的稳定性由拉杆和锚定板保证。锚杆式挡土墙则是由伸入岩层的锚杆承受土压力的挡土结构。这两种形式的挡土墙具有结构轻、柔性大、工程量少、造价低、施工方便等优点，常用在邻近建筑物的基础开挖、铁路两旁的护坡、路基、桥台等处。

5. 其他形式挡土墙

此外，挡土墙型式还有加筋土挡土墙、混合式挡土墙、板桩墙以及土工合成材料挡土墙等。

选型原则：①挡土墙的用途、高度与重要性；②建筑场地的地形与地质条件；③尽量就地取材，因地制宜；④安全而经济。

二、重力式挡土墙的计算

这里仅介绍重力式挡土墙的计算。

1. 截面尺寸的初步确定

设计挡土墙时，一般是先根据经验初步拟定挡土墙的尺寸，然后进行各项验算，若不满足，则修改截面尺寸或采取其措施，直至满足要求为止。

2. 作用在挡土墙上的力

① 墙身自重 G。

② 土压力。主要指墙背作用的主动土压力 E_a；若挡土墙基础有一定埋深，则埋深部分墙趾因挡土墙前移而受到被动土压力 E_p，但挡土墙设计中常因基坑开挖松动而忽略不计，使结构偏于安全。

③ 基底反力。

以上三种力为作用在挡土墙上的基本荷载。此外，在挡土墙的填土表面上有堆放物、建筑物或公路等荷载时，应考虑荷载附加的压力；若墙体排水不良，填土积水需计算水压力；对地震区还要考虑地震荷载。

3. 挡土墙计算内容

（1）稳定性验算　包括抗滑移和抗倾覆稳定性验算。

（2）地基承载力验算　要求和方法见第四章第四节。

（3）墙身强度验算　执行《混凝土结构设计规范》（GB 50010—2010）和《砌体结构设计规范》（GB 50003—2011）等现行标准的相应规定。

4. 抗滑移稳定性验算

在土压力作用下，挡土墙有可能沿着底面发生滑动［如图 5-20（a）］。将土压力 E_a 和墙重力 G 各分解成平行和垂直于基础底面的力，即：E_{at}、E_{an} 和 G_t、G_n，要求基底的抗滑移力 F_1（E_{an}、G_n 产生的摩擦力）大于的滑移力 F_2（E_{at}、G_t 的合力），即：

$$K_s = \frac{F_1}{F_2} = \frac{(G_n + E_{an})\mu}{E_{at} - G_t} \geq 1.3 \tag{5-26}$$

式中　K_s——抗滑移安全系数；

　　　G_n——挡土墙每延米自重垂直于墙底的分力，kN/m，$G_n = G\cos\alpha_0$；

　　　G_t——挡土墙每延米自重平行于墙底的分力，kN/m，$G_t = G\sin\alpha_0$；

　　　E_{an}——土压力 E_a 垂直于墙底的分力，kN/m，$E_{an} = E_a\cos(\alpha - \alpha_0 - \delta)$；

　　　E_{at}——土压力 E_a 平行于墙底的分力，kN/m，$E_{at} = E_a\sin(\alpha - \alpha_0 - \delta)$；

　　　α——挡土墙墙背对水平面的倾角，(°)；

　　　α_0——挡土墙基底倾角，(°)；

　　　μ——土对挡土墙基底摩擦系数，由试验测定或参考表 5-3 选用；

其他符号意义同前。

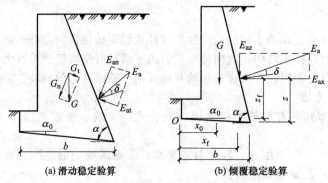

（a）滑动稳定验算　　　　　（b）倾覆稳定验算

图 5-20　挡土墙的稳定性验算

表 5-3　土对挡土墙基底的摩擦系数

土 的 类 别		摩擦系数 μ	土 的 类 别	摩擦系数 μ
黏性土	可塑	0.25～0.30	中砂、粗砂、砾砂	0.40～0.50
	硬塑	0.30～0.35	碎石土	0.40～0.60
	坚硬	0.35～0.45	软质岩石	0.40～0.60
粉土（$S_r \leqslant 0.5$）		0.30～0.40	表面粗糙的硬质岩石	0.65～0.75

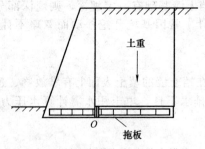

土重

图 5-21　墙踵加拖板抗滑稳定措施

当验算结果不满足式（5-26）时，可采取以下措施。

① 修改挡土墙断面尺寸，以加大 G 值，增大抗滑力。

② 挡土墙基底面做成砂、石垫层，以提高 μ 值，增大抗滑力。

③ 墙底做成逆坡，利用滑动面上部分反力来抗滑，如图 5-20（a）所示。

④ 在软土地基，其他方法无效或不经济时，可在墙踵后加拖板（如图 5-21），利用拖板上的土重来抗滑。拖板与挡土墙之间应用钢筋连接。由于扩大了基底宽度，对墙体抗倾覆也是有利的。

5. 抗倾覆稳定性验算

挡土墙在土压力作用下有可能绕墙趾 O 点向外转动而失稳，须要求绕 O 点的抗倾覆力矩 M_1 大于倾覆力矩 M_2，即：

$$K_t = \frac{M_1}{M_2} = \frac{Gx_0 + E_{az}x_f}{E_{ax}z_f} \geqslant 1.6 \tag{5-27}$$

式中　K_t——抗倾覆安全系数；

　　　G——挡土墙每延米自重，kN/m；

　E_{az}——土压力 E_a 的竖向分力，kN/m，$E_{az}=E_a\cos(\alpha-\delta)$；

　E_{ax}——土压力 E_a 的水平分力，kN/m，$E_{ax}=E_a\sin(\alpha-\delta)$；

　　x_0——挡土墙重心距墙趾的水平距离，m；

　　z_f——土压力作用点距离 O 点的高度，m，$z_f=z-b\tan\alpha_0$；

　　　z——土压力作用点距离墙踵的高度，m；

　　x_f——土压力作用点距墙趾的水平距离，m，$x_f=b-z\cot\alpha$；

　　　b——基底的水平投影宽度，m。

在软弱地基上倾覆时，墙趾可能陷入土中，使力矩中心点内移，导致抗倾覆安全系数降低，有时甚至会沿圆弧滑动而发生整体破坏，因此验算时应注意土的压缩性。

当验算结果不满足式（5-27）时，可采取以下措施。

① 增大挡土墙断面尺寸，使 G 增大，但工程量也相应增大；

② 加大 x_0，伸长墙趾，但墙趾过长，若厚度不够，则需配置钢筋；

③ 墙背做成仰斜，可减小土压力；

④ 在挡土墙垂直墙背上做卸荷台，形状如牛腿，则平台以上土压力不能传到平台以下，总土压力减小，故抗倾覆稳定性增大。

三、重力式挡土墙的构造

1. 墙背的倾斜形式

一般的重力式挡土墙按墙背倾斜方向可分为仰斜、直立和俯斜三种形式，如图 5-22 所示。仰斜式主动土压力最小，而俯斜式主动土压力最大。从挖、填方角度来说，边坡是挖方，仰斜较合理；反之，填方时俯斜和墙背直立比较合理。

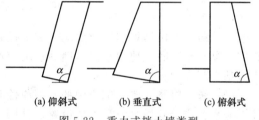

(a) 仰斜式　　(b) 垂直式　　(c) 俯斜式

图 5-22　重力式挡土墙类型

2. 基础埋置深度

挡土墙的埋置深度（如基底倾斜，基础埋置深度应从最浅处的墙趾处计算）应根据持力层土的承载力、水流冲刷、岩石裂隙发育及风化程度等因素进行确定。在土质地基中，基础埋置深度不宜小于 0.5m；在软质岩地基中，基础埋置深度不宜小于 0.3m。

3. 断面尺寸拟定

（1）墙面坡度　当墙前地面较陡时，一般取 $(1:0.05)\sim(1:0.2)$；当墙高较小时，也可采用直立的。当墙前地面较为平坦时，对于中、高挡土墙，坡度可较缓，但不宜缓于 $1:0.4$。

（2）墙背坡度　对于仰斜式墙背坡度越缓，主动土压力越小，但为了避免施工困难，倾斜度不宜缓于 $1:0.25$，墙面坡应尽量与背坡平行；俯斜墙背的坡度不宜大于 $1:0.36$。

（3）基底逆坡坡度　为了增加挡土墙抗滑稳定时，可将基底做成逆坡。基底逆坡过大，可能使墙身连同基底下的三角形土体一起滑动，因此，一般土质地基的基底逆坡不宜大小于 $0.1:1.0$，对于岩石地基坡度不宜大于 $0.2:1.0$。

（4）顶面宽度　重力式挡土墙自身尺寸较大，若无特殊要求，一般块石挡土墙顶宽不应小于 0.5m，混凝土挡土墙最小可为 $0.2\sim0.4$m。

（5）基底宽度　重力式挡土墙基础的宽度一般取 $B=(1/2\sim2/3)H$。

4. 墙后填土的选择

填土选择原则：主动土压力越小越好。由前述可知，内摩擦角 φ 越大、重度 γ 越小，土压力越小。因此，选择填料时，应从填土的重度和内摩擦角哪一个因素对减小主动土压力更为有效这点上出发来考虑。

① 填土应尽量选择粗粒土，如粗砂、砾砂、碎石等，这类土的内摩擦角大，浸水后内摩擦角的影响也较小，且透水性较好，易于排水；

② 当填土为黏土、粉质黏土时，含水量应接近最优含水量，易压实；

③ 不能利用软黏土、成块的硬黏土、膨胀土、耕植土和淤泥土等作为填土。

填土压实质量是挡土墙施工中的关键问题，填土时应注意分层夯实。

5. 排水措施

挡土墙建成使用期间，如雨水渗入墙后填土中，会使填土的土压力增大，有时还会受到水的渗流或静水压力的影响，对挡土墙的稳定产生不利的作用。因此设计挡土墙时必须考虑排水措施（图 5-23），具体如下。

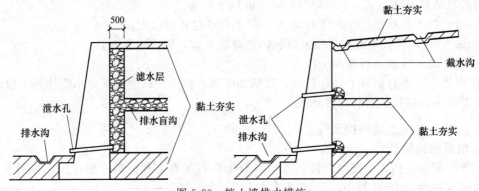

图 5-23　挡土墙排水措施

（1）截　在山坡处的挡土墙应在坡下设置截水沟，拦截地表水；在墙后填土表面宜铺筑夯实的黏土层，防止地表水渗入墙后；墙前回填土夯实，或做散水及排水沟，避免墙前水渗入地基。

（2）疏　对渗入墙后填土中的水，应使其顺利排出，通常在墙体上适当的部位设置泄水孔。泄水孔应沿着横纵两个方向设置，其间距宜取 2～3m，孔眼尺寸不宜小于 100mm，外斜坡度宜为 5%。为了防止泄水孔堵塞，应在其入口处以粗颗粒材料做反滤层和必要的排水盲沟。为防止渗入填土中的地下水渗到墙下地基，应在排水孔下部铺设黏土层并分层夯实。

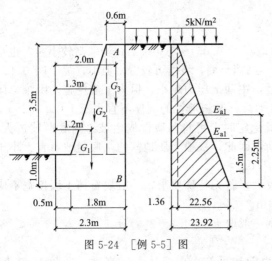

图 5-24　[例 5-5] 图

6. 变形缝的设置

重力式挡土墙应每隔 10～20m 设置一道伸缩缝。当地基有变化时宜加设沉降缝。在挡土墙的拐角处，应加强构造措施。

【例 5-5】　如图 5-24，某挡土墙高 4.5m，墙背竖直光滑，填土表面水平。采用 MU30 毛石和 M5 混合砂浆砌筑。已知砌体重度 $\gamma_0 = 22kN/m^3$，填土重度 $\gamma = 18.5kN/m^3$，内摩擦角 $\varphi = 35°$，黏聚力 $c = 0$，地面荷载 $q = 5kN/m^2$，基底摩擦系数 $\mu = 0.55$，试验算挡土墙的稳定性。

解　（1）先确定挡土墙的断面尺寸（如图 5-24）。

按构造要求设墙顶宽为 $0.6m > 0.5m$，墙底宽 $B = \left(\dfrac{1}{3} \sim \dfrac{1}{2}\right)H = 1.5 \sim 2.25$（m），取 $B = 2.3m$。

（2）取 1m 墙长为计算单元，计算墙体自重。

$$G_t = 0$$

$$G_{n1} = G_1 = 1 \times 2.3 \times 22 = 50.6 \text{ (kN/m)}$$

$$G_{n2} = G_2 = \frac{1}{2} \times 3.5 \times 1.2 \times 22 = 46.2 \text{ (kN/m)}$$

$$G_{n3} = G_3 = 3.5 \times 0.6 \times 22 = 46.2 \text{ (kN/m)}$$

$$G_n = G = G_1 + G_2 + G_3 = 143.0 \text{ (kN/m)}$$

（3）取 1m 墙长为计算单元，计算主动土压力。

$$K_a = \tan^2\left(45° - \frac{\varphi}{2}\right) = \tan^2\left(45° - \frac{35°}{2}\right) = 0.271$$

$$\sigma_{aA} = (\gamma z + q)K_a = 5 \times 0.271 = 1.36 \text{ (kPa)}$$

$$\sigma_{aB} = (\gamma z + q)K_{a1} = (4.5 \times 18.5 + 5) \times 0.271 = 23.92 \text{ (kPa)}$$

$$E_{a1} = E_{at1} = E_{ax1} = 1.36 \times 4.5 = 6.1 \text{ (kN/m)} \quad \text{（矩形面积）}$$

$$E_{a2} = E_{at2} = E_{ax2} = \frac{1}{2} \times (23.92 - 1.36) \times 4.5 = 50.8 \text{ (kN/m)} \text{（三角形面积）}$$

$$E_a = E_{at} = E_{ax} = E_{a1} + E_{a2} = 56.9 \text{ (kN/m)}$$

$$E_{an} = E_{az} = 0$$

（4）抗滑移稳定性验算。

$$K_s = \frac{F_1}{F_2} = \frac{(G_n + E_{an})\mu}{E_{at} - G_t} = \frac{(143.0 + 0) \times 0.55}{56.9 - 0} = 1.38 \geqslant 1.3$$

（5）抗倾覆稳定性验算。

$$K_t = \frac{M_1}{M_2} = \frac{Gx_0 + E_{az}x_f}{E_{ax}z_f}$$

$$= \frac{50.6 \times 1.15 + 46.2 \times 1.3 + 46.2 \times 2.0 + 0}{6.1 \times 2.25 + 50.8 \times 1.5}$$

$$= 2.34 \geqslant 1.6$$

因此，墙体稳定性满足要求。

第三节　土坡稳定分析

边坡上的岩土体在自然或人为因素的影响下失去稳定，沿贯通的破坏面（或带）整体下滑的现象，称为滑坡。它往往是缓慢、长期、间歇性地向下滑动，但也有一些滑坡表现为突然的运动。滑坡常造成巨大危害，在各类边坡破坏中它是危害性最大、分布最广的一类。

一、滑坡的类型与特征

滑坡的分类方法很多，现将常用的分类介绍如下。

1. 按滑动面与土（岩）层的关系分类

（1）均质滑坡　滑坡发生于同类土（岩）层中，滑动面常呈圆弧形；

（2）顺层滑坡　滑坡沿岩层面或软弱结构面或土岩接触面发生，滑动面常呈平坦阶梯状或折线形；

（3）切层滑坡　滑动面切过不同的土（岩）层面，滑动面形状受结构面的控制。

2. 按受力状态分类

（1）推移式滑坡　沿滑动方向有多级滑坡，后面滑体大，先滑动，推动前面滑体滑动，多因边坡上方加载引起；

（2）牵引式滑坡　滑动方向有多级滑坡，前部滑体临空下滑，后部失去支撑相继下滑，多因坡脚卸载（挖方或冲刷）引起。

二、滑坡产生的原因与防治

1. 滑坡产生的原因

影响土坡滑动的原因很多，但其根本原因在于土体内部某个面上的剪应力达到了抗剪强度，使稳定平衡破坏。因此导致土坡滑动失稳的原因可归纳为两种：①土体内部抗剪强度降低；②土体内部剪应力增加。

抗剪强度降低的原因可能是由于：

① 气候的变化使土质变松、干裂、冻融等；

② 降水或蓄水后土的湿化、膨胀以及黏土夹层因浸水而发生润滑作用；

③ 黏性土的蠕变；

④ 饱和细、粉砂因受振动而发生液化。

剪应力增加的原因可能是由于：

① 土坡上加载。如在坡顶堆放材料或建造建筑物使坡顶受荷。

② 动水力的作用。雨季中含水量增加，使土的自重增加，并在土中渗流时产生动水力。

③ 静水力的作用。如雨水或地面水流入土坡中的竖向裂缝，对土坡产生侧向压力，致使土坡滑动。

④ 动力荷载的作用。由于打桩、车辆行驶、地震等引起的振动改变了原来的平衡状态。

2. 滑坡的预防

滑坡会造成严重的工程事故，因此，在建设中应对滑坡采取预防为主的方针，在勘察设计、施工和使用中都要采取必要的措施，预防滑坡的发生。

在建设场区内，对于有可能形成滑坡的地段，必须注意以下几个方面，并采取可靠的预防措施，防止滑坡发生。

① 加强勘察工作，对拟建场地（包括边坡）的稳定性进行认真的分析和评价。对有可能因施工或其他原因而触发滑坡的地段，则一般不应选作建筑场地。

② 建设过程中，应尽量避免造成触发滑坡的外因。总图布置时要因地制宜，避免大挖大填。

3. 滑坡的整治

整治滑坡主要采用排水、支挡、减重和护坡等措施，综合处理。在滑坡发生后，应深入了解形成滑坡的内、外部条件以及这些条件的变化。对诱发滑坡的各种因素，应分清主次，采取相应的措施。如滑坡由切割坡脚而引起，则以支挡为主；如滑坡因水而引起，则应以治水为主。

现对整治滑坡的主要措施扼要介绍如下。

（1）排水

① 对滑坡范围外的地表水，应采取拦截旁引的原则，修筑一条或多条环形的截水沟，也可利用天然沟来布置排水系统。

② 对滑坡范围内的地表水，应采取防渗和汇集并引出滑坡范围以外为原则。对天然坡面要整平夯实，防止积水下渗。要充分利用天然沟谷布置排水系统，引出地表水。

③ 对滑体内的地下水，应以疏干和引出为原则，一般采用支撑盲沟，同时起支撑滑体

的作用。

（2）设置支挡 根据滑坡推力的大小，选用抗滑挡墙、抗滑桩、抗滑锚杆等支挡结构，对滑体进行支挡，以增加土体的抗滑力。

（3）削坡、减重和反压 边坡坍塌范围不大时，最简单的方法是清除坍方，并将边坡坡度放缓。对路堤坍塌可采用的三种方案：直接清方，减缓边坡；改用台阶形边坡；边坡上部削缓的土堆填于坡脚。

（4）护坡 对滑坡体坡面进行维护的方法一般可采用：①铺设浆砌片石、水泥砂浆等护坡；②种植根系发达、蒸发量大、生长快速的植被等方法。

三、土坡稳定验算

一般土坡的长度较其宽度为大，属平面变形问题，可取 1 延米来分析计算。本节主要介绍简单土坡的稳定分析。所谓简单土坡系指土质均匀，顶面和底面都水平并延伸到无限远处且坡面不变、没有地下水影响的土坡。

1. 无黏性土坡的稳定性分析

给出任一坡角为 β 的均质无黏性土坡（如图 5-25所示），由于无黏性土颗粒之间缺少黏聚力，因此，只要位于坡面上的土单元体能保持稳定，则整个土坡就是稳定的。

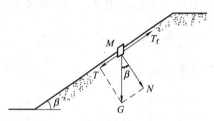

图 5-25 无黏性土坡的稳定性

在坡面上任取一侧面竖直、底面与坡面平行的微单元体 M，不计其两侧应力的影响。设微单元体的自重为 G，土体的内摩擦角为 φ，则：

坡面滑动力 $T = G\sin\beta$

坡面法向分力 $N = G\cos\beta$

由 N 引起的阻止滑动的力 $T_f = N\tan\varphi = G\cos\beta\tan\varphi$

稳定安全系数 K
$$K = \frac{T_f}{T} = \frac{G\cos\beta\tan\varphi}{G\sin\beta} = \frac{\tan\varphi}{\tan\beta} \tag{5-28}$$

由上式可知，当 $\beta = \varphi$ 时，$K = 1$，土体处于极限平衡，只要 $\beta \leqslant \varphi$，土坡即稳定，但是为了保证土坡有足够的安全储备，通常取 $K = 1.1 \sim 1.5$。同时还可以看出，对于均质无黏性土坡，理论上土坡的稳定性与坡高无关，而只与坡角 β 有关。

2. 黏性土坡的稳定分析

黏性土坡的稳定分析方法有：整体圆弧滑动法、条分法、稳定系数法等。这里只介绍 A. W. 毕肖普 （A. W. Bishop，1955）条分法。

自然界均质土坡失去稳定，滑动面常呈曲面，通常滑动曲面接近圆弧。因此，条分法假定土坡滑动破坏时，滑动曲面为通过坡脚的圆弧面，并将圆弧滑动体分成若干土条，计算各土条上的滑动力和抗滑力，抗滑力与滑动力之比即为土坡的稳定安全系数 K。具体计算步骤如下。

（1）按比例绘制土坡剖面图（如图 5-26 所示）。

（2）选一个可能的滑动面 AC，确定圆心 O 和半径 R。

（3）将滑动面以上土体竖直分成宽度相等的若干土条并编号。编号时可以圆心 O 的铅垂线为 0 条，图中向右为正，向左为负。为使计算方便，可取各分条宽度 $b_i = R/10$，则 $\sin\alpha_1 = 0.1$，$\sin\alpha_2 = 0.2$，$\sin\alpha_i = 0.1i$，等，可减少大量三角函数计算。

（4）取第 i 条作为脱离体分析，则作用在土条上的力有：①土条自重 $G_i = \gamma b_i h_i$；②土条底面的力：切向力 T_{fi}、法向反力 N_i；③土条侧面力：切向力 X_i、X_{i+1}，法向力 E_i、E_{i+1}。

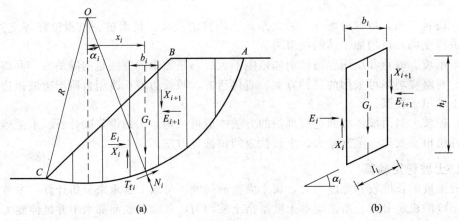

图 5-26　毕肖普条分法计算图示

假定土条侧面力 X_i、E_i 的合力与 X_{i+1}、E_{i+1} 的合力相等，且作用方向在同一直线上，则：

土条法向反力　　$N_i = G_i \cos\alpha_i$

土条底面上正应力　$\sigma_i = \dfrac{N_i}{l_i} = \dfrac{G_i \cos\alpha_i}{l_i}$

土条抗滑力　$T_{fi} = (c_i + \sigma_i \tan\varphi_i)\, l_i = c_i l_i + G_i \cos\alpha_i \tan\varphi_i$

土条下滑力（切向力）　$T_i = G_i \sin\alpha_i$

（5）求得整个滑动面上的抗滑力与下滑力分别为：

$$T_f = \sum T_{fi} = \sum(c_i l_i + G_i \cos\alpha_i \tan\varphi_i)$$

$$T = \sum T_i = \sum(G_i \sin\alpha_i)$$

（6）抗滑力与下滑力的比值即为稳定安全系数 K：

$$K = \frac{T_f}{T} = \frac{\sum(c_i l_i + G_i \cos\alpha_i \tan\varphi_i)}{\sum(G_i \sin\alpha_i)}$$

假定几个可能的滑动面，求出相应的稳定安全系数 K，相应于最小安全系数的滑动面才是最危险滑动面。若 $K_{min} > 1$，则土坡是稳定的。工程上一般取 $K_{min} = 1.1 \sim 1.5$。这种试算工作量很大，可借助计算机进行分析。

第四节　土坡工程案例

拟建工程为京广高速公路某桥梁工程，桥墩修建过程中需进行基坑开挖工作。以某标段 Pmn54 桥墩基坑为例进行基坑开挖支护设计。

Pmn54 桥墩周边无重要建筑物，具备放坡空间。根据勘察报告，参照类似工程经验，设计过程中采用的场地土物理力学性质参数见表 5-4。

表 5-4　各土层主要物理力学性质指标

地层名称	天然重度 /(kN/m³)	直　剪	
		$\varphi/(°)$	c/kPa
①杂填土	18.0	15.0	10.0
②粉土	18.9	16.0	17.4
②-1 粉质黏土	19.9	23.3	14.0
③粉土夹粉质黏土	19.9	17.2	16.5

根据地下水的埋藏条件、赋存介质,地下水类型为孔隙潜水,场地勘探深度范围内地下水含水层主要为粉土和砂土,粉土属弱透水层,砂土属中等透水层,其补给来源主要为大气降水,下部存在较厚的粉质黏土隔水层,地下水位主要受大气降水及地下水开采影响。勘察期间地下水埋深 6.5～13.3m,地下水水位高程 85.2～90.2m。高程自南向北逐渐降低,地下水呈自西南向东北渗流分布。年变化幅度 2～3m,近年有逐渐下降趋势。

本次桥墩基坑坑底标高在 87.5～89.5m 之间,根据工程地质勘察报告,局部地段地下水位可能略高于坑底标高,但根据现场部分桥墩基坑开挖情况,开挖至 87.5m 标高时未见地下水出露。基坑开挖范围内土体多为粉土,为弱透水层,设计过程中不再布设管井降水,在开挖过程中,如有地下水出露,采用坑内明排的方式,也可采用轻型井点进行局部降水。

思考与讨论:

1. 从工程地质条件出发,分组讨论该地区的工程特点。

2. 该标段 Pmn54 桥墩基坑支护方案是什么?如何进行具体基坑支护设计?

3. 如何进行紧急事故的应急与处理?

工程案例参考分析:

根据上述岩土工程勘察资料,对某标段 Pmn54 桥墩基坑进行基坑开挖支护设计。该标段处地面标高为 96.0m,系梁处坑底标高 88.5m,开挖深度为 7.5m;中部承台处坑底标高 87.5m,开挖深度为 8.5m。具体设计如下:

一、围护结构设计原则

围护结构设计按照国家标准《建筑地基基础设计规范》(GB 50007—2011)、《建筑基坑支护技术规程》(JGJ 120—2012)、《混凝土结构设计规范》(GB 50010—2010)、《建筑桩基技术规范》(JGJ 94—2008)、《钢结构设计规范》(GB 50739—2003)。

二、支护结构设计

该标段 Pmn54 桥墩周边无重要建筑物,支护结构的安全等级为三级。根据本工程特点,结合本地区基坑支护的工程经验,本工程支护方式可选以下方式。

1. 放坡开挖

优点:开挖经济,主体工程作业空间宽裕,施工周期短;

缺点:要求基坑边缘有场地可供放坡,周围无邻近建筑设施。

2. 放坡土钉

优点:施工方便,造价较低廉,质量可靠;

缺点:不能用于地下水位以下不稳定地层。

3. 钢板桩+内撑

优点:围护结构厚度小,基坑变形小;

缺点:施工工艺要求严格。

4. 钻孔灌注桩挡土+锚杆+放坡土钉

优点:工艺成熟、质量可靠,施工周期短,基坑变形小;

缺点:造价高、围护刚度较小,围护结构总厚度较大。

5. 深层搅拌桩+复合土钉墙

优点:挡土止水二合为一,保证安全,节省造价;

缺点:锚杆施工精度要求高,基坑变形大。

根据"安全、经济、方便施工、节约工期"的原则,综合考虑以上各种技术措施的优缺点,考虑开挖深度、荷载、地下水位埋深及周围环境,并经过反复试算,确定本标段工程基坑围护类型方法——放坡支护,即采用放坡+喷射混凝土护面的支护措施。

三、该标段 Pmn54 桥墩基坑放坡计算

1. 系梁处挖深 7.5m 放坡支护

采用理正深基坑 7.0 计算。

（1）支护方案——天然放坡支护　系梁处基坑放坡概要图见图 5-27。系梁处基坑基本信息、放坡信息、超载信息、土层信息、土层参数分别见表 5-5～表 5-9。

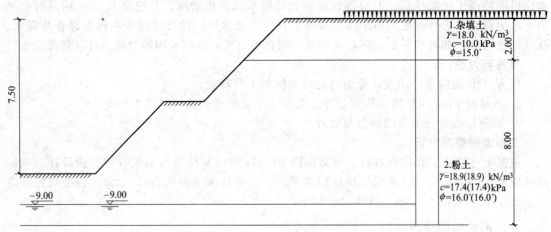

图 5-27　系梁处基坑放坡概要图（单位：m）

表 5-5　系梁处基坑基本信息

规范与规程	《建筑基坑支护技术规程》JGJ 120—2012
基坑等级	三级
基坑侧壁重要性系数 γ_0	0.90
基坑深度 H/m	7.500
放坡级数	2
超载个数	1

表 5-6　系梁处放坡信息

坡号	台宽/m	坡高/m	坡度系数
1	2.000	4.000	1.000
2	0.000	3.500	1.000

表 5-7　系梁处超载信息

超载序号	类型	超载值/kPa	作用深度/m	作用宽度/m	距坑边距/m	形式	长度/m
1	↓↓↓↓↓	20.000	0.000	10.000	12.500	条形	—

表 5-8　系梁处土层信息

土层数	内侧降水最终深度/m	坑内加固土	外侧水位深度/m
2	9.000	否	9.000

表 5-9　系梁处土层参数

层号	土类名称	层厚/m	重度/(kN/m³)	浮重度/(kN/m³)	黏聚力/kPa	内摩擦角/(°)	与锚固体摩擦阻力/kPa	黏聚力(水下)/kPa	内摩擦角(水下)/(°)
1	杂填土	2.00	18.0	—	10.00	15.00	40.0	—	—
2	粉土	8.00	18.9	8.9	17.40	16.00	70.0	17.40	16.00

（2）设计结果 采用瑞典条分法，对系梁处基坑放坡后的土体进行整体稳定验算，稳定性计算图见图 5-28。

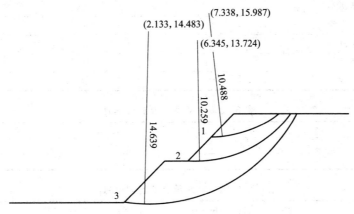

图 5-28 系梁处稳定性计算图

天然放坡计算条件：
① 计算方法：瑞典条分法；
② 应力状态：总应力法；
③ 基坑底面以下的截止计算深度：0.00m；
④ 基坑底面以下滑裂面搜索步长：5.00m；
⑤ 条分法中的土条宽度：1.00m。
表 5-10 给出了系梁处天然放坡计算结果。

表 5-10 系梁处天然放坡计算结果

道号	整体稳定 安全系数	半径 R/m	圆心坐标 X_c/m	圆心坐标 Y_c/m
1	2.320	10.488	7.338	15.987
2	1.719	10.259	6.345	13.724
3	1.316	14.639	2.133	14.483

2. 中部承台处挖深 8.5m 放坡支护

（1）支护方案——天然放坡支护 中部承台处基坑放坡概要图见图 5-29；中部承台处基坑基本信息、放坡信息、超载信息、土层信息、土层参数分别见表 5-11～表 5-15。

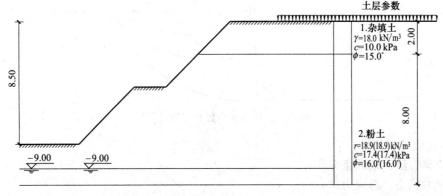

图 5-29 中部承台处基坑放坡概要图（单位：m）

表 5-11　中部承台处基坑基本信息

规范与规程	《建筑基坑支护技术规程》JGJ 120—2012
基坑等级	三级
基坑侧壁重要性系数 γ_0	0.90
基坑深度 H/m	8.500
放坡级数	2
超载个数	1

表 5-12　中部承台处放坡信息

坡号	台宽/m	坡高/m	坡度系数
1	2.000	4.000	1.000
2	0.000	4.500	1.000

表 5-13　中部承台处超载信息

超载序号	类型	超载值/kPa	作用深度/m	作用宽度/m	距坑边距/m	形式	长度/m
1	↓↓↓↓↓	20.000	0.000	10.000	13.500	条形	—

表 5-14　中部承台处土层信息

土层数	内侧降水最终深度/m	坑内加固土	外侧水位深度/m
2	9.000	否	9.000

表 5-15　中部承台处土层参数

层号	土类名称	层厚/m	重度/(kN/m³)	浮重度/(kN/m³)	黏聚力/kPa	内摩擦角/(°)	与锚固体摩擦阻力/kPa	黏聚力(水下)/kPa	内摩擦角(水下)/(°)
1	杂填土	2.00	18.0	—	10.00	15.00	40.0	—	—
2	粉土	8.00	18.9	8.9	17.40	16.00	70.0	17.40	16.00

（2）设计结果　采用瑞典条分法，对中部承台处基坑放坡后的土体进行整体稳定验算，稳定性计算图见图 5-30。

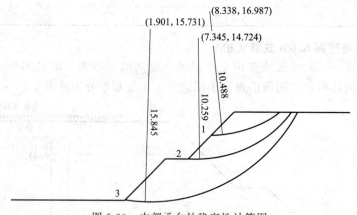

图 5-30　中部承台处稳定性计算图

天然放坡计算条件：

① 计算方法：瑞典条分法；

② 应力状态：总应力法；

③ 基坑底面以下的截止计算深度：0.00m；

④ 基坑底面以下滑裂面搜索步长：5.00m；

⑤ 条分法中的土条宽度：1.00m。

中部承台处天然放坡计算结果见表 5-16。

表 5-16　中部承台处天然放坡计算结果

道号	整体稳定 安全系数	半径 R/m	圆心坐标 X_c/m	圆心坐标 Y_c/m
1	2.320	10.488	8.338	16.987
2	1.719	10.259	7.345	14.724
3	1.217	15.845	1.901	15.731

四、基坑工程安全监控方案及建议

1. 原则

（1）系统原则；

（2）可靠性原则；

（3）与设计相结合原则；

（4）关键部位优先、兼顾全面的原则；

（5）与施工相结合原则；

（6）经济合理原则。

2. 预期目的

（1）及时发现不稳定因素；

（2）验证设计、指导施工。

3. 监控内容及方法

（1）基坑开挖及桥墩施工期间，应委托具有监测资质的第三方单位进行监测，监测内容主要包括：

① 围护结构水平及竖向位移；

② 基坑周边沉降；

③ 地下水位观测；

④ 周边土体深层水平位移。

监测点布置及测量应严格按照国家相应规范、规程执行。

（2）主要监测方法建议如表 5-17 所示。

表 5-17　主要监测方法

监测项目	监测方法
围护结构水平位移	全站仪
围护结构竖向位移	水准仪
基坑周边沉降	水准仪
地下水位观测	地下水位计
周边土体深层水平位移	测斜管

五、应急预案

当监测发出预警通报后，有关各方应及时互通情报，研究处理方案，有步骤地采取应急措施，及时排除险情，并通过跟踪监测来检验加固处理后效果，从而确保后续工程的安全。

1. 土方开挖

土方开挖必须遵守"分层开挖、严禁超挖"的原则，土方开挖与基坑支护和降水是需要密切配合的，如果不按设计工况进行施工，超挖将会造成边坡位移过大或造成边坡塌方的严重后果。

应急措施：加强现场施工组织管理，一旦出现超挖而造成边坡位移过大或塌方，要及时回

填土方，或用砂袋反压坡脚，并增加锚索及时抢险支护，待土体稳定后再进行下一步开挖。

2. 地面超载

地面超载会造成基坑变形过大，影响基坑安全。如出现以上现象，应马上减轻地面荷载，根据现场情况补张预应力锚索，控制位移发展，或者在坑底将被动区压重（如填砂袋等）。

3. 地面沉降、坑底隆起

若地面沉降速率过大并有坑底隆起现象，应迅速回填反压，并采用静压注浆等措施迅速加固坑底，特别注意挖土时间和挖土顺序，严防因深层土体流动而使工程桩发生破坏。若有深层土体流动现象，应立即停止挖土，查明原因后再开挖，采用进一步增加被动土压力等方法加固坑底。

4. 出现险情时对施工人员的救援

本工程施工中，影响施工人员人身安全的危险源主要有：①施工机械较多，机械伤害；②触电；③基坑较深，施工人员的高空坠落；④边坡坍塌掩埋施工人员。

针对人员安全方面的应急和救援措施如下：

（1）施工前，在项目经理的组织下，全体施工人员对施工中存在的危险源进行辨识，识别出重大危险源并制定危险源控制措施。

（2）加强施工现场管理，注重安全培训，提高安全意识，做好安全技术交底。

（3）项目技术负责人制定安全应急救援预案并定期演练。

5. 监测数据出现异常

土方开挖过程中，周边建筑物的变形超出设计工况的允许变形值，要立即停止开挖，分析原因，采取措施，确保周边建筑物的安全。

小　结

1. 基本概念

挡土墙、土压力、静止土压力、主动土压力、被动土压力、简单土坡。

2. 两种土压力理论

（1）朗肯土压力理论　该理论假定墙背竖直、光滑，墙后填土表面水平。理论依据是土的极限平衡条件。通过分析墙背任意深度 z 处 M 点的应力，求得土压力强度的计算公式，绘出土压力分布图形，土压力合力的大小在数值上就等于土压力分布图形的面积，方向垂直指向墙背，合力作用线通过土压力分布图形的形心。应掌握几种常见情况下的主动土压力的计算：填土表面有连续均布荷载的情况；填土为成层土的情况；填土中有地下水的情况。

（2）库仑土压力理论　该理论假设挡土墙及墙后填土是刚性的，适用于墙背倾斜、粗糙、填土表面倾斜、墙后填土为无黏性土的情况。取墙后滑动楔体进行分析，破裂面是通过墙踵的平面，根据滑动土楔的外力平衡条件的极限状态，可分别求得主动土压力和被动土压力。

3. 挡土墙的设计

（1）掌握挡土墙的类型及其适用情况以及作用在挡土墙上的力（自重、土压力、地基反力等）。

（2）挡土墙设计包括墙型选择、稳定性验算（包括抗倾覆稳定、抗滑稳定）、地基承载力验算、墙身材料强度验算以及一些设计中的构造要求和措施等。

（3）重力式挡土墙设计。设计时，一般先根据挡土墙所处的条件凭经验初步拟定截面尺寸，然后进行验算，如不满足要求，则应改变截面尺寸或采取其他措施。

4. 土坡稳定性分析

（1）滑坡的类型与特征　按滑动面与土（岩）层的关系分类可分为均质滑坡、顺层滑坡和切层滑坡；按受力状态可分为推移式滑坡和牵引式滑坡。

（2）土坡失稳的原因　土坡失稳的根本原因在于土体内部某个面上的剪应力达到了抗剪强度，使稳定平衡破坏，可归纳为以下两种原因：①土体内部抗剪强度降低；②土体内部剪应力增加。

（3）无黏性土坡稳定分析　无黏性土坡稳定性与坡高无关，只与坡角 β 有关，当 $\beta \leqslant \varphi$ 时，土坡就是稳定的。

（4）黏性土坡稳定分析　A. W. 毕肖普（A. W. Bishop）条分法假定最危险圆弧面通过坡脚，并将圆弧滑动体分成若干土条，计算各土条上的滑动力和抗滑力，抗滑力与滑动力之比即为土坡的稳定安全系数 K。选择多个滑动圆心，要求最小的稳定安全系数取 $K_{min}=1.1\sim1.5$。

思 考 题

1. 土压力有哪几种？影响土压力大小的因素有哪些？其中最主要的因素是什么？
2. 试阐述主动、静止、被动土压力的定义及产生的条件，并比较三者数值的大小。
3. 朗肯、库仑土压力理论各有什么基本假定、计算原理和适用条件？
4. 怎样进行特殊条件下的土压力计算？
5. 挡土墙的类型有哪些？各有何适用性？
6. 挡土墙的墙后填土有什么要求？
7. 挡土墙设计中需要进行哪些验算？如稳定性验算不满足要求，可采取哪些措施？
8. 无黏性土坡和黏性土坡的稳定条件是什么？

习 题

1. 某挡土墙墙高5m，墙背竖直、光滑，墙后填土面水平，填土的物理力学性质如下：$c=9$kPa，$\varphi=25°$，$\gamma=18.4$kN/m³。试确定主动土压力的大小及其作用点，并绘制主动土压力强度分布图。

2. 某挡土墙高 $H=6.0$m，如图 5-31 所示。试求作用于墙背主动土压力 E_a 的大小、方向及作用点，并绘制土压力强度分布图。

3. 某挡土墙高6m，墙背竖直、光滑，墙后填土面水平，并作用有均布荷载 $q=10$kPa，填土分两层，上层 $\gamma_1=17.6$kN/m³，$\varphi_1=20°$，$h_1=2$m；下层 $\gamma_2=18.8$kN/m³，$\varphi_2=35°$，$c_2=8$kPa，$h_2=4$m。试求墙背主动土压力 E_a，并绘制土压力强度分布图。

4. 某重力挡土墙高5m，墙背竖直、光滑，墙后填土面水平，填土的物理力学性质如下：$\gamma=18.5$kN/m³，$\varphi=30°$，$c=0$kPa，$\gamma_{sat}=19.5$kN/m³。试求：

（1）墙后无地下水时的主动土压力；

（2）地下水位于墙顶面下3m时，墙背作用总侧压力（包括土压力和水压力）。

5. 某挡土墙高4m，墙背竖直光滑，填土表面水平。采用 MU30 毛石和 M5 混合砂浆砌筑。已知砌体重度 $\gamma_0=22$kN/m³，填土重度 $\gamma=18.0$kN/m³，内摩擦角 $\varphi=32°$，黏聚力 $c=0$，基底摩擦系数 $\mu=0.55$，试验算挡土墙的稳定性（图 5-32）。

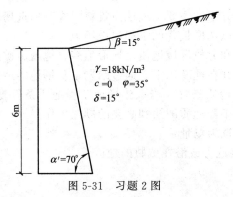

图 5-31　习题 2 图

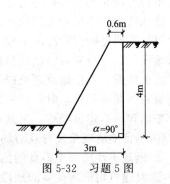

图 5-32　习题 5 图

第六章 地基勘察与验槽

- 了解岩土工程勘察阶段与勘察等级的划分，了解地基勘察的任务、内容以及勘探点的布置；
- 熟悉常用工程地质勘察方法以及勘察报告书的内容，熟悉验槽的目的、内容、方法以及局部地基处理；
- 掌握工程地质勘察报告书的阅读方法和工程地质勘察资料的分析运用方法。

- 能正确地阅读和使用工程地质勘察报告书；
- 能进行基槽的检验及基槽局部问题的处理。

绝大多数建筑物都是建造在地基之上的，工程地质条件与工程的稳定性、结构形式、施工和造价等密切相关，因此各项工程建设在设计和施工之前，必须按基本建设程序进行岩土工程勘察。岩土工程勘察不仅要为工程建设的正确规划、设计和施工提供所需的地质资料，而且还需对场地地基岩土体的整治、改造和利用进行分析论证，从而体现岩土工程勘察服务于工程建设全过程的指导思想。从事设计和施工的工程技术人员务必重视建筑场地和地基的勘察工作，并且能够正确地分析和应用工程地质勘察报告。本章主要介绍了岩土工程的勘察阶段与勘察等级的划分、常见的地基勘察方法、岩土工程勘察报告以及地基的验槽。

第一节 岩土工程勘察阶段与勘察等级

一、勘察阶段的划分

岩土工程勘察阶段的划分是与工程设计阶段相适应的，可以分为可行性研究勘察（或选址勘察）、初步勘察、详细勘察三个阶段。视工程的实际需要，当工程地质条件（通常指建设场地的地形、地貌、地质构造、地层岩性、不良地质现象和水文地质条件等）复杂或有特殊施工要求的重大工程地基，还需要进行施工勘察。对于场地面积不大，岩土工程条件简单或有建筑经验的地区，可适当简化勘察阶段。

1. 可行性研究勘察（或选址勘察）

可行性研究勘察的目的是为了取得几个场址方案的主要工程地质资料，并对拟选场地的稳定性和适宜性作出岩土工程评价和方案比较，以选取最优的工程建设场地。

可行性研究勘察阶段的工作主要侧重于搜集和分析区域地质、地形地貌、地震、矿产和附近地区的工程地质资料以及当地的建筑经验，并在此基础上，通过踏勘了解场地的地层构造、岩土性质、不良地质现象以及地下水等工程地质条件。当拟建场地工程地质条件复杂，已有资料不能满足要求时，应根据具体情况进行工程地质测绘和必要的勘探工作。

根据我国的建设经验，下列地区、地段不宜选为场址。

① 不良地质现象发育且对场地稳定性有直接危害或潜在威胁的地区；

② 地基土性质严重不良的场地；

③ 对建筑物抗震危险的地段；

④ 洪水或地下水对建筑场地有严重不良影响的地段；

⑤ 地下有未开采的有价值矿藏或未稳定的地下采空区。

2. 初步勘察

初步勘察的目的是为密切配合工程初步设计的要求，对场地内建筑地段的稳定性作出进一步的岩土工程评价，并为确定建筑物总平面布置、主要建筑物的地基基础设计方案以及对不良地质现象的防治措施提供依据。

初步勘察阶段的工作主要是搜集可行性研究勘察阶段岩土工程勘察资料，取得工程场地范围的地形图以及有关工程地质文件；初步查明地质构造、地层结构、岩土的物理力学性质、地下水埋藏条件以及冻结深度；查明场地不良地质现象的成因、分布、对场地稳定性的影响及其发展趋势；初步判定水和土对建筑材料的腐蚀性；对抗震设防烈度等于或大于6度的场地，应对场地和地基的地震效应做出初步评价。

3. 详细勘察

详细勘察的目的是为满足工程施工图设计的要求。详细勘察应对不同建筑物或建筑群提出详细的岩土工程勘察资料和设计、施工所需的岩土技术参数；对建筑地基做出岩土工程分析评价，并对基础设计、地基处理、基坑支护、工程降水和不良地质现象的防治等做出论证和建议。

详细勘察的工作主要是搜集附有坐标和地形的建筑总平面图，场区的地面整平标高，建筑物的性质、规模、荷载、结构特点，基础形式、埋置深度，地基允许变形等资料；查明不良地质作用的类型、成因、分布范围、发展趋势和危害程度，提出整治方案的建议；查明建筑范围内岩土层的类型、深度、分布、工程特性，对地基的稳定性、均匀性和承载力进行分析和评价；对需要进行沉降计算的建筑物，提供地基变形计算的参数，预测建筑物的变形特征；查明埋藏的河道、沟浜、墓穴、防空洞、孤石等对工程不利的埋藏物；查明地下水的埋藏条件，提供地下水位及其变化幅度；在季节性冻土地区，提供场地土的标准冻结深度；判定水和土对建筑材料的腐蚀性。

4. 施工勘察

施工勘察不是一个固定的勘察阶段，应根据工程需要而定。它是为配合设计、施工或解决施工中的工程地质问题而提供相应的岩土工程参数。当遇到下列情况之一时，应进行施工勘察。

① 工程地质条件复杂、详勘阶段难以查清时；

② 基槽开挖后发现土质、土层结构与原勘察资料不符时；

③ 为进行地基处理，需进一步提供勘察资料时；

④ 施工中，地基土受扰动，需查明其性状及工程性质时；

⑤ 施工中边坡失稳，需查明原因，进行监测并提出处理建议时；

⑥ 建（构）筑物有特殊要求，或在施工时出现新的岩土工程地质问题时。

二、岩土工程勘察等级

根据综合工程重要性等级、场地复杂程度等级和地基复杂程度等级对岩土工程勘察进行等级划分。其目的在于针对不同等级的岩土工程勘察项目，划分勘察阶段，制定有效的勘察方案，解决主要工程问题。

1. 工程重要性等级

根据工程的规模和特征，以及由于岩土工程问题造成工程破坏或影响正常使用的后果，可分为三个工程重要性等级。

（1）一级工程　重要工程，后果很严重；

（2）二级工程　一般工程，后果严重；

（3）三级工程　次要工程，后果不严重。

2. 场地等级

根据场地的复杂程度，可按下列规定分为三个场地等级。

（1）一级场地　符合下列条件之一者为一级场地（复杂场地）。

① 对建筑抗震危险的地段。

② 不良地质作用强烈发育：指泥石流、崩塌、土洞、塌陷、岸边冲刷、地下潜蚀等极不稳定的场地，这些不良地质现象直接威胁着工程安全。

③ 地质环境已经或可能受到强烈破坏：指人为原因或自然原因引起的地下采空、地面沉降、地裂缝、化学污染、水位上升等对工程安全已构成直接威胁。

④ 地形地貌复杂。

⑤ 有影响工程的多层地下水、岩溶裂隙水或其他水文地质条件复杂，需专门研究的场地。

（2）二级场地　符合下列条件之一者为二级场地（中等复杂场地）。

① 对建筑抗震不利的地段。

② 不良地质作用一般发育：指虽有不良地质现象但并不十分强烈，对工程安全影响不严重。

③ 地质环境已经或可能受到一般破坏：指已有或将有地质环境问题，但不强烈，对工程安全影响不严重。

④ 地形地貌较复杂。

⑤ 基础位于地下水位以下的场地。

（3）三级场地　符合下列条件之一者为三级场地（简单场地）。

① 抗震设防烈度等于或小于6度，或对建筑抗震有利的地段。

② 不良地质作用不发育。

③ 地质环境基本未受破坏。

④ 地形地貌简单。

⑤ 地下水对工程无影响。

在确定场地复杂程度的等级时，从一级开始，向二级、三级推定，以最先满足者为准。下面确定地基复杂程度等级时，也按本方法推定。对建筑抗震有利、不利和危险地段的划分，应按现行国家标准《建筑抗震设计规范》（GB 50011—2010）的规定确定。

3. 地基等级

根据地基的复杂程度，可按下列规定分为三个地基等级。

（1）一级地基　符合下列条件之一者为一级地基（复杂地基）。

① 岩土种类多，很不均匀，性质变化大，需特殊处理。

② 严重湿陷、膨胀、盐渍、污染的特殊性岩土，以及其他情况复杂，需作专门处理的岩土。

（2）二级地基　符合下列条件之一者为二级地基（中等复杂地基）。

① 岩土种类较多，不均匀，性质变化较大。

② 除上述（1）中的②以外的特殊性岩土。

（3）三级地基　符合下列条件者为三级地基（简单地基）。

① 岩土种类单一，均匀，性质变化不大。

② 无特殊性岩土。

4. 岩土工程勘察等级

根据工程重要性等级、场地复杂程度等级和地基复杂程度等级，可按下列条件划分岩土工程勘察等级。

（1）甲级 在工程重要性、场地复杂程度和地基复杂程度等级中，有一项或多项为一级。

（2）乙级 除勘察等级为甲级和丙级以外的勘察项目。

（3）丙级 工程重要性、场地复杂程度和地基复杂程度等级均为三级。

建筑在岩质地基上的一级工程，当场地复杂程度等级和地基复杂程度等级均为三级时，岩土工程勘察等级可定为乙级。

第二节 地基勘察方法

一、地基勘察的任务

地基勘察是工程建设的先行工作，其目的就是为工程建设规划、设计、施工提供可靠的地质依据，以充分利用有利的自然地质条件，避开或改造不利的地质因素，保证建筑物安全和正常使用。其主要任务如下。

（1）通过工程地质测绘与调查、勘探、室内试验、现场测试与观测等方法，查明场地的工程地质条件。其内容包括以下几点。

① 调查场地地形地貌的形态特征、地貌的成因类型及单元的划分；

② 查明场地的地层类别、成分、分布规律和埋藏条件等；

③ 查明场地的水文地质条件（包括地下水的类型、埋藏、补给、排泄条件，水位变化幅度，岩土渗透性及地下水腐蚀性等）；

④ 确定场地有无不良地质现象（如滑坡、崩塌、岩溶、土洞、冲沟、泥石流、地震液化、岸边冲刷等），如有，则应查明其成因、分布、形态、规模及发育程度，并判断对工程可能造成的危害；

⑤ 提供满足设计、施工所需的土层的物理力学性质指标等。

（2）根据场地的工程地质条件并结合工程的具体特点和要求，进行岩土工程分析评价，提出基础工程、整治工程和土方工程等的设计方案和施工措施。岩土工程分析评价包括下列工作。

① 整编测绘、勘探、测试和搜集到的各种资料；

② 统计和选定岩土计算参数；

③ 进行咨询性的岩土工程设计；

④ 预测或研究岩土工程施工和运营中可能发生或已经发生的问题，提出预防或处理方案；

⑤ 编制岩土工程勘察报告书。

（3）对于重要工程或复杂岩土工程问题，在施工阶段或使用期间需进行现场检验或监测。必要时，根据监测资料对设计、施工方案做出适当调整或采取补救措施，以保证工程质量、安全。

二、勘探点的布置

1. 初步勘察

勘探线、勘探点的布置原则是：勘探线应垂直地貌单元、地质构造和地层界线布置；勘探点沿勘探线布置，每个地貌单元均应布置勘探点，在地貌单元交接部位和地层变化较大的地段，勘探点应予以加密；在地形平坦地区，可按网格布置勘探点。

初步勘察勘探线、勘探点间距见表 6-1，局部异常地段应予以加密。

表 6-1　初步勘察勘探线、勘探点间距

地基复杂程度等级	勘探线间距/m	勘探点间距/m
一级（复杂）	50～100	30～50
二级（中等复杂）	75～150	40～100
三级（简单）	150～300	75～200

注：表中间距不适用于地球物理勘探。

勘探孔可分为一般性勘探孔和控制性勘探孔两类，控制性勘探孔宜占勘探孔总数的 1/5～1/3，且每个地貌单元均应有控制性勘探孔。初步勘察勘探孔的深度见表 6-2，孔深应根据地质条件适当增减，如遇岩层及坚实土层可适当减小，遇软弱地层可适当增大。

表 6-2　初步勘察勘探孔深度

工程重要性等级	一般性勘探孔/m	控制性勘探孔/m
一级（重要工程）	≥15	≥30
二级（一般工程）	10～15	15～30
三级（次要工程）	6～10	10～20

注：1. 勘探孔包括钻孔、探井和原位测试孔等。
2. 特殊用途的钻孔除外。

采取土试样和进行原位测试的勘探点应结合地貌单元、地层结构和土的工程性质布置，其数量可占勘探点总数的 1/4～1/2；采取土试样的数量和孔内原位测试的竖向间距，应按地层特点和土的均匀程度确定，每层土均应采取试样或进行原位测试，其数量不宜少于 6 个。

2. 详细勘察

勘探点的布置原则是：勘探点宜按建筑物周边线和角点布置，对无特殊要求的其他建筑物可按建筑物或建筑群的范围布置；同一建筑范围内的主要受力层或有影响的下卧层起伏较大时，应加密勘探点；重大设备基础应单独布置勘探点；重大的动力机器基础和高耸构筑物，勘探点不宜少于 3 个；在复杂地质条件或特殊岩土地区宜布置适量的探井。

详细勘察勘探点的间距见表 6-3。

表 6-3　详细勘察勘探点的间距

地基复杂程度等级	勘探点间距/m
一级（复杂）	10～15
二级（中等复杂）	15～30
三级（简单）	30～50

详细勘察的勘探深度自基础底面算起，应符合下列规定。

① 勘探孔深度应能控制地基主要受力层，当基础底面宽度不大于 5m 时，勘探孔的深度对条形基础不应小于基础底面宽度的 3 倍，对单独柱基不应小于 1.5 倍，且不应小于 5m。

② 对高层建筑和需作变形计算的地基，控制性勘探孔的深度应超过地基变形计算深度；高层建筑的一般性勘探孔应达到基底下 0.5～1.0 倍的基础宽度，并深入稳定分布的土层。其中地基变形计算深度，对中、低压缩性土可取附加应力等于上覆土层有效自重应力 20% 的深度；对于高压缩性土层可取附加应力等于上覆土层有效自重应力 10% 的深度。

③ 建筑总平面内的裙房或仅有地下室部分（或当基底附加压力 $p_0 \leqslant 0$ 时）的控制性勘探孔深度可适当减小，但应深入稳定分布地层，且根据荷载和土质条件不宜少于基底下 0.5～1.0 倍的基础宽度；对仅有地下室的建筑或高层建筑的裙房，当不能满足抗浮设计要求，需设置抗浮桩或锚杆时，勘探孔深度应满足抗拔承载力评价的要求。

④ 当有大面积地面堆载或软弱下卧层时，应适当加深控制性勘探孔的深度；当在预定深度内遇基岩或厚层碎石土等稳定地层时，勘探孔的深度应根据情况进行调整。

⑤ 大型设备基础勘探孔深度不宜小于基础底面宽度的 2 倍。

⑥ 当需要进行地基整体稳定性验算时，控制性勘探孔深度应满足验算要求；当需要进行地基处理时，勘探孔的深度应满足地基处理设计与施工要求。

⑦ 当采用桩基础时，勘探孔的深度应满足桩基础方面的要求。

采取土试样和进行原位测试的勘探点数量，应根据地层结构、地基土的均匀性和设计要求确定，对地基基础设计等级为甲级的建筑物每栋不应少于 3 个；每个场地每一主要土层的原状土试样或原位测试数据不应少于 6 组；在地基主要受力层内，对厚度大于 0.5m 的夹层或透镜体，应采取土试样或进行原位测试；当土层性质不均匀时，应增加取土数量或原位测试工作量。

三、地基勘察方法

为了查明地下岩土性质、分布及地下水等条件，需要进行地基勘察。勘探是地基勘察的常用手段，勘探包括钻探、井探、槽探、洞探和地球物理勘探等。勘察中具体勘探方法的选择应符合勘察目的、要求和岩土的特性，力求以合理的工作量达到应有的技术效果。下面介绍工业与民用建筑中常用的几种勘察方法。

1. 钻探

钻探是勘探方法中应用最广泛的一种。它采用钻机在地层中钻孔，以鉴别和划分土层、观测地下水位，并采取原状土样和水样以供室内试验，确定土的物理、力学性质指标和地下水的化学成分。土的某些性质也可直接在孔内进行原位测试得到。

按动力来源钻探可分为人工钻和机动钻，人工钻仅适用于浅部土层，常用的设备有小口径麻花钻（或提土钻）、小口径勺形钻、洛阳铲等；机动钻适用于任何土层，常用的钻机类型有 XU300-2A 型钻机、XY-1 岩芯钻机、DPP-100-3B 型汽车钻机等。钻探的钻进方式可以分为回转式、冲击式、振动式、冲洗式四种。每种钻进方法各有其独自特点，分别适用于不同的地层，它们的适用范围见表 6-4。

表 6-4　钻探方法的适用范围

钻探方法		钻进地层					勘察要求	
		黏性土	粉土	砂土	碎石土	岩土	直观鉴别、采取不扰动试样	直观鉴别、采取扰动试样
回转	螺旋钻探	++	+	+	—	—	++	++
	无岩芯钻探	++	++	++	+	++	—	—
	岩芯钻探	++	++	++	+	++	++	++
冲击	冲击钻探	—	+	++	++	—	—	—
	锤击钻探	++	++	++	+	—	++	++
振动钻探		++	++	++	+	—	+	++
冲洗钻探		+	++	++	—	—	—	—

注：++—适用；+—部分适用；——不适用。

钻孔结构应按钻探任务、地质条件和钻进方法综合考虑确定。用于鉴别及划分土层，钻孔直径不宜小于 33mm；取不扰动土样段的孔径不宜小于 108mm；取岩样段的孔径硬质岩不宜小于 89mm，软质岩不宜小于 108mm。当需要确定岩石质量指标 RQD 时，应采用 75mm 直径（N 形）双层岩芯管，并采用金刚石钻头。

钻进时应严格控制非连续取芯钻进的回次进尺，使分层精度符合要求；钻进深度和岩土分层深度的量测精度，不应低于±5cm；定向钻进的钻孔应分段进行孔斜测量，倾角和方位的量测精度应分别为±0.1° 和±3.0°。

岩芯钻探的岩芯采取率应尽量提高，对完整和较完整岩体不应低于 80%，较破碎和破碎岩体不应低于 65%；对需要重点查明的部位（如滑动带、软弱夹层等）应采用双层岩芯管连续取芯。

钻孔的记录和编录应符合下列要求：野外记录应由经过专业训练的人员承担，记录应真实及时，按钻进回次逐段填写，严禁事后追记；钻探现场可采用肉眼鉴别和手触方法，有条件或勘察工作有明确要求时，可采用微型贯入仪等定量化、标准化的方法；钻探成果可用钻孔野外柱状图或分层记录表示，岩土芯样可根据工程要求保存一定期限或长期保存，亦可拍摄岩芯、土芯彩照纳入勘察成果资料。

2. 井探、槽探和洞探

井探、槽探和洞探是在建筑场地上用人工或机械开挖探井、探槽或平洞，直接观察了解地基土层情况与性质，是查明地下地质情况的最直观有效的勘探方法，但也存在一定的局限性，地下水位以下难以应用，且存在侧壁稳定性问题。

当钻探方法难以准确查明地下情况时，可采用探井、探槽进行勘探。在坝址、地下工程、大型边坡等勘察中，当需要详细查明深部岩层性质、构造特征时，可采用竖井或平洞。

探井、探槽开挖过程中，应根据地层情况、开挖深度、地下水位情况采取井壁支护、排水、通风等措施。在多雨季节施工时，井、槽口应设防雨棚，开排水沟，防止雨水流入或浸润井壁。土石方不能随意弃置于井口边缘，一般堆土区应布置在下坡方向离井口边缘不少于 2m 的安全距离。另外，勘探结束后，探井、探槽必须妥善回填。

对探井、探槽和探洞除文字描述记录外，尚应以剖面图、展示图等反应井、槽、洞壁和底部的岩性、地层分界、构造特征、取样和原位试验位置，并辅以代表性部位的彩色照片。

3. 地球物理勘探

地球物理勘探是在地面、空中、水上或钻孔中用各种仪器量测物理场的分布情况，对其数据进行分析解释，结合有关地质资料推断预测地质体性状的勘探方法，简称"物探"。

地球物理勘探根据地质体的物理场不同可分为电法勘探、地震勘探、磁法勘探、重力勘探、放射性勘探等。它主要用来配合钻探，减少钻探的工作量。作为钻探的先行手段，可以了解隐蔽的地质界线、界面或异常点；作为钻探的辅助手段，在钻孔之间内插地球物理勘探点，可以为钻探成果的内插、外推提供依据。

应用地球物理勘探方法时，应具备下列条件：被勘探对象与周围物理介质之间有明显的物理性质差异；被勘探对象具有一定的埋藏深度和规模，且地球物理异常有足够的强度；能抑制干扰，区分有用信号和干扰信号；在有代表性地段进行方法的有效性试验。

四、原位测试

原位测试是在岩土原来所处的位置上，基本保持其天然结构、天然含水量及天然应力状态下进行测试的技术。它与室内试验取长补短、相辅相成。原位测试主要包括载荷试验、静力触探试验、动力触探试验（圆锥动力触探试验、标准贯入试验）、十字板剪切试验、旁压试验、现场直接剪切试验等。选择原位测试方法，应根据建筑类型、岩土条件、工程设计对参数的要求以及地区经验和各测试方法的适用性等因素选择。本节主要介绍其中的载荷试验、静力触探试验、动力触探试验（圆锥动力触探试验、标准贯入试验）。

1. 载荷试验

载荷试验是在天然地基上模拟建筑物的基础荷载条件，通过承压板向地基施加竖向荷载，从而来确定承压板下应力主要影响范围内岩土的承载力和变形特性。载荷试验包括平板载荷试验和螺旋板载荷试验。平板载荷试验又分为浅层平板和深层平板载荷试验。浅层平板载荷试验适用于浅层地基土；深层平板载荷试验适用于埋深等于或大于 3m 和地下水位以上的地基土。螺旋板载荷试验适用于深层地基土或地下水位以下的地基土。本节主要介绍浅层平板载荷试验。

浅层平板载荷试验应布置在有代表性位置的基础底面标高处，每个场地不宜少于 3 个，当场地内岩土体不均时，应适当增加。试坑宽度或直径不应小于承压板宽度或直径的三倍，承压板的面积不应小于 $0.25m^2$，对软土或粒径较大的填土不应小于 $0.5m^2$。

载荷试验的加载方式应采用分级维持荷载沉降相对稳定法（常规慢速法），有地区经验时，可采用快速法或等沉降速率法。承压板的沉降可采用百分表或电测位移计量测，其精度不应低于 $\pm0.01mm$。

当出现下列情况之一时，可终止试验：①承压板周边的土出现明显侧向挤出、隆起或径向裂缝持续发展；②本级荷载的沉降量大于前级荷载沉降量的 5 倍，荷载与沉降曲线出现明显陡降；③在某级荷载下 24h 沉降速率不能达到相对稳定标准；④总沉降量与承压板直径（或宽度）之比超过 0.06。

根据试验成果，可绘制荷载与沉降的关系曲线以及其他相关曲线。根据这些曲线可确定地基的承载力、土的变形模量。

2. 静力触探试验

静力触探试验是将圆锥形的金属探头以静力方式按一定的速率均匀压入土中，探头中贴有电阻应变片，用电阻应变仪量测微应变的数值，计算其贯入阻力值，通过贯入阻力值的变化来了解土的工程性质。

静力触探试验适用于软土、一般黏性土、粉土、砂土和含少量碎石的土。尤其是对不易取得原状土样的饱和砂土、高灵敏的软土层以及土层竖向变化复杂而不能密集取样时，静力触探显示出其独特的优点。

静力触探试验的仪器设备由三部分组成：贯入系统、量测系统、探头。贯入系统包括触探主机、触探杆及反力装置。量测系统包括各种量测记录仪表与电缆线等。探头是静力触探试验仪器设备中直接影响试验成果准确性的关键部件，有严格的规格与质量要求。目前工程实践中主要使用的探头有单桥探头（如图 6-1 所示，可测定比贯入阻力 p_s）和双桥探头（如图 6-2 所示，可同时测定锥尖阻力 q_c 和侧壁摩阻力 f_s）。

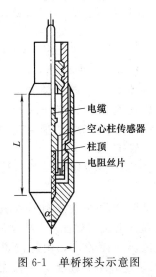
图 6-1 单桥探头示意图

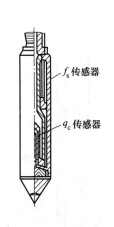
图 6-2 双桥探头示意图

静力触探的资料整理如下。

（1）计算比贯入阻力 p_s

$$p_s = \frac{P}{A}$$

（6-1）

式中　P——单桥探头测得的包括锥尖阻力和侧壁摩阻力在内的总贯入阻力，kN；

　　　A——探头锥底面积，m^2。

（2）计算锥尖阻力 q_c、侧壁摩阻力 f_s 以及摩阻比 R_f

$$q_c = \frac{Q_c}{A} \qquad (6-2)$$

$$f_s = \frac{P_f}{F_s} \qquad (6-3)$$

$$R_f = \frac{f_s}{q_c} \times 100\% \qquad (6-4)$$

式中　Q_c——双桥探头测得的锥尖总阻力，kN；

　　　P_f——双桥探头测得的侧壁总摩阻力，kN；

　　　F_s——外套筒的总侧面积，m^2。

（3）绘制各种贯入曲线　静力触探资料主要用于以下几个方面。

① 根据贯入曲线的线型特征，结合相邻钻孔资料和地区经验，划分土层和判定土类。

② 根据静力触探资料，利用地区经验，进行力学分层，估算土的塑性状态或密实度、强度、压缩性、地基承载力、单桩承载力、沉桩阻力，进行液化判别等。

3. 动力触探试验

动力触探根据探头型式分为标准贯入试验和圆锥动力触探试验，前者采用下端呈刃形的管状探头，后者采用圆锥形探头。

（1）标准贯入试验　标准贯入试验是用 63.5kg 的穿心锤，以 76cm 的落距自由下落，将标准规格的贯入器垂直打入土中 15cm，此时不计锤击数，以后开始记录每打入土层 10cm 的锤击数，累计打入 30cm 的锤击数为标准贯入试验锤击数 N。当锤击数已达 50 击，而贯入深度未达 30cm 时，可记录 50 击的实际贯入深度，按下式换算成相当于 30cm 的标准贯入试验锤击数 N，并终止试验。

$$N = 30 \times \frac{50}{\Delta S} \qquad (6-5)$$

式中　ΔS——50 击时的贯入度，cm。

实际应用 N 值时，应按具体岩土工程问题，参照有关规范考虑是否作杆长修正或其他修正。勘察报告应提供不作杆长修正的 N 值，应用时再根据情况考虑修正或不修正。

标准贯入试验主要适用于一般黏性土、砂土和粉土。

标准贯入试验的设备主要由标准贯入器、触探杆和穿心锤三部分组成（如图 6-3 所示）。

标准贯入试验应用较广，由标准贯入试验锤击数 N 值，可以确定砂土、粉土、黏性土的地基承载力；判别砂土的密实度；评定黏性土的稠度状态；确定土的强度参数、变形参数；判定地震时饱和砂土和粉土的液化势。

（2）圆锥动力触探试验　圆锥动力触探是用标

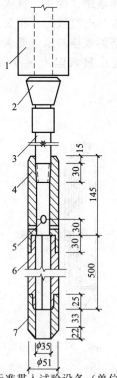

图 6-3　标准贯入试验设备（单位：mm）

1—穿心锤；2—锤垫；3—触探杆；
4—贯入器头；5—出水孔；6—贯
入器身；7—贯入器靴

准质量的穿心锤提升至标准高度自由下落，将特质的圆锥探头贯入土中一定深度，根据所需的锤击数来判断土的工程性质。

圆锥动力触探根据锤击能量的大小可分为轻型、重型和超重型三种，其规格和适用土类见表 6-5。

表 6-5　圆锥动力触探类型

类型		轻型	重型	超重型
落锤	锤的质量/kg	10	63.5	120
	落距/cm	50	76	100
探头	直径/mm	40	74	74
	锥角/(°)	60	60	60
探杆直径/mm		25	42	50～60
指标		贯入 30cm 的读数 N_{10}	贯入 10cm 的读数 $N_{63.5}$	贯入 10cm 的读数 N_{120}
主要适用岩土		浅部的填土、砂土、粉土、黏性土	砂土、中密以下的碎石土、极软岩	密实和很密的碎石土、软岩、极软岩

轻型圆锥动力触探应用较多，其设备主要由探头、触探杆、穿心锤三部分组成（如图 6-4 所示）。轻型圆锥动力触探试验时，先用轻便钻具钻至试验土层标高，然后对土层连续触探，试验时穿心锤以 50cm 的落距自由下落，将触探头垂直打入土层中，记录每打入土层 30cm 的锤击数 N_{10}。该试验一般用于贯入深度小于 6m 的土层。重型和超重型圆锥动力触探的设备布置和试验过程与轻型圆锥动力触探相似，本节不再详细介绍。

利用轻型圆锥动力触探锤击数 N_{10}，可以确定黏性土与素填土的承载力以及判定砂土的密实度；采用重型圆锥动力触探锤击数 $N_{63.5}$ 可以确定砂土、碎石土的孔隙比以及碎石土的密实度，还可以确定地基承载力、单桩承载力以及变形参数；采用超重型圆锥动力触探锤击数 N_{120} 可以确定密实砂土和碎石土的承载力和变形参数。

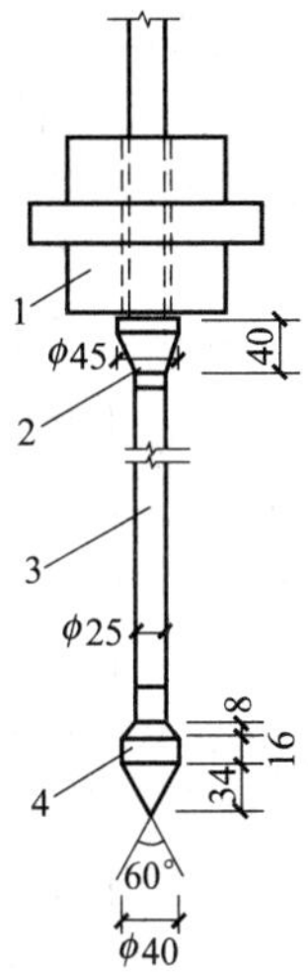

图 6-4　轻型圆锥动力触探试验设备
1—穿心锤；2—锤垫；3—触探杆；4—圆锥头

五、室内试验

室内试验是地基勘察工作的重要内容，试验项目和试验方法应根据工程要求和岩土性质的特点来确定，其具体操作和试验仪器应符合现行国家标准《土工试验方法标准》（GB/T 50123—1999）［2007 版］和《工程岩体试验方法标准》（GB/T 50266—2013）的规定。室内试验一般包括下列内容。

对黏性土应进行液限、塑限、相对密度、天然含水量、天然密度、有机质含量、压缩性、渗透性以及抗剪强度试验。

对粉土除应进行黏性土所需试验外，还应增加颗粒分析试验。

对砂土应进行相对密度、天然含水量、天然密度、最大和最小密度、自然休止角以及颗粒分析试验。

对碎石土必要时可作颗粒分析试验；对含黏性土较多的碎石土，宜测定黏性土的天然含水量、液限和塑限。

对岩石应进行岩矿鉴定、颗粒密度和块体密度、吸水率和饱和吸水率、耐崩解、膨胀、冻融、抗压强度、抗拉强度以及岩石直接剪切试验。

为了判定地下水对混凝土的腐蚀性，一般应测定 pH 值、Cl^-、SO_4^{2-}、HCO_3^-、Ca^{2+}、Mg^{2+}、游离 CO_2 和侵蚀性 CO_2 的含量。

在实际工程中，根据场地的复杂程度和建（构）筑物的重要性以及地区经验，可适当增减试验项目。

第三节　岩土工程勘察报告及应用

岩土工程勘察的最终成果是勘察报告书。它是在现场勘察工作（如调查、勘探、测试等）和室内试验完成后，结合工程特点和要求对已获得的原始资料进行整理、统计、归纳、分析、评价，提出工程建议，形成文字报告并附各种图件的勘察技术文件，供设计单位与施工单位使用。

一、岩土工程勘察报告的内容

岩土工程勘察报告的内容应根据任务要求、勘察阶段、工程特点和地质条件等具体情况确定，一般应包括下列内容。

（1）勘察目的、任务、要求和依据的技术标准。

（2）拟建工程概况：包括拟建工程的名称、规模、用途、结构类型、场地位置、以往勘察工作及已有资料等。

（3）勘察方法和勘察工作布置。

（4）场地地形、地貌、地层分布、地质构造、岩土性质及其均匀性。

（5）各项岩土性质指标，岩土的强度参数、变形参数、地基承载力的建议值。

（6）地下水的埋藏情况、类型、水位及其变化。

（7）土和水对建筑材料的腐蚀性。

（8）可能影响工程稳定的不良地质作用的描述和对工程危害程度的评价。

（9）场地稳定性和适宜性的评价。

（10）对岩土利用、整治和改造的方案进行分析论证，提出建议；对工程施工和使用期间可能发生的岩土工程问题进行预测，提出监控和预防措施的建议。

（11）岩土工程勘察报告应附必要的图表。常见的图表包括：

① 勘探点平面布置图；

② 工程地质柱状图；

③ 工程地质剖面图；

④ 原位测试成果图表；

⑤ 室内试验成果图表。

当需要时，尚应附综合工程地质图、综合地质柱状图、地下水等水位线图、素描、照片、综合分析图表以及岩土利用、整治和改造方案的有关图表、岩土工程计算简图及计算成果图表等。

上述内容并不是每一项勘察报告都必须全部具备的，对丙级岩土工程勘察的报告内容可适当简化，采用以图表为主，辅以必要的文字说明；对甲级岩土工程勘察的报告除应符合上述要求外，尚应对专门性的岩土工程问题提交专门的试验报告、研究报告或监测报告。

二、地基勘察报告的阅读和应用

为了充分发挥勘察报告在设计和施工中的作用，必须重视勘察报告的阅读和应用。阅读勘察报告时，首先应熟悉勘察报告的主要内容，了解勘察结论和计算指标的可靠程度，进而正确分析和判断报告书中提出的建议对该项工程的适用性，尤其应将场地的工程地质条件与拟建建筑物具体要求结合起来进行综合分析，以便正确地应用勘察报告。具体分析主要有以下两方面的内容。

1. 场地稳定性评价

对场地稳定性的评价，主要是通过了解场地的地质构造（断层、褶皱等）、不良地质现象（泥石流、滑坡、崩塌、岩溶、塌陷等）、地层成层条件以及地震等情况来分析判断。对地质条件比较复杂的地区，尤其应注意判断场地的稳定性，从而判断该地段是否可以作为建筑场地，同时还可为预估今后建筑中地基处理费用提供极有参考价值的判断依据。

2. 持力层的选择

在场地稳定性评价分析后，对不存在威胁场地稳定性的建筑地段，这时应以地基承载力和基础沉降为主要控制指标。在满足这两个指标的前提下，尽量做到充分发挥地基的潜力，优先采用天然地基上浅埋基础方案。遵循这个原则，在进行持力层选择分析时，应主要了解土层在深度方向的分层情况、水平方向的均匀程度以及各土层的物理力学性质指标，以确定地基土的承载力，从而选择适合上部结构特点和要求的土层作为持力层。其中在确定地基承载力时，应注意避免单纯依靠某种方法确定承载力值，应尽可能结合多种方法，考虑多方面因素，经比较后确定。

从以上两大部分内容可以看出，在阅读和应用勘察报告时，尤其应该注意辨别资料的可靠性。这就要求在阅读和应用勘察报告过程中要注意分析和发现问题，对于存在疑问的关键性问题，设法通过对已有资料的对比和根据已掌握的经验等方法进一步查清，以便减少差错，确保工程质量。

三、勘察报告实例

某工业区 3 号标准厂房的勘察报告摘录如下。

（1）勘察的任务、要求及工作概况　根据工程地质勘察任务书，按照浅基础和桩基础设计、施工的要求进行一次性详细勘察。勘察工作自某年某月某日开始，至某月某日完成，计完成勘察工作量……。

（2）场地及土层描述　本场地位于某市西开发区某路与某路交叉口向南约 200m，地势平坦，地面黄海标高为 5.6m 左右，总体上属溺谷相沉积，钻探揭示的主要土层自上而下分为六层，具体如下。

① 黏土。灰黑色，地表起厚 0.3～0.5m，为耕植土。其下为厚约 2m 的灰黄色黏土。黏土的天然含水量在 35% 左右，呈可塑状、饱和。

② 淤泥。深灰色，层厚 4.9～10.8m。含腐殖物和有机质，局部具有薄粉砂层理。天然含水量均在 50% 以上，呈流塑状、饱和。

③ 粉质黏土。灰绿或灰黄色。顶板埋深 6.7～12.8m，层次欠稳定，最厚处 8.2m，Z_8 孔缺失。层中多见薄粉砂层理，呈片状结构。天然含水量变化在 28.3%～39.0%，多呈可塑状、饱和状。

④ 含泥粉砂。灰黄至浅灰色。顶板埋深 13.5～17.2m，层厚 4.5～7.9m。含泥量变化在 10%～40% 之间，平均为 25%。平均标贯击数 $N=12$，呈稍密状。

⑤ 淤泥质土。深灰或灰褐色。顶板埋深 19.2～22.8m，层厚 11.9～19.3m。本层上部多见薄粉砂层理，局部含腐殖物，Z_8 孔出现厚达 3.0m 的含泥细砂透镜体。天然含水量变化在 41%～51% 之间，多呈流塑状，局部为软塑。

⑥ 砾砂。浅灰至灰白色。顶板埋深 34.0～38.2m，各钻孔均未钻穿该层，最大揭示厚度为 8.0m。本层上部含泥量约 10%，渐深渐减。平均标贯击数 $N=31$，呈中密或密实状。

各土层的物理力学性质详见土工试验成果表，本节只列出部分黏性土层主要试验指标的统计分析结果，见表 6-6，略去了原报告中的其他物理性质指标的统计分析及砂土颗粒级配统计、标准贯入试验成果统计表。

表 6-6　主要试验指标统计分析简明表

层号	土样	样本数	统计项目	含水量 $w/\%$	孔隙比 e	液性指数 I_L	压缩性 a_{1-2} /MPa^{-1}	压缩性 E_{s1-2} /MPa	快剪强度 C /MPa	快剪强度 φ /(°)
①	黏土	4	平均值	34.9	0.951	0.43	0.39	5.04	31.6	0.8
			标准差	2.81	0.0845	0.115	0.0798	0.827	3.92	1.02
			变异系数	0.0748	0.0678	0.287	0.204	0.164	0.124	1.275
			标准值	37.9	1.02				29.4	0.8
②	淤泥	8	平均值	65.9	1.75	2.04	1.72	1.60	11.9	0
			标准差	6.71	0.174	0.394	0.524	0.565	5.04	
			变异系数	0.102	0.099	0.193	0.305	0.353	0.424	
			标准值	70.4	1.87	2.31			8.9	0
③	粉质黏土	8	平均值	31.6	0.861	0.54	0.29	6.50	30.5	3.6
			标准差	2.93	0.0637	0.213	0.0468	0.915	5.43	1.68
			变异系数	0.093	0.074	0.396	0.161	0.141	0.178	0.465
			标准值	33.6	0.904				27.2	3.6

注：标准差和变异系数为无量纲值。

（3）地下水情况　本场区潜水位高程为 3.80m，略受季节的影响，但变化不大。根据该场区原有测试资料，地下水无腐蚀性。

（4）地基基础设计的建议　根据甲方提供的资料，拟建的 3 号标准厂房为三层框架结构，最大的柱底压力一般不超过 2000kN，荷载水平约 70kPa。按其地基条件，以粉质黏土与含泥粉砂层作为桩基持力层，选用沉管灌注桩或静压预制小截面桩是适宜的。如以砾砂作为桩端持力层，选用长预制桩和钻、冲孔灌注桩对建筑物的安全是有利的，但基础造价会提高。此外，对淤泥层采用深层搅拌处理后的浅基础方案也值得考虑。实行这一方案时，搅拌桩端部应深入粉质黏土层一定深度。选用的基础形式应通过技术、经济与环境影响比较后确定。

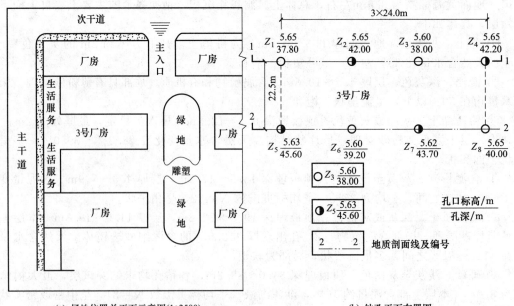

(a) 场地位置总平面示意图(1:2500)　　(b) 钻孔平面布置图

图 6-5　场地位置及钻孔布置图

浅基础与桩基础的设计指标建议值表（略）。

（5）附表、附图

① 附表：土工试验成果总表（略）；原位测试成果总表（略）。

② 附图：场地位置示意图及钻孔平面布置图（如图 6-5 所示）；工程地质剖面图（如图 6-6 所示）。

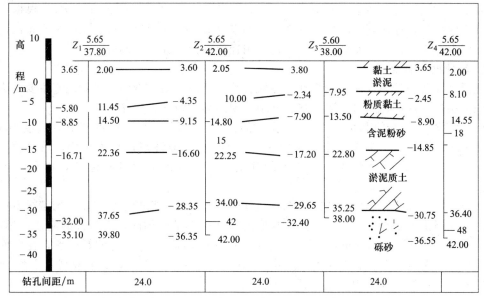

注：钻孔左右两侧数字分别为钻孔深度和高度，m。

图 6-6　工程地质剖面图

第四节　验　槽

一、验槽的目的与内容

验槽是一般岩土工程勘察工作的最后一个环节，也是建筑物施工第一阶段基槽开挖后的重要工序。当施工单位将基槽开挖完毕后，由勘察、设计、施工、质检、监理和建设单位六方面的技术负责人，共同到施工现场验槽。进行验槽的主要目的如下。

① 检验勘察成果是否符合实际；

② 解决遗留和新发现的问题。

验槽的内容主要包括以下几个方面。

① 核对基槽开挖的位置、平面尺寸以及槽底标高是否符合勘察、设计要求。

② 检验槽壁、槽底的土质类型、均匀程度，是否存在疑问土层，是否与勘察报告一致。

③ 检验基槽中是否存在防空掩体、古井、洞穴、古墓及其他地下埋设物，若存在进一步确定它们的位置、深度以及性状。

④ 检验基槽的地下水情况是否与勘察报告一致。

二、验槽的方法

验槽方法主要以肉眼直接观察，有时可用袖珍式贯入仪作为辅助手段，在必要时可进行夯、拍或轻便勘探。

1. 观察验槽

观察验槽应仔细观察槽壁、槽底的岩土特性与勘察报告是否一致，基槽边坡是否稳定，有无影响边坡稳定的因素，如渗水、坑边堆载过多等。尤其注意不要将素填土与新近沉积的黄土、新近沉积黄土与老土相混淆。若有难以辨认的土质，应配合洛阳铲等手段探至一定深度仔细鉴别。

2. 夯、拍验槽

夯、拍验槽是用木夯、蛙式打夯机或其他施工机具，在基槽内部按照一定顺序依次夯、拍（对很湿或饱和的黏性土地基不宜夯、拍，以免破坏基底土层的天然结构），根据声音来判断基槽内部是否存在墓穴、坑洞等现象，如果存在墓穴等现象，夯、拍的声音很沉闷，与一般土层声音不一样。如发现可疑现象，可用轻便勘探仪进一步调查。

3. 轻便勘探验槽

轻便勘探验槽是用钎探、轻型动力触探、手持式螺旋钻、洛阳铲等对地基主要受力层范围内的土层进行勘探，或对上述观察、夯拍发现的异常情况进行探查。

（1）钎探　钎探是用直径为 22～25mm 的钢筋作钢钎，钎尖为 60°锥状，长度为 1.8～2.1m，每 300mm 做一刻度，用质量为 4～5kg 的穿心锤将钢钎打入土中，落锤高 500～700mm，记录每打入土中 300mm 所需的锤击数，根据锤击数判断地基好坏和是否均匀一致。

基槽（坑）钎探完毕后，要详细查看、分析钎探资料，判断基底岩土均匀情况及同一深度段的钎探锤击数是否基本一致（同一基槽内的钎锤重量应相同，有条件的应使用标准锤，锤重 10kg，落距保持 500mm）。锤击数低于或高于平均值 30% 以上的钎探点，在平面图上圈出其位置、范围，分析其差别原因，必要时需补做检查探点，对低于或高于平均值 50% 以上的点，要补挖探井或用洛阳铲进一步探查。

（2）轻型动力触探　详见圆锥动力触探试验，当遇到下列情况之一时，应在基坑底普遍进行轻型动力触探：①持力层明显不均匀；②浅部有软弱下卧层；③有浅埋的坑穴、古墓、古井等，直接观察难以发现时；④勘察报告或设计文件规定应进行轻型动力触探时。

采用轻型动力触探进行基槽检验时，检验深度及间距见表 6-7。

表 6-7　轻型动力触探检验深度及间距表

排列方式	基槽宽度/m	检验深度/m	检验间距
中心一排	<0.8	1.2	1.0～1.5m 视地层复杂情况定
两排错开	0.8～2.0	1.5	
梅花型	>2.0	2.1	

（3）手持式螺旋钻　是一种小型的轻便钻具，钻头呈螺旋形，上接一"T"形手把，由人力旋入土中，钻杆可接长，钻探深度一般为 6m，在软土中可达 10m，孔径约 70mm。每钻入土中 300mm（钻杆上有刻度）后将钻竖直拔出，由附在钻头上的土了解土层情况（也可采用洛阳铲或勺形钻）。

三、基槽的局部处理

1. 松土坑（填土、墓穴等）的处理

当坑的范围较小时，可将坑中松软虚土挖除，使坑底及四壁均见天然土为止，然后采用与坑边的天然土层压缩性相近的材料回填。如果坑小夯实质量不易控制，应选压缩模量大的材料。当天然土为砂土时，用砂或级配砂石回填，回填时应分层夯实，并用平板振捣器振密；若为较坚硬的黏性土，则用 3:7 灰土分层夯实；可塑的黏性土或新近沉积黏性土，多用 1:9 或 2:8 灰土分层夯实。当面积较大，换填较厚（一般大于 3.0m）局部换土有困难时，可用短桩基础处理，并适当加强基础和上部结构的刚度。

当松土坑的范围较大，且坑底标高不一致时，清除填土后，应先做踏步再分层夯实，也可将基础局部加深，并做 1∶2 的台阶，两段基础相连接。

2. 大口井或土井的处理

当基槽中发现砖井时，井内填土已较密实，则应将井的砖圈拆除至槽底以下 1m（或大于 1m），在此拆除范围内用 2∶8 或 3∶7 灰土分层夯实至槽底；如井直径大于 1.5m 时，还应适当考虑加强上部结构的强度，如在墙内配筋。

3. 局部硬土的处理

当验槽时发现旧墙基、砖窑底、压实路面等异常硬土时，一般应全部挖除，回填土情况根据周围土层性质来确定。全部挖除有困难时，可部分挖除，挖除厚度也是根据周围土层性质而定，一般为 0.6m 左右，然后回填与周围土层性质近似的软垫层，使地基沉降均匀。

4. 局部软土的处理

由于地层差异或含水量变化，造成局部软弱的基槽也比较常见，可根据具体情况将软弱土层全部或部分挖除，然后分层回填与周围土层性质相近的材料，若局部换土有困难时也可采用桩基础进行处理。如某矿区电厂化学水处理室，钎探后发现 1.8m 软土层，东部钎探总数 120 击左右，中部 230 击左右，西部 340 击左右，地基土严重不均。经与设计部门研究，采用不同置换率的夯实水泥土桩进行处理，置换率为东部 4%、中部 6%、西部 8%。

5. 人防通道的处理

在条件允许破坏而且工程量又不大的情况下，应挖除松土回填好土夯实，或用人工墩基或钻孔灌注桩穿过。若不允许破坏，则采用双墩（桩）承担横梁跨越通道，有时还需加固人防通道。若通道位置处于建筑物边缘，可采用局部加强的悬挑地基梁避开。

6. 管道的处理

如在槽底以上设有下水管道，应采取防止漏水的措施，以免漏水浸湿地基造成不均匀沉降。当地基为素填土或有湿陷性的土层时，尤其应该注意。如管道位于槽底以下时，最好拆迁改道，如改道却有困难时，则应采取必要的防护措施，避免管道被基础压坏。此外，在管道穿过基础或基础墙时，必须在基础或基础墙上管道的周围特别是上部，留出足够的空间，使建筑物沉降后不致引起管道的变形或损坏，以免造成漏水渗入地基引起后患。

第五节　岩土工程勘察与分析案例

拟建住宅楼群主要由 4 幢 33～34 层高层住宅楼、3 幢 11 层小高层住宅楼、2 幢 9 层小高层住宅楼组成，总建筑面积 121519.00m²。拟建场地平面布置如图 6-7 所示。该建筑场地工程地质条件如下。

1. 地形地貌

拟建场地西面原为农田，场地地面相对较平整，场地南侧局部有堆土，地面标高最大值 5.19m，最小值 2.50m，地表相对高差 2.69m。拟建场地地貌属长江三角洲冲、洪积平原。

2. 地质构造

该区进入新生代，地壳运动总的趋势是山区缓慢上升，平原区缓慢沉降，并时有短暂海侵。

该区地层隶属于江南地层区，区内第四纪沉积物覆盖广泛，以松散碎屑沉积为主，厚度 100～190m，分布广泛，发育齐全，岩性岩相复杂多样，沉积连续，层序清晰。基岩主要出露于西部和南部山区。

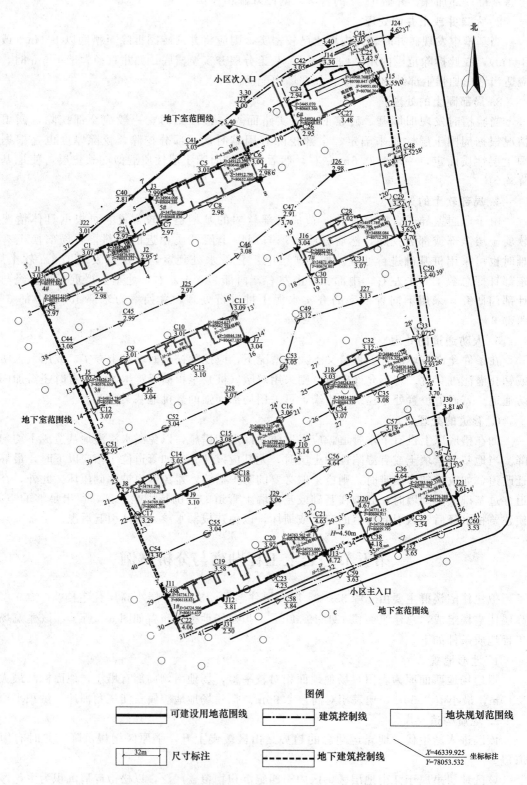

图 6-7　建筑物与勘探点平面位置图（比例 1：1000）

3. 气象及水文地质条件

该地区气候温和湿润，雨量充沛，属长江下游海洋性温湿气候带。年最大降雨量1630.7mm（1991年），多年平均雨量为1112.3mm；最大汛雨量1216.1mm（1991年），5～9月的多年平均汛雨量为681.8mm；最大梅雨量801mm（1991年），多年平均梅雨量为246.1mm，平均梅雨期27天。

拟建场区地表水系发育，多年平均水位为1.254m，历史最高水位为3.054m（1991年），最低水位为0.104m（1934年）（上述高程均属黄海高程系统）。

4. 地基土的构成与特征

根据本次勘察所揭露的地层资料分析，拟建场地80.30m深度范围内地层为第四系全新统、更新统沉积物，主要由黏性土、粉土等组成，按其沉积年代、成因类型及其物理力学性质的差异，可划分成13个主要层次；各地基土层的分布规律详见图6-8工程地质剖面图。

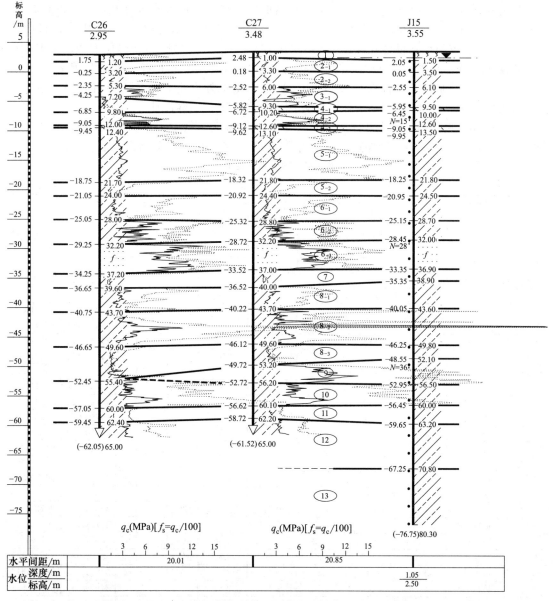

图 6-8 10-10'工程地质剖面图（比例尺　水平 1：300，垂直 1：400）

思考与讨论：

1. 针对上述工程简要，分组讨论并制定详细的岩土工程勘察方案。

2. 简要分析该建筑场地岩土特性并给出评价。

3. 采用怎样的深基础？给出详细的深基础设计方案。

工程案例参考分析：

根据相关勘察规范要求，对上述工程进行以下岩土工程勘察设计。

一、勘察方法及勘察工作量

1. 详细勘察工作量布置

根据《岩土工程勘察规范》（GB 50021—2001）（2009 年版）第 4.1.11～4.1.20 条、《高层建筑岩土工程勘察规程》（JGJ 72—2004）有关条款及建筑物性质，并结合邻近场地的土层资料综合确定本次勘探孔孔深及孔距，勘探孔按建筑物周边线、角点布孔。

拟建建筑物其中 6#～9#（33～34 层）高层住宅楼，一般性孔设计孔深 65.00m 左右，控制性孔设计孔深 80.00m；其中 3#～6#（11 层）小高层住宅楼，一般性孔设计孔深 30.00m 左右，控制性孔设计孔深 40.00m；其中 1#～2#（9 层）小高层住宅楼，一般性孔设计孔深 25.00m 左右，控制性孔设计孔深 30.00m；一层地下室，一般性孔设计孔深 20.00m 左右，控制性孔设计孔深 25.00m，地下室基坑外围不具备施工条件，以调查和收集邻近资料为主。具体以 6# 高层住宅楼为例进行岩土工程勘察设计。

本次勘察各勘探点间间距小于 30.0m，其中控制性孔个数不小于总孔数的 1/3，取土孔个数不小于总孔数的 1/3。勘探点平面布置图详见图 6-7，勘探点类型详见表 6-8。

表 6-8　勘探点一览表

工程名称：

序号	孔号	勘探点类型	孔口或井口标高/m	初见水位深度/m	初见水位标高/m	稳定水位深度/m	稳定水位标高/m	原状样/个	扰动样/个	标贯/次	坐标 X/m	坐标 Y/m
1	J1	钻探孔	3.03	0.43	2.60	0.51	2.52	16	1	1	34868.588	80553.063
2	J2	钻探孔	2.95	0.35	2.60	0.42	2.53	10		7	34876.829	80601.172
3	J3	钻探孔	2.99	0.38	2.61	0.44	2.55	15	2	2	34904.096	80604.386
4	J4	钻探孔	2.98	0.36	2.62	0.43	2.55	13	4	4	34912.790	80652.686
5	J5	钻探孔	3.02	0.43	2.59	0.51	2.51	17			34824.514	80575.309
6	J6	钻探孔	3.04	0.42	2.62	0.53	2.51	10		8	34823.234	80601.825
7	J7	钻探孔	3.04	0.42	2.62	0.53	2.51	10		7	34844.184	80647.185
8	J8	钻探孔	3.27	0.68	2.59	0.72	2.55	11		2	34776.843	80592.218
9	J9	钻探孔	3.10	0.53	2.57	0.65	2.45	9		2	34778.470	80621.164
10	J10	钻探孔	3.14	0.42	2.72	0.61	2.53	7		2	34799.235	80666.831
11	J11	钻探孔	3.48	0.82	2.66	0.93	2.55	7		4	34734.170	80611.831
12	J12	钻探孔	3.81	1.15	2.66	1.28	2.53	7		4	34733.528	80637.331
13	J13	钻探孔	4.72	2.08	2.64	2.20	2.52	6		5	34753.000	80681.577
14	J14	钻探孔	3.30	0.69	2.61	0.78	2.52	32		4	34960.619	80679.233
15	J15	钻探孔	3.55	0.95	2.60	1.05	2.50	32		3	34951.001	80706.204
16	J16	钻探孔	3.04	0.42	2.62	0.51	2.53	32		5	34883.465	80669.065
17	J17	钻探孔	3.62	1.05	2.57	1.12	2.50	32		3	34889.108	80714.032
18	J18	钻探孔	3.03	0.43	2.60	0.51	2.52	30		3	34826.172	80679.870
19	J19	钻探孔	2.93	0.37	2.56	0.41	2.52	29		4	34831.273	80724.034
20	J20	钻探孔	4.67	2.04	2.63	2.15	2.52	25		9	34771.145	80694.917
21	J21	钻探孔	3.61	0.98	2.63	1.05	2.56	29			34777.765	80738.749
22	J22	钻探孔	3.01	0.42	2.59	0.50	2.51	7			34887.981	80573.624
23	J23	钻探孔	3.00	0.41	2.59	0.49	2.51	6	2	2	34941.653	80642.619
24	J24	钻探孔	4.62	2.05	2.57	2.11	2.51			5	34974.009	80709.832
25	J25	钻探孔	2.97	0.37	2.60	0.45	2.52	8		3	34862.608	80618.896

续表

序号	孔号	勘探点类型	孔口或井口标高/m	初见水位深度/m	初见水位标高/m	稳定水位深度/m	稳定水位标高/m	原状样/个	扰动样/个	标贯/次	坐标 X/m	坐标 Y/m
26	J26	钻探孔	2.98	0.38	2.60	0.42	2.56	10	2	1	34915.051	80684.442
27	J27	钻探孔	3.13	0.51	2.62	0.62	2.51	12			34860.650	80696.901
28	J28	钻探孔	3.07	0.43	2.64	0.50	2.57	7		3	34817.638	80638.203
29	J29	钻探孔	3.06	0.43	2.63	0.53	2.53	6		2	34773.091	80657.635
30	J30	钻探孔	3.81	1.22	2.59	1.31	2.50	11	1	1	34813.123	80733.370
31	J31	钻探孔	2.50	0.02	2.48	0.10	2.40	4		1	34721.308	80634.360
32	J32	钻探孔	3.65	1.08	2.57	1.16	2.49	6	1	1	34754.982	80714.159
33	C1	静力触探孔	3.07								34879.030	80574.155
34	C2	静力触探孔	2.97								34887.735	80596.067
35	C3	静力触探孔	2.97								34857.519	80557.434
36	C4	静力触探孔	2.98								34865.996	80579.595
37	C5	静力触探孔	3.01								34914.109	80626.170
38	C6	静力触探孔	3.00								34923.048	80647.667
39	C7	静力触探孔	2.97								34893.629	80609.281
40	C8	静力触探孔	2.98								34902.142	80631.241
41	C9	静力触探孔	3.01								34835.332	80593.110
42	C10	静力触探孔	3.01								34844.534	80614.785
43	C11	静力触探孔	3.09								34854.762	80642.166
44	C12	静力触探孔	3.07								34813.632	80580.124
45	C13	静力触探孔	3.10								34832.661	80623.526
46	C14	静力触探孔	3.05								34789.991	80613.491
47	C15	静力触探孔	3.08								34799.251	80635.359
48	C16	静力触探孔	3.06								34810.074	80662.041
49	C17	静力触探孔	3.29								34768.869	80599.463
50	C18	静力触探孔	3.10								34787.897	80642.864
51	C19	静力触探孔	3.58								34744.154	80632.617
52	C20	静力触探孔	3.92								34754.133	80653.992
53	C21	静力触探孔	4.65								34763.362	80676.992
54	C22	静力触探孔	4.06								34723.483	80616.560
55	C23	静力触探孔	4.23								34742.486	80659.167
56	C24	静力触探孔	2.94								34946.776	80664.525
57	C25	静力触探孔	3.42								34962.260	80701.663
58	C26	静力触探孔	2.95								34934.474	80668.851
59	C27	静力触探孔	3.48								34941.856	80687.460
60	C28	静力触探孔	3.02								34894.645	80686.904
61	C29	静力触探孔	3.52								34899.583	80710.594
62	C30	静力触探孔	3.11								34871.857	80674.932
63	C31	静力触探孔	3.07								34879.422	80693.456
64	C32	静力触探孔	3.12								34839.236	80696.539
65	C33	静力触探孔	3.07								34845.087	80721.078
66	C34	静力触探孔	3.07								34814.258	80684.330
67	C35	静力触探孔	3.08								34821.988	80703.220
68	C36	静力触探孔	4.64								34784.332	80711.344
69	C37	静力触探孔	4.15								34788.462	80734.302
70	C38	静力触探孔	4.13								34759.646	80699.795
71	C39	静力触探孔	3.54								34768.580	80720.058
72	C40	静力触探孔	2.81								34905.157	80596.774
73	C41	静力触探孔	3.03								34924.278	80619.764
74	C42	静力触探孔	3.05								34958.258	80666.492
75	C43	静力触探孔	3.05								34970.369	80693.013

序号	孔号	勘探点类型	孔口或井口标高/m	初见水位深度/m	初见水位标高/m	稳定水位深度/m	稳定水位标高/m	原状样/个	扰动样/个	标贯/次	坐标 X/m	坐标 Y/m
76	C44	静力触探孔	3.08								34839.117	80564.665
77	C45	静力触探孔	2.99								34851.091	80592.067
78	C46	静力触探孔	3.08								34874.376	80645.573
79	C47	静力触探孔	2.91								34895.749	80662.420
80	C48	静力触探孔	3.52								34922.254	80715.006
81	C49	静力触探孔	3.12								34852.383	80669.496
82	C50	静力触探孔	3.40								34869.916	80723.892
83	C51	静力触探孔	2.95								34794.309	80584.491
84	C52	静力触探孔	3.04								34805.943	80611.669
85	C53	静力触探孔	3.05								34829.033	80665.002
86	C54	静力触探孔	3.30								34749.500	80604.316
87	C55	静力触探孔	3.04								34761.003	80630.316
88	C56	静力触探孔	4.64								34789.178	80682.219
89	C57	静力触探孔	5.19								34804.211	80707.312
90	C58	静力触探孔	3.84								34732.547	80661.115
91	C59	静力触探孔	3.63								34743.799	80688.219
92	C60	静力触探孔	3.53								34766.318	80741.181

2. 建筑物定位及高程引测

本次各钻孔位置是根据城市坐标系统，采用动态 GPS 放孔，各孔属黄海高程系统。

3. 勘察方法

本次勘察采用机钻孔取土、标准贯入试验、静力触探试验（双桥及单桥）、波速测试以及室内土工试验相结合的方法，进行勘察工作。

（1）机钻孔：野外施工采用 3 台 GXY-1 型钻机，上部黏性土采用螺旋钻进，下部砂性土采用泥浆护壁钻进；开孔直径为 130mm，终孔直径为 110mm；原状土取样方法：可塑黏性土、硬塑黏性土采用上提双锥面活阀式取土器，采用重锤少击法采取，软土采用薄壁取土器，静压法采取。取土器规格符合《岩土工程勘察规范》（GB 50021—2001）（2009 年版）技术标准。机钻取土孔施工结束后，均采用原土回填压实。

（2）单桥静力触探：采用 1 台 LMC-J110 型自动记录式静力触探仪，单桥探头，锥尖面积 $10cm^2$，贯入速率均为 1m/min。

（3）双桥静力触探：采用 2 台 LMC-J110 型自动记录式静力触探仪，20T 型液压式静力触探机完成，双桥探头，锥尖面积 $15cm^2$，贯入速率均为 1m/min。

（4）标准贯入试验：贯入器规格与操作方法符合《岩土工程勘察规范》（GB 50021—2001）（2009 年版）标准，采用导向杆变径自动脱钩的自由落锤法，锤重 63.5kg，落距 76cm，探杆直径 42mm。

（5）土工试验：室内试验为取得各土层的物理性质指标，对采取的土样进行含水率、比重、湿重度、液限、塑限试验；为取得土的力学指标，进行三轴不固结不排水剪（UU）、及直剪快剪（q）和固结试验、高压固结试验等；为取得渗透性指标，进行室内渗透试验。所有试验均严格按《土工试验方法标准》（GB/T 50123—1999）［2007 版］进行，其中塑限采用液塑限联合测定法。水质分析为简分析及侵蚀 CO_2 分析。

（6）波速测试：为了满足建筑抗震设计要求，本次对场地进行了波速测试。测试方法采用单孔法，把三分量检波器放在预钻好的钻孔中，自下而上提升。在地面孔口附近一定距离水平放置激振板，其上负压重物，沿木板长轴方向左右水平敲击板的两端，激发横波，利用沉放在钻孔中不同深度处的三分量检波器依次接收信号，从波形图中可以读出剪切波从地面经地层到达检波器的旅行时间，从而计算出岩土层波速等参数。

4. 勘察工作量完成情况

本次勘察累计完成工作量：共完成勘探孔 92 个，其中取土、标贯孔 32 个，静力触探孔 60 个。工作量汇总见表 6-9 和表 6-10。

表 6-9 野外完成工作量汇总表

类别	孔数/个	深度范围/m	总进尺/m	原状样/件	扰动样/件	标贯/次	水样/组
取土、标贯孔	32	15.30~80.30	1334.90	456	13	105	2
静力触探孔	60	12.00~65.00	2040.50				
波速试验孔	9	20.00	180.00				
钻孔测量	92						

表 6-10 室内土工试验完成工作量汇总表

常规物理/组	压缩试验/组	剪切试验/组		颗粒分析/项	渗透试验/项	水质分析/组
		q	UU			
469	456	415	41	87	44	2

二、地基土勘察结果分析

1. 室内土工试验主要指标

本次勘察采用《岩土工程勘察规范》（GB 50021—2001）（2009 年版）第 14.2.2 条方法对各土层物理力学性质指标进行分层统计，计算平均值、标准差及变异系数，提供各地基土层主要指标的样本个数、最小值、最大值、平均值、标准差、变异系数、标准值。各土层的物理力学性质指标统计结果详见表 6-11 土工试验成果报告表。

各土层物理力学性质指标值取用原则：物理指标、压缩试验指标取分层统计平均值，抗剪强度取按三轴不固结不排水剪和直剪快剪指标，其标准值按《建筑地基基础设计规范》（GB 50007—2011）附录 E 的方法确定，各土层的主要 c、φ 标准值见表 6-12。

2. 原位测试指标

标准贯入试验锤击数取分层统计平均值。各孔标准贯入试验锤击数值见"标准贯入试验分层统计表"；双桥静力触探试验锥尖阻力 q_c 值和侧壁摩阻力 f_s 取各单孔分层厚度加权平均值；单桥静力触探试验比贯入阻力 P_s 值，取各单孔分层 P_s 值的厚度加权平均值。原位测试主要指标见表 6-13，静力触探柱状图见图 6-9，钻孔柱状图见图 6-10。

3. 地基承载力特征值的确定

地基承载力特征值依据土工试验物理指标查表、剪切指标 c、φ 标准值公式计算，并结合静力触探、标准贯入试验经验公式，以及邻近工程经验综合考虑确定的，各地基土层承载力见表 6-14。

4. 压缩性指标

压缩试验提供分层综合压缩试验结果，统计结果见图 6-11，另土层若为粉土、粉砂，由于取样及土工试验或土的应力条件的改变引起的扰动是不可避免，使土样获得压缩模量偏小，因而拟建场地土层的压缩模量综合了经原位测试换算的压缩模量。原位测试指标换算为压缩模量公式见《高层建筑岩土工程勘察规程》（JGJ 72—2004）附表 F。

表 6-11　土工试验成果报告表

| 野外土样编号 | 取样深度/m | 颗粒分析大小/mm | | | | | | | 含水率 w/% | 比重 G_s | 重度 γ/(kN/m³) | 干重度 γ_d/(kN/m³) | 孔隙比 e_0 | 饱和度 S_r/% | 液限 W_L/% | 塑限 W_P/% | 塑性指数 I_P | 液性指数 I_L | 土样分类 | 剪切试验 | | | 压缩试验 | | | 渗透系数 | |
		砾粒 >20/%	砾粒 20~2.0/%	砂粒 2.0~0.5/%	砂粒 0.5~0.25/%	砂粒 0.25~0.075/%	粉粒 0.075~0.005/%	黏粒 <0.005/%												试验方法	黏聚力 c/kPa	内摩擦角 Φ/度	试验方法	压缩系数 a_{1-2}/MPa⁻¹	压缩模量 E_s/MPa	垂直 K_V/(cm/s)	水平 K_H/(cm/s)
J15-1	1.50~1.80								25.9	2.73	19.3	15.3	0.745	95	37.1	21.1	16.0	0.30	粉质黏土	q	51.2	12.0	天然	0.25	6.98	—	—
* J15-2	3.00~3.30								23.1	2.73	19.3	15.7	0.706	89	34.6	19.8	14.8	0.22	粉质黏土	UU	59.9	10.9	天然	0.21	8.12	4.10×10^{-7}	4.50×10^{-7}
* J15-3	5.00~5.30					18.7	70.5	10.8	25.4	2.73	19.1	15.2	0.756	92	32.0	17.1	14.9	0.56	粉质黏土	UU	40.5	4.5	天然	0.33	5.32	2.12×10^{-4}	4.68×10^{-4}
J15-4	7.00~7.30					23.5	67.1	9.4	32.7	2.70	18.3	13.8	0.916	96	29.5	20.8	8.7	1.37	粉土	UU	20.5	15.6	天然	0.18	10.64	3.25×10^{-4}	5.68×10^{-4}
J15-5	9.00~9.30					21.2	70.9	7.9	31.5	2.70	18.4	14.0	0.889	96	28.3	20.4	7.9	1.41	粉土	UU	22.3	16.8	天然	0.19	9.94		
J15-6	11.00~11.30								31.5	2.71	18.4	14.0	0.896	95	33.8	25.2	8.6	0.73	粉土	q	11.9	21.3	天然	0.20	9.48		
* J15-7	13.00~13.30								23.9	2.73	19.5	15.7	0.700	93	36.5	21.2	15.3	0.18	粉质黏土	q	64.6	10.0	天然	0.18	9.44		
* J15-8	15.00~15.30								23.9	2.73	19.6	15.8	0.691	94	37.2	21.1	16.1	0.17	粉质黏土	q	65.3	8.6	天然	0.16	9.40		
* J15-9	17.00~17.30								21.0	2.74	19.4	16.0	0.674	85	39.3	19.4	19.9	0.08	粉质黏土	q	84.0	12.5	天然	0.16	10.47		
J15-10	19.00~19.30								20.8	2.74	19.5	16.1	0.663	86	36.8	18.7	18.1	0.12	粉质黏土	q	80.6	11.7	天然	0.16	10.40		
J15-11	21.00~21.30								20.6	2.73	19.5	16.2	0.654	86	35.0	18.2	16.8	0.14	粉质黏土	q	79.8	9.6	天然	0.16	10.34		
J15-12	23.00~23.30								24.3	2.73	19.0	15.3	0.749	89	32.5	17.3	15.2	0.46	粉质黏土	q	42.3	10.1	天然	0.27	6.48		
J15-13	25.00~25.30								23.8	2.73	18.9	15.3	0.751	86	33.5	19.2	14.3	0.32	粉质黏土	q	49.5	10.6	天然	0.27	6.49		
J15-14	27.00~27.30								27.5	2.72	19.1	15.0	0.778	96	32.5	18.9	13.6	0.63	粉质黏土	q	35.6	6.6		0.34	5.23		
J15-15	29.00~29.30					9.1	82.6	8.3	29.1	2.71	19.3	14.9	0.776	100	32.4	23.9	8.5	0.61	粉砂	q	9.7	23.7	天然	0.18	9.87		
J15-16	32.00~32.30				64.5	30.5	5.0		26.3	2.68	19.5	15.4	0.701	100					粉砂	q	3.7	28.6	天然	0.13	13.08		
J15-17	35.00~35.30				68.8	27.6	3.6		26.4	2.68	19.5	15.4	0.702	100					粉砂	q	4.5	29.0	天然	0.12	14.19		
* J15-18	38.00~38.30				72.4	23.8	3.8		27.0	2.68	19.6	15.4	0.702	100					粉砂	q	4.4	28.2	天然	0.12	14.18		
J15-19	41.00~41.30								22.6	2.73	19.8	16.2	0.657	94	35.2	18.7	16.5	0.24	粉质黏土	q	55.9	10.3	天然	0.22	7.53		
J15-20	44.00~44.30								23.3	2.73	19.6	15.9	0.683	93	35.4	20.4	15.0	0.19	粉质黏土	q	61.3	7.4	天然	0.21	8.01		
J15-21	47.00~47.30								23.9	2.73	19.6	15.9	0.686	91	37.2	20.8	16.4	0.13	粉质黏土	q	82.9	7.9	天然	0.16	10.54		
J15-22	50.00~50.30								25.3	2.72	19.5	15.2	0.757	91	30.3	17.1	13.2	0.62	粉质黏土	q	34.2	9.3	天然	0.32	5.49		
J15-23	53.00~53.30				71.4	24.7	3.9		27.1	2.68	19.4	15.3	0.720	100					粉砂	q	6.0	26.5	天然	0.15	11.47		
J15-24	56.00~56.30				70.9	25.0	4.1		27.8	2.68	19.3	15.1	0.739	100					粉砂	q	4.4	27.2	天然	0.14	12.42		
J15-25	59.00~59.30								35.2	2.72	18.1	13.4	0.988	98	35.9	24.5	11.4	0.94	粉质黏土	q	15.4	3.8	天然	0.49	4.06		
J15-26	62.00~62.30								36.1	2.72	18.1	13.3	1.001	98	37.0	26.1	10.9	0.92	粉质黏土	q	15.6	5.8	天然	0.47	4.26		
* J15-27	65.00~65.30								33.9	2.72	18.3	13.7	0.948	97	37.4	24.8	12.6	0.72	粉质黏土	q	28.7	10.1	天然	0.38	5.13		
* J15-28	68.00~68.30								26.5	2.73	19.1	15.1	0.771	94	31.5	17.2	14.3	0.65	粉质黏土	q	34.4	11.8	天然	0.32	5.53		
J15-29	71.00~71.30								22.1	2.73	19.5	16.0	0.675	89	35.4	19.3	16.1	0.17	粉质黏土	q	64.5	8.3	天然	0.19	8.82		
* J15-30	74.00~74.30								22.9	2.73	19.2	15.3	0.754	94	33.0	18.0	15.0	0.53	粉质黏土	q	39.0	9.2	天然	0.30	5.85		
J15-31	77.00~77.30								22.9	2.73	19.5	16.0	0.686	91	35.5	20.6	15.0	0.15	粉质黏土	q	75.8	10.9	天然	0.18	9.37		
J15-32	80.00~80.30								21.1	2.72	19.4	16.0	0.664	86	31.9	18.2	13.7	0.21	粉质黏土	q	57.9	6.6	天然	0.20	8.32		

注：1. 野外土样编号 TJ—探井原状样，R—扰动样，没指明的为钻孔原状样。野外土样编号前冠以 * 号表示该土样不参加统计。试验方法：直剪 q—快剪，C_q—固结快剪，S—慢剪；三轴 UU—不固结不排水，CU—固结不排水，CD—固结排水。

2. 取土样长度一般为 20cm。

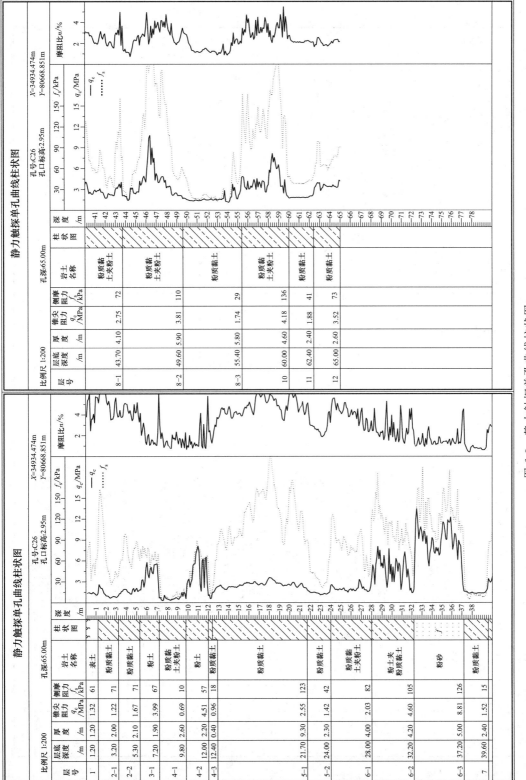

图 6-9　静力触探单孔曲线柱状图

图 6-10　钻孔柱状图

江苏×××勘察工程有限公司

表 6-12　c、φ 标准值统计成果表

层号	土层名称	三轴不固结不排水（UU）		直剪快剪（q）	
		C_k/kPa	φ_k/(°)	C_k/kPa	φ_k/(°)
2-1	粉质黏土	48.0	4.4	48.0	9.3
2-2	粉质黏土	57.0	4.0	53.8	9.7
3-1	粉土	21.0	15.7		
3-2	粉质黏土	43.0	3.7	41.5	9.5
4-1	粉质黏土夹粉土			20.4	6.8
4-2	粉土			8.4	20.8
4-3	粉质黏土			15.0	5.4
5-1	粉质黏土			67.4	10.0
5-2	粉质黏土			47.3	8.9
6-1	粉质黏土夹粉土			23.6	8.4
6-2	粉土夹粉质黏土			10.7	14.7
6-3	粉砂			7.4	21.2
7	粉质黏土			16.2	5.9
8-1	粉质黏土			48.9	9.1
8-2	粉质黏土			49.3	8.3
8-3	粉质黏土			34.0	9.3
9	粉土			6.3	17.9
10	粉质黏土夹粉土			12.8	7.2
11	粉质黏土			14.8	5.2
12	粉质黏土			44.9	8.1
13	粉质黏土			64.5	9.3

表 6-13　原位测试指标统计表

层号	土层名称	单桥静力触探	双桥静力触探		标准贯入（实测）/击	
		锥尖阻力平均值/MPa	锥尖阻力平均值/MPa	侧壁摩阻力平均值/kPa	平均值	标准值
2-1	粉质黏土	2.145	1.265	64		
2-2	粉质黏土	2.685	1.660	73		
3-1	粉土	3.823	3.275	63		
3-2	粉质黏土	1.580	1.164	33		
4-1	粉质黏土夹粉土	1.096	0.874	15		
4-2	粉土	4.787	4.598	53	15.2	14.7
4-3	粉质黏土	1.375	1.046	26		
5-1	粉质黏土	3.463	2.699	127	23.7	20.4
5-2	粉质黏土	3.405	1.848	60		
6-1	粉质黏土夹粉土	3.241	2.558	57	14.9	14.0
6-2	粉土夹粉质黏土		4.325	86	27.7	20.6
6-3	粉砂		8.801	109	34.5	33.2
7	粉质黏土		1.453	22		
8-1	粉质黏土		2.993	81		
8-2	粉质黏土		3.470	86		
8-3	粉质黏土		1.892	31		
9	粉土		9.273	190	39.5	36.4
10	粉质黏土夹土		4.624	128		
11	粉质黏土		2.223	40		
12	粉质黏土		4.160	95		

表 6-14　各地基土层承载力分析表

土层编号	土层名称	经验值 f_{ak}	剪切估算 f_{ak}	静探估算 f_{ak}	标贯计算 f_{ak}	承载力特征值建议值 f_{ak}/kPa
2-1	粉质黏土	175	155	165		160
2-2	粉质黏土	225	205	210		210
3-1	粉土	135	145	145		140
3-2	粉质黏土	165	145	155		150
4-1	粉质黏土夹粉土	125	105	115		120
4-2	粉土	135	140	140	150	140
4-3	粉质黏土	125	105	110		110
5-1	粉质黏土	245	225	230	240	230
5-2	粉质黏土	165	135	145		150
6-1	粉质黏土夹粉土	130	145	140		140
6-2	粉土夹粉质黏土	140	155	150	160	150
6-3	粉砂	155	165	165	170	160
7	粉质黏土	155	145	150	165	100
8-1	粉质黏土	180	165	175		170
8-2	粉质黏土	185	165	180	180	
8-3	粉质黏土	155	130	145		140
9	粉土	160	175	175	185	170
10	粉质黏土夹粉土	155	145	145		150
11	粉质黏土	150	135	140		140
12	粉质黏土	185	165	180		180
13	粉质黏土	245	225			230

注：1. 静力触探原位测试结果计算的经验公式为：

(1) 黏性土 $f_0 = 86P_s + 45.3$，(2) 黏性土夹粉土 $f_0 = 89P_s^{0.63} + 14.4$，(3) 粉土 $f_0 = 36P_s + 44.6$，(4) 粉砂 $f_0 = 20P_s + 59.5$，(5) 软土 $f_0 = 74P_s + 29.1$。

2. 双桥 q_c、f_s 计算 P_s 公式：$P_s = q_c + 6.41f_s$。

3. 根据土工试验所得土样的剪切指标 c、φ 值计算的公式为 $f_a = M_b\gamma b + M_d\gamma_m d + M_c c_k$，适用条件：基础宽度 $b = 3$m，基础埋深 $d = 0.5$m。

4. 根据标准贯入击数采用查表法求得基本值，再根据回归修正求得标准值。

5. 不良地质作用

根据本次勘察取得的地层资料和区域地质资料，拟建场区内未见活动断裂与地裂缝、滑坡等不良地质作用。

拟建场地地貌单一，拟建地 80.30m 深度范围内地层为第四系全新统、更新统沉积物，主要由黏性土、粉土及粉砂等组成，拟建场地内无不良工程地质软弱层。

三、水文地质勘察结果分析

1. 地表水

拟建场区周围地表水系发育，与京杭大运河及太湖相通，河湖水位的变化与降水量年际、年内的变化基本一致，稍有滞后，从近几十年来资料反映，多年平均水位为 1.254m，历史最高水位为 3.054m（1991 年），最低水位为 0.104m（1934 年）（上述高程均属黄海高程系统）。

2. 地下水

拟建场地在浅部影响基坑开挖深度范围内，地下水主要为赋存于第四系全新统及上更新统中的浅层含水层、浅层弱承压水层共 3 个含水层。分别为（1）层杂填土中的潜水和（3-1）层粉土及（4-2）层粉土中的微承压水。现对拟建场地的浅部含水层分别评述如下。

土样编号:J15-4　总应力:c=21.0kPa φ=15.4°
试验方法:不固结不排水剪(UU)

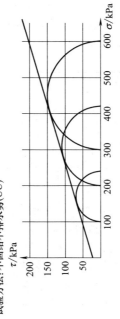

σ_3 /kPa	σ_1 /kPa	σ_1' /kPa	$\frac{\sigma_1+\sigma_3}{2}$ /kPa	$\frac{\sigma_1'+\sigma_3'}{2}$ /kPa	$\frac{\sigma_1-\sigma_3}{2}$ /kPa
100.0	227.8		163.9		63.9
200.0	399.6		299.8		99.8
300.0	572.9		436.5		136.5

土样编号:J15-5　总应力:c=22.3kPa φ=16.7°
试验方法:不固结不排水剪(UU)

σ_3 /kPa	σ_1 /kPa	σ_1' /kPa	$\frac{\sigma_1+\sigma_3}{2}$ /kPa	$\frac{\sigma_1'+\sigma_3'}{2}$ /kPa	$\frac{\sigma_1-\sigma_3}{2}$ /kPa
100.0	240.6		170.3		70.3
200.0	421.1		310.6		110.6
300.0	602.0		451.0		151.0

土样编号:J15-2　总应力:c=40.5kPa φ=4.5°
试验方法:不固结不排水剪(UU)

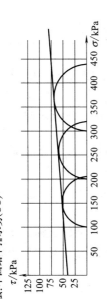

σ_3' /kPa	σ_1 /kPa	σ_1' /kPa	$\frac{\sigma_1+\sigma_3}{2}$ /kPa	$\frac{\sigma_1'+\sigma_3'}{2}$ /kPa	$\frac{\sigma_1-\sigma_3}{2}$ /kPa
100.0	205.5		152.8		52.8
200.0	319.8		259.9		59.9
300.0	439.4		369.7		69.7

土样编号:J15-3　总应力:c=39.4kPa φ=4.5°
试验方法:不固结不排水剪(UU)

σ_3 /kPa	σ_1 /kPa	σ_1' /kPa	$\frac{\sigma_1+\sigma_3}{2}$ /kPa	$\frac{\sigma_1'+\sigma_3'}{2}$ /kPa	$\frac{\sigma_1-\sigma_3}{2}$ /kPa
100.0	202.3		151.2		51.2
200.0	319.8		259.9		59.9
300.0	436.5		368.3		68.3

图 6-11　三轴压缩试验成果图

3. 潜水

上部（1）层表土，属潜水，主要接受大气降水及地表渗漏补给，其水位随季节、气候变化而上下浮动，年变化幅度在 1.0m 左右。如表 6-15 所示，勘察期间，采用挖坑法测得拟建场地（1）层表土地下水初见水位埋深为 0.02～2.08m，标高为 2.48～2.72m；地下水稳定水位埋深为 0.10～2.20m，标高为 2.40～2.57m。本场地 3～5 年内最高潜水水位标高 2.80m 左右，历史最高地下水位 3.00m。

表 6-15 初见、稳定水位情况

初见水位				稳定水位			
初见水位埋深/m		初见水位标高/m		稳定水位埋深/m		稳定水位标高/m	
最小值	最大值	最小值	最大值	最小值	最大值	最小值	最大值
0.02	2.08	2.48	2.72	0.10	2.20	2.40	2.57

（1）承压水　场地中上部（3-1）层粉土及（4-2）层粉土，属微承压水，补给来源主要为径向补给及上部少量越流补给。勘察期间采用套管隔断该含水层上部土层，测得（3-1）层粉土该微承压水的水位为黄海标高 0.20m 左右，测得（4-2）层粉土该微承压水的水位为黄海标高 -0.50m 左右。

（2）腐蚀性评价　拟建场地地下水清澈、透明、无异味，场地内及附近无污染源。场地土层经充分的淋滤作用，与地下水有相似的可溶化学成分。根据本场地所采取的 J1、J21 号勘探点附近两组水样进行水质分析，主要化学指标见表 6-16。

表 6-16 地下水化学成分　　　　　mg/L

水样号	pH 值	Ca^{2+}	Mg^{2+}	NH_4^+	SO_4^{2-}	Cl^-	CO_3^{2-}	HCO_3^-	OH^-	游离 CO_2	侵蚀 CO_2	总矿化度
J1	7.1	81.7	39.1	1.0	93.2	132.8	0.0	2.5	0.0	11.2	1.2	423.0
J21	7.0	74.2	48.5	1.3	88.6	140.2	0.0	3.2	0.0	15.3	0.0	449.1

注：上表中 pH 值无单位，HCO_3^- 的单位为 mmol/L。

按《岩土工程勘察规范》（GB 50021—2001）（2009 年版）表 12.2.1、表 12.2.2 和表 12.2.4 的评价规定，根据拟建场地的水质分析资料，综合评定如下：

① 按环境类型 II 类，水中腐蚀介质 SO_4^{2-}、Mg^{2+}、NH_4^+、OH^- 含量及总矿化度含量判定，场地地下水对混凝土结构微腐蚀性。

② 按土层渗透性、pH 值、侵蚀性 CO_2 含量及 HCO_3^- 含量判定，场地地下水对混凝土结构微腐蚀性。

③ 按水中 Cl^- 总含量判定，在长期浸水状态下，以及干湿交替状态下，地下水对钢筋混凝土结构中的钢筋微腐蚀性。

根据拟建场地内水质分析报告试验结果，加之该工程所在地降水量较充沛，土中易溶盐极易渗透至地下水中，土与水的化学性质相近，综合判定地下水及地基土对混凝土结构、钢筋混凝土结构中的钢筋微腐蚀。

四、场地类别及地震效应勘察结果分析

该地区地震水平无论从强度和频度上来看，地震活动水平属中等偏下，属基本稳定地区。根据《建筑抗震设计规范》（GB 50011—2010）第 4.1.1 条，拟建场地浅部无不良工程地质软弱层，可视为可进行建设的一般地段，拟建场地覆盖层厚度大于 50.0m，确定本场地类别为 III 类。该区抗震设防烈度为 6 度，抗震设防类别为标准设防类（丙类），地基土可不进行液化判别。

五、岩土工程分析与评价

1. 场地稳定性和适宜性

据勘测结果表明，拟建场地地势平坦，从整个场地看，地基土层分布较稳定、均匀，地下水、地基土对混凝土结构为微腐蚀，故本场地适宜工程建设。

2. 天然地基

天然地基持力层的选择。拟建1层～2层的商业用房，基础埋深较浅，可以选用（2-1）层粉质黏土作为持力层，基础形式可采用条形基础或独立基础。场地内东南侧局部上部存在较厚的表土层，建议将该层土清除后，采用素混凝土或毛石混凝土回填至设计标高，应采取措施减小由于持力层厚度的变化而产生的不均匀沉降，如增强基础的整体性（如加地基梁）和上部结构的刚度等措施。

根据设计提供的资料，拟建9～11层小高层住宅楼（下部设有1层地下室），基础底板埋深为−3.10m（黄海高程），位于（3-1）粉土或（3-2）层粉质黏土底部。其中（3-1）层土的承载力特征值 f_{ak} 为140kPa，（3-2）层粉质黏土的承载力特征值 f_{ak} 为150kPa，其下部存在软弱下卧层（4-1）层粉质黏土夹粉土层，建议采用桩筏基础，可采用 $\Phi400$mm 或 $\Phi500$mm 的预应力混凝土管桩，桩端持力层可采用（5-1）层粉质黏土。

根据设计资料，拟建33～34层高层住宅楼，荷载较大，重心较高，天然地基不能满足设计要求，建议采用桩基础。

3. 桩基础

（1）桩型选择及桩端持力层的选择

1）桩型选择。

拟建场地距离四周已建成的主要道路距离为15.00～22.00m，经踏勘调查现状城市道路两侧分布有较多重要管线类公共设施，且车流人流较为密集。

桩型选择主要受场地周边环境和沉桩可行性两大因素决定，综合场地条件及拟建场地地基土层的力学性能、该工程所在地工程建设经验和建筑物的荷载条件，建议拟建的小高层建筑（9～11层）可采用 $\Phi400$mm 或 $\Phi500$mm 高强度预应力管桩；拟建的高层建筑（33～34层）可采用 $\Phi600$mm 高强度预应力管桩或采用 $\Phi700$～$\Phi750$mm 钻孔灌注桩，但建议优先考虑 $\Phi750$mm 的钻孔灌注桩为宜。

2）桩端持力层的选择。

拟建的小高层及高层住宅楼荷载较大，根据本场区地层分布、土性特点分析如下：

（5-1）层粉质黏土：场区普遍分布，平均厚度7.21m，平均层底标高−17.46m，平均层底埋深22.77m；可塑～硬塑，地基土承载力特征值 $f_{ak}=230$kPa，中压缩性土，力学性能较好。

（8-1）层粉质黏土：场区普遍分布，平均厚度3.90m，平均层底标高−40.12m，平均层底埋深43.49m；可塑，地基土承载力特征值 $f_{ak}=170$kPa，中压缩性土，力学性能中等。

（8-2）层粉质黏土：场区普遍分布，平均厚度6.45m，平均层底标高−46.92m，平均层底埋深50.34m；可塑，地基土承载力特征值 $f_{ak}=180$kPa，中压缩性土，力学性能中等。

（9）层粉土：场区内局部缺失，平均厚度5.63m，平均层底标高−52.82m，平均层底埋深56.26m。中密～密实，地基土承载力特征值 $f_{ak}=170$kPa，该土层属中压缩性土，工程特性中等。

（10）层粉质黏土夹粉土：场区普遍分布，平均厚度3.85m，平均层底标高−56.66m，平均层底埋深60.08m；软塑，地基土承载力特征值 $f_{ak}=150$kPa，中压缩性土，力学性能一般。

对于拟建 9～11 层小高层住宅楼可采用预应力管桩以（5-1）层粉质黏土作为桩端持力层；对于拟建的 33～34 层高层住宅楼由于荷载较大，重心较高，可采用预应力管桩以（8-1）层粉质黏土或（8-2）层粉质黏土作为桩端持力层，但建议优先考虑采用钻孔灌注桩以（9）层粉土作为桩端持力层，场地内由于 6# 号楼所在部位该层土缺失，可采用（10）层粉质黏土夹粉土层作为桩端持力层。

（2）桩基础设计参数　根据本次勘察土工试验成果依据《建筑桩基技术规范》（JGJ 94—2008）；并根据原位测试成果，依据《高层建筑岩土工程勘察规程》（JGJ 72—2004），并结合该地区经验，综合确定桩基设计参数，详见表 6-17。

表 6-17　桩基设计参数表

层号	土层名称	混凝土预制桩		钻孔灌注桩		抗拔系数 λ_i
		极限侧阻力标准值 q_{sik}/kPa	极限端阻力标准值 q_{pk}/kPa	极限侧阻力标准值 q_{sik}/kPa	极限端阻力标准值 q_{pk}/kPa	
2-1	粉质黏土	60		55		0.75
2-2	粉质黏土	75		70		0.75
3-1	粉土	45		45		0.70
3-2	粉质黏土	50		45		0.70
4-1	粉土夹粉质黏土	25		22		0.70
4-2	粉土	45		40		0.70
4-3	粉质黏土	23		20		0.70
5-1	粉质黏土	80	3600	75	1100	0.80
5-2	粉质黏土	55	2200	50	600	
6-1	粉质黏土夹粉土	30		25		
6-2	粉土夹粉质黏土	45		40		
6-3	粉砂	55	2600	50	900	
7	粉质黏土	25		23		
8-1	粉质黏土	50	3200	45	1000	
8-2	粉质黏土	50	3500	45	1100	
8-3	粉质黏土			35		
9	粉土			45	800	
10	粉质黏土夹粉土			40	700	

（3）单桩竖向极限承载力估算　根据《建筑桩基技术规范》（JGJ 94—2008）按公式

$$Q_{uk} = u \sum q_{sik} l_i + \alpha p_{sk} A_p$$
$$Q_{uk} = u \sum \Psi_{si} q_{sik} l_i + \Psi_p q_{pk} A_p$$

估算单桩竖向极限承载力，详见表 6-18。

表 6-18 仅为估算结果，如设计过程中需改变桩型、桩长等设计参数时，可根据表 6-17 桩基设计参数表所提供的参数重新估算单桩竖向极限承载力标准值。桩基础施工全面展开之前，应先试桩，做静载荷试验，以取得比较可靠的设计依据。单桩竖向极限承载力以载荷试验结果为准。

（4）桩端下卧层验算　拟建场地内 9～11 层小高层住宅楼采用（5-1）层粉质黏土层作为桩端持力层，下部（5-2）层粉质黏土承载力大于桩端持力层承载力 1/3，可不进行下卧层

表 6-18　单桩竖向极限承载力估算表

桩型	孔号	桩顶标高/m	桩底标高/m	持力层	桩长/m	桩径/mm	参数法/kN	推荐值/kN
预应力管桩	J1	−3.10	−15.10	5-1	12.00	$\Phi400$	1228	1200
	J4	−3.10	−15.10	5-1	12.00	$\Phi400$	1262	
	J7	−3.10	−15.10	5-1	12.00	$\Phi400$	1294	
	J8	−3.10	−15.10	5-1	12.00	$\Phi400$	1302	
	J13	−3.10	−15.10	5-1	12.00	$\Phi400$	1240	
	J15	−3.10	−38.10	8-1	35.00	$\Phi600$	4243	4000
	J17	−3.10	−38.10	8-1	35.00	$\Phi600$	4070	
	J18	−3.10	−38.10	8-1	35.00	$\Phi600$	4226	
	J20	−3.10	−38.10	8-1	35.00	$\Phi600$	4180	
钻孔灌注桩	J16	−3.10	−51.10	9	48.00	$\Phi750$	5544	5500
	J18	−3.10	−51.10	9	48.00	$\Phi750$	5737	
	J20	−3.10	−51.10	9	48.00	$\Phi750$	5555	
	J15	−3.10	−55.10	10	52.00	$\Phi750$	5934	5900

强度验算；拟建场地内 33～34 层高层住宅楼采用（8-1）层粉质黏土层、（8-2）层粉质黏土、（9）层粉土或（10）层粉质黏土夹粉土作为桩端持力层，下卧土层工程性能中等，桩端持力层下无明显软弱土层分布，可不进行下卧层强度验算。

（5）桩基沉降分析

按规范所规定的控制建筑物变形要求，高层建筑控制其总沉降量及整体倾斜，计算方法采用分层总和法。采用分层总和法计算时，压缩模量根据各地基土在自重压力至自重压力加附加压力之和时的压缩模量 E_s 值选用。沉降计算深度 Z_n 以应力比法确定。建议设计根据实际压力情况及基础形式进行沉降计算。

场地揭露土层分布相对稳定、均匀，单桩竖向极限承载力标准值略有差异，定性预测拟建高层办公楼的地基变形主要受倾斜值和平均沉降量控制，但其桩端及桩端以下土层分布相对稳定、均匀，为可塑状粉质黏土，土体力学强度中等，定性分析其倾斜值和平均沉降量在规范允许范围内。具体地基变形值大小应由结构设计人员计算确定，并对拟建住宅楼在施工及使用期间进行沉降观测，直至沉降相对稳定为止。

（6）高低层建筑差异沉降评价

拟建高层住宅楼与地下车库的荷载差异较大，由于高度差异较大，各主体结构之间、主体结构与地下室的差异沉降较大时，可能导致地下结构、基础的拉裂破坏。因此建议：调整地基持力层；不同建筑物或建筑部分的建造顺序；设置沉降缝或施工缝（后浇带）及其位置，施工后浇带的浇注时间等。

4. 地下室基坑工程

拟建场地基坑离周边道路及保留建筑距离较近。基坑开挖深度内地下水主要为浅部潜水含水层及弱承压含水层。根据《建筑基坑支护技术规程》（JGJ 120—2012）表 3.1.3 及《高层建筑岩土工程勘察规程》（JGJ 72—2004）表 8.7.2，综合场地周边环境、破坏后果、基坑开挖深度、场地工程地质条件和水文地质条件，本工程中两层整体地下室的基坑支护结构的安全等级为二级，建议进行专门的基坑设计。

（1）地下室抗浮评价

1）抗浮设计水位。现状场地地面平均标高 3.00m 左右，拟建场地南侧是道路，道路标高为 2.88～2.90m，并且场地北侧规划永久河道（河道宽度为 6.00m），排水状况良好。本场地 3～5 年内最高潜水水位标高 2.80m 左右，历史最高地下水位 3.00m。结合场地周边条件，综合建议本工程场地地下室抗浮水位设计值取 3.00m（黄海高程）。

2）抗浮措施。拟建场地下部设一层整体大地下室，地下室地板标高为 −1.50m，抗浮水位按 3.00m 考虑，浮力约为 45kN/m²。地下室与上部高层、小高层住宅楼相连部位，上部荷载将大于水浮力，可不考虑采取永久抗浮措施，施工时应采取临时抗浮措施；纯地下室部位，如果结构自重和上覆土重大于地下水对地下室产生的上浮力，则只需考虑施工时的临时抗浮措施；如不能满足须采取必要的抗浮措施，建议设置抗浮桩；纯地下车库区域抗浮桩，可选择桩型为 400mm×400mm 的预制方桩，根据拟建场地地基土层的力学性能分析，抗浮桩桩端宜进入（5-1）层粉质黏土中。

抗浮桩的单桩抗拔极限承载力可按《高层建筑岩土工程勘察规程》（JGJ 72—2004）第 8.6.8 条的公式 $Q_{ul} = \sum \lambda_i q_{si} u_i l_i$ 进行估算，土层的抗拔极限侧阻力 q_{si}、抗拔系数 λ_i 可参见表 6-17 桩基设计参数表。

抗浮桩的抗拔极限承载力应通过现场抗拔静载荷试验确定。

（2）基坑工程评价

1）基坑围护设计参数。有关基坑围护设计岩土参数见表 6-19。

表 6-19　基坑围护设计岩土参数

层号	岩土名称	重度 γ	UU		q		渗透系数		承载力 f_{ak}
		kN/m³	c_k/kPa	φ_k/(°)	c_k/kPa	φ_k/(°)	K_v/(cm/s)	K_h/(cm/s)	kPa
2-1	粉质黏土	19.2	48.0	4.4	48.0	9.3	3.36×10^{-7}	4.01×10^{-7}	160
2-2	粉质黏土	19.4	57.0	4.0	53.8	9.7	3.68×10^{-7}	4.74×10^{-7}	210
3-1	粉土	18.7	21.0	15.7			2.40×10^{-4}	5.16×10^{-4}	140
3-2	粉质黏土	19.0	43.0	3.7	41.5	9.5	3.16×10^{-7}	4.65×10^{-7}	150

注：表中渗透系数为室内试验数据，为取得较为可靠的渗透系数，如条件允许需进行现场抽水试验。

2）基坑支护方案建议。经调查，基坑周边线外土层与场区内土层相同，本工程基坑底土层为（2-2）层粉质黏土、（3-1）层粉土、（3-2）层粉质黏土，大部分地段基坑侧壁为（1）表土、（2-1）层粉质黏土、（2-2）层粉质黏土、（3-1）粉土及（3-2）层粉质黏土，现状地面标高约为 3.00m，底板标高为 −1.50～−3.10m，地下室开挖深度 4.50～6.10m，建议采用适当放坡并结合土钉墙基坑围护措施。

3）地下水控制方案建议。对地下基坑有影响的含水层有三层：（1）层表土中潜水含水层和（3-1）层粉土及（4-2）层粉土中的弱承压水含水层。其中（1）层表土含水层厚度不大，含水量较小，主要受大气降水和地表水体侧向补给；（3-2）粉土为弱承压含水层，其富水性、给水性中等，勘察期间采用套管隔断该含水层上部土层，测得该微承压水的水位为黄海标高 0.20m 左右；（4）层粉土为弱承压含水层，其富水性、给水性中等，勘察期间采用套管隔断该含水层上部土层，测得该微承压水的水位为黄海标高 −0.50m 左右。

对于纯地下室部位，地下室开挖深度为 4.50m，基底设计标高为 −1.50m，局部位于（3-1）层粉土层中，需考虑采取降低（3-1）层粉土中水位的措施。下部（4-2）层土中的微承压水，根据《建筑地基基础设计规范》（GB 50007—2011）附录 W 基坑抗渗稳定性验算公式 $\gamma_m (t + \Delta t)/P_w = 1.59 > 1.1$，经验算基坑开挖过程中基底土层厚度能满足抗渗稳定性要求。

本工程住宅楼下地下室开挖深度约 6.10m，基底设计标高 −3.10m。基底位于（3-1）层粉土及（3-2）层粉质黏土层内，需考虑采取降低（3-1）层粉土中水位的措施。下部（4-2）层土中的微承压水，根据《建筑地基基础设计规范》（GB 50007—2011）附录 W 基坑渗

稳定性验算公式 $\gamma_m (t+\Delta t)/P_w = 1.107 > 1.1$，经验算基坑开挖过程中基底土层厚度能满足抗渗稳定性要求。

经上述计算建议基坑施工时适当设置轻型井点或管井类降水措施，将（3-1）层粉土中的微承压水水头降水位降至基坑底板以下 0.50m，再进行施工。

在施工的同时须预先设置好明沟、集水井等排水系统，防止多雨天气及地表水及表土上层滞水渗流入基坑内造成坑内大量积水。

4）基坑开挖建议

① 基坑开挖应根据支护结构设计、降排水要求，确定开挖方案。

② 基坑边界周围地面应设置排水沟，且应避免漏水、渗水进入基坑。

③ 基坑周边严禁超堆荷载。

④ 基坑开挖做到分层均衡开挖，控制开挖深度，严禁超挖。

⑤ 基坑开挖过程中，应采用措施防止碰撞支护结构、工程桩或扰动基底原状土。

⑥ 发现异常情况时，应立即停止挖土，及时调整设计方案并采取相应的补救措施，在确认消除安全因素后，方能重新施工。

⑦ 开挖至坑底标高后，为了避免基坑暴露时间过长，坑底应及时满封闭并进行基础工程施工。

小　结

本章主要介绍了岩土工程勘察阶段与勘察等级的划分、地基勘察方法、岩土工程勘察报告及应用以及验槽。

岩土工程勘察阶段一般分为可行性研究勘察、初步勘察和详细勘察三个阶段，必要时可进行施工勘察。岩土工程勘察等级根据工程重要性等级、场地复杂程度等级和地基复杂程度等级可分为甲级、乙级和丙级三个等级。勘探是地基勘察的常用手段，勘探包括钻探、井探、槽探、洞探和地球物理勘探等。原位测试主要包括载荷试验、静力触探试验、动力触探试验（圆锥动力触探试验、标准贯入试验）等。室内试验是地基勘察工作的重要内容，试验项目和试验方法应根据工程要求和岩土性质的特点来确定。地基勘察报告一般应包括 11 个方面的内容。

验槽方法主要以肉眼直接观察，有时可用袖珍式贯入仪作为辅助手段，在必要时可进行夯、拍或轻便勘探。基槽的局部处理主要包括：松土坑的处理；大口井或土井的处理；局部硬土的处理；局部软土的处理；人防通道的处理；管道的处理。

思　考　题

1. 为什么要进行岩土工程勘察？勘察分为哪几个阶段？分别包括哪些内容？

2. 地基勘察中常用的勘探方法有哪些？

3. 地基勘察报告主要包括哪些内容？

4. 为什么要进行验槽？验槽主要包括哪些内容？

5. 建筑场地根据什么进行分级？何谓复杂场地？

6. 标准贯入试验与轻型动力触探有何不同？

7. 阅读和应用勘察报告的重点在何处？

第七章 天然地基上的浅基础

- 了解天然地基上浅基础的类型及各自特点；
- 熟悉选择基础埋置深度需考虑的因素；
- 掌握基础底面尺寸的确定方法；
- 掌握无筋扩展基础的设计方法；
- 熟练掌握钢筋混凝土扩展基础的设计方法；
- 了解减少地基不均匀沉降的措施。

- 会根据上部结构类型、荷载大小、工程地质条件等合理选择天然地基上的浅基础类型；
- 能综合考虑建筑物自身条件以及所处的环境选择技术可靠、经济合理的基础埋置深度；
- 会合理确定基础底面尺寸；
- 会验算地基软弱下卧层承载力；
- 能进行无筋扩展基础及钢筋混凝土扩展基础的初步设计。

第一节 地基基础设计的要求

地基基础设计必须根据建筑物的用途和安全等级、建筑布置、上部结构类型等和工程地质条件（建筑场地、地基岩土和气候条件等），综合考虑其他方面的要求（工期、施工条件、造价和环境保护等），合理地选择地基基础方案，因地制宜，精心设计，以确保建筑物的安全和正常使用。

地基可分为天然地基和人工地基两类。天然土层较好，可以直接作为建筑物地基的称为天然地基；需经过人工加固处理后才能作为建筑物地基的称为人工地基。

基础按照埋置深度和施工方法的不同可分为浅基础和深基础两类。一般埋深较浅、施工方法比较简单的基础都属于浅基础；而采用桩基础、沉井基础和地下连续墙等特殊方法修建的基础称为深基础。一般情况下，天然地基上修筑浅基础施工简单，不需要复杂的施工设备，可以缩短工期，降低造价，而人工地基及深基础施工较复杂，造价也较高。因此，在保证建筑物的安全和正常使用的前提下，应首先考虑选用天然地基上浅基础的设计方案。

一、地基基础设计等级

根据地基复杂程度、建筑物规模和功能特征，以及由于地基问题可能造成建筑物破坏或影响正常使用的程度，将地基基础设计分为三个设计等级，设计时应根据具体情况，按表7-1选用。

二、地基基础设计的基本要求

根据建筑物地基基础设计等级及长期荷载作用下地基变形对上部结构的影响程度，地基

表 7-1　地基基础设计等级

设计等级	建筑和地基类型
甲级	重要的工业与民用建筑 30 层以上的高层建筑物 体型复杂,层数相差超过 10 层的高低层连成一体的建筑物 大面积的多层地下建筑物(如地下车库、商场、运动场等) 对地基变形有特殊要求的建筑物 复杂地质条件下的坡上建筑物(包括高边坡) 对原有工程影响较大的新建建筑物 场地和地基条件复杂的一般建筑物 位于复杂地质条件及软土地区的二层及二层以上地下室的基坑工程
乙级	除甲级、丙级以外的工业与民用建筑物
丙级	场地和地基条件简单,荷载分布均匀的七层及七层以下民用建筑及一般工业建筑物;次要的轻型建筑物

基础设计应符合下列规定。

(1) 所有建筑物的地基计算均应满足承载力计算的有关规定。

(2) 设计等级为甲级、乙级的建筑物,均应按地基变形设计。

(3) 表 7-2 所列范围内设计等级为丙级的建筑物可不做变形验算,如有下列情况之一时,仍应作变形验算:

① 地基承载力特征值小于 130kPa,且体型复杂的建筑;

② 在基础上及其附近有地面堆载或相邻基础荷载差异较大,可能引起地基产生过大的不均匀沉降时;

表 7-2　可不做地基变形计算设计等级为丙级的建筑物范围

地基主要受力层情况	地基承载力特征值 f_{ak}/kPa			$60 \leqslant f_{ak}$ <80	$80 \leqslant f_{ak}$ <100	$100 \leqslant f_{ak}$ <130	$130 \leqslant f_{ak}$ <160	$160 \leqslant f_{ak}$ <200	$200 \leqslant f_{ak}$ <300
	各土层坡度/%			≤5	≤5	≤10	≤10	≤10	≤10
建筑类型	砌体承重结构、框架结构(层数)			≤5	≤5	≤5	≤6	≤6	≤7
	单层排架结构(6m 柱距)	单跨	吊车额定起重量/t	5~10	10~15	15~20	20~30	30~50	50~100
			厂房跨度/m	≤12	≤18	≤24	≤30	≤30	≤30
		多跨	吊车额定起重量/t	3~5	5~10	10~15	15~20	20~30	30~75
			厂房跨度/m	≤12	≤18	≤24	≤30	≤30	≤30
	烟囱		高度/m	≤30	≤40	≤50	≤75		≤100
	水塔		高度/m	≤15	≤20	≤30	≤30		≤30
			容积/m³	≤50	50~100	100~200	200~300	300~500	500~1000

注:1. 地基主要受力层系指条形基础底面下深度为 3b(b 为基础底面宽度),独立基础下为 1.5b,且厚度均不小于 5m 的范围(二层以下一般的民用建筑除外)。

2. 地基主要受力层中如有承载力特征值小于 130kPa 的土层时,表中砌体承重结构的设计,应符合《建筑地基基础设计规范》(GB 50007—2011)中第七章的有关要求。

3. 表中砌体承重结构和框架结构均指民用建筑,对于工业建筑可按厂房高度、荷载情况折合成与其相当的民用建筑层数。

4. 表中吊车额定起重量、烟囱高度和水塔容积的数值系指最大值。

③ 软弱地基上的建筑物存在偏心荷载时;

④ 相邻建筑距离过近,可能发生倾斜时;

⑤ 地基内有厚度较大或厚薄不均匀填土，其自重固结未完成时。

（4）对经常受水平荷载作用的高层建筑、高耸结构和挡土墙等，以及建造在斜坡上或边坡附近的建筑物和构筑物，尚应验算其稳定性。

（5）基坑工程应进行稳定性验算。

（6）当地下水埋藏较浅，建筑地下室或地下构筑物存在上浮问题时，尚应进行抗浮验算。

三、地基基础荷载取值

地基基础设计时，所采用的荷载效应最不利组合与相应的抗力限值应按下列规定。

① 按地基承载力确定基础底面积及埋深或按单桩承载力确定桩数时，传至基础或承台底面上的荷载效应应按正常使用极限状态下荷载效应的标准组合。相应的抗力应采用地基承载力特征值或单桩承载力特征值。

② 计算地基变形时，传至基础底面上的荷载效应应按正常使用极限状态下荷载效应的准永久组合，不应计入风荷载和地震作用。相应的限值应为地基变形允许值。

③ 计算挡土墙压力、地基或斜坡稳定及滑坡推力时，荷载效应应按承载力极限状态下荷载效应的基本组合，但其分项系数均为 1.0。

④ 在确定基础或桩台高度、支挡结构截面、计算基础或支挡结构内力，确定配筋和验算材料强度时，上部结构传来的荷载效应组合和相应的基底反力，应按承载力极限状态下荷载效应的基本组合，采用相应的分项系数。

当需要验算基础裂缝宽度时，应按正常使用极限状态荷载效应标准组合。

⑤ 基础设计安全等级、结构设计使用年限、结构重要性系数应按有关规范的规定采用，但结构重要性系数 γ_0 不应小于 1.0。

第二节　常见的基础类型

一、无筋扩展基础

无筋扩展基础是由砖、毛石、混凝土或毛石混凝土、灰土和三合土等材料组成的，且不需配置钢筋的墙下条形基础或柱下独立基础。无筋扩展基础广泛应用于基底压力较小或地基承载力较高的 6 层和 6 层以下（三合土基础不宜超过 4 层）的一般民用建筑和墙承重的轻型厂房。无筋扩展基础需具有较大的抗弯刚度，受荷后基础不允许挠曲变形和开裂。所以，设计时必须规定基础材料强度及质量、限制台阶高宽比、控制建筑物层高和一定地基承载力，而无需进行繁杂的内力分析和截面强度计算。

二、钢筋混凝土扩展基础

钢筋混凝土扩展基础是指柱下钢筋混凝土独立基础和墙下钢筋混凝土条形基础。

当基础荷载较大，基础底面尺寸也将扩大，为了满足高宽比的要求，相应的基础埋深较大，往往给施工带来不便。此外，无筋扩展基础还存在着用料多，自重大等特点。此时可采用钢筋混凝土扩展基础，这种基础的抗弯和抗剪性能好，可在竖向荷载较大，地基承载力不高以及承受水平力和力矩荷载等情况下使用。由于这类基础的高度不受台阶宽高比的限制，故适宜于需要"宽基浅埋"的情况。例如：当软土地基的表层具有一定厚度的"硬壳层"，并拟利用该层作为持力层时，便可考虑采用这类基础形式。由于钢筋混凝土基础是以钢筋受拉，混凝土受压的结构，即当考虑地基与基础相互作用时，将考虑基础的挠曲变形。

三、单独基础

单独基础（也称为"独立基础"）是整个或局部结构物下的无筋或配筋的单个基础。通常柱基、烟囱、水塔、高炉、机械设备基础多采用单独基础。

单独基础是柱基础中最常用和最经济的形式，它所用材料依柱的材料和荷载大小而定。现浇钢筋混凝土柱下常采用柱下钢筋混凝土独立基础，基础截面可做成阶梯形或锥形。预制柱下一般采用杯形基础。

四、条形基础

条形基础是指基础长度远远大于其宽度的一种基础形式。按上部结构型式，可分为墙下条形基础和柱下条形基础。

1. 墙下条形基础

墙下条形基础有墙下刚性条形基础和墙下钢筋混凝土条形基础两种。墙下刚性条形基础在砌体结构基础中得到广泛应用。当上部墙体荷载较大而土质较差时，可考虑采用"宽基浅埋"的墙下钢筋混凝土条形基础。墙下钢筋混凝土条形基础一般做成板式（或称为"无肋式"）。但当基础延伸方向的墙上荷载及地基土的压缩性不均匀时，为了增强基础的整体性和纵向抗弯能力，减小不均匀沉降，常采用带肋的墙下钢筋混凝土条形基础。

2. 柱下钢筋混凝土条形基础

在框架结构中，当地基软弱而荷载较大时，若采用柱下独立基础，可能因基础底面积很大而使基础边缘互相接近甚至重叠；为增加基础的整体性并方便施工，可将同一排的柱基础连通成为柱下钢筋混凝土条形基础。

五、十字交叉条形基础

当荷载较大，采用柱下钢筋混凝土条形基础不能满足地基基础设计要求时，可采用十字交叉条形基础（亦称为"十字交梁基础"或"交叉条形基础"）。这种基础在纵横两个方向均具有一定的刚度，当地基软弱且在两个方向的荷载和土质不均匀时，十字交叉条形基础具有良好的调整不均匀沉降的能力。

六、筏形基础

上部结构荷载较大，地基承载力较低，采用一般基础不能满足要求时，可将基础扩大成支承整个结构的大钢筋混凝土板，即成为筏形基础或称为筏板基础。筏形基础不仅能减少地基土的单位面积压力，提高地基承载力，还能增强基础的整体刚度，调整不均匀沉降，故在多层和高层建筑中被广泛采用。

当柱荷载不大，柱距较小且柱距相等时，筏形基础常做成一块等厚的钢筋混凝土板，称为平板式筏形基础。当荷载较大且不均匀，柱距又较大时，将产生较大的弯曲应力，可沿柱轴线纵横向设肋梁，就成为梁板式筏形基础。肋梁设在板下使地坪自然形成，且较经济，但施工不便，如图7-1（a）所示；肋梁也可设在板上方，施工方便，但要架空地坪，如图7-1（b）所示。

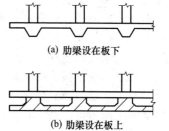

(a) 肋梁设在板下

(b) 肋梁设在板上

图 7-1　梁板式筏基的
肋梁位置

七、箱形基础

箱形基础是多层和高层建筑中广泛采用的一种基础形式，一般由钢筋混凝土建造，顶板、底板、外墙和内墙组成空间整体结构，可结合建筑使用功能设计成地下室。

箱形基础具有以下特点。

（1）箱形基础有很大的刚度和整体性　箱形基础能有效地调整基础的不均匀沉降，常用于上部结构荷载大，地基软弱且分布不均的情况。当地基特别软弱且复杂时，可采用箱基下桩基的方案。

（2）箱形基础有较好的抗震效果　箱形基础将上部结构较好地嵌固于基础，基础埋置较深，可降低建筑物的重心，增加建筑的整体性。在地震区，对抗震、人防和地下室有要求的高层建筑，宜采用箱形基础。

（3）箱形基础有较好的补偿性　箱形基础的埋置深度一般比较大，基础底面处的土自重应力和水压力在很大程度上补偿了由于建筑物自重和荷载产生的基底压力。

第三节　基础埋置深度

基础埋置深度是指基础底面至地面（一般指室外设计地面）的距离。

基础埋置深度的大小对于建筑物的安全和正常使用、基础施工技术措施、施工工期和工程造价等影响很大。因此合理确定基础埋置深度是基础设计工作中的重要环节。设计时必须综合考虑建筑物的自身条件（如使用条件、结构形式、荷载大小和性质等），以及所处的环境（水文地质条件、气候条件、相邻建筑物的影响等），选择技术上可靠、经济上合理的基础埋置深度。以下分述选择基础埋置深度时应考虑的几个主要因素。

一、建筑物类型及基础构造

在保证建筑物基础安全稳定、耐久使用的前提下，应尽量浅埋，以便节约投资，方便施工。某些建筑物需要具备一定的使用功能或宜采用某种基础形式，这些要求常成为其基础埋深选择的先决条件。对高层建筑筏形和箱形基础，其埋置深度应满足地基承载力、变形和稳定性的要求。在抗震设防地区，除岩石地基外，天然地基上的箱形和筏形基础其埋置深度不宜小于建筑物高度的1/15；桩箱或桩筏基础的埋置深度（不计桩长）不宜小于建筑物高度的1/20～1/18。位于岩石地基上的高层建筑，其基础埋深应满足防滑要求。

如果在基础范围内有管线或坑沟等地下设施通过时，基础的顶板原则上应低于这些设施的底面，否则应采取有效措施，消除基础对地下设施的不利影响。

为了保护基础不受人类和生物活动的影响，基础宜埋置在地表以下，其最小埋深为0.5m（岩石地基除外），且基础顶面宜低于室外设计地面0.1m以上，以便于建筑物周围排水沟的布置。

二、基础上荷载的大小和性质

结构物荷载的大小和性质不同，对地基土的要求也不同，因而会影响基础埋置深度的选择。浅层某一深度的土层，对荷载小的基础可能是很好的持力层，而对荷载较大的基础就可能不宜做持力层。荷载的性质对基础埋置深度的影响也很明显。对于承受水平荷载的基础，必须有足够的埋置深度来获得土的侧向抗力，以保证基础的稳定性，减少建筑物的整体倾斜，防止倾覆和滑移。

对于承受上拔力的基础，如输电塔基础，也要求有较大的基础埋深以提供足够的抗拔阻力。对于承受动荷载的基础，则不宜选择饱和疏松的粉细砂作为持力层，以免这些土层由于振动液化而丧失承载力，造成基础失稳。

三、工程地质和水文地质条件

直接支承基础的土层称为持力层，其下的各土层称为下卧层。为了保证建筑物的安全和正常使用，必须根据荷载的大小和性质给基础选择可靠的持力层。一般当上层土的承载力能满足要求时，就应选择浅埋，以减少造价；若其下有软弱土层时，则应验算软弱下卧层的承载力是否满足要求，并尽可能增大基底至软弱下卧层的距离。对于在基础延伸方向上土性不均匀的地基，有时可以根据持力层的变化，将基础分成若干段，各段采用不同的基础埋深，以减少基础的不均匀沉降。

选择基础埋深时应注意地下水的埋藏条件和动态。对于天然地基上浅基础的设计，首先应考虑尽量将基础置于地下水位以上，以避免施工降水的麻烦。如必须放在地下水位以下，则应在施工时采取措施，以保证地基土不受扰动。同时必须考虑基坑排水、坑壁围护等措施；出现涌土、流砂的可能性；地下水对基础材料的化学腐蚀作用；地下室防渗；轻型结构物由于地下水顶托的上浮托力；地下水浮托力引起基础底板的内力等。当地下水具有侵蚀性时，应根据地下水侵蚀程度不同，采取对基础材料选用相应等级的措施，以保证基础构件不受或少受地下水侵蚀。

四、场地环境条件

当建筑物场地环境条件中存在相邻建筑物时，新建建筑物的基础埋深不宜大于原有建筑基础。当埋深大于原有建筑基础时，两基础间应保持一定净距，其数值应根据原有建筑物的大小、基础形式和土质情况确定。如上述要求不能满足时，应采取分段施工，设临时加固支撑，打板桩、地下连续墙等施工措施，或加固原有建筑物地基。

五、地基土冻胀的影响

地表下一定深度的地层温度，随大气温度而变化。当地层温度降至摄氏零度以下时，土中部分孔隙水将冻结而形成冻土。冻土可以分为多年冻土和季节性冻土两类。多年冻土是连续保持冻结状态三年以上的土层。季节性冻土是指一年内冬季冻结、天暖解冻交替出现的冻土。土冻结后体积增大的现象称为冻胀。若冻胀产生的上抬力大于作用在基底的竖向力，会引起建筑物开裂甚至破坏。土层解冻时，土中的冰晶体融化，使土体软化、含水量增大、强度降低，将产生很大的附加沉降，称为融陷。

季节性冻土的冻胀性和融陷性是相互关联的，常以冻胀性加以概括。《建筑地基基础设计规范》（GB 50007—2011）根据土的类别、天然含水量大小和地下水位相对深度，将地基土划分为不冻胀、弱冻胀、冻胀、强冻胀、特强冻胀五类。

在季节性冻土地区，决定基础的埋置深度时尚应考虑地基土的冻胀性。地基的冻胀性类别应根据冻土层的平均冻胀率 η 的大小，按照表 7-3 查取。

1. 设计冻结深度与基础埋深的确定

季节性冻土地基的设计冻结深度 z_d 应按式（7-1）计算：

$$z_d = z_0 \psi_{zs} \psi_{zw} \psi_{ze} \tag{7-1}$$

式中 z_d——设计冻结深度，若当地有多年实测资料时，也可：$z_d = h' - \Delta z$，h' 和 Δz 分别为最大冻结深度出沉时场地最大冻土层厚度和地表冻胀量，m；

z_0——标准冻结深度，系采用在地表平坦、裸露、城市之外的空旷场地中不少于 10 年实测最大冻结深度的平均值；当无实测资料时，采用《建筑地基基础设计规范》（GB 50007—2011）推荐的我国标准冻结深度线图；

ψ_{zs}——土的类别对冻结深度的影响系数，按表 7-4 查取；

ψ_{zw}——土的冻胀性对冻结深度的影响系数，按表 7-5 查取；

ψ_{ze}——环境对冻结深度的影响系数，按表 7-6 查取。

2. 防冻害措施

在冻胀、强冻胀、特强冻胀地基上，应采用下列防冻害措施。

① 对地下水位以上的基础，基础侧面应回填非冻胀性的中砂或粗砂，其厚度不应小于 10cm；对在地下水位以下的基础，可采用桩基础、自锚式基础（冻土层下有扩大板或扩底短桩）或采取其他有效措施。

表 7-3　地基土的冻胀性分类

土的名称	冻前天然含水量 w/%	冻结期间地下水位距冻结面的最小距离 h_w/m	平均冻胀率 η/%	冻胀等级	冻胀类别
碎（卵）石，砾、粗、中砂（粒径小于 0.075mm 颗粒含量大于 15%），细砂（粒径小于 0.075mm 颗粒含量大于 10%）	$w \leqslant 12$	>1.0	$\eta \leqslant 1$	I	不冻胀
		≤1.0	$1 < \eta \leqslant 3.5$	II	弱冻胀
	$12 < w \leqslant 18$	>1.0			
		≤1.0	$3.5 < \eta \leqslant 6$	III	冻胀
	$w > 18$	>0.5			
		≤0.5	$6 < \eta \leqslant 12$	IV	强冻胀
粉砂	$w \leqslant 14$	>1.0	$\eta \leqslant 1$	I	不冻胀
		≤1.0	$1 < \eta \leqslant 3.5$	II	弱冻胀
	$14 < w \leqslant 19$	>1.0			
		≤1.0	$3.5 < \eta \leqslant 6$	III	冻胀
	$19 < w \leqslant 23$	>1.0			
		≤1.0	$6 < \eta \leqslant 12$	IV	强冻胀
	$w > 23$	不考虑	$\eta > 12$	V	特强冻胀
粉土	$w \leqslant 19$	>1.5	$\eta \leqslant 1$	I	不冻胀
		≤1.5	$1 < \eta \leqslant 3.5$	II	弱冻胀
	$19 < w \leqslant 22$	>1.5			
		≤1.5	$3.5 < \eta \leqslant 6$	III	冻胀
	$22 < w \leqslant 26$	>1.5			
		≤1.5	$6 < \eta \leqslant 12$	IV	强冻胀
	$26 < w \leqslant 30$	>1.5			
		≤1.5	$\eta > 12$	V	特强冻胀
	$w > 30$	不考虑			
黏性土	$w \leqslant w_p + 2$	>2.0	$\eta \leqslant 1$	I	不冻胀
		≤2.0	$1 < \eta \leqslant 3.5$	II	弱冻胀
	$w_p + 2 < w \leqslant w_p + 5$	>2.0			
		≤2.0	$3.5 < \eta \leqslant 6$	III	冻胀
	$w_p + 5 < w \leqslant w_p + 9$	>2.0			
		≤2.0	$6 < \eta \leqslant 12$	IV	强冻胀
	$w_p + 9 < w \leqslant w_p + 15$	>2.0			
		≤2.0	$\eta > 12$	V	特强冻胀
	$w > w_p + 15$	不考虑			

注：1. w_p—塑限含水量，%；
　　　w—在冻土层内冻前天然含水量的平均值。
　　2. 盐渍化冻土不在表列。
　　3. 塑性指数大于 22 时，冻胀性降低一级。
　　4. 粒径小于 0.005mm 的颗粒含量大于 60% 时，为不冻胀土。
　　5. 碎石类土当充填物大于全部质量的 40% 时，其冻胀性按充填物土的类别判断。
　　6. 碎石土、砾砂、粗砂、中砂（粒径小于 0.075mm 颗粒含量不大于 15%）、细砂（粒径小于 0.075mm 颗粒含量不大于 10%）均按不冻胀考虑。

表 7-4　土的类别对冻结深度的影响系数

土的类别	影响系数 ψ_{zs}	土的类别	影响系数 ψ_{zs}
黏性土	1.00	中、粗、砾砂	1.30
细砂、粉砂、粉土	1.20	碎石土	1.40

表 7-5　土的冻胀性对冻结深度的影响系数

冻胀性	影响系数 ψ_{zw}	冻胀性	影响系数 ψ_{zw}
不冻胀	1.00	强冻胀	0.85
弱冻胀	0.95	特强冻胀	0.80
冻胀	0.90		

表 7-6　环境对冻结深度的影响系数

周围环境	影响系数 ψ_{ze}	周围环境	影响系数 ψ_{ze}
村、镇、旷野	1.00	城市市区	0.90
城市近郊	0.95		

注：环境影响系数一项，当城市市区人口为 20 万～50 万时，按城市近郊取值；当城市市区人口大于 50 万小于或等于 100 万时，按城市市区取值；当城市市区人口超过 100 万时，除计入市区影响外，尚应考虑 5km 以内的郊区近郊影响系数。

当建筑基础底面之下允许有一定厚度的冻土层，可用式（7-2）计算基础的最小埋深：

$$d_{min} = z_d - h_{max} \tag{7-2}$$

式中　h_{max}——基础底面下允许残留冻土层的最大厚度，m，按表 7-7 查取。

表 7-7　建筑基底下允许残留冻土层最大厚度 h_{max}

冻胀性	基础形式	采暖情况	基底平均压力/kPa						
			90	110	130	150	170	190	210
弱冻胀土	方形基础	采暖	—	0.94	0.99	1.04	1.11	1.15	1.20
		不采暖	—	0.78	0.84	0.91	0.97	1.04	1.10
	条形基础	采暖	—	>2.50	>2.50	>2.50	>2.50	>2.50	>2.50
		不采暖	—	2.20	2.50	>2.50	>2.50	>2.50	>2.50
冻胀土	方形基础	采暖	—	0.64	0.70	0.75	0.81	0.86	—
		不采暖	—	0.55	0.60	0.65	0.69	0.74	—
	条形基础	采暖	—	1.55	1.79	2.03	2.26	2.50	—
		不采暖	—	1.15	1.35	1.55	1.75	1.95	—
强冻胀土	方形基础	采暖	—	0.42	0.47	0.51	0.56	—	—
		不采暖	—	0.36	0.40	0.43	0.47	—	—
	条形基础	采暖	—	0.74	0.88	1.00	1.13	—	—
		不采暖	—	0.56	0.66	0.75	0.84	—	—
特强冻胀土	方形基础	采暖	0.30	0.34	0.38	0.41	—	—	—
		不采暖	0.24	0.27	0.31	0.34	—	—	—
	条形基础	采暖	0.43	0.52	0.61	0.70	—	—	—
		不采暖	0.33	0.40	0.47	0.53	—	—	—

注：1. 本表只计算法向冻胀力，如果基侧存在切向冻胀力，应采取防切向力措施。

2. 本表不适用于宽度小于 0.6m 的基础，矩形基础可取短边尺寸按方形基础计算。

3. 表中数据不适用与淤泥、淤泥质土和欠固结土。

4. 表中基底平均压力数值为永久荷载标准值乘以 0.9，可以内插。

② 宜选择地势高、地下水位低、地表排水良好的建筑场地。对低洼场地，宜在建筑四周向外一倍冻深距离范围内，使室外地坪至少高出自然地面 300～500mm。

③ 防止雨水、地表水、生产废水、生活污水浸入建筑地基，应设置排水设施。在山区应设截水沟或在建筑物下面设置暗沟，以排走地表水和潜水流。

④ 在强冻胀性和特强冻胀性地基上，其基础结构应设置钢筋混凝土圈梁和基础梁，并控制上部建筑的长高比，增强房屋的整体刚度。

⑤ 当独立基础联系梁下或桩基础承台下有冻土时，应在梁或承台下留有相当于该土层冻胀量的空隙，以防止因土的冻胀将梁或承台拱裂。

⑥ 外门斗、室外台阶或散水坡等部位宜与主体结构断开，散水坡分段不宜超过 1.5m，

坡度不宜小于3%，其下宜填入非冻胀性材料。

⑦ 对跨年度施工的建筑，入冬前应对地基采取相应的防护措施；按采暖设计的建筑物，当冬季不能正常采暖时，也应对地基采取保温措施。

第四节　基础底面尺寸的确定

在初步选择基础类型和埋置深度后，就可以根据地基承载力特征值计算基础底面的尺寸。如果持力层较薄，且其下存在承载力显著低于持力层的下卧层时，尚需对软弱下卧层进行承载力验算。根据承载力确定基础底面尺寸后，必要时尚应对地基变形或稳定性进行验算。

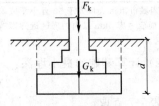

一、中心荷载作用下的基础

在荷载效应标准组合的中心荷载 F_k、G_k 作用下（图 7-2），按均匀分布的简化计算方法，基底压力 p_k 可按式（7-3）计算：

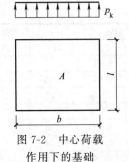

$$p_k = \frac{F_k + G_k}{A} \qquad (7\text{-}3)$$

式中　p_k——相应于荷载效应标准组合时，基础底面处的平均压力值，kPa；

F_k——相应于荷载效应标准组合时，上部结构传至基础顶面标高处的竖向力值，kN；

G_k——基础及其上方回填土的自重，kN，$G_k = \gamma_G A \overline{d}$；

γ_G——基础及其上方回填土的平均重度，一般取 $\gamma_G = 20\text{kN/m}^3$；

$\overline{d}$——基础平均埋深，m；

A——基础底面积，m^2。

图 7-2　中心荷载作用下的基础

要求作用在基础底面上的压力小于修正后的地基承载力特征值，即：

$$p_k \leqslant f_a$$

将式（7-3）及 $G_k = \gamma_G A \overline{d}$ 代入上式后即可得到中心荷载作用下的基础底面积 A 的计算公式：

$$A = \frac{F_k}{f_a - \gamma_G \overline{d}} \qquad (7\text{-}4)$$

对于方形基础：

$$b = \sqrt{A} \geqslant \sqrt{\frac{F_k}{f_a - \gamma_G \overline{d}}} \qquad (7\text{-}5)$$

式中　b——方形基础的边长，m。

对于矩形基础：

$$bl = A \geqslant \frac{F_k}{f_a - \gamma_G \overline{d}} \qquad (7\text{-}6)$$

按上式计算出基底面积 A 后，先选定 b 或 l，再计算出另一边长。一般取 $l/b \leqslant 1.2 \sim 2$。

对于条形基础，沿基础长度方向，取 1m 作为计算单元，故基底宽度为：

$$b \geqslant \frac{F_k}{f_a - \gamma_G \overline{d}} \qquad (7\text{-}7)$$

式中 b——条形基础宽度，m；

　　F_k——相应于荷载效应标准组合时，沿长度方向 1m 范围内上部结构传至地面标高处的竖向力值，kN/m。

在上面的计算中，需要先确定地基承载力特征值 f_a。但 f_a 与基础底面宽度 b 有关，即公式中 b 与 f_a 都是未知数，因此必须通过试算确定。计算时可先对地基承载力特征值按基础埋深进行修正，然后计算出所需要基础底面积和宽度，再考虑是否需要进行宽度修正。

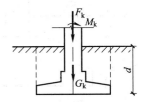

二、偏心荷载作用下的基础

如图 7-3 所示，在荷载 F_k、G_k 和单向弯矩 M_k 的共同作用下，根据基底压力呈直线分布的假定，在满足 $p_{kmin} > 0$ 的条件下，p_k 为梯形分布，基底边缘最大、最小压力为：

$$\left. \begin{array}{c} p_{kmax} \\ p_{kmin} \end{array} \right\} = \frac{F_k + G_k}{A} \pm \frac{M_k}{W} \tag{7-8}$$

对于矩形基础：

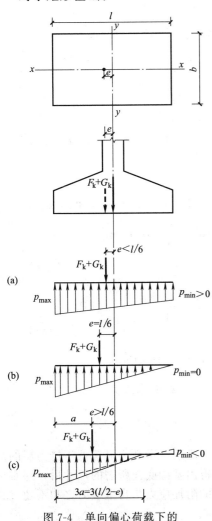

图 7-4 单向偏心荷载下的
矩形基底压力分布

$$\left. \begin{array}{c} p_{kmax} \\ p_{kmin} \end{array} \right\} = \frac{F_k + G_k}{A}\left(1 \pm \frac{6e}{l}\right) \tag{7-9}$$

图 7-3 单向偏心荷载
作用下的基础

式中 e——偏心距，m，$e = \dfrac{M}{F_k + G_k}$；

　　l——基础底面偏心方向的边长，m。

式（7-9）适用条件为 $e \leqslant l/6$ ［（图 7-4（a）］；当 $e > l/6$ 时 ［图7-4（c）］，按式（7-10）计算 p_{kmax}。

$$p_{kmax} = \frac{2(F_k + G_k)}{3ab} \tag{7-10}$$

偏心荷载作用时，除需要满足 $p_k \leqslant f_a$ 外，尚应符合式（7-11）的要求：

$$p_{kmax} \leqslant 1.2 f_a \tag{7-11}$$

根据上述承载力计算的要求，在计算偏心荷载作用下的基础底面尺寸时，通常通过试算确定，其具体步骤如下。

① 先按中心荷载作用的公式求基础底面积 A_0；

② 考虑到偏心荷载作用下应力分布不均匀，按照偏心程度将基础底面积 A_0 酌情增大 10%～40%，即：

$$A = (1.1 \sim 1.4)A_0$$

③ 然后按式（7-8）计算基底压力以验算地基承载力。如果不满足要求，则调整基础底面积 A，直至满足要求为止。

在确定基础底面边长时，应注意荷载对基础的偏心距不宜过大，以保证基础不致发生过大的倾斜。一般情况下，对中、高压缩性土上的基础（包括设吊车的工业厂房柱基础），偏心距 e 不宜大于 $l/6$；对低压缩性土，可适当放宽，但偏心距不得大于 $l/4$。

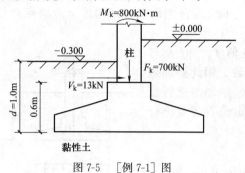

图 7-5　[例 7-1] 图

【**例 7-1**】 如图 7-5 所示，某柱截面为 300mm×400mm，相应于荷载效应标准组合时，作用在柱底的荷载设计值：$F_k=700$kN，$M_k=800$kN·m，水平荷载 $V_k=13$kN。该柱地基为均质黏性土层，重度 $\gamma=17.5$kN/m³，孔隙比 $e=0.7$，液性指数 $I_L=0.78$，地基承载力特征值 $f_{ak}=226$kPa。试根据持力层地基承载力确定柱下独立基础的底面尺寸。

解 （1）求修正后的地基承载力特征值 f_a（先不考虑对基础宽度进行修正）

根据已知条件：黏性土 $e=0.7$，$I_L=0.78$，查表可得 $\eta_d=1.6$

则持力层承载力 f_a 为：

$$f_a=f_{ak}+\eta_d\gamma_m(d-0.5)=226+1.6\times17.5\times(1.0-0.5)=240\ (\text{kPa})$$

（2）初步选择基础底面尺寸

计算平均埋深 $\bar{d}$：

$$\bar{d}=\frac{1.0+1.3}{2}=1.15\ (\text{m})$$

由式（7-4）可得 $A_0\geqslant\dfrac{F_k}{f_a-\gamma_G d}=\dfrac{700}{240-20\times1.15}=3.23\ (\text{m}^2)$

由于偏心力矩中等，基础底面积酌情按 20%增大，即：

$$A=1.2A_0=1.2\times3.23=3.88\ (\text{m}^2)$$

所以，初步选择基础底面积：$A=lb=2.4\times1.6=3.84\ (\text{m}^2)\approx3.88\ (\text{m}^2)$

即：$l=2.4$m，$b=1.6$m。

（3）验算持力层的承载力

基础及其回填土的自重 G_k 为：$G_k=\gamma_G A\bar{d}=20\times3.84\times1.15=88.3\ (\text{kN})$

偏心距：$e=\dfrac{M}{F_k+G_k}=\dfrac{800+13\times0.6}{700+88.3}=0.11\ (\text{m})<\dfrac{l}{6}=0.4\ (\text{m})$

所以，基底压力最大、最小值为：

$$\frac{p_{kmax}}{p_{kmin}}=\frac{F_k+G_k}{A}\left(1\pm\frac{6e}{l}\right)=\frac{700+88.3}{2.4\times1.6}\times\left(1\pm\frac{6\times0.11}{2.4}\right)=\frac{262}{149}\ (\text{kPa})$$

验算：

$$\bar{p}_k=\frac{p_{kmax}+p_{kmin}}{2}=205.5\ (\text{kPa})<f_a=240\ (\text{kPa})$$

$$p_{kmax}=262\ (\text{kPa})<1.2f_a=1.2\times240=288\ (\text{kPa})$$

可得出结论，地基承载力满足要求。

三、验算地基软弱下卧层承载力

在成层地基中，如果在地基受力层范围内存在软弱下卧层（承载力显著低于持力层的高压缩性土层）时，按前述由持力层土的地基承载力计算得出基础底面所需的尺寸后，还必须对软弱下卧层进行验算，要求作用在软弱下卧层顶面处的附加应力与自重应力之和不超过其承载力特征值，即：

$$p_z+p_{cz}\leqslant f_a$$

式中　p_z——相应于荷载效应标准组合时，软弱下卧层顶面处的附加应力值，kPa；

　　　p_{cz}——软弱下卧层顶面处土的自重应力值，kPa；

　　　f_a——软弱下卧层顶面处经深度修正后的地基承载力特征值，kPa。

关于附加应力 p_z 的计算，《建筑地基基础设计规范》（GB 50007—2011）提出了按扩散角原理的简化计算方法。见图 7-6。当持力层与软弱下卧层的压缩模量比值 $E_{s1}/E_{s2} \geqslant 3$ 时，对矩形和条形基础，假设基底处的附加应力向下传递时按某一角度 θ 向外扩散分布于较大的面积上，根据基底与软弱下卧层顶面处扩散面积上的总附加应力相等的条件，可得：

矩形基础：

$$p_z = \frac{lb(p_k - p_{c0})}{(b+2z\tan\theta)(l+2z\tan\theta)} \tag{7-12}$$

条形基础：

$$p_z = \frac{b(p_k - p_{c0})}{b+2z\tan\theta} \tag{7-13}$$

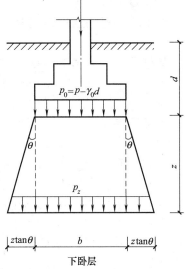

图 7-6　验算软弱下卧层计算简图

式中　b——矩形基础或条形基础底边的宽度，m；

　　　l——矩形基础底边的长度，m；

　　　p_k——相应于荷载效应标准组合时，基底压力平均值，kPa；

　　　p_{c0}——基础底面处土的自重压力值，kPa；

　　　z——基础底面至软弱下卧层顶面的距离，m；

　　　θ——地基压力扩散角（地基压力扩散线与垂直线的夹角），(°)，可按表 7-8 采用。

表 7-8　地基压力扩散角 θ

$\dfrac{E_{s1}}{E_{s2}}$	z/b	
	0.25	0.5
3	6°	23°
5	10°	25°
10	20°	30°

注：1. E_{s1} 为上层土压缩模量；E_{s2} 为下层土压缩模量。

2. 当 $z/b < 0.25$ 时，取 $\theta = 0°$，必要时，宜由试验确定；$z/b > 0.50$ 时，θ 值不变。

3. z/b 在 0.25 与 0.5 之间可插值使用。

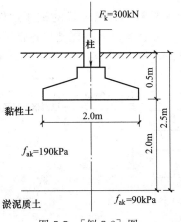

图 7-7　[例 7-2] 图

试验研究表明：基底压力增加到一定数值后，传至软弱下卧层顶面的压力将随之迅速增大，即 θ 角迅速减小，直到持力层冲切破坏时的 θ 值为最小，试验结果 θ 一般不超过 30°，因此表 7-8 中 θ 值取 30° 为上限。由此可见，如果满足软弱下卧层验算要求，实际上也就保证了上覆持力层将不发生冲切破坏。如果软弱下卧层承载力验算不满足要求，基础的沉降可能较大，或地基土可能产生剪切破坏，应考虑增大基础底面积，或改变埋深。如果这样处理仍未能符合要求，则应考虑另拟地基基础方案。

【例 7-2】　某场地土层分布为：上层为黏性土，厚度为 2.5m，重度 $\gamma = 18\text{kN/m}^3$，压缩模量 $E_{s1} = 9\text{MPa}$，承载力特征值为 $f_{ak} = 190\text{kPa}$。下层为淤泥质土，压缩

模量 $E_{s2}=1.8$ MPa，$f_{ak}=90$ kPa。作用在条形基础顶面的中心荷载值 $F_k=300$ kN/m。取基础埋深 0.5m，基础底面宽 2.0m，见图 7-7。试验算基础底面宽度是否合适。

解　(1) 验算持力层承载力

沿长度方向取 1m 作为计算单元。

修正后的持力层承载力特征值为：

$$f_a=f_{ak}+\eta_b(b-3)+\eta_d\gamma_m(d-0.5)=190\,(\text{kPa})$$

基础及其回填土的自重 G_k 为：$G_k=\gamma_G db=20\times0.5\times2.0=20\,(\text{kN/m})$

基底平均压力 p_k 为：$p_k=\dfrac{F_k+G_k}{b}=\dfrac{300+20}{2.0}=160\,(\text{kPa})<f_a=190\,(\text{kPa})$

故持力层承载力满足要求。

(2) 软弱下卧层验算

由 $E_{s1}/E_{s2}=9/1.8=5$，$z=2.5-0.5=2\,(\text{m})>0.50b=1\,(\text{m})$

查表 7-8 可得地基压力扩散角 $\theta=25°$

软弱下卧层顶面处的附加应力值：

$$p_z=\frac{b(p_k-p_{c0})}{b+2z\tan\theta}=\frac{2.0\times(160-18\times0.5)}{2.0+2\times2.0\times\tan25°}=78.1\,(\text{kPa})$$

软弱下卧层顶面处土的自重应力：$p_{cz}=\sum_{i=1}^{n}\gamma_0 h_i=18\times2.5=45\,(\text{kPa})$

由淤泥质土 $f_{ak}=90\,(\text{kPa})$，查表可得 $\eta_d=1.0$

$$\gamma_0=\frac{p_{cz}}{d+z}=\frac{45}{0.5+2.0}=18\,(\text{kN/m}^3)$$

$$f_a=f_{ak}+\eta_d\gamma_0(d+z-0.5)=90+1.0\times18\times(2.5-0.5)=126\,(\text{kPa})$$

$$p_z+p_{cz}=78+45=123(\text{kPa})<f_{az}=126\,(\text{kPa})$$

故软弱下卧层承载力满足要求。

第五节　无筋扩展基础设计

一、无筋扩展基础的概念

无筋扩展基础是由砖、毛石、混凝土或毛石混凝土、灰土和三合土等材料组成的，且不需配置钢筋的墙下条形基础或柱下独立基础。

无筋扩展基础的构造如图 7-8 所示。由于无筋扩展基础的材料都具有较好的抗压性能，但抗拉、抗剪强度不高，设计时必须保证在基础内产生的拉应力和剪应力不超过材料强度设

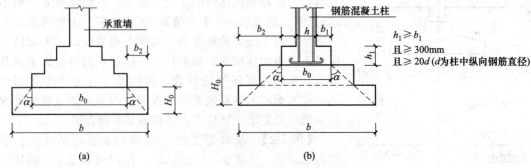

图 7-8　无筋扩展基础构造示意

计值，这个设计原则可以通过限制刚性角 α 小于刚性角限值 $[\alpha]_{\max}$，并且限制基础每个台阶的宽度与高度之比不超过《建筑地基基础设计规范》（GB 50007—2011）规定的台阶宽高比来实现，如表 7-9 所示。

表 7-9　无筋扩展基础台阶宽高比的容许值

基础材料	质量要求	台阶宽高比的容许值		
		$p_k \leqslant 100$	$100 < p_k \leqslant 200$	$200 < p_k \leqslant 300$
混凝土基础	C15 混凝土	1:1.00	1:1.00	1:1.25
毛石混凝土基础	C15 混凝土	1:1.00	1:1.25	1:1.50
砖基础	砖不低于 MU10，砂浆不低于 M5	1:1.50	1:1.50	1:1.50
毛石基础	砂浆不低于 M5	1:1.25	1:1.50	—
灰土基础	体积比为 3:7 或 2:8 的灰土，其最小干密度： 粉土 1550kg/m³ 粉质黏土 1500kg/m³ 黏土 1450kg/m³	1:1.25	1:1.50	—
三合土基础	体积比为（1:2:4）～（1:3:6）（石灰:砂:骨料），每层约虚铺 200mm，夯至 150mm	1:1.50	1:2.00	—

注：1. p_k 为荷载效应标准组合时基础底面处的平均压力值，kPa。

2. 阶梯形毛石基础的每阶伸出宽度不宜大于 200mm。

3. 当基础由不同材料叠合组成时，还应对接触部分作抗压验算。

4. 混凝土基础单侧扩展范围内基础底面处的平均压力值超过 300kPa 的混凝土基础，还应进行抗剪验算；对基底反力集中于立柱附近的岩石地基，应进行局部受压承载力验算。

根据以上无筋扩展基础设计原则，基础底面宽度应符合式（7-14）的要求：

$$b \leqslant b_0 + 2H_0 \tan\alpha \tag{7-14}$$

式中　b——基础底面的宽度，m；

b_0——基础顶面的砌体宽度，m；

H_0——基础高度，m；

$\tan\alpha$——基础台阶宽高比 $b_2 : H_0$，其允许值可按表 7-9 选用。

二、灰土基础和三合土基础

灰土基础是采用符合标准的石灰和土料配置，夯实形成的基础形式。施工时应保证灰土的夯实干密度（粉质黏土为 1500kg/m³，黏土为 1450kg/m³）。灰土的早期强度主要靠密实度，并将随龄期加长，其强度有明显的增长。灰土的抗冻性同冻结时的灰土强度、龄期以及周围土的湿度有关。灰土在不饱和的情况下，冻结时强度影响不大，解冻后灰土的强度继续增长。因此，在施工时要注意防止灰土基础早期受冻。为了保证灰土基础的强度和耐久性，灰土基础中的石灰宜选用块状生石灰，经熟化 1～2d 后，通过孔径为 5～10mm 的筛，即可使用。土料应以有机质含量低的粉土和黏性土为宜，使用前应过 10～20mm 孔径的筛。石灰和土料的体积比为 3:7 或 2:8，加适量的水拌匀，然后铺入基槽内。施工时，基槽内应保持干燥，防止灰土早期浸水，灰土拌和要均匀，湿度要适当，含水量过大或过小时均不宜夯实。夯实应分层进行，每层虚铺 220～250mm，夯至 150mm 为一步，一般可铺 2～3 步。灰土基础适宜在比较干燥的土层中使用，其本身有一定的抗冻性。在我国的华北和西北地区，广泛用于五层及五层以下的民用建筑。

三合土基础是由石灰、砂和骨料（碎石、碎砖或矿渣等），按照体积比为 1:2:4 或 1:3:6 配制而成，加适量水拌和后，均匀分层铺入基槽，每层虚铺 220mm，夯至 150mm。三合土基础在我国南方地区常用，一般用于地下水位较低的四层及四层以下的民用建筑。

三、毛石基础

毛石是指未经加工凿平的石材。毛石基础是选用未经风化的,强度等级不低于 MU20 的硬质岩石,用砂浆砌筑而成的基础。由于毛石之间间隙较大,如果砂浆黏结的性能较差,则不能用于层数较多的建筑物,且不宜用于地下水位以下。为了保证锁结作用,每一台阶梯宜砌成 3 排或 3 排以上的毛石。阶梯形毛石基础的每一阶伸出宽度不宜大于 200mm。

四、砖基础

砖砌体具有一定的抗压强度,但抗拉强度和抗剪强度较低。砖基础采用的砖强度等级不低于 MU10,砂浆不低于 M5。因砖的抗冻性较差,所以在严寒地区、地下水位以下或地基土潮湿时应采用水泥砂浆砌筑。砖基础底面以下一般设垫层。过去,由于砖基础具有就地取材、价格便宜、施工简便等特点,曾广泛应用于六层及六层以下的民用建筑和砖墙承重工业厂房。现因土地、环境等原因,黏土砖使用受到限制,这种基础形式已渐少用。

对于砖基础,各部分的尺寸应符合砖的模数。砖基础一般做成阶梯形,俗称大放脚(如图 7-9 所示)。砖基础的砌筑方式有两种:一是"两皮一收"砌法,即每层为两皮砖,高度为 120mm,挑出 1/4 砖长,即 60mm;另一种是"二一间隔收"砌法,即大放脚的形状为每层阶梯的面宽均为 60mm,底层起一层高度 120mm,相邻上一层高度为 60mm,以上各层高度依次类推。为了保证砖基础的砌筑质量,砖基础底面以下应设置垫层。垫层材料可选用灰土、三合土或素混凝土。垫层每边伸出基础底面 50mm,厚度不宜小于 100mm。

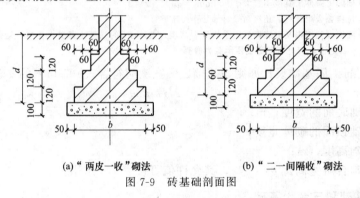

(a)"两皮一收"砌法　　　　　(b)"二一间隔收"砌法

图 7-9　砖基础剖面图

五、混凝土基础和毛石混凝土基础

混凝土基础的强度、耐久性、抗冻性都较好。当荷载较大或位于地下水位以下时,常采用混凝土基础。混凝土基础水泥用量较大,造价较砖、石基础高。混凝土基础的混凝土强度等级一般选用 C15。在严寒地区,应采用不低于 C20 的混凝土。

毛石混凝土基础一般用强度等级不低于 C15 的混凝土,掺入少于基础体积 30% 的毛石。掺入毛石的强度等级不应低于 MU20,其长度不宜大于 300mm。

第六节　钢筋混凝土扩展基础设计

一、钢筋混凝土扩展基础的概念及设计步骤

钢筋混凝土扩展基础系指柱下钢筋混凝土独立基础和墙下钢筋混凝土条形基础。钢筋混凝土扩展基础是最常用的一种基础形式。

钢筋混凝土基础的设计步骤如下。

① 根据地基承载力确定基础底面尺寸;

② 按抗冲切验算，确定基础高度（包括各变阶处截面）；

③ 进行地基强度和变形验算；

④ 对基础进行内力计算，确定基础配筋；

⑤ 进行基础构造设计。

二、钢筋混凝土扩展基础的构造要求

1. 一般构造要求

（1）**基础边缘高度**　锥型基础的边缘高度一般不宜小于 200mm，且两个方向的坡度不宜大于 1:3；阶梯形基础的每阶高度宜为 300～500mm。如图 7-10 所示。

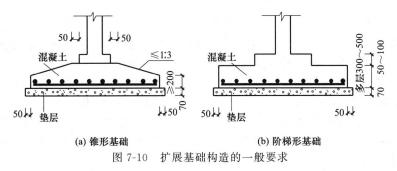

(a) 锥形基础　　　　**(b) 阶梯形基础**

图 7-10　扩展基础构造的一般要求

（2）**基底垫层**　垫层的厚度不宜小于 70mm；垫层的混凝土强度等级应为 C10。

（3）**钢筋**　钢筋混凝土扩展基础底板受力钢筋直径不宜小于 10mm；间距不宜大于 200mm，也不宜小于 100mm。墙下钢筋混凝土条形基础纵向分布钢筋的直径不小于 8mm；间距不大于 300mm；每延米分布钢筋的面积应不小于受力钢筋面积的 1/10。当有垫层时钢筋的保护层的厚度不小于 40mm；无垫层时不小于 70mm。

（4）**混凝土**　混凝土强度等级不宜低于 C20。

（5）**钢筋长度**　当柱下钢筋混凝土独立基础的边长和墙下钢筋混凝土条形基础的宽度大于或等于 2.5m 时，底板受力钢筋的长度可取边长或宽度的 0.9 倍，并宜交错布置 [图 7-11 (a)]。

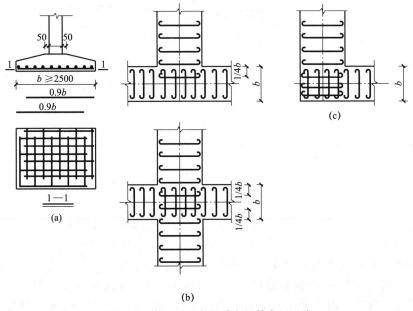

图 7-11　扩展基础底板受力钢筋布置示意

（6）钢筋布置　钢筋混凝土条形基础底板在 T 形及十字形交接处，底板横向受力钢筋仅沿一个主要受力方向通长布置，另一方向的横向受力钢筋可布置到主要受力方向底板宽度 1/4 处 [图 7-11（b）]。在拐角处底板横向受力钢筋应沿两个方向布置 [图 7-11（c）]。

2. 现浇柱下单独基础的构造要求

钢筋混凝土柱和剪力墙纵向受力钢筋在基础内的锚固长度 l_a 应根据钢筋在基础内的最小保护层厚度按现行《混凝土结构设计规范》（GB 50010—2010）有关规定确定：

有抗震设防要求时，纵向受力钢筋的最小锚固长度 l_{aE} 应按下式计算：

一、二级抗震等级　　　　　　　　$l_{aE} = 1.15 l_a$　　　　　　　　　　（7-15）

三级抗震等级　　　　　　　　　　$l_{aE} = 1.05 l_a$　　　　　　　　　　（7-16）

四级抗震等级　　　　　　　　　　$l_{aE} = l_a$　　　　　　　　　　　　（7-17）

当基础高度小于 l_a（l_{aE}）时，纵向受力钢筋的锚固总长度除符合上述要求外，其最小直锚段的长度不应小于 20d，弯折段的长度不应小于 150mm。

现浇柱的基础，其插筋的数量、直径以及钢筋的种类应与柱内纵向受力钢筋相同。插筋的锚固长度应满足式（7-15）～式（7-17）的要求，插筋与柱的纵向受力钢筋的连接方法应符合现行《混凝土结构设计规范》（GB 50010—2010）的规定。插筋的下端宜做成直钩放在基础底板钢筋网上。当符合下列条件之一时，可仅将四角的插筋伸至底板钢筋网上，其余插筋锚固在基础顶面下 l_a 或 l_{aE}（有抗震设防要求时）处。

① 柱为轴心受压或小偏心受压，基础高度大于等于 1200mm；

② 柱为大偏心受压，基础高度大于等于 1400mm。

3. 预制柱下单独基础的构造要求

预制钢筋混凝土柱单独基础见图 7-12。预制钢筋混凝土柱与杯口基础的连接应符合下列要求。

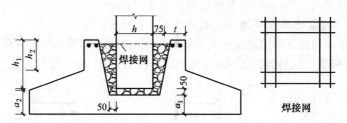

图 7-12　预制钢筋混凝土柱单独基础（注：$a_2 \geqslant a_1$）

① 柱的插入深度 h_1 可按表 7-10 选用，并满足钢筋锚固长度的要求及吊装时柱的稳定性。

表 7-10　柱的插入深度 h_1　　　　　　　　　　　mm

矩形或工字形柱				双肢柱
$h < 500$	$500 \leqslant h < 800$	$800 \leqslant h < 1000$	$h > 1000$	
$h \sim 1.2h$	h	$0.9h$ 且 $\geqslant 800$	$0.8h$ 且 $\geqslant 1000$	$(1/3 \sim 2/3)h_a$ $(1.5 \sim 1.8)h_b$

注：1. h 为柱截面长边尺寸；h_a 为双肢柱全截面长边尺寸；h_b 为双肢柱全截面短边尺寸。
2. 柱轴心受压或小偏心受压时，h_1 可适当减小，偏心距大于 $2h$ 时，h_1 应适当增大。

② 基础的杯底厚度和杯壁厚度，可按表 7-11 选用。

③ 当柱为轴心受压或小偏心受压且 $t/h_2 \geqslant 0.65$ 时，或大偏心受压且 $t/h_2 \geqslant 0.75$ 时，杯壁可不配筋；当柱为轴心受压或小偏心受压，且 $0.5 \leqslant t/h_2 < 0.65$ 时，杯壁可按表 7-12 构造配筋；其他情况下，应按计算配筋。

表 7-11　基础的杯底厚度和杯壁厚度

柱截面长边尺寸 h/mm	杯底厚度 a_1/mm	杯壁厚度 t/mm
$h<500$	$\geqslant 150$	$150\sim 200$
$500\leqslant h<800$	$\geqslant 200$	$\geqslant 200$
$800\leqslant h<1000$	$\geqslant 200$	$\geqslant 300$
$1000\leqslant h<1500$	$\geqslant 250$	$\geqslant 350$
$1500\leqslant h<2000$	$\geqslant 300$	$\geqslant 400$

注：1. 双肢柱的杯底厚度值，可适当加大。

2. 当有基础梁时，基础梁下的杯壁厚度，应满足其支承宽度的要求。

3. 柱子插入杯口部分的表面应凿毛，柱子与杯口之间的空隙，应用比基础混凝土强度等级高一级的细石混凝土充填密实，当达到材料设计强度的 70% 以上时，方能进行上部吊装。

表 7-12　杯壁构造配筋

柱截面长边尺寸 h/mm	$h<1000$	$1000\leqslant h<1500$	$1500\leqslant h<2000$
钢筋直径/mm	$8\sim 10$	$10\sim 12$	$12\sim 16$

注：表中钢筋置于杯口顶部，每边两根（图7-12）。

三、墙下钢筋混凝土条形基础的设计计算

1. 中心荷载作用

墙下钢筋混凝土条形基础在均布线荷载 F（kN/m）作用下的受力分析可简化为如图7-13所示。其受力情况如同一受 p_n 作用的倒置悬臂板。p_n 是指由上部结构设计荷载 F 在基底产生的净反力（不包括基础自重和基础上方回填土重所引起的反力）。若沿墙长度方向取 $l=1\text{m}$ 分析，则基底处地基净反力为：

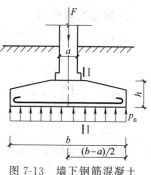

图 7-13　墙下钢筋混凝土条形基础受力分析

$$p_n = \frac{F}{b} \tag{7-18}$$

式中　p_n——相应于荷载效应基本组合时，地基净反力设计值，kPa；

　　　F——相应于荷载效应基本组合时，上部结构传至地面标高处的荷载设计值，kN/m；

　　　b——墙下钢筋混凝土条形基础宽度，m。

在 p_n 作用下，在基础底板内将产生弯矩 M 和剪力 V，其值在图7-13中 Ⅰ—Ⅰ 截面（悬臂板的根部）处最大

$$V = \frac{1}{2} p_n(b-a) \tag{7-19}$$

$$M = \frac{1}{8} p_n(b-a)^2 \tag{7-20}$$

式中　V——基础底板根部的剪力值设计值，kN/m；

　　　M——基础底板支座的弯矩值设计值，kN·m/m；

　　　a——砖墙厚，m。

为了防止因 V、M 作用而使基础底板发生强度破坏，基础底板应具有足够的厚度并按计算配筋。

（1）基础底板厚度　基础内不配箍筋和弯筋，故基础底板厚度应满足以下要求：

$$V \leqslant 0.7 f_t h_0 \tag{7-21}$$

即
$$h_0 \geqslant \frac{V}{0.7f_t} \qquad (7\text{-}22)$$

式中　f_t——混凝土轴心抗拉强度设计值，kPa；

　　　h_0——基础底板有效高度，m。

当设垫层时
$$h_0 = h - 40 - \frac{1}{2}\phi$$

当无垫层时
$$h_0 = h - 70 - \frac{1}{2}\phi$$

式中　ϕ——主筋直径，mm。

（2）基础底板钢筋　基础底板钢筋按下式计算：
$$A_s = \frac{M}{0.9h_0 f_y} \qquad (7\text{-}23)$$

式中　A_s——条形基础底板每米长度受力钢筋截面积，mm^2/m；

　　　f_y——钢筋抗拉强度设计值，N/mm^2。

注意：实际计算时，将各数值代入上式的单位应统一，弯矩 M 的单位为 $N \cdot mm/m$，h_0 的单位为 mm。

2. 偏心荷载作用

墙下钢筋混凝土条形基础受偏心荷载作用如图 7-14 所示。

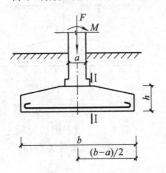

先计算基底净反力的偏心距 e_{n0}：
$$e_{n0} = \frac{M}{F} \left(\leqslant \frac{b}{6} \right) \qquad (7\text{-}24)$$

基础边缘处最大和最小净反力为：
$$\begin{matrix} p_{max} \\ p_{min} \end{matrix} = \frac{F}{b} \left(1 \pm \frac{6e_{n0}}{b} \right) \qquad (7\text{-}25)$$

则悬臂支座处，即截面 Ⅰ—Ⅰ 的地基净反力为：
$$p_{nI} = p_{min} + \frac{b+a}{2b}(p_{max} - p_{min}) \qquad (7\text{-}26)$$

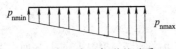

图 7-14　墙下条形基础受
偏心荷载作用

基础高度和配筋计算仍按式（7-22）和式（7-23）进行，但在计算剪力 V 和弯矩 M 时应将式（7-19）和式（7-20）中的 p_n 改为 $\frac{1}{2}(p_{nmax} + p_{nI})$。这样计算，当 p_{nmax}/p_{nmin} 很大时，计算的 M 值略偏小。

【**例 7-3**】　某建筑外墙厚为 370mm，相应于荷载效应的基本组合时，传至地表荷载 $F = 400kN/m$，室内外高差 1.0m，基础埋深按 1.20m 计算（从室外地面算起），修正后的地基承载力特征值 $f_a = 180kPa$。试设计该墙下钢筋混凝土条形基础。

解　（1）求基础宽度。
$$b \geqslant \frac{F}{f_a - 20d} = \frac{400}{180 - 20 \times 1.70} = 2.74 \ (\text{m})$$

取基础宽度为 $b = 2.80$ （m）$= 2800$ （mm）。

（2）确定基础底板厚度。初选钢筋混凝土条形基础的混凝土强度等级为 C30，其下采用 C10 素混凝土垫层，垫层厚度为 100mm，则钢筋保护层厚度为 $a_s = 40$mm，混凝土的 $f_c = 14.3N/mm^2$，$f_t = 1.43N/mm^2$。

按 $\dfrac{b}{8}=\dfrac{2800}{8}=350$（mm），初选基础高度为 $h=350$mm。根据墙下条形基础的构造要求，初步绘制基础剖面尺寸如图 7-15 所示。

基础抗剪切强度验算如下：

计算地基净反力设计值

$$p_n = \frac{F}{b} = \frac{400}{2.8} = 143 \text{（kPa）}$$

计算 Ⅰ－Ⅰ 截面的剪力设计值

$$V_I = \frac{1}{2}p_n(b-a) = \frac{1}{2} \times 143 \times (2.8-0.37) = 174 \text{（kN/m）}$$

计算基础所需有效高度

$$h_0 \geqslant \frac{V_I}{0.7f_t} = \frac{174 \times 10^3}{0.7 \times 1.43 \times 10^3} = 174 \text{（mm）}$$

预估钢筋直径为 16mm，则实际基础有效高度

$$h_0 = h - a_s - \frac{\phi}{2} = 350 - 40 - \frac{16}{2} = 302 \text{（mm）} > 174 \text{（mm）}$$

满足抗剪要求。

（3）底板配筋计算。计算 Ⅰ－Ⅰ 截面处的弯矩。

$$M_I = \frac{1}{8}p_n(b-a)^2 = \frac{1}{8} \times 143 \times (2.8-0.37)^2 = 106 \text{（kN·m/m）}$$

计算每米长度条形基础底板受力钢筋面积，选用 HPB300 钢筋，$f_y = 270 \text{N/mm}^2$，所以

$$A_{sI} = \frac{M}{0.9h_0f_y} = \frac{106 \times 10^6}{0.9 \times 302 \times 270} = 1444 \text{（mm}^2\text{）}$$

实际选用 Φ16@120（实配 1675mm² > 1444mm²）。分布钢筋选用 Φ8@250。基础剖面图见图 7-15。

四、柱下钢筋混凝土单独基础的设计

1. 中心荷载作用

（1）基础底板厚度　在柱中心荷载 F（kN）作用下，如果基础高度（或阶梯高度）不足，则将沿着柱周边（或阶梯高度变化处）产生冲切破坏，形成 45° 斜裂面的角锥体。因此，由冲切破坏锥体以外的地基净反力所产生的冲切力应小于冲切面处混凝土的抗冲切能力。对于矩形基础，往往柱短边一侧冲切破坏较柱长边一侧危险，这是只需要根据短边一侧冲切破坏条件来确定底板厚度，即要求：

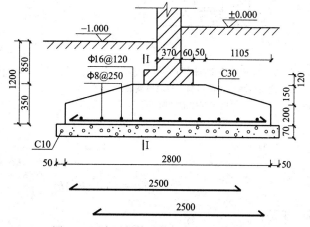

图 7-15　墙下钢筋混凝土条形基础剖面图

$$p_n A_l \leqslant 0.7\beta_{hp}f_t A_m \quad (7\text{-}27)$$

式中　β_{hp}——截面高度影响系数，当 $h \leqslant 800$mm 时，β_{hp} 取 1.0；当 $h \geqslant 2000$mm 时，β_{hp} 取

0.9，其间按线性内插取值；

p_n——相应于荷载效应取基本组合时的地基净反力值，kPa，对偏心受压基础可取基础边缘的最大净反力值；

A_l——冲切力的作用面积，m^2；

f_t——混凝土抗拉强度设计值，kPa；

A_m——冲切破坏面在基础底面上的水平投影面积，m^2。

A_l、A_m 的计算，按冲切破坏锥体的底边是否落在基础底面积之内，即：$b \geqslant b_c + 2h_0$ 或 $b < b_c + 2h_0$，计算方法分别为：

当 $b \geqslant b_c + 2h_0$ 时，如图 7-16 所示。

$$A_l = \left(\frac{l}{2} - \frac{a_c}{2} - h_0 \right) b - \left(\frac{b}{2} - \frac{b_c}{2} - h_0 \right)^2$$

$$A_m = (b_c + h_0) h_0$$

将 A_l、A_m 代入式（7-27），即为柱下单独基础抗冲切验算公式

$$p_n \left[\left(\frac{l}{2} - \frac{a_c}{2} - h_0 \right) b - \left(\frac{b}{2} - \frac{b_c}{2} - h_0 \right)^2 \right] \leqslant 0.7 \beta_{hp} f_t (b_c + h_0) h_0 \tag{7-28}$$

式中 a_c，b_c——柱长边、短边长度，m；

h_0——基础有效高度，m。

其余符号同前。

当 $b < b_c + 2h_0$ 时，如图 7-17 所示。

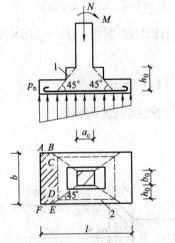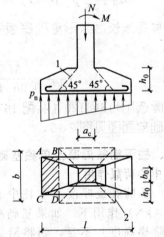

图 7-16　柱底对基础冲切（$b \geqslant b_c + 2h_0$）

1—冲切破坏锥体最不利一侧的斜截面；
2—冲切破坏锥体的底面线

图 7-17　柱底对基础冲切（$b < b_c + 2h_0$）

1—冲切破坏锥体最不利一侧的斜截面；
2—冲切破坏锥体的底面线

$$A_l = \left(\frac{l}{2} - \frac{a_c}{2} - h_0 \right) b$$

$$A_m = (b_c + h_0) h_0 - \left(\frac{b_c}{2} + h_0 - \frac{b}{2} \right)^2$$

于是：

$$p_n \left(\frac{l}{2} - \frac{a_c}{2} - h_0 \right) b \leqslant 0.7 \beta_{hp} f_t \left[(b_c + h_0) h_0 - \left(\frac{b_c}{2} + h_0 - \frac{b}{2} \right)^2 \right] \tag{7-29}$$

当基础剖面为阶梯形时，除可能在柱子周边开始沿 45°斜面拉裂形成冲切锥体外，还可能从变阶处开始沿 45°斜面拉裂。因此，还应验算变阶处的有效高度，此时把柱截面尺寸 a_c、b_c 换成变阶处长度与宽度即可。

（2）基础底板配筋　由于单独基础底板在 p_n 作用下，在两个方向均发生弯曲，所以两个方向都要配置受力钢筋，钢筋面积按两个方向的最大弯矩分别计算。

Ⅰ—Ⅰ截面

$$M_{\mathrm{I}} = \frac{p_n}{24}(l-a_c)^2(2b+b_c) \tag{7-30}$$

$$A_{s\mathrm{I}} = \frac{M_{\mathrm{I}}}{0.9h_0 f_y} \tag{7-31}$$

Ⅱ—Ⅱ截面

$$M_{\mathrm{II}} = \frac{p_n}{24}(b-b_c)^2(2l+a_c) \tag{7-32}$$

$$A_{s\mathrm{II}} = \frac{M_{\mathrm{II}}}{0.9h_0 f_y} \tag{7-33}$$

阶梯形基础还应按截面Ⅲ—Ⅲ和Ⅳ—Ⅳ计算 $A_{s\mathrm{III}}$ 和 $A_{s\mathrm{IV}}$，如图 7-18 所示。

Ⅲ—Ⅲ截面

$$M_{\mathrm{III}} = \frac{p_n}{24}(l-a_1)^2(2b+b_1) \tag{7-34}$$

$$A_{s\mathrm{III}} = \frac{M_{\mathrm{III}}}{0.9h_{01} f_y} \tag{7-35}$$

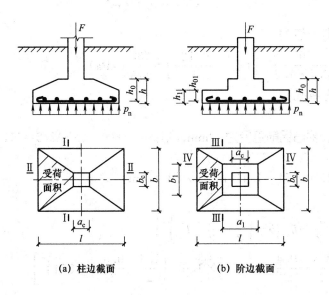

图 7-18　中心受压柱基础底板配筋计算

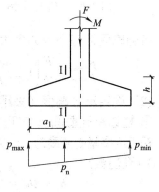
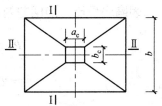

图 7-19　矩形基础偏心受压计算简图

Ⅳ—Ⅳ截面

$$M_{\mathrm{IV}} = \frac{p_n}{24}(b-b_1)^2(2l+a_1) \tag{7-36}$$

$$A_{s\mathrm{IV}} = \frac{M_{\mathrm{IV}}}{0.9h_{01} f_y} \tag{7-37}$$

（a）柱边截面　　（b）阶边截面

2. 偏心荷载作用

（1）基础底板厚度计算　偏心受压基础底板厚度计算方法与中心受压相同。仅需将式（7-28）或式（7-30）中的 p_n 以基底最大设计净反力 p_{nmax} 代替即可。如图 7-19 所示。

$$p_{nmax}=\frac{F}{lb}\left(1+\frac{6e_{n0}}{l}\right) \tag{7-38}$$

式中　e_{n0}——净偏心距，m。

$$e_{n0}=\frac{M}{F}$$

（2）基础底板配筋计算　可参考有关规范。

【例 7-4】　如图 7-20 所示，某框架柱截面尺寸为 300mm×400mm，相应于荷载效应基本组合时，作用在柱底的荷载值：$F=700$kN，$M=87.8$kN·m。初选基础底面尺寸为 2.4m×1.6m。材料选用 C20 混凝土，HPB300 钢筋。试设计该框架柱下独立基础。

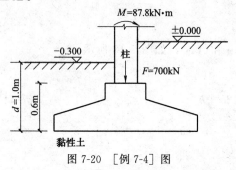

图 7-20　[例 7-4] 图

解　查表可得 C20 混凝土 $f_t=1.10$N/mm²，HPB300 钢筋 $f_y=270$N/mm²。

已知 $a_c=400$mm，$b_c=300$mm，$l=2.4$m，$b=1.6$m。

（1）计算基底净反力

偏心距 $e_{n0}=\dfrac{M}{F}=\dfrac{87.8}{700}=0.125$（m）$<\dfrac{l}{6}$

$=\dfrac{2.4}{6}=0.4$（m）

基础底面地基净反力最大值和最小值为

$$\left.\begin{array}{c}p_{nmax}\\p_{nmin}\end{array}\right\}=\frac{F}{lb}\left(1\pm\frac{6e_{n0}}{l}\right)=\frac{700}{2.4\times1.6}\times\left(1\pm\frac{6\times0.125}{2.4}\right)=\begin{array}{c}239\\125\end{array}\text{（kPa）}$$

（2）确定基础高度（采用阶梯形基础）

① 柱边基础截面抗冲切验算。

初步选择基础高度为 $h=600$mm，预估钢筋直径为 12mm，则：$h_0=600-40-12/2=554$（mm）（有垫层）

$$b_c+2h_0=0.3+2\times0.554=1.41\text{（m）}<b=1.6\text{（m）}$$

因偏心受压，冲切力为：

$$p_{nmax}\left[\left(\frac{l}{2}-\frac{a_c}{2}-h_0\right)b-\left(\frac{b}{2}-\frac{b_c}{2}-h_0\right)^2\right]$$

$$=239\times\left[\left(\frac{2.4}{2}-\frac{0.4}{2}-0.554\right)\times1.6-\left(\frac{1.6}{2}-\frac{0.3}{2}-0.554\right)^2\right]$$

$$=168\text{（kN）}$$

抗冲切力：

$0.7f_t(b_c+h_0)h_0=0.7\times1100\times(0.3+0.554)\times0.554=364(kN)>168$(kN)，满足抗冲切要求。

基础分为二阶，下阶 $h_1=350$mm，$h_{01}=350-40-12/2=304$mm，取 $a_1=1.2$m，$b_1=0.8$m。

② 变阶处抗冲切验算。$b_1+2h_{01}=0.8+2\times0.304=1.408$（m）$<1.60$（m）

冲切力：

$$p_{nmax}\left[\left(\frac{l}{2}-\frac{a_1}{2}-h_{01}\right)b-\left(\frac{b}{2}-\frac{b_1}{2}-h_{01}\right)^2\right]$$

$$=239\times\left[\left(\frac{2.4}{2}-\frac{1.2}{2}-0.304\right)\times1.6-\left(\frac{1.6}{2}-\frac{0.8}{2}-0.304\right)^2\right]$$

$$=111\ (kN)$$

抗冲切力：

$0.7f_t(b_1+h_{01})h_{01}=0.7\times1100\times(0.8+0.304)\times0.304=258(kN)>111\ (kN)$，满足抗冲切要求。

（3）配筋计算

① 基础长边方向。

Ⅰ—Ⅰ截面（柱边）

柱边净反力：

$$p_{n1}=p_{nmin}+\frac{l+a_c}{2l}(p_{nmax}+p_{nmin})=125+\frac{2.4+0.4}{2\times2.4}\times(239-125)=192\ (kPa)$$

悬臂部分净反力平均值：

$$\frac{1}{2}(p_{nmax}+p_{n1})=\frac{1}{2}\times(239+192)=216\ (kPa)$$

弯矩：

$$M_{\mathrm{I}}=\frac{1}{24}\left(\frac{p_{nmax}+p_{n1}}{2}\right)(l-a_c)^2(2b+b_c)$$

$$=\frac{1}{24}\times216\times(2.4-0.4)^2\times(2\times1.6+0.3)$$

$$=126\ (kN\cdot m)$$

$$A_{s\mathrm{I}}=\frac{M_{\mathrm{I}}}{0.9h_0f_y}=\frac{126\times10^6}{0.9\times554\times270}=936\ (mm^2)$$

Ⅲ—Ⅲ截面（变阶处）

$$p_{n\mathrm{III}}=p_{nmin}+\frac{l+l_1}{2l}(p_{nmax}-p_{nmin})$$

$$=125+\frac{2.4+1.2}{2\times2.4}\times(239-125)=211(kPa)$$

$$M_{\mathrm{III}}=\frac{1}{24}\times\left(\frac{p_{nmax}+p_{n\mathrm{II}}}{2}\right)(l-l_1)^2\times(2b+b_1)$$

$$=\frac{1}{24}\times\left(\frac{239+211}{2}\right)\times(2.4-1.2)^2\times(2\times1.6+0.8)$$

$$=54\ (kN\cdot m)$$

$$A_{s\mathrm{III}}=\frac{M_{\mathrm{III}}}{0.9h_{01}f_y}=\frac{54\times10^6}{0.9\times304\times270}=731\ (mm^2)$$

比较 $A_{s\mathrm{I}}$ 和 $A_{s\mathrm{III}}$，应按 $A_{s\mathrm{I}}$ 配筋，实际配 9Φ12，$A_s=1018mm^2>936mm^2$。

② 基础短边方向。

因该基础受单向顶偏心荷载作用，所以，在基础短边方向的基底反力可按均匀分布计算，取 $p_n=\frac{1}{2}(p_{nmax}+p_{nmin})$ 计算。

$$p_n = \frac{1}{2} \times (239 + 125) = 182 \text{ (kPa)}$$

与长边方向的计算方法相同，可得Ⅱ—Ⅱ截面（柱边）的计算配筋值 $A_{sⅡ} = 630.7\text{mm}^2$；Ⅳ—Ⅳ截面（变阶处）的计算配筋值 $A_{sⅣ} = 498.4\text{mm}^2$。因此，按 $A_{sⅡ}$ 在短边方向（2.4m 宽内）配 13Φ8，实际 $A_s = 654\text{mm}^2$，符合构造要求。

基础配筋见图 7-21。

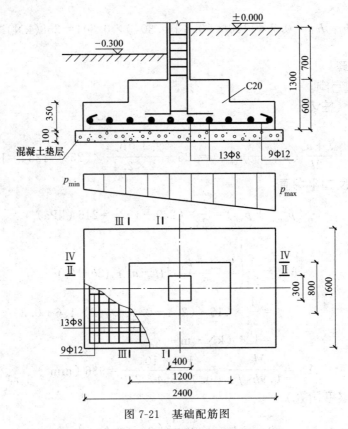

图 7-21　基础配筋图

第七节　柱下钢筋混凝土条形基础设计

一般情况下，柱下应首先考虑设置独立基础。但是若遇柱荷载较大或各柱荷载相差过大、地基土质变化较大等情况，采用独立柱基无法满足设计要求时，则可考虑采用柱下钢筋混凝土条形基础。

一、柱下钢筋混凝土条形基础的概念
柱下钢筋混凝土条形基础，由单根梁或交叉梁及其伸出的底板组成。

考虑上部结构、基础与地基共同作用时的工程处理方法可参照以下规定。

① 按照具体条件可不考虑或计算整体弯曲时，必须采取措施同时满足整体弯曲的受力要求。

② 从结构布置上，限制梁板基础在边柱或边墙以外的挑出尺寸，以减轻整体弯曲反应。

③ 柱下钢筋混凝土条形基础和筏形基础纵向边跨跨中及第 1 内支座的弯矩值宜乘以

1.20 的系数。

④ 基础梁板的受拉钢筋至少应部分通长配置。

二、柱下钢筋混凝土条形基础的构造要求

（1）外形尺寸　柱下条形基础的两端宜伸出柱边之外约 1/4 边跨柱距，即可增大基础底面积，又可使基底反力分布比较均匀、基础内力分布比较合理，还能避免柱梁节点处钢筋布置过于密集，从而更能保证混凝土浇筑质量。

一般柱下条形基础沿纵向取等截面。当柱截面边长大于等于肋宽时，可仅在柱位处将肋部加宽。现浇柱与条形基础梁的交接处平面尺寸不应小于 50mm，如图 7-22 所示。

柱下条形基础的肋梁高度应由计算确定，宜为柱距的 1/8～1/4。翼板厚度不应小于 200mm；当翼板厚度为 200～250mm 时，宜用等厚度翼板。当翼板厚度大于 250mm 时，宜用变厚度底板，其坡度宜小于或等于 1：3。

（2）钢筋

① 肋梁内纵向受力钢筋　条形基础梁顶

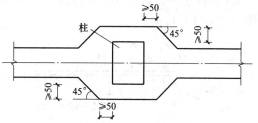

图 7-22　现浇柱与条形基础梁交接处平面尺寸

部和底部的纵向受力钢筋除满足设计要求外，顶部钢筋按计算配筋全部贯通，底部通长钢筋不应少于底部受力钢筋总面积的 1/3。

② 箍筋　肋梁内的箍筋应做成封闭式，直径不小于 8mm；当肋梁宽 $b \leqslant 350mm$ 时用双肢箍，当 $300mm < b \leqslant 800mm$ 时用四肢箍，当 $b > 800mm$ 时用六肢箍。

③ 底板受力钢筋的最小直径不宜小于 10mm，间距不宜大于 200mm，也不宜小于 100mm。纵向分布钢筋的直径不小于 8mm，间距不大于 300mm，每延米分布钢筋的面积应不小于受力钢筋面积的 1/10。

（3）混凝土　柱下钢筋混凝土条形基础的混凝土强度等级不应低于 C20。

基础垫层、钢筋保护层厚度可参考扩展基础构造要求的一般规定。

三、柱下钢筋混凝土条形基础的简化计算方法

柱下条形基础可视为作用有若干集中荷载并置于地基上的梁，同时受到地基反力的作用。由于梁的变形，引起梁内产生弯矩和剪力。在工程实践中常用的柱下条形基础内力简化方法为倒梁法。以下就倒梁法的基本假定、使用条件以及内力计算方法进行介绍。

1. 基本假定

基础底板与地基土相比为绝对刚性，基础的弯曲挠度不致改变地基压力；地基压力分布呈直线或平面分布，其重心与作用于板上的荷载合力作用线相重合。

倒梁法认为上部结构是刚性的，各柱之间没有沉降差异，因而可以把柱脚视为条形基础的铰支座，支座间不存在相对的竖向位移。

2. 适用条件

《建筑地基基础设计规范》（GB 50007—2011）规定，若地基土较均匀，上部结构刚度较好，荷载分布较均匀，且条形基础梁的高度大于 1/6 柱距时，地基反力可按直线分布，条形基础梁的内力可按连续梁计算，即采用倒梁法计算。这时，考虑上部结构、基础与地基的共同作用，边跨中及第 1 内支座弯矩乘 1.2 系数。如不满足以上条件，宜按弹性地基梁方法求算内力。

3. 内力计算方法

① 根据柱传至梁上的荷载，按偏心受压计算，如图 7-23（a）所示，基础梁边缘处最大和最小地基净反力：

$$p_{nmax}\atop p_{nmin}=\frac{\sum F}{bl}\pm\frac{\sum M}{W} \tag{7-39}$$

式中 $\sum F$——相应于荷载效应基本组合时，上部结构作用在基础梁上的竖向荷载设计值总和，不包括基础及回填土的重力，kN；

$\sum M$——相应于荷载效应基本组合时，外荷载对基底形心弯矩设计值的总和，kN·m；

b，l——条形基础底面的宽度和长度，m；

W——基础底面的抵抗矩，m^3。

② 将柱底视为不动铰支座，以基底净反力为荷载，按多跨连续梁方法求得梁的内力。如图 7-23（b）所示。

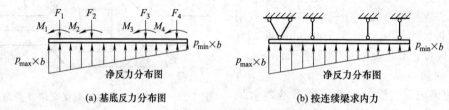

（a）基底反力分布图   （b）按连续梁求内力

图 7-23　用倒梁法计算地基梁简图

必须说明的是，倒梁法由于假定地基反力为直线分布及柱底视为不动铰支座，与实际不完全相符。所以，按倒梁法计算得出的支座反力往往与实际柱底轴力不一致，存在较大误差。工程实践中常用于初步设计中估计地基梁的截面尺寸及钢筋配置数量。

【例 7-5】 如图 7-24 所示为某框架结构柱网布置图。已知Ⓑ轴线上边柱荷载值 $F_1=$ 1080kN，中柱 $F_2=1310$kN（相应于荷载效应基本组合），初选基础埋深为 1.5m，地基土经修正后的承载力特征值 $f_a=120$kPa，试设计Ⓑ轴线上条形基础 JL_2。

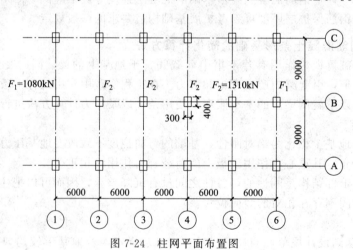

图 7-24　柱网平面布置图

解 （1）确定基底面积

基础两端挑出：$l/3=6/3=2$m

基础底面宽度：

$$b\geqslant\frac{\sum F}{l(f_a-\gamma_G d)}=\frac{1310\times4+1080\times2}{(6\times5+2\times2)\times(120-20\times1.5)}=\frac{7400}{34\times90}=2.42\ (m)$$

设计时取 $b=2.5$m。

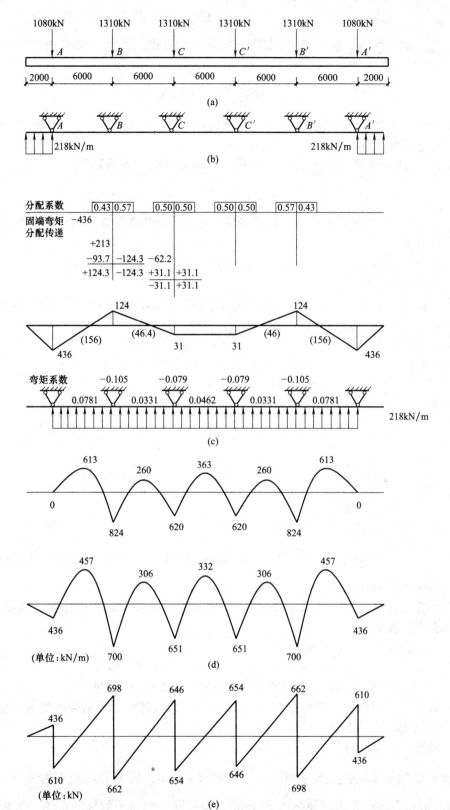

图 7-25 基础梁内力分析

（2）肋梁的弯矩计算

在对称荷载作用下，由于基础底面反力呈均匀分布，因此，单位长度地基的净反力为：

$$q_n = \frac{\sum F}{l} = \frac{7400}{33} = 218 \ (kN/m)$$

基础梁的计算简图为五跨连续梁。为了计算方便，将图 7-25（a）分解为（b）、（c）两部分并分别求算其弯矩。

图 7-25（b）部分采用力矩分配法计算，A 截面处的固端弯矩为：

$$M_A^G = \frac{1}{2}q_n l^2 = \frac{1}{2} \times 218 \times 2.0^2 = 436 \ (kN \cdot m)$$

图 7-25（c）部分利用五跨等跨连续梁弯矩系数 m 求算支座边截面的弯矩，如支座 B（和 B'）：

$$M_B = m_0 q_n l^2 = -0.105 \times 218 \times 6^2 = -824 \ (kN \cdot m)$$

其余各截面同（略）。

将图 7-25（b）、（c）两部分的弯矩叠加，即为按倒梁法计算所得的条形基础梁 JL₂ 的弯矩图，如图 7-25（d）所示。

（3）肋梁的剪力计算

$$Q_{A左} = 218 \times 2.0 = 436 \ (kN)$$

$$Q_{A右} = \frac{q_n l}{2} - \frac{M_B - M_A}{l} = \frac{218 \times 6}{2} - \frac{700 - 436}{6} = 610 \ (kN)$$

$$Q_{B左} = \frac{q_n l}{2} + \frac{M_B - M_A}{l} = \frac{218 \times 6}{2} + \frac{700 - 436}{6} = 698 \ (kN)$$

$$Q_{B右} = \frac{q_n l}{2} - \frac{M_B - M_A}{l} = \frac{218 \times 6}{2} - \frac{700 - 436}{6} = 662 \ (kN)$$

基础梁 JL₂ 的剪力图见图 7-25（e）。

（4）肋梁断面拟定与配筋计算

$\frac{l}{6} = \frac{6000}{6} = 1000mm$，取肋梁高为 1000mm，宽 $b = 500mm$，主筋采用 HRB335 钢筋，箍筋采用 HPB300 钢筋。

正截面强度计算：根据 JL-2 梁 M 图，对各支座、跨中分别进行正截面强度计算。

斜截面强度计算：

轴②左边截面（$V = 698kN$）

$$0.7f_t bh_0 = 0.7 \times 1.10 \times 500 \times 960 = 370 \ (kN)$$

配 φ10@250 箍筋（四肢箍），$[V_{cs}] = 702kN > 698kN$，满足要求。

各部位的正、斜截面配筋可以列表计算，统一调整简化。根据简化结果，绘出 JL₂ 基础梁的配筋图，见图 7-26（b）。

（5）梁翼板部分计算

基底宽 2500mm，主肋宽为 $400 + 2 \times 50 = 500mm$，翼板外挑长度为 $\frac{1}{2} \times (2500 - 500) = 1000mm$，翼板外边缘厚度取 200mm，梁肋处（相当于翼板固定端）翼板厚度取 300mm，如图 7-26 所示。翼板采用 C20 混凝土，HRB335 级钢筋。

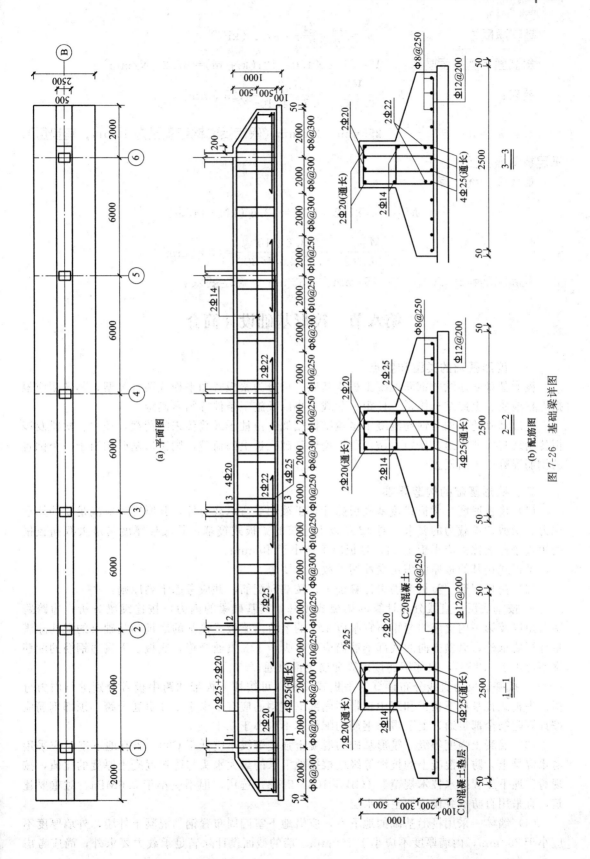

图 7-26　基础梁详图

基底净反力：
$$p_n = \frac{q_n}{b} = \frac{218}{2.5} = 87.2 \, (kPa)$$

斜截面抗剪强度验算： $V = 87.2 \times 1.0 = 121(kN/m) = 87.2 \, (N/mm)$

要求：
$$h_0 \geqslant \frac{V}{0.7f_t} = \frac{87.2}{0.7 \times 1.10} = 125 \, (mm)$$

实际 $h_0 = 300 - 40 - \frac{10}{2} = 255mm > 125mm$（假定受力钢筋直径为10mm，有垫层），满足抗剪强度要求。

翼板受力筋计算

$$M = \frac{1}{2} \times 87.2 \times 1.0^2 = 43.6 \, (kN \cdot m/m)$$

$$A_{sI} = \frac{M_I}{0.9h_0f_y} = \frac{43.6 \times 10^6}{0.9 \times 255 \times 300} = 633 \, (mm^2)$$

实际配筋ϕ12@200，$A_s = 754mm^2 > 633mm^2$，满足要求。

第八节 筏形基础设计简介

一、筏形基础的类型和特点

筏形基础是连续的钢筋混凝土板式基础，可分为梁板式和平板式两种类型，其选型应根据工程地质、上部结构体系、柱距、荷载大小以及施工条件等因素确定。

筏形基础的结构与钢筋混凝土楼盖结构相似，由柱子或墙传来的荷载，经主、次梁及筏板传给地基。若将地基反力看做作用于筏形基础底板上的荷载，则筏形基础相当于一个倒置的钢筋混凝土平面楼盖。

二、筏形基础的构造要求

(1) 筏板厚度　梁板式筏基底板除计算正截面受弯承载力外，其厚度尚应满足受冲切承载力、受剪切承载力的要求。对12层以上建筑的梁板式筏基，其底板厚度与最大双向板格的短边净跨之比不应小于1/14，且板厚不应小于400mm。

平板式筏基的板厚应满足受冲切承载力的要求。

(2) 筏板配筋　筏板配筋由计算确定，按双向配筋，并应考虑下列原则：

① 按基底反力直线分布计算的梁板式筏基，其基础梁的内力可按连续梁分析，边跨跨中弯矩以及第一内支座的弯矩值宜乘以1.2的系数。梁板式筏基的底板和基础梁的配筋除满足计算要求外，纵横方向的底部钢筋尚应有不少于1/3贯通全跨，底板上下贯通钢筋的配筋率不应小于0.15%，顶部钢筋按计算配筋全部贯通。

② 按基底反力直线分布计算的平板式筏基，可按柱下板带和跨中板带分别进行内力分析。平板式筏基柱下板带和跨中板带的底部支座钢筋应有不少于1/3贯通全跨，顶部钢筋应按计算配筋全部贯通，上下贯通钢筋的配筋率不应小于0.15%。

(3) 混凝土强度等级　筏形基础的混凝土强度等级不应低于C30。当有地下室时应采用防水混凝土，防水混凝土的抗渗等级应根据地下水的最大水头与防渗混凝土厚度的比值，按现行《地下工程防水技术规范》（GB 50108—2008）选用，但不应小于0.6MPa。对重要建筑，宜采用自防水并设置架空排水层。

(4) 墙体　采用筏形基础的地下室，应沿地下室四周布置钢筋混凝土外墙，外墙厚度不应小于250mm，内墙厚度不应小于200mm。墙的截面设计除满足承载力要求外，尚应考虑变形、抗裂及防渗等要求。墙体内应设置双面钢筋，竖向和水平钢筋的直径均不应小于12mm，间距不应大于300mm。

（5）地下室底层柱、剪力墙与梁板式筏基的基础梁连接的构造　应符合下列规定。

① 柱、墙的边缘至基础梁边缘的距离不应小于50mm；

② 当交叉基础梁的宽度小于柱截面的边长时，交叉基础梁连接处应设置八字角，柱角与八字角之间的净距不宜小于50mm，见图7-27（a）；

③ 单向基础梁与柱的连接，可按图7-27（b）、（c）采用；

④ 基础梁与剪力墙的连接，可按图7-27（d）采用。

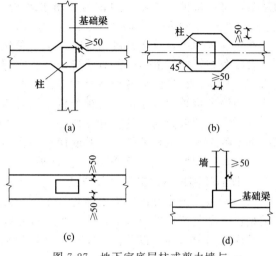

图 7-27　地下室底层柱或剪力墙与
基础梁连接的构造要求

三、筏形基础的设计内容和要求

1. 基础底面积的确定

① 应满足基础持力层的地基承载力要求。如果将坐标原点置于筏形基础底板形心处，则基底反力可按下式计算：

$$p_k(x,y)=\frac{F_k+G_k}{A}\pm\frac{M_x y}{I_x}\pm\frac{M_y x}{I_y}$$

$$(7-40)$$

式中　F_k——相应于荷载效应的标准组合时，筏形基础上由墙或柱传来的竖向荷载的总和，kN；

G_k——筏形基础的自重，kN；

M_x，M_y——竖向荷载 F_k 对通过筏形基础底面形心的 x 轴和 y 轴的力矩，kN·m；

I_x，I_y——筏形基础底面积对 x、y 轴的惯性矩，m^4；

x，y——计算点的 x 轴和 y 轴的坐标，m。

基底反力应满足以下要求：

$$p_k \leqslant f_a$$
$$p_{kmax} \leqslant 1.2 f_a$$

式中　p_k，p_{kmax}——相应于荷载效应标准组合时的基底平均压力和基底最大压力，kPa；

f_a——修正后的地基承载力特征值，kPa。

② 对单幢建筑物，在地基土比较均匀的条件下，基底平面形心宜与结构竖向永久荷载重心重合。当不能重合时，在荷载效应准永久组合下，偏心距 e 宜符合式（7-41）要求：

$$e \leqslant 0.1 W/A \tag{7-41}$$

式中　W——与偏心距方向一致的基础底面边缘抵抗矩，m^3；

A——基础底面积，m^2。

③ 如有软弱下卧层，应验算其下卧层强度，验算方法与天然地基上浅基础相同。

2. 基础的沉降

基础的沉降应小于建筑物允许沉降值，可按分层总和法或《建筑地基基础设计规范》（GB 50007—2011）规定的方法计算。如果基础埋置较深，应适当考虑由于基坑开挖引起的回弹变形，当预估沉降量大于120mm时，宜增强上部结构的刚度。

四、筏形基础的内力计算

1. 筏形基础的受力特点

筏形基础受荷作用后，是一置于弹性地基上的弹性板，为一空间问题，应用弹性理论精确求解时，计算工作繁重。工程设计中，大多采用简化计算的方法，即将筏形基础看作是平面楼盖，将基础板下地基反力作为作用于地基上的荷载，然后如同平面楼盖那样分别进行板、次梁及主梁的内力计算。其中，合理的确定基底反力分布是问题的关键。

在实际工程中，筏形基础的计算常采用简化计算方法，即假设基础为绝对刚性，基底反力呈直线分布，并按静力学的方法确定。当相邻柱荷载和柱距变化不大时，将筏板划分为相互垂直的板带，板带的分界线就是相邻柱列间的中线，然后在纵横方向分别按独立的条形基础计算内力，可采用倒梁法。这种分析方法忽略了板带间剪力的影响，但计算简便。当框架的柱网在纵横两个方向上的尺寸比值小于 2，且在柱网单元内不再布置小肋梁时，可将筏形基础近似的视为一倒置的楼盖，基底净反力作为荷载，筏板按双向多跨连续板、肋梁按多跨连续梁计算，即所谓的"倒楼盖法"。这种方法在工程中得到广泛的应用。

2. 筏形基础内力的简化计算方法

（1）梁板式筏形基础内力的简化计算方法　梁板式筏形基础的肋梁布置大致可以分为两种类型：一种是按柱网布置的形式；另一种是在柱网单元中还加设一些肋梁的形式。

基底反力分布确定以后，可将筏形基础分别按板、纵向肋及横向肋进行内力计算，梁板上的荷载传递方式与肋梁布置方式有关。

当柱网尺寸接近正方形，且在柱网单元内不设置次肋时，作用在筏基底板上的地基反力，可按 45°线所划分的范围，分别传到纵向肋和横向肋上去。这样筏基底板可按多跨连续双向板计算。纵向肋及横向肋可按多跨连续梁计算。

当柱网单元中布置了次肋，且次肋的间距也比较小时，筏基梁板的内力计算可以采用平面肋形楼盖的算法。筏基底板按单向多跨连续板计算；次肋作为次梁，按多跨连续梁计算；纵向肋作为主梁，按多跨连续梁计算。柱间次肋也可作为次梁按多跨连续梁计算，但梁的刚度应比次肋大，以增强筏基横向的刚度。

筏形基础在四角处及四边边区格上，往往地基反力较大，尤其是四角处应力更为集中。设计时，配以辐射状钢筋，适当给予加强，以免在梁板上出现过大的裂缝。

（2）平板式筏形基础内力的简化计算方法　当基础设计成平板式筏形基础时，如果柱子间距并不很大，可近似地当做倒置无梁楼盖来计算，其地基反力假定为均匀分布。

计算时，将基础板在纵、横轴方向上分为两种区格——柱上板带和跨中板带，每一种板带的宽度为半跨度。根据荷载分布情况，计算这些板带跨度中部及支座上的弯矩平均值，并进行各板带的配筋。因为柱上板带如同跨中板带的支座，柱上板带的弯矩比跨中板带大，配筋也较多。

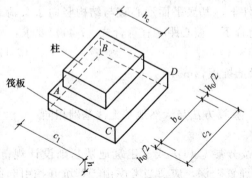

图 7-28　内柱冲切临界截面

五、筏形基础结构承载力验算

各种类型的筏形基础均应进行底板的抗冲切、抗剪切和抗弯验算。要求的验算部位、计算图形和计算公式在《建筑地基基础设计规范》（GB 50007—2011）及有关文献中均有详细论述，这里仅介绍柱下平板式、内筒下平板式筏基的抗冲切验算、柱下平板式筏基的抗剪验算。此外，在柱底与梁、板接触面尚应按有关规定进行局部承压验算。

1. 柱下平板式筏基的抗冲切验算

平板式筏基的底板厚度应满足抗冲切承载

力的要求。计算时取用相应荷载效应基本组合设计值 S。当组合值由永久荷载效应 S_k 控制时，$S = 1.35S_k$。计算时应考虑作用在冲切临界面重心上的不平衡弯矩产生的附加剪力。距柱边 $h_0/2$ 处冲切临界截面的最大剪应力 τ_{max} 按式（7-42）、式（7-43）计算（见图 7-28）。板的最小厚度不宜小于 $500mm$。

$$\tau_{max} \leq 0.7(0.4 + 1.2/\beta_s)\beta_{hp}f_t \tag{7-42}$$

$$\tau_{max} = F_1/(u_m h_0) + \alpha_s M_{umb}c_{AB}/I_s \tag{7-43}$$

$$\alpha_s = 1 - \frac{1}{1 + \frac{2}{3}\sqrt{\frac{c_1}{c_2}}}$$

式中　F_1——相应于荷载效应基本组合时的集中力设计值，对内柱取轴力设计值减去筏板冲切破坏锥体内的地基反力设计值，对边柱和角柱，取轴力设计值减去筏板冲切临界截面范围内的地基反力设计值，kN；

　　　u_m——距柱边 $h_0/2$ 处冲切临界截面的周长，m；

　　　h_0——筏板的有效高度，m；

　　　M_{umb}——作用在冲切临界截面重心上的不平衡弯矩设计值，kN·m；

　　　c_{AB}——沿弯矩作用方向，冲切临界截面重心至冲切临界截面最大剪应力点的距离，$c_{AB} = c_1/2$，m；

　　　I_s——冲切临界截面对其重心的极惯性矩，m^4，$I_s = c_1 h_0^3/6 + c_1^3 h_0/6 + c_2 h_0 c_1^2/2$；

　　　β_s——柱截面长边与短边的比值，当 $\beta_s < 2$ 时，β_s 取 2，当 $\beta_s > 4$ 时，β_s 取 4；

　　　β_{hp}——受冲切承载力截面高度影响系数，当 $h < 800mm$ 时，取 $\beta_{hp} = 1.0$；$h > 2000mm$ 时，取 $\beta_{hp} = 0.9$，其间按线性内插法取值；

　　　c_1——与弯矩作用方向一致的冲切临界截面的边长，$c_1 = h_c + h_0$，m；

　　　c_2——垂直于 c_1 的冲切临界截面的边长，$c_2 = h_c + h_0$，m；

　　　α_s——不平衡弯矩通过冲切临界截面上的偏心剪力来传递的分配系数。

当柱荷载较大、等厚度筏板的受冲切承载力不能满足要求时，可在筏板上面增设柱墩，在筏板下面局部增加板厚或采用抗冲切箍筋来提高受冲切承载能力。

2. 内筒下平板式筏基的抗冲切验算

平板式筏基的内筒，其周边的冲切承载力可按式（7-44）计算。

$$F_1/u_m h_0 \leq 0.7\beta_{hp}f_t/\eta \tag{7-44}$$

式中　F_1——相应于荷载效应基本组合时的内筒所承受的轴力设计值减去筏板冲切破坏锥体内的地基反力设计值，kPa；

　　　u_m——距内筒外表面 $h_0/2$ 处冲切临界截面的周长（图 7-29），m；

　　　h_0——距内筒外表面 $h_0/2$ 处筏板的截面有效高度，m；

　　　η——内筒冲切临界截面周长影响系数，取 1.25。

3. 柱下平板式筏基的抗剪切验算

平板式筏基除应满足受冲切承载力外，尚应验算距

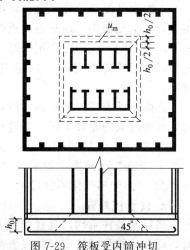

图 7-29　筏板受内筒冲切
的临界截面位置

内筒边缘或柱边缘 h_0 处筏板的受剪承载力。受剪承载力应按式（7-45）验算：

$$V_s \leq 0.7\beta_{hs} f_t b_w h_0 \tag{7-45}$$

$$\beta_{hs} = (800/h_0)^{1/4} \tag{7-46}$$

式中　V_s——荷载效应基本组合下，地基土净反力平均值产生的、距内筒或柱边缘 h_0 处筏板单位宽度的剪力设计值，kN；

　　　b_w——筏板计算截面单位宽度，m；

　　　h_0——距内筒或柱边缘 h_0 处筏板的截面有效高度，m；

　　　β_{hs}——截面高度影响系数。

按式（7-45）计算时，若筏板厚度小于 800mm，h_0 取 800mm，若筏板厚度大于 2000mm，h_0 取 2000mm。

当筏板变厚度时，尚应验算变厚度处板的受剪承载力。

当筏板的厚度大于 2000mm 时，宜在板厚中间部位设置直径不小于 12mm、间距不大于 300mm 的双向钢筋网。

第九节　减少建筑物不均匀沉降的措施

一般地说，地基发生变形即建筑物出现沉降是难以避免的，但是过量的地基变形将使建筑物损坏或影响其使用功能。在软弱地基上建造建筑物时，在采用合理的地基方案和地基处理措施的同时，也不能忽视在建筑、结构和施工中采取相应的措施，以减轻地基不均匀沉降对建筑物的损害。在地基条件较差时，如果在建筑、结构设计及施工中处理得当，可节省基础造价或减少地基处理的费用。因此，可以考虑从地基、基础、上部结构相互作用的观点出发，综合选择合理的建筑、结构、施工措施，降低对地基基础处理的要求和难度，以达到减轻房屋不均匀沉降的目的。

一、建筑措施

1. 建筑物的体型力求简单

建筑物的体型是指建筑物的平面形状与立面轮廓。在一些民用建筑中，因建筑功能或美观要求，往往采用多单元的组合形式，平面形状复杂，立面高差悬殊，因此使地基受力状态很不一致，不均匀沉降也随之增大，很容易导致建筑物产生裂缝与破坏。

平面形状复杂的建筑物，例如，"H"、"T"、"L"、"E" 等形状的建筑物在其纵横单元相交处，基础密集，地基应力重叠，该处的沉降大于其他部位。因此，在其附近的墙体常因地基产生不均匀沉降而产生裂缝。在建筑平面的突出部分也是容易开裂的，且当建筑物平面复杂时，建筑物本身还会因扭曲而产生附加应力。因此，建筑物的平面形状应力求简单规则。

立面形状有高差或荷载差的建筑物，由于作用在地基上的荷载有突变，使建筑物高低相接处出现过大的差异沉降，常造成建筑物的倾斜或开裂损坏。

因此，要减轻地基不均匀沉降，建筑物的体型力求简单：

① 平面形状简单，如采用 "一" 字形的建筑物。

② 立面体型变化不宜过大。

2. 设置沉降缝

当地基条件不均匀且建筑物平面形状复杂或长度太长，以及高差悬殊等情况不可避免时，可在建筑物的特定部位设置沉降缝，以有效地减小不均匀沉降的危害。沉降缝是从屋面到基础把建筑物断开，将建筑物划分成若干个长高比较小、体型简单、整体刚度较好、结构类型相同、自成沉降体系的独立单元。沉降缝通常设置在如下部位。

① 平面形状复杂的建筑物的转折部位；

② 建筑物的高度或荷载突变处；

③ 长高比较大的建筑适当部位；

④ 地基土压缩性显著变化处；

⑤ 建筑结构类型不同处；

⑥ 分期建造房屋的交界处。

沉降缝应留有足够的宽度，缝内一般不填充材料，以保证沉降缝上端不致因相邻单元互倾而顶住。沉降缝的宽度与建筑的层数有关，可按表 7-13 采用。

3. 控制相邻建筑物的间距

表 7-13　房屋沉降缝的宽度

建筑物层数	沉降缝的宽度/mm	建筑物层数	沉降缝的宽度/mm
2～3	50～80	5 层以上	≥120
4～5	80～120		

建筑物的荷载不仅使建筑物下面的土层受到压缩，而且在其以外的一定范围内的土层，由于受到基底压力扩散的影响，也将产生压缩变形。这种影响随着距离的增加而减小。由于软弱地基的压缩性大，两相邻建筑间距太近，会相互影响，引起相邻建筑物产生附加沉降。

相邻建筑物的影响主要表现为建筑物发生裂缝或倾斜。当被影响的建筑物刚度较差时，其影响主要表现为建筑物的裂缝；当刚度较好时，主要表现为倾斜。产生相邻建筑影响的大致有下列几种情况。

① 同期建造的两相邻建筑物之间的影响，特别是当两建筑物轻重、高低相差太大时，轻者受重者影响更甚；

② 原有建筑物受临近新建重型或高层建筑物的影响。

为了避免相邻建筑物影响造成的损害，建造在软弱地基上的建筑物基础之间需要保持一定的净距。其值视地基的压缩性、产生影响建筑物的规模和重量以及被影响建筑物的刚度等因素而定，见表 7-14。

表 7-14　相邻建筑物基础间的净距

影响建筑的预估平均沉降量 s/mm	受影响建筑的长高比	
	$2.0 \leqslant \dfrac{L}{H_{\mathrm{f}}} < 3.0$	$3.0 \leqslant \dfrac{L}{H_{\mathrm{f}}} < 5.0$
70～150	2～3	3～6
160～250	3～6	6～9
260～400	6～9	9～12
＞400	9～12	≥12

注：1. 表中 L 为房屋长度或沉降缝分隔的单元长度（m）；H_{f} 为自基础底面算起的房屋高度（m）。

2. 当受影响建筑长高比为 $1.5 \leqslant \dfrac{L}{H_{\mathrm{f}}} < 2.0$ 时，其间隔距离可适当减小。

4. 建筑物标高的控制

由于基础沉降引起建筑物各组成部分标高发生变化，影响建筑物的正常使用。为了减少或防止地基不均匀沉降对建筑使用功能的不利影响，设计时就应根据基础的预估沉降量适当调整建筑物或其各部分的标高。

根据具体情况，可采取如下相应的措施。

① 室内地坪和地下设施的标高，应根据预估的沉降量予以提高；

② 建筑各部分（或各设备）之间有联系时，可将沉降较大者的标高适当提高；

③ 建筑物设备之间应留有足够的净空；

④ 建筑物有管道通过时，应预留足够尺寸的孔洞，或管道采用柔性接头。

二、结构措施

在软弱地基上，减小建筑物的基底压力及调整基底的附加应力分布是减小基础不均匀沉降的根本措施；加强结构的刚度和强度是调整不均匀沉降的重要措施；将上部结构做成静定体系是减轻地基不均匀沉降危害的有效措施。

1. 减轻结构自重

基底压力中，建筑物的自重（包括基础及回填土重）所占的比例很大，据调查，一般工业建筑中建筑物自重约占 40%～50%，一般民用建筑中建筑物自重约占 60%～80%。因而，减小沉降量常可以从减轻建筑物自重做起，主要措施如下。

（1）减轻墙体重量　许多建筑物（特别是民用建筑）的自重，大部分以墙体的重量为主。例如：砌体承重结构房屋，墙体的重量占结构总重力的一半以上。为了减少这部分重量，宜选用轻质墙体材料，如：轻质混凝土墙板、空心砌块、多孔砖及其他轻质墙等。

（2）采用轻型结构　采用预应力钢筋混凝土结构、轻钢结构及各种轻型空间结构。

（3）减少基础和回填土的重量　首先尽可能考虑采用浅埋基础，采用钢筋混凝土独立基础、条形基础、壳体基础等。如果要求抬高室内地坪时，底层可考虑采用架空地板以代替室内厚填土。

2. 设置圈梁

在砌体内的适当部位设置现浇钢筋混凝土圈梁，增强建筑物的整体性，提高砌体结构的抗剪、抗拉能力，在一定程度上能防止或减少由于地基不均匀沉降产生的裂缝。圈梁一般沿外墙设置，应根据建筑物可能弯曲的方向而确定配置于建筑物的底部或顶部。当难以判断建筑物的弯曲方向时，对于四层及四层以下的建筑物，应在檐口处和基础顶部各设置一道圈梁。对于重要的、高大的建筑物或地基特别软弱时，可以隔层设置或层层设置。圈梁一般设在楼板下面或窗顶上，设在窗顶上的圈梁可兼作过梁使用。在主要的内墙上也要设置圈梁，并与外墙的圈梁连成整体。

圈梁在平面上应形成封闭系统。当圈梁因墙身开洞不能连通时，可按图 7-30 所示的方法进行处理。当洞口尺寸过大时，宜采取加设构造柱等加强措施。

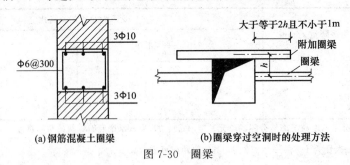

(a) 钢筋混凝土圈梁　　　　　　　(b) 圈梁穿过空洞时的处理方法

图 7-30　圈梁

3. 减小或调整基底附加压力

① 设置地下室或半地下室是减少建筑物沉降的有效措施，通过挖除的土重能抵消一部分作用在地基上的附加压力，从而减少建筑物的沉降，同时也可用以调整建筑物各部分的沉降差异，如在建筑物的较重、较高的部分设置地下室或半地下室。

② 增大基底尺寸，调整基础沉降。按照沉降控制的要求，选择和调整基础底面尺寸，针对具体工程的不同情况考虑，尽量做到有效又经济合理。

三、施 工 措 施

合理安排施工顺序、注意施工方法，也能收到减小或调整地基不均匀沉降的效果。当拟建的相邻建筑物之间轻重、高低相差悬殊时，一般应按先重后轻、先高后低的顺序进行施工；有时还需在重建筑物竣工后间歇一段时间后再建造轻的邻近的建筑物或建筑物单元。当高层建筑的主、裙楼下有地下室时，可在主、裙楼相交的裙楼一侧设置施工后浇带，同样以先主楼后裙楼的施工顺序，以减小不均匀沉降的影响。

在基坑开挖时，不要扰动地基土的原有结构。通常在坑底保留约 200mm 厚的土层，待垫层施工时再挖除。如发现坑底已被扰动，应将已扰动的土挖去，并用砂或碎石回填夯实至所需标高。

第十节　柱下独立基础设计案例

拟建工程为某茶厂宿舍楼。该宿舍楼建筑面积 3050m²，占地面积 594m²，总建筑高度 19.750m，为 7 层框架结构楼房。

经过前期勘察，初步设计基础为独立现浇基础，基础埋深 1.7m。基础平面图见图 7-31。

思考与讨论：

分组讨论，柱下独立基础如何进行设计。

工程案例参考分析：

以下以 J1 独立基础为例进行设计。

柱下独立基础设计时参照规范如下：《混凝土结构设计规范》（GB 50010—2010），本文简称《混凝土规范》；《建筑地基基础设计规范》（GB 50007—2011），本文简称《地基规范》；《建筑抗震设计规范》（GB 50011—2010），本文简称《抗震规范》。具体设计步骤如下。

一、设 计 资 料

通过应力分析以及受力计算，可知设计值：$N = 100.00$kN，$M_x = 50.00$kN·m，$V_x = 0.00$kN，$M_y = 0.00$kN·m，$V_y = 0.00$kN。

标准值：$N_k = 74.07$kN，$M_{xk} = 37.04$kN·m，$V_{xk} = 0.00$kN，$M_{yk} = 0.00$kN·m，$V_{yk} = 0.00$kN，则对该楼房柱下独立基础初步设计如下。

(1) 类型：阶梯形；

(2) 柱数：单柱；

(3) 阶数：1；

(4) 基础尺寸单位：mm；

(5) $b_1 = 1200$，$b_{11} = 600$，$a_1 = 1200$，$a_{11} = 600$，$h_1 = 400$；

(6) 柱：方柱，$A = 300$mm，$B = 350$mm；

(7) 钢筋：Φ-HPB300，Φ-HRB335，Φ-HRB400，ΦR-RRB400，Φ-HRB500，ΦF-HRBF335，ΦF-HRBF400，ΦF-HRBF500；

(8) 混凝土强度等级：C25，$f_c = 11.90$N/mm²；

(9) 钢筋级别：HRB400，$f_y = 360$N/mm²；

(10) 纵筋最小配筋：0.15%；

(11) 配筋调整系数：1.0；

(12) 配筋计算方法：通用法；

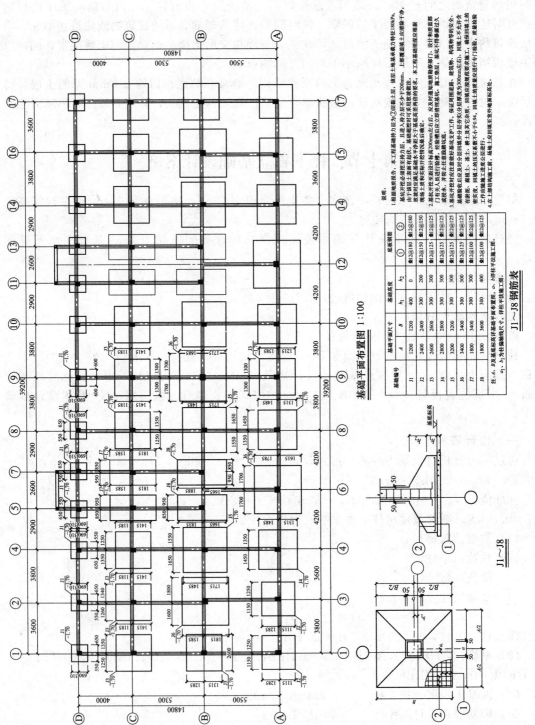

基础平面布置图 1:100

J1～J8 钢筋表

基础编号	基础平面尺寸		基础高度		底板钢筋	
	A	B	h_1	h_2	①	②
J1	1200	1200	400	0	$\Phi12@180$	$\Phi12@180$
J2	2400	2400	300	0	$\Phi12@150$	$\Phi12@150$
J3	2600	2600	300	300	$\Phi12@125$	$\Phi12@150$
J4	2800	2800	300	300	$\Phi12@125$	$\Phi12@125$
J5	3200	3200	300	300	$\Phi12@125$	$\Phi12@125$
J6	3400	3400	300	300	$\Phi12@125$	$\Phi12@125$
J7	1800	3400	300	300	$\Phi12@100$	$\Phi12@125$
J8	1800	3600	300	400	$\Phi12@100$	$\Phi12@125$

注：A、B为基础底面对边的平面尺寸，a_1、b_1为柱截面尺寸，详细尺寸见工程。

J1～J8 基础平面布置图

说明：

1. 根据地质报告，本工程基础持力层为②层黏土层，该层土地基承载力特征值180kPa，上部覆盖土层不少于200mm。

基坑开挖必须挖至持力层，且进入持力层不小于200mm，由于持力土上表面有起伏，基础埋深时可采用坡坡做法，放坡时应满足基础底水平净距不小于基底高差两者的要求。本工程基础埋深以基础垫层底标高为起点算起。

2. 基坑开挖至设计标高200mm左右后，应及时通知建筑质监部门、设计方和质监部门、门有关人员进行验槽，经验槽确认后应立即清理基坑，施工垫层，基坑不得暴露过久。

3. 基坑开挖时应注意做好坑内排水工作，保证周围建筑、建筑物、构筑物等的安全。基础验收后应及时对坑回填并分层夯实(分层高度为300mm左右)。回填土不得含有腐殖土、树土及木它杂物，严禁用淤泥回填。回填土的压实系数不小于Fu 0.94，回填土的质量应由专门质密实度，质量检验工作应随施工进度公开进行。

4. 在上部结构施工前，场地土应回填至室外墙面标高处。

图 7-31 基础平面布置图

（13）基础混凝土纵筋保护层厚度：40mm；

（14）基础与覆土的平均容重：20.00kN/m³；

（15）修正后的地基承载力特征值：288kPa；

（16）基础埋深：2.70m；

（17）作用力位置标高：0.000m。

二、设计内容

通过对柱下独立基础尺寸、钢筋级别、最小配筋率等初步设计，必须验算初步设计内容是否满足基础抗弯计算、基础抗冲切验算和地基承载力验算的要求。设计荷载和基础尺寸见图7-32。

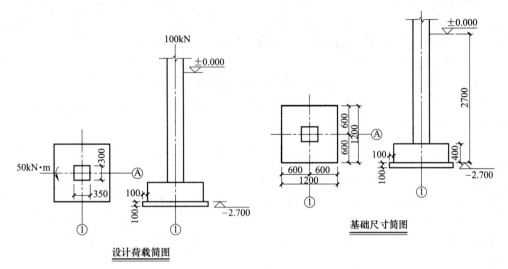

图 7-32 设计荷载和基础尺寸

三、计算过程和计算结果

1. 基底反力计算

（1）基底荷载分别为：

$N_k = 74.07$ kN，$M_{xk} = 37.04$ kN · m，$M_{yk} = 0.00$ kN · m。

$N = 100.00$ kN，$M_x = 50.00$ kN · m，$M_y = 0.00$ kN · m。

（2）承载力验算时，底板总反力标准值（kPa）：（相应于荷载效应标准组合）

基底面积：$A = 1.200 \times 1.200 = 1.440$（m²）

土重：$G_k = 20.000 \times 1.440 \times 2.700 = 77.760$（kN）

$e = 37.04/(74.07 + 77.76) = 0.244$（m）

$a = 1.200/2 - 0.244 = 0.356$（m）

$$p_{kmax} = 2 \times (N_k + G_k)/(3 \times l \times a)$$
$$= 2 \times (74.070 + 77.760)/(3 \times 1.200 \times 0.356)$$
$$= 236.90 \text{（kPa）}$$

$$p_{kmin} = 0.00 \text{（kPa）}$$

各角点反力 $p_1 = 236.90$（kPa），$p_2 = 236.90$（kPa），$p_3 = 0.00$（kPa），$p_4 = 0.00$（kPa）。

基底全反力作用面尺寸：1200mm×1068mm。

（3）强度计算时，底板净反力设计值（kPa）：［相应于荷载效应基本组合］

$$p = N/A = 100.00/1.44 = 69.44 \text{（kPa）}$$

$$e = 50.000/(100.00 + 93.31) = 0.259 \text{（m）}$$

$$a=1.200/2-0.259=0.341(\mathrm{m})$$

底板净反力设计值＝底板总反力设计值 － 基础与覆土重设计值

$$
\begin{aligned}
p_{\max} &=2\times(N+G)/(3\times l\times a)-1.2\times H\times\gamma\\
&=2\times(100.00+93.31)/(3\times1.200\times0.341)-1.2\times2.700\times20.000\\
&=249.82(\mathrm{kPa})
\end{aligned}
$$

$$p_{\min}=0-1.2\times H\times\gamma=-1.2\times2.700\times20.000=-64.80\ (\mathrm{kPa})$$

各角点反力 $p_1=249.82\mathrm{kPa}$，$p_2=249.82\mathrm{kPa}$，$p_3=-64.80\mathrm{kPa}$，$p_4=-64.80\mathrm{kPa}$

$p_{\min}=-64.80\mathrm{kPa}<0$，底板局部承受土重负弯矩。

2. 地基承载力验算

$p_{\mathrm{k}}=105.44\mathrm{kPa}<f_{\mathrm{a}}=288.00\mathrm{kPa}$，满足。

$p_{\mathrm{kmax}}=236.90\mathrm{kPa}<1.2\times f_{\mathrm{a}}=345.60\mathrm{kPa}$，满足。

3. 基础抗剪验算

根据《地基规范》第 8.2.7-2 条，需要进行抗剪验算。

抗剪验算公式 $V\leqslant0.7\beta_{\mathrm{hs}}f_{\mathrm{t}}A_{\mathrm{c}}$ － ［《地基规范》第 8.2.9 条］

（剪力 V 根据最大净反力 $p_{\max}$ 计算）

＿下＿右＿上＿左

第 1 阶（$h_0=355\mathrm{mm}$，$\beta_{\mathrm{h}}=1.000$）

荷载面积（m²） 0.54	0.51	0.54	0.51
剪切荷载（kN） 134.90	127.41	134.90	127.41
抗剪面积（m²） 0.43	0.43	0.43	0.43
抗剪能力（kN） 378.71	378.71	378.71	378.71

抗剪满足。

4. 基础抗冲切验算

抗冲切验算公式 $F_1\leqslant0.7\beta_{\mathrm{hp}}f_{\mathrm{t}}A_{\mathrm{q}}$ ［《地基规范》第 8.2.8 条］

（冲切力 F_1 根据最大净反力 $p_{\max}$ 计算）

＿下＿右＿上＿左

第 1 阶（$h=400\mathrm{mm}$，$h_0=355\mathrm{mm}$，$\beta_{\mathrm{hp}}=1.000$）

荷载面积（m²） 0.11	0.08	0.11	0.08
冲切荷载（kN） 27.26	18.89	27.26	18.89
抗冲切面积（m²） 0.25	0.23	0.25	0.23
抗冲切力（kN） 222.49	206.71	222.49	206.71

抗冲切满足。

5. 基础受弯计算

弯矩计算公式 $M=1/6\times l_{\mathrm{a}}^2\times(2b+b')\times p_{\max}$ （l_{a} 为计算截面处底板悬挑长度）

根据《地基规范》第 8.2.1 条，扩展基础受力钢筋最小配筋率不应小于 0.15%。

第 1 阶（kN·m）：$M_{下}=23.19$，$M_{右}=20.31$，$M_{上}=23.19$，$M_{左}=20.31$，$h_0=355\mathrm{mm}$

计算 A_{s}（mm²/m）：$A_{s下}=600$（构造），$A_{s右}=600$（构造），$A_{s上}=600$（构造），$A_{s左}=600$（构造）

配筋率 ρ：$\rho_{下}=0.150\%$，$\rho_{右}=0.150\%$，$\rho_{上}=0.150\%$，$\rho_{左}=0.150\%$

基础板底构造配筋（最小配筋率 0.15%）。

6. 底板配筋

X 向实配Φ12@180（628mm²/m，0.157%）$\geqslant A_{\mathrm{s}}=600\mathrm{mm}^2/\mathrm{m}$

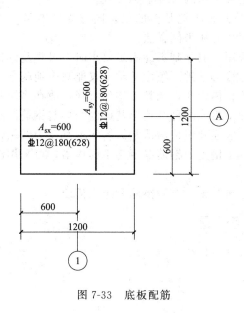

图 7-33　底板配筋

图 7-34　反力简图

Y 向实配 $\phi12@180$（$628\text{mm}^2/\text{m}$，0.157%）$\geqslant A_\text{s}=600\text{mm}^2/\text{m}$

配筋简图及荷载反力见图 7-33 和图 7-34。

小　结

　　本章首先阐述了不同建筑物安全等级条件下的地基基础设计要求的内容，重点介绍了天然地基上的浅基础设计，主要内容包括：浅基础的类型、基础埋置深度的选择、基础底面尺寸的确定（地基持力层和软弱下卧层承载力验算）、无筋扩展基础的设计、钢筋混凝土扩展基础设计、柱下钢筋混凝土条形基础设计及筏形基础设计。强调减轻建筑物不均匀沉降的损害不应单从地基基础的角度出发，而应综合考虑建筑措施、结构措施和施工措施。

　　天然地基上浅基础的主要形式有：单独基础、条形基础、十字交叉基础、筏形基础和箱形基础。在实际工程中，应根据具体的上部结构形式及荷载大小、地基条件、经济条件、施工水平等综合考虑选择最经济合理的基础形式。

　　基础埋置深度的大小对于建筑物的安全和正常使用、基础施工技术措施、施工工期和工程造价有很大影响，合理确定基础埋置深度十分重要。要选择技术上可靠、经济上合理的基础埋置深度应考虑的因素有：建筑物类型及基础构造；基础上荷载的大小和性质；工程地质和水文地质条件；场地环境条件；地基土冻胀的影响。

　　初步选择基础类型和埋置深度后，需根据持力层承载力设计值计算基础底面的尺寸。如果持力层较薄，且其下存在着承载力显著低于持力层的下卧层时，尚需对软弱下卧层进行承载力验算。根据承载力确定基础底面尺寸后，必要时尚应对地基变形或稳定性进行验算。

　　无筋扩展基础是由砖、毛石、混凝土或毛石混凝土、灰土和三合土等材料组成的，且不需配置钢筋的墙下条形基础或柱下独立基础，广泛应用于基底压力较小或地基土承载力较高的六层和六层以下的一般民用建筑和墙承重的轻型工业厂房。

钢筋混凝土扩展基础系指柱下钢筋混凝土独立基础和钢筋混凝土条形基础，通常能在较小的埋深内把基础地面扩大到所需的面积，是最常用的一种基础形式。

柱下条形基础可视为作用有若干集中荷载并置于地基上的梁，同时受到地基反力的作用。在工程实践中常用的柱下条形基础内力简化方法为倒梁法。

上部结构荷载较大，地基承载力较低，采用一般基础不能满足要求时，可将基础扩大成支承整个建筑结构的大钢筋混凝土板，即成为筏形基础。筏形基础不仅能减少地基土的单位面积压力、提高地基承载力，还能增强基础的整体刚性，调整不均匀沉降，故在多层和高层建筑中被广泛使用。筏形基础可分为梁板式和平板式两种。筏形基础的结构与钢筋混凝土楼盖结构相似，由柱子或墙传来的荷载，经主、次梁及板传给地基。若将地基反力看做作用于筏形基础底板上的荷载，则筏形基础相当于一个倒置的钢筋混凝土平面楼盖，可采用倒楼盖法计算。

减少建筑物的不均匀沉降，应综合考虑建筑措施、结构措施和施工措施。

思 考 题

1. 天然地基上的浅基础有哪些类型？其各自的特点是什么？
2. 选择基础埋置深度应考虑哪些因素？
3. 地基基础的设计有哪些要求和基本规定？
4. 如何按地基承载力确定基础底面尺寸？
5. 什么是扩展基础？扩展基础截面尺寸怎样确定？
6. 减轻地基不均匀沉降的危害应采取哪些有效措施？

习 题

1. 某建筑物柱截面尺寸为 $300mm \times 400mm$，已知该柱传至基础的荷载标准值 $F_k = 900kN$，$M_k = 120kN$，地基土为粉土 $\gamma = 18kN/m^3$，$f_{ak} = 170kPa$；若基础埋深为 1.5m，试确定基础的底面尺寸。

2. 某建筑采用柱下独立基础，基底尺寸为 $2.5m \times 3.5m$，选择基础埋深为 1.5m，传至基础顶面的荷载标准值为 $F_k = 1200kN$。地基土分为三层，各土层分布情况如下。

第一层：素填土，$\gamma = 17.2kN/m^3$，厚度为 0.8m；

第二层：黏土，$\gamma = 18kN/m^3$，$f_{ak} = 180kPa$，$e = 0.85$，$I_l = 0.75$，$E_s = 15MPa$，厚度为 3m；

以下土层为大于 6m 的厚砂土层。试验算基础底面尺寸是否满足要求。

3. 某承重墙厚 370mm，由上部结构传至基础顶面的轴力设计值为 $F = 280kN$，基础埋置深度为 1.0m，地基土分为三层，各土层分布情况如下。

第一层：素填土，$\gamma = 17kN/m^3$，厚度为 0.8m；

第二层：黏土，$\gamma = 18.5kN/m^3$，$f_{ak} = 180kPa$，$e = 0.85$，$E_s = 6MPa$，$\gamma_{sat} = 18.9kN/m^3$ 厚度为 3.8m；

第三层：淤泥质黏土，$\gamma_{sat} = 17.4kN/m^3$，$f_{ak} = 80kPa$，$E_s = 1.5MPa$，混凝土强度等级为 C15，选用 HPB300 级钢筋，试设计此钢筋混凝土墙下条形基础。

4. 某厂房内柱传至基础顶面的荷载为 $F = 1500kN$，$M = 90kN$，$V = 25kN$，（荷载效应的基本组合值），现浇柱截面为 $400mm \times 800mm$，基础埋深 $d = 2m$，基底以上土的加权平均重度 $\gamma_0 = 18kN/m^3$，基底处土的重度 $\gamma = 18.4kN/m^3$，地基承载力特征值 $f_{ak} = 20kPa$，混凝土强度等级为 C20，钢筋采用 HPB300 级，试设计该基础。

第八章 桩基础与其他深基础

知识目标

- 了解桩基础的概念、适用范围、优缺点、桩的分类；
- 了解桩基软弱下卧层验算以及沉降验算方法，了解桩身结构设计以及承台设计的方法；
- 了解沉井基础、地下连续墙以及墩基础的概念、特点和施工工序；
- 熟悉桩基设计的一般步骤；
- 掌握单桩竖向承载力的确定、桩顶荷载计算及单桩承载力的验算方法。

能力目标

- 能按照静载试验和现行规范的经验公式确定单桩的竖向承载力；
- 会计算桩顶荷载；
- 会进行单桩的承载力验算。

建筑物应尽量采用天然地基浅基础，因为天然地基浅基础技术简单、造价低、工期短。但是当上部软弱土层较厚、建筑物荷载较大，采用浅层地基不能满足建筑物对地基承载力和变形的要求，即使采用一般的地基处理仍不能满足设计要求或耗费巨大时，往往需要以地基深层坚实土层或岩层作为地基持力层，采用深基础方案。深基础主要有桩基础、沉井基础、地下连续墙和墩基础等几种类型，其中以桩基础的历史最为悠久，应用最为广泛，作为本章的重点。

第一节 桩基础概述

一、桩基础的概念

所谓桩基础是由桩与连接桩顶和承接上部结构的承台组成的深基础，简称桩基（如图8-1 所示）。桩是设置于土中的竖直或倾斜的柱型基础构件，其横截面尺寸比长度小很多，通常将桩基础中的每根桩称为基桩。当桩基础的承台底面位于地面以下时，称为低承台桩基础，如图8-1（a）所示；当桩基础的承台底面在地面以上时，称为高承台桩基础，如图8-1（b）所示。在工业与民用建筑中，几乎都使用低承台桩基础，而且大量采用的是竖直桩；在桥梁、港湾和海洋构筑物等工程中，常常使用高承台桩基础，且较多采用斜桩。

二、桩基础的适用范围

与其他深基础比较，桩基础的适用范围最广，一般对下述情况可考虑采用桩基础方案。

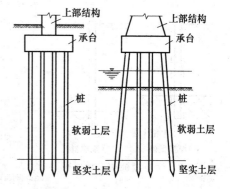

(a) 低承台桩基础　　(b) 高承台桩基础

图 8-1　桩基础示意图

① 上部土层软弱不能满足承载力和变形要求，且采用地基加固措施技术上不可行或经济上不合理时。

② 作用有较大水平力和力矩的高耸结构物（如烟囱、水塔等）的基础，或需要以桩承受水平力或上拔力的情况时。

③ 高重建筑物，如高层建筑、重型工业厂房和仓库、料仓等，天然地基承载力和变形不能满足要求时。

④ 地基软硬不均或荷载分布不均，天然地基不能满足结构物对不均匀变形的要求时。

⑤ 水上基础、施工水位较高或河床冲刷较大，如港口、水利、桥梁工程等，采用其他基础形式施工困难，或不能保证基础安全时。

⑥ 精密设备基础和动力机械基础等对基础有特殊要求时。

⑦ 考虑建筑物受相邻建筑物、地面堆载影响，采用浅基础将会产生过量倾斜或沉降时。

⑧ 地基土性特殊，如存在液化土、湿陷性黄土、季节性冻土、膨胀土等，要求采用桩基础将荷载传递至深部稳定的土层时。

三、桩基础的优缺点

1. 桩基础的主要优点

桩基础承载力高、稳定性好、沉降量小而且均匀、抗震能力强；能承受竖向荷载、水平荷载、上拔力以及由机器产生的振动或动力作用等；能适应各种不同的地质条件、荷载性质和上部结构的要求；便于机械化施工和工厂化生产，如预制桩、钢桩等。

2. 桩基础的主要缺点

桩基础的造价高，应进行经济分析；桩基础的施工技术比一般浅基础复杂；桩基础的工期比一般浅基础长；打桩过程中的排土、噪声等可能对周围环境产生不利影响；桩基础的工作机理比较复杂，其设计计算方法尚需进一步完善。

第二节　桩 的 分 类

合理地选择桩的类型是桩基础设计中极为重要的环节。分类的目的是为了掌握其不同的特点，以供设计时根据现场的具体条件选择适当的桩型。根据桩的承载性状、成桩方法、桩径大小、桩体材料和施工方法等可以把桩分为各种类型。

一、按桩的承载性状分类

根据竖向荷载下桩土相互作用的特点，达到承载力极限状态时，桩侧阻力与桩端阻力的发挥程度和分担荷载比例，可以将桩分为摩擦型桩和端承型桩两大类（如图 8-2 所示）。

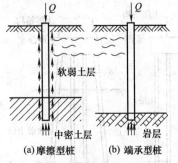

图 8-2　摩擦型桩和端承型桩

1. 摩擦型桩

摩擦型桩是指在竖向极限荷载作用下，桩顶荷载全部或主要由桩侧阻力承担。根据桩侧阻力分担荷载的比例，摩擦型桩又分为摩擦桩和端承摩擦桩。

（1）摩擦桩　桩顶极限荷载绝大部分由桩侧阻力承担，桩端阻力很小可以忽略不计。如：①桩端无较坚硬的持力层；②桩的长径比很大，桩顶荷载只通过桩身压缩产生的桩侧阻力传递给桩周土，因而桩端下土层无论坚实与否，其分担的荷载都很小；③桩底残留虚土或残渣较厚的灌注桩；④打入邻桩使先前设置的桩上抬、甚至桩端脱空等情况。

（2）端承摩擦桩 桩顶极限荷载由桩侧阻力和桩端阻力共同承担，但大部分荷载由桩侧阻力承担。如当桩的长径比不是很大，桩端持力层为较坚硬的黏性土、粉土或砂类土时，除桩侧阻力外，还有一定的桩端阻力。这类桩所占比例很大。

2. 端承型桩

端承型桩是指在竖向极限荷载作用下，桩顶荷载全部或主要由桩端阻力承担，桩侧阻力相对桩端阻力而言较小，或可忽略不计。根据桩端阻力发挥的程度和分担荷载的比例，端承型桩又可分为端承桩和摩擦端承桩。

（1）端承桩 桩顶极限荷载绝大部分由桩端阻力承担，桩侧阻力很小可以忽略不计。如桩的长径比较小（一般小于10），桩身穿越软弱土层，桩端设置在密实砂层、碎石类土层或中等、微风化及新鲜岩层中。

（2）摩擦端承桩 桩顶极限荷载由桩侧阻力和桩端阻力共同承担，但桩端阻力分担荷载较大，桩侧阻力不可忽略。如桩端进入中密以上砂类土、碎石类土层或中、微风化岩层。

此外，当桩端嵌入岩层一定深度（要求桩的周边嵌入微风化或中等风化岩体的最小深度不小于0.5m）时，称为嵌岩桩。此时，桩侧与桩端荷载分担比与孔底沉渣及进入基岩深度有关，桩的长径比不是制约荷载分担比的唯一因素。

二、按成桩方法分类

工程实践表明，桩的成形方式（打入或钻孔成桩等）不同，桩周土受到的挤土作用也很不相同。成桩挤土效应对桩的承载力、成桩质量控制以及环境等有很大影响。因此，根据成桩方法和成桩过程中的挤土效应将桩分为挤土桩、部分挤土桩和非挤土桩三类。

（1）挤土桩 实心的预制桩、下端封闭的管桩、木桩以及沉管灌注桩等打入桩，在锤击、振动贯入或压入过程中，将桩位处的土体大量排挤开，使土的结构严重扰动破坏，土的工程性质与天然状态比较发生了较大变化，必须采用原状土扰动后再恢复的强度指标来估算桩的承载力及沉降量。

（2）部分挤土桩 开口的钢管桩、H形钢桩和开口的预应力混凝土管桩等，在成桩过程中，对桩周土体稍有排挤作用，土的原状结构和工程性质变化不大，可用原状土测得的强度指标来估算桩的承载力和沉降量。

（3）非挤土桩 先钻孔后再打入的预制桩和钻（冲或挖）孔桩，在成桩过程中，将相应于桩身体积的土挖出，桩周土不受排挤作用，并可能向桩孔内移动而产生应力松弛现象，使土的抗剪强度降低，桩侧摩阻力有所减小。

三、按桩径大小分类

1. 小直径桩

桩径 $d \leqslant 250mm$ 的桩，适用于中小型工程和基础加固。

2. 中等直径桩

桩径 $250mm < d < 800mm$ 的桩，在世界各国的工业与民用建筑物中大量使用，是量大面广的最主要的桩型。

3. 大直径桩

桩径 $d \geqslant 800mm$ 的桩，通常用于高层建筑、重型设备基础，并可实现一柱一桩的优良结构形式。

四、按桩体材料分类

（1）混凝土桩 混凝土桩分为素混凝土桩、钢筋混凝土桩和预应力钢筋混凝土桩三类，其中钢筋混凝土桩既可预制又可现浇，还可采用预制与现浇组合，适用于各种地层，成桩直径和长度可变范围大，单桩承载力高，桩体不仅可以承压，而且可以抗拔和抗弯以及承受水平荷载，适用于大中型各类建筑工程的承载桩，是目前应用最广泛的基桩。

（2）钢桩 钢桩常用的有下端开口或闭口的钢管桩和 H 形钢桩等。钢管桩的直径一般为 250～1200mm。钢桩具有穿透能力强、自重轻、锤击沉桩效果好、承载能力高、无论起吊、运输或是沉桩、接桩都很方便的优点，但是使用钢桩耗钢量大、成本高、易锈蚀，因此我国只在少数重点工程中使用。

（3）木桩 木桩常用的有杉木、松木、柏木和橡木等木材。一般桩径为 160～260mm，桩长为 4～6m，桩顶锯平并加铁箍，桩尖削成棱锥形。木桩具有自重轻、制作、运输、施工方便以及具有一定的弹性和韧性等优点，但是木桩的承载力低、在干湿交替的环境中易腐蚀、在海水中易被食木虫蛀蚀，且木材珍贵，所以目前已很少使用，只在战时抢修工程或能就地取材的临时工程中使用。

（4）组合材料桩 组合材料桩是指用两种不同材料组合而成的桩，可发挥各种材料的特点，以获得最佳的技术经济效果。例如钢管桩内填充混凝土，或上部为钢管桩下部为混凝土桩等型式的组合。组合材料桩只在特殊条件下因地制宜地采用，对新式组合桩采用时宜持慎重态度。

五、按施工方法分类

根据桩的施工方法不同，主要可分为预制桩和灌注桩两大类。

1. 预制桩

预制桩是指在施工现场或工厂制作桩身，然后运至桩位处，再经锤击、振动、静压或旋入等方式将桩沉至设计标高。按所用材料的不同，预制桩可分为混凝土预制桩、钢桩和木桩三类。

在预制桩中，混凝土预制桩最为常见。混凝土预制桩包括多边形桩和空心管桩，均根据施工和使用要求配置钢筋。

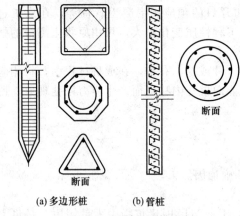

断面

断面

(a) 多边形桩　　(b) 管桩

图 8-3　混凝土预制桩

多边形断面的混凝土预制桩［如图 8-3（a）所示］以实心方桩为代表。一般实心方桩的截面边长为 300～500mm，桩长在 25～30m 以内，工厂预制时分节长度不超过 12m，现场预制一般不超过 25m，沉桩时在现场连接到所需桩长。分节接头应保证质量，以满足桩身承受轴力、弯矩和剪力的要求。通常可用钢板、角钢焊接，并涂以沥青以防腐蚀。也可采用钢板垂直插头加水平销连接，其施工快捷，不影响桩的强度和承载力。

大截面实心桩自重大，用钢量大，其配筋主要受起吊、运输、吊立和沉桩等各阶段的应力控制。采用预应力混凝土桩，则可减轻自重、节约钢材、提高桩的承载力和抗裂性。

钢筋混凝土空心管桩［简称管桩，如图 8-3（b）所示］是在工厂内用离心法制作。直径一般为 300～600mm，壁厚 80～125mm，常用长度 8～13m。接桩一般采用钢板焊接。管桩一般采用预应力混凝土，级别常见为 C60～C80，少数可达 C100。

预制桩具有桩身质量易保证、单桩承载力高、耐久性好等优点。但也存在一些缺点，如预制桩无论是打入式或压入式，都存在挤土效应，群桩施工时将导致周围地面隆起，当场地布桩过密或局部桩距太小时，已经就位的邻桩可能上浮或尚未打入的桩桩底难以就位，这些都将影响桩的承载能力，挤土效应还会对临近的建筑物和市政设施造成不良的影响，打入桩的噪音污染和振动影响往往为周围环境所不容，并且由于桩端持力层起伏不平而导致桩长不一，施工中往往需要接长或截短，工艺比较复杂。

2. 灌注桩

灌注桩是直接在设计桩位处成孔，然后在孔内放置钢筋笼（也有直接插筋或省去钢筋的），再浇灌混凝土而成。其横截面呈圆形，可以做成大直径和扩底桩。与混凝土预制桩比较，灌注桩一般只根据使用期间可能出现的内力配置钢筋，用钢量较省，且桩长可随持力层起伏而改变，不需截桩、不设接头。但在成孔成桩过程中，保证灌注桩承载力的关键在于桩身的成型及混凝土质量。灌注桩通常可分为以下几种。

（1）沉管灌注桩　沉管灌注桩是采用锤击沉管打桩机或振动沉管打桩机，将套上预制钢筋混凝土桩尖或带有活瓣桩尖（沉管时桩尖闭合，拔管时活瓣张开以便浇灌混凝土）的钢管沉入土层中成孔，然后浇灌混凝土并适时吊入钢筋笼，提拔钢管成桩，其施工程序如图 8-4 所示。

锤击沉管灌注桩的常用直径（指预制桩尖的直径）为 300～500mm，振动

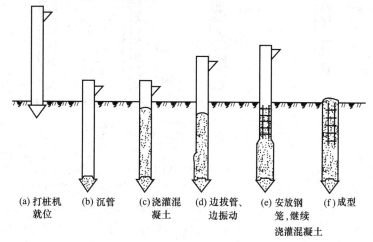

(a)打桩机　(b)沉管　(c)浇灌混　(d)边拔管、　(e)安放钢　(f)成型
　就位　　　　　　　凝土　　　边振动　　　笼，继续
　　　　　　　　　　　　　　　　　　　　　　浇灌混凝土

图 8-4　沉管灌注桩的施工程序示意图

沉管灌注桩的直径一般为 400～500mm。沉管灌注桩的桩长常在 20m 以内，可打至硬塑黏土层或中、粗砂层。在黏性土中，振动沉管灌注桩的沉管穿透能力比锤击沉管灌注桩稍差，承载力也比锤击沉管灌注桩低些。沉管灌注桩的施工设备简单、沉桩进度快、成本低，但在软、硬土层交界处或软弱土层处易产生缩颈（桩身截面局部缩小）现象，也可能由于邻桩挤压或其他振动作用等各种原因而出现断桩、局部夹土、混凝土离析和强度不足等质量问题。

（2）钻（冲、磨）孔灌注桩　钻（冲）孔灌注桩用钻机（如螺旋钻机、振动钻机、冲抓锥钻机、旋转水冲钻机等）钻土成孔，然后清除孔底残渣，安放钢筋笼，浇灌混凝土。有的钻机成孔后，可撑开钻头的扩孔刀刃使之旋转切土扩大桩孔，浇灌混凝土后在底端形成扩大桩端，但扩底直径不宜大于 3 倍桩身直径。目前国内钻（冲）孔灌注桩多用泥浆护壁，泥浆应选用膨润土或高塑性黏土在现场加水搅拌制成。施工时泥浆水面应高出地下水面 1m 以上，清孔后在水下浇灌混凝土，其施工程序如图 8-5 所示。常用桩径为 800mm、1000mm、1200mm 等。其最大优点是入土深，能进入岩层，刚度大，承载力高，桩身变形小，并可方便地进行水下施工。

磨孔灌注桩是采用带有磨头的磨桩机成孔，磨桩机具有回旋钻进、磨头磨碎岩石等多种功能，采用钢套筒钻、磨和护壁，能克服流砂、消除孤石等障碍物，进入微风化硬质岩石，且钻进速度快，深度可达 60～100m，但此类机具价格昂贵，较适用于大直径桩。

（3）挖孔桩　挖孔桩可采用人工或机械挖掘成孔，逐段边开挖边支护，每挖深 0.9～1.0m，就现浇或喷射一圈混凝土护壁（上下圈之间用插筋连接），达到所需深度后再进行扩孔、清底、安放钢筋笼及浇灌混凝土。人工挖孔桩示例如图 8-6 所示。

挖孔桩的桩身长度宜限制在 30m 以内。当桩长 $L \leqslant 8m$ 时，桩身直径（不含护壁）不宜

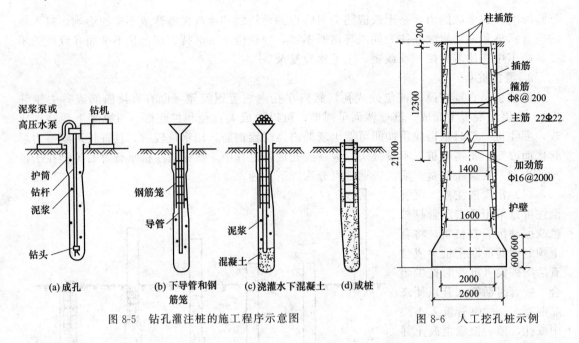

图 8-5 钻孔灌注桩的施工程序示意图

图 8-6 人工挖孔桩示例

小于 0.8m；当 8m<L≤15m 时，桩身直径不宜小于 1.0m；当 15m<L≤20m 时，桩身直径不宜小于 1.2m；当桩长 L>20m 时，桩身直径应适当加大。

挖孔桩可直接观察地层情况，孔底易清除干净，设备简单，噪声小，场区内各桩可同时施工，且桩径大、适应性强、比较经济。但是人工挖孔时可能存在塌方、缺氧、有害气体、触电和上面掉下重物等危险，易造成安全事故，此外难以克制流砂现象。

我国常用灌注桩的适用范围、桩径及桩长的参考值见表 8-1。

表 8-1　常用灌注桩的桩径、桩长及适用范围

成孔方法		桩径/mm	桩长/m	适 用 范 围
泥浆护壁成孔	冲抓冲击回转钻	≥800	≤30 ≤50 ≤80	碎石土、砂类土、粉土、黏性土及风化岩。当进入中等风化和微风化岩层时，冲击成孔的速度比回转钻快
	潜水钻	500～800	≤50	黏性土、淤泥、淤泥质土及砂类土
干作业成孔	螺旋钻	300～800	≤30	地下水位以上的黏性土、粉土、砂类土及人工填土
	钻孔扩底	300～600	≤30	地下水位以上坚硬、硬塑的黏性土及中密以上砂类土
	机动洛阳铲	300～500	≤20	地下水位以上的黏性土、粉土、黄土及人工填土
沉管成孔	锤击	340～800	≤30	硬塑黏性土、粉土及砂类土，直径不小于 600mm 的可达强风化岩
	振动	400～500	≤24	可塑黏性土、中细砂
爆扩成孔		≤350	≤12	地下水位以上的黏性土、黄土、碎石土及风化岩
人工挖孔		≥100	≤40	黏性土、粉土、黄土及人工填土

第三节　单桩竖向承载力

单桩竖向承载力是指单桩在竖向荷载作用下达到破坏状态前或出现不适于继续承载的变形时所对应的最大荷载，它取决于桩身材料强度和地基土对桩的支承力。通常情况下，因为桩身强度远大于土，桩身材料强度往往不能充分发挥，桩的承载力主要由地基土对桩的支承力所控制，但对于端承桩、超长桩和桩身质量有缺陷的桩可能由桩身材料强度控制。设计时

必须两者兼顾，即分别按这两方面确定承载力后取其中小者，但按某些方法确定时已兼顾这两方面，如静载荷试验等。此外，当桩的入土深度较大、桩周土质软弱且比较均匀、桩端沉降量较大，或建筑物对沉降有特殊要求时，还应考虑桩的竖向沉降量，按上部结构对沉降的要求来确定单桩竖向承载力。

一、桩身结构的承载力

由桩身材料强度确定的单桩承载力称为桩身结构承载力。一般情况下，低承台桩基中的桩，由于周围土对其存在侧向限制作用，桩不会发生压屈失稳，可不考虑纵向弯曲的影响，因此按桩身材料强度计算单桩竖向承载力时，可把桩视为轴心受压杆件。由于灌注桩在成孔和混凝土水下浇注的质量较难以保证，预制桩在运输及沉桩过程中受振动和锤击的影响，因此，根据上述桩的施工工作条件因素，计算中应按桩的类型和成桩工艺的不同将混凝土的轴心抗压强度设计值乘以工作条件系数 ψ_c。桩身强度应符合式（8-1）要求：

轴心受压时

$$Q \leqslant A_p f_c \psi_c \tag{8-1}$$

式中　Q——相应于荷载效应基本组合时的单桩竖向设计值，kN；

　　　A_p——桩身横截面积，m^2；

　　　f_c——混凝土轴心抗压强度设计值，kPa；

　　　ψ_c——工作条件系数。对于预制桩取 0.75，灌注桩取 $0.6 \sim 0.7$（水下灌注桩或长桩时取低值）。

对于自由长度较大的高承台桩、桩周为可液化土或桩周土极限承载力小于 50kPa、桩身没有侧向约束或约束很小时，应考虑纵向弯曲的影响。

二、地基土对桩的竖向支承力

地基土对桩的竖向支承力就是指在桩周土整体达到剪切破坏的强度极限状态时的桩的承载力。根据地基土对桩的支承能力确定单桩的竖向承载力的方法很多，有静载荷试验法、经验公式法、静力触探法、静力计算法、高应变动测法等。本章主要介绍静载荷试验法和经验公式法。

三、按静载试验确定单桩竖向承载力

由于静载荷试验是在工程现场进行的，且桩的构造尺寸、入土深度、施工方法、地质条件和荷载性质等都最大限度地接近实际情况，所以静载荷试验是评价单桩承载力最为直观和可靠的方法。它除了考虑地基的承载力外，也计入了桩身材料对承载力的影响。《建筑地基基础设计规范》（GB 50007—2011）规定：在同一条件下，进行静载荷试验的桩数，不宜少于总桩数的 1%，且不应少于 3 根。

挤土桩在设置后需间隔一段时间才开始载荷试验，这是由于打桩时土中产生的孔隙水压力有待消散，因扰动而降低的土体强度需随时间而部分恢复，因此，为了使静载荷试验结果更接近真实情况，从成桩到开始试验的间歇时间：预制桩在砂土中不得少于 7 天；黏性土不得少于 15 天；对于饱和软黏土不得少于 25 天。灌注桩应在桩身混凝土达到设计强度后，才能进行。

1. 试验装置

静载荷试验装置主要由加荷稳压装置、提供反力装置和沉降观测装置三部分组成（如图 8-7 所示）。

静荷载一般由安装在桩顶的油压千斤顶提供。千斤顶的反力可由锚桩承担 [如图 8-7 (a) 所示] 或由压重平台上的重物来平衡 [如图 8-7 (b) 所示]。桩顶沉降量一般由安装在基准梁上的百分表或电子位移计量测。

试桩与锚桩（或压重平台支座墩边）之间、试桩与支撑基准梁的基准桩之间以及锚桩与

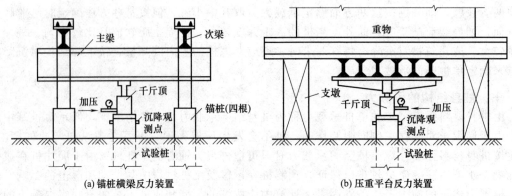

图 8-7　单桩静载试验装置

基准桩之间的中心距离应符合表 8-2 的规定，以减小彼此间的相互影响，保证量测精度。

表 8-2　试桩、锚桩和基准桩之间的中心距离

反力系统	试桩与锚桩 （或压重平台支座墩边）	试桩与基准桩	基准桩与锚桩 （或压重平台支座墩边）
锚桩横梁反力装置 压重平台反力装置	≥4d 且＞2.0m	≥4d 且＞2.0m	≥4d 且＞2.0m

注：d 为试桩或锚桩的设计直径，取其较大者（如试桩或锚桩为扩底桩时，试桩与锚桩的中心距尚不应小于 2 倍扩大端直径）。

2. 试验方法

试验时的加载方式通常有慢速维持荷载法、快速维持荷载法、等贯入速率法、等时间间隔加载法以及循环加载法等。试验的加载方式应尽可能再现桩的实际工作情况。《建筑地基基础设计规范》（GB 50007—2011）规定单桩竖向静载荷试验的加载方式应按慢速维持荷载法。采用慢速维持荷载法，即逐级加载，每级荷载达到相对稳定后加下一级荷载，直到试桩破坏，然后分级卸载到零。当考虑实际工程桩的荷载特征可采用多循环加、卸载法（每级荷载达到相对稳定后卸载到零）。当考虑缩短试验时间，对于工程桩的检验性试验，可采用快速维持荷载法，即一般每隔一小时加一级荷载。

单桩竖向静载荷试验的加载方式采用慢速维持荷载法的试验要点如下。

（1）试验加载应分级进行　加荷分级不应小于 8 级，每级加载量宜为预估极限荷载的 1/10～1/8。

（2）测读桩沉降量的间隔时间　每级加载后，1h 内第 5min、10min、15min 时各测读一次，以后每隔 15min 读一次，累积 1h 后每隔 30min 读一次。

（3）在每级荷载作用下，桩的沉降量连续两次在每小时内小于 0.1mm 时可视为稳定，即可施加下一级荷载。

（4）终止加载条件　试桩过程中，桩的破坏形态的出现有时不是十分明显，所以要规定一个相对的标准。当出现下列情况之一时，即可终止加载。

① 当荷载-沉降（Q-S）曲线上有可判定极限承载力的陡降段，且桩顶总沉降量超过 40mm。

② $\dfrac{\Delta S_{n+1}}{\Delta S_n} \geq 2$，且经 24 小时尚未达到稳定。

③ 25m 以上的非嵌岩桩，Q-S 曲线呈缓变型时，桩顶总沉降量大于 60～80mm。

④ 在特殊条件下，可根据具体要求加载至桩顶总沉降量大于 100mm。

注意：ΔS_n 为第 n 级荷载的沉降增量；ΔS_{n+1} 为第 $n+1$ 级荷载的沉降增量。

桩底支承在坚硬岩（土）层上，桩的沉降量很小时，最大加载量不应小于设计荷载的两倍。

（5）卸载观测　在满足终止加载条件后开始卸载，每级卸载值为加载值的两倍。每级卸载后间隔 15min、15min、30min 各测读一次，即总共测读 60min 即可卸下一级荷载。全部卸载后，隔 3～4h 再测读一次。

3. 按试验结果确定单桩承载力

根据桩的竖向静载荷试验结果，确定单桩极限承载力的方法很多，《建筑地基基础设计规范》（GB 50007—2011）规定，单桩竖向极限承载力应按下列方法确定。

① 作荷载-沉降（Q-S）曲线和其他辅助分析所需的曲线。

② 当陡降段明显时，取相应于陡降段起点的荷载值［如图 8-8（a）所示］。

③ 当出现上述终止加载条件之②的情况，取前一级荷载值。

④ Q-S 曲线呈缓变型时，取桩顶总沉降量 $S=40mm$ 所对应的荷载值［如图 8-8（b）所示］。当桩长大于 40m 时，应考虑桩身的弹性压缩。

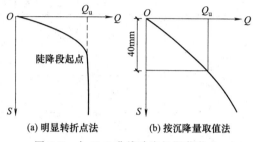

图 8-8　由 Q-S 曲线确定极限荷载 Q_u

⑤ 按上述方法判断有困难时，可结合其他辅助分析方法综合判定。对桩基沉降有特殊要求者，应根据具体情况选取。

单桩竖向静载荷试验的极限承载力必须进行统计，参加统计的试桩，当满足其极差不超过平均值的 30% 时，可取其平均值为单桩竖向极限承载力，极差超过平均值的 30% 时，宜增加试桩数量并分析离差过大的原因，结合工程具体情况确定极限承载力。

注意：对桩数为 3 根及 3 根以下的柱下桩台，取最小值。

将单桩竖向极限承载力除以安全系数 2，为单桩竖向承载力特征值 R_a。

四、按经验公式确定单桩竖向承载力

单桩承载力由桩侧阻力和桩端阻力组成，桩侧阻力和桩端阻力值，一般按土的种类，由大量桩的静载试验成果的统计分析得到，也可按地区经验确定。

1.《建筑地基基础设计规范》（GB 50007—2011）的公式

现行《建筑地基基础设计规范》（GB 50007—2011）规定，初步设计时，单桩竖向承载力特征值可按下式估算：

$$R_a = u_p \sum q_{sia} l_i + q_{pa} A_p \tag{8-2}$$

式中　R_a——单桩竖向承载力特征值，kN；

u_p——桩身周边长度，m；

q_{pa}，q_{sia}——桩端端阻力、桩侧阻力特征值，由当地静载荷试验结果统计分析算得，kPa；

A_p——桩底端横截面积，m^2；

l_i——第 i 层岩土的厚度，m。

当桩端嵌入完整及较完整的硬质岩中时，可按下式估算单桩竖向承载力特征值：

$$R_a = q_{pa} A_p \tag{8-3}$$

式中　q_{pa}——桩端岩石承载力特征值，kPa，可按岩基载荷试验方法确定，当桩端无沉渣时，应根据岩石饱和单轴抗压强度标准值确定。

2.《建筑桩基技术规范》（JGJ 94—2008）的公式

《建筑桩基技术规范》（JGJ 94—2008）规定，当根据土的物理指标与承载力参数之间的经验关系确定单桩竖向极限承载力标准值时，宜按下列公式估算。

（1）一般预制桩与灌注桩

$$Q_{uk} = Q_{sk} + Q_{pk} = u \sum l_i q_{sik} + A_p q_{pk} \tag{8-4}$$

式中　Q_{uk}——单桩极限承载力标准值，kN；

Q_{sk}，Q_{pk}——单桩的总极限侧阻力标准值和总极限端阻力标准值，kN；

q_{sik}，q_{pk}——桩侧第 i 层土的极限侧阻力标准值和桩的极限端阻力标准值，kPa，无当地经验时，可按表 8-3、表 8-4 取值；

　　　u——桩身周边长度，m；

　　　l_i——第 i 层岩土的厚度，m。

表 8-3　桩的极限侧阻力标准值 q_{sik}　　　　　　　　kPa

土的名称	土的状态		混凝土预制桩	泥浆护壁钻（冲）孔桩	干作业钻孔桩
填土	—		22～30	20～28	20～28
淤泥	—		14～20	12～18	12～18
淤泥质土	—		22～30	20～28	20～28
黏性土	流塑	$I_L>1$	24～40	21～38	21～38
	软塑	$0.75<I_L\leqslant1$	40～55	38～53	38～53
	可塑	$0.50<I_L\leqslant0.75$	55～70	53～68	53～66
	硬可塑	$0.25<I_L\leqslant0.5$	70～86	68～84	66～82
	硬塑	$0<I_L\leqslant0.25$	86～98	84～96	82～94
	坚硬	$I_L\leqslant0$	98～105	96～102	94～104
红黏土	$0.7<\alpha_w\leqslant1$		13～32	12～30	12～30
	$0.5<\alpha_w\leqslant0.7$		32～74	30～70	30～70
粉土	稍密	$e>0.9$	26～46	24～42	24～42
	中密	$0.75<e\leqslant0.9$	46～66	42～62	42～62
	密实	$e<0.75$	66～88	62～82	62～82
粉细砂	稍密	$10<N\leqslant15$	24～48	22～46	22～46
	中密	$15<N\leqslant30$	48～66	46～64	46～64
	密实	$N>30$	66～88	64～86	64～86
中砂	中密	$15<N\leqslant30$	54～74	53～72	53～72
	密实	$N>30$	74～95	72～94	72～94
粗砂	中密	$15<N\leqslant30$	74～95	74～95	76～98
	密实	$N>30$	95～116	95～116	98～120
砾砂	稍密	$5<N_{63.5}\leqslant15$	70～110	50～90	60～100
	中密（密实）	$N_{63.5}>15$	116～138	116～130	112～130
圆砾、角砾	中密、密实	$N_{63.5}>10$	160～200	135～150	135～150
碎石、卵石	中密、密实	$N_{63.5}>10$	200～300	140～170	150～170
全风化软质岩	—	$30<N\leqslant50$	100～120	80～100	80～100
全风化硬质岩	—	$30<N\leqslant50$	140～160	120～140	120～150
强风化软质岩	—	$N_{63.5}>10$	160～240	140～200	140～220
强风化硬质岩	—	$N_{63.5}>10$	220～300	160～240	160～260

注：1. 对于尚未完成自重固结的填土和以生活垃圾为主的杂填土，不计算其侧阻力。

2. α_w 为含水比，$\alpha_w=w/w_L$；w 为土的天然含水量，w_L 为土的液限。

3. N 为标准贯入击数；$N_{63.5}$ 为重型圆锥动力触探击数。

4. 全风化、强风化软质岩和全风化、强风化硬质岩系指其母岩分别为 $f_{rk}\leqslant15MPa$、$f_{rk}>30MPa$ 的岩石。

表 8-4 桩的极限端阻力标准值 q_{pk}　　　　　　　　　　kPa

土名称	土的状态（桩型）		混凝土预制桩桩长 l/m				泥浆护壁钻(冲)孔桩桩长 l/m	
			$l \leqslant 9$	$9 < l \leqslant 16$	$16 < l \leqslant 30$	$l > 30$	$5 \leqslant l < 10$	$10 \leqslant l < 15$
黏性土	软塑	$0.75 < I_L \leqslant 1$	210~850	650~1400	1200~1800	1300~1900	150~250	250~300
	可塑	$0.50 < I_L \leqslant 0.75$	850~1700	1400~2200	1900~2800	2300~3600	350~450	450~600
	硬可塑	$0.25 < I_L \leqslant 0.5$	1500~2300	2300~3300	2700~3600	3600~4400	800~900	900~1000
	硬塑	$0 < I_L \leqslant 0.25$	2500~3800	3800~5500	5500~6000	6000~6800	1100~1200	1200~1400
粉土	中密	$0.75 < e \leqslant 0.9$	950~1700	1400~2100	1900~2700	2500~3400	300~500	500~650
	密实	$e < 0.75$	1500~2600	2100~3000	2700~3600	3600~4400	650~900	750~950
粉砂	稍密	$10 < N \leqslant 15$	1000~1600	1500~2300	1900~2700	2100~3000	350~500	450~600
	中密、密实	$N > 15$	1400~2200	2100~3000	3000~4500	3800~5500	600~750	750~900
细砂	中密、密实	$N > 15$	2500~4000	3600~5000	4400~6000	5300~7000	650~850	900~1200
中砂			4000~6000	5500~7000	6500~8000	7500~9000	850~1050	1100~1500
粗砂			5700~7500	7500~8500	8500~10000	9500~11000	1500~1800	2100~2400
砾砂	中密、密实	$N > 15$	6000~9500		9000~10500		1400~2000	
角砾、圆砾		$N_{63.5} > 10$	7000~10000		9500~11500		1800~2200	
碎石、卵石		$N_{63.5} > 10$	8000~11000		10500~13000		2000~3000	
全风化软质岩		$30 < N \leqslant 50$	4000~6000				1000~1600	
全风化硬质岩		$30 < N \leqslant 50$	5000~8000				1200~2000	
强风化软质岩		$N_{63.5} > 10$	6000~9000				1400~2200	
强风化硬质岩		$N_{63.5} > 10$	7000~11000				1800~2800	

土名称	土的状态（桩型）		泥浆护壁钻(冲)孔桩桩长 l/m		干作业钻孔桩桩长 l/m		
			$15 \leqslant l < 30$	$30 \leqslant l$	$5 \leqslant l < 10$	$10 \leqslant l < 15$	$15 \leqslant l$
黏性土	软塑	$0.75 < I_L \leqslant 1$	300~450	300~450	200~400	400~700	700~950
	可塑	$0.50 < I_L \leqslant 0.75$	600~750	750~800	500~700	800~1100	1000~1600
	硬可塑	$0.25 < I_L \leqslant 0.5$	1000~1200	1200~1400	850~1100	1500~1700	1700~1900
	硬塑	$0 < I_L \leqslant 0.25$	1400~1600	1600~1800	1600~1800	2200~2400	2600~2800
粉土	中密	$0.75 \leqslant e \leqslant 0.9$	650~750	750~850	800~1200	1200~1400	1400~1600
	密实	$e < 0.75$	900~1100	1100~1200	1200~1700	1400~1900	1600~2100
粉砂	稍密	$10 < N \leqslant 15$	600~700	650~750	500~950	1300~1600	1500~1700
	中密、密实	$N > 15$	900~1100	1100~1200	900~1000	1700~1900	1700~1900
细砂	中密、密实	$N > 15$	1200~1500	1500~1800	1200~1600	2000~2400	2400~2700
中砂			1500~1900	1900~2100	1800~2400	2800~3800	3600~4400
粗砂			2400~2600	2600~2800	2900~3600	4000~4600	4600~5200
砾砂		$N > 15$	2000~3200		3500~5000		
角砾、圆砾	中密、密实	$N_{63.5} > 10$	2200~3600		4000~5500		
碎石、卵石		$N_{63.5} > 10$	3000~4000		4500~6500		
全风化软质岩		$30 < N \leqslant 50$	1000~1600		1200~2000		
全风化硬质岩		$30 < N \leqslant 50$	1200~2000		1400~2400		
强风化软质岩		$N_{63.5} > 10$	1400~2200		1600~2600		
强风化硬质岩		$N_{63.5} > 10$	1800~2800		2000~3000		

注：1. 砂土和碎石类土中桩的极限端阻力取值，宜综合考虑土的密实度、桩端进入持力层的深度比 h_b/d，土愈密实，h_b/d 愈大，取值愈高。

2. 预制桩的岩石极限端阻力指端支承于中、微风化基岩的表面或进入强风化岩、软质岩一定深度条件下极限端阻力。

3. 全风化、强风化软质岩和全风化、强风化硬质岩指其母岩分别为 $f_{rk} \leqslant 15\text{MPa}$，$f_{rk} > 30\text{MPa}$ 的岩石。

（2）大直径桩（$d \geqslant 800\text{mm}$）

$$Q_{uk} = Q_{sk} + Q_{pk} = u \sum \psi_{si} l_i q_{sik} + \psi_p A_p q_{pk} \tag{8-5}$$

式中　q_{sik}——桩侧第 i 层土的极限侧阻力标准值，kPa，如无当地经验值时，可按表 8-3 取值，对于扩底桩变截面以上 $2d$ 长度范围不计侧阻力；

q_{pk}——桩径为 800mm 的极限端阻力标准值，kPa，对于干作业挖孔（清底干净）可采用深层载荷板试验确定；当不能进行深层载荷板试验时，可按表 8-5 取值；

ψ_{si}，ψ_p——大直径桩侧阻力、端阻力尺寸效应系数，按表 8-6 取值；

u——桩身周长，m，当人工挖孔桩桩周护壁为振捣密实的混凝土时，桩身周长可按护壁外直径计算。

表 8-5　干作业挖孔桩（清底干净，$D = 800\text{mm}$）极限端阻力标准值 q_{pk}　　　kPa

土名称	状　态		
黏性土	$0.25 < I_L \leqslant 0.75$	$0 < I_L \leqslant 0.25$	$I_L \leqslant 0$
	$800 \sim 1800$	$1800 \sim 2400$	$2400 \sim 3000$
粉土	—	$0.75 \leqslant e \leqslant 0.9$	$e < 0.75$
	—	$1000 \sim 1500$	$1500 \sim 2000$
砂土、碎石类土	稍密	中密	密实
粉砂	$500 \sim 700$	$800 \sim 1100$	$1200 \sim 2000$
细砂	$700 \sim 1100$	$1200 \sim 1800$	$2000 \sim 2500$
中砂	$1000 \sim 2000$	$2200 \sim 3200$	$3500 \sim 5000$
粗砂	$1200 \sim 2200$	$2500 \sim 3500$	$4000 \sim 5500$
砾砂	$1400 \sim 2400$	$2600 \sim 4000$	$5000 \sim 7000$
圆砾、角砾	$1600 \sim 3000$	$3200 \sim 5000$	$6000 \sim 9000$
卵石、碎石	$2000 \sim 3000$	$3300 \sim 5000$	$7000 \sim 11000$

注：1. 当桩进入持力层的深度 h_b 分别为：$h_b \leqslant D$，$D < h_b \leqslant 4D$，$h_b > 4D$ 时，q_{pk} 可相应取低值、中值、高值。

2. 砂土密实度可根据标贯击数 N 判定：$N \leqslant 10$ 为松散，$10 < N \leqslant 15$ 为稍密，$15 < N \leqslant 30$ 为中密，$N > 30$ 为密实。

3. 当桩的长径比 $l/d \leqslant 8$ 时，q_{pk} 宜取较低值。

4. 当对沉降要求不严时，q_{pk} 可取高值。

表 8-6　大直径灌注桩侧阻力尺寸效应系数 ψ_{si} 及端阻力尺寸效应系数 ψ_p

土类别	黏性土、粉土	砂土、碎石类土
ψ_{si}	$\left(\dfrac{0.8}{d}\right)^{1/5}$	$\left(\dfrac{0.8}{d}\right)^{1/3}$
ψ_p	$\left(\dfrac{0.8}{D}\right)^{1/4}$	$\left(\dfrac{0.8}{D}\right)^{1/3}$

注：当为等直径桩时，表中 $D = d$。

《建筑桩基技术规范》（JGJ 94—2008）规定对于桩端置于完整、较完整基岩的嵌岩桩单桩竖向极限承载力，由桩周土总极限侧阻力和嵌岩段总极限阻力组成。当根据岩石单轴抗压强度确定单桩竖向极限承载力标准值时，可按下列公式计算：

$$Q_{uk} = Q_{sk} + Q_{rk} \tag{8-6}$$

$$Q_{sk} = u \sum q_{sik} l_i \tag{8-7}$$

$$Q_{rk} = \zeta_r f_{rk} A_p \tag{8-8}$$

式中　Q_{sk}，Q_{rk}——土的总极限侧阻力标准值、嵌岩段总极限阻力标准值，kN；

q_{sik}——桩周第 i 层土的极限侧阻力标准值，kPa，无当地经验时，可根据成桩工艺按表 8-3 取值；

f_{rk}——岩石饱和单轴抗压强度标准值，kPa，黏土岩取天然湿度单轴抗压强度标准值；

ζ_r——桩嵌岩段侧阻和端阻综合系数，与嵌岩深径比 h_r/d、岩石软硬程度和成桩工艺有关，可按表 8-7 采用；表中数值适用于泥浆护壁成桩，对于干作业成桩（清底干净）和泥浆护壁成桩后注浆，ζ_r 应取表列数值的 1.2 倍。

表 8-7　桩嵌岩段侧阻和端阻综合系数 ζ_r

嵌岩深径比 h_r/d	0	0.5	1.0	2.0	3.0	4.0	5.0	6.0	7.0	8.0
极软岩、软岩	0.60	0.80	0.95	1.18	1.35	1.48	1.57	1.63	1.66	1.70
较硬岩、坚硬岩	0.45	0.65	0.81	0.90	1.00	1.04	—	—	—	—

注：1. 极软岩、软岩指 $f_{rk} \leqslant 15\mathrm{MPa}$，较硬岩、坚硬岩指 $f_{rk} > 30\mathrm{MPa}$，介于二者之间可内插取值。

　　2. h_r 为桩身嵌岩深度，当岩面倾斜时，以坡下方嵌岩深度为准；当 h_r/d 为非表列值时，ζ_r 可内插取值。

第四节　桩基础设计

桩基础设计的基本原则与其他型式的基础相同，桩基础设计必须做到结构上安全、技术上可行和经济上合理。对桩和承台来说，应有足够的强度、刚度和耐久性；对地基（主要是桩端持力层）来说，要有足够的承载力和不产生过量的变形。其设计内容和步骤如下。

① 收集设计资料；

② 确定桩的类型和几何尺寸（包括截面和桩长），初步选择承台底面的标高；

③ 确定单桩承载力；

④ 确定桩数及桩的平面布置；

⑤ 桩基验算（包括承载力验算和沉降验算）；

⑥ 桩身结构设计；

⑦ 承台设计；

⑧ 绘制桩基础施工详图。

一、收集设计资料

正确的设计必须依据详细的资料，因此，在进行设计之前，要注意收集资料，包括岩土工程勘察资料（岩土物理力学性质指标、地下水位、试桩资料及临近类似桩基工程资料、液化土层资料等）、建筑物的有关资料（结构类型、总平面布置、荷载、安全等级、变形要求和抗震设防烈度等）、建筑场地与周边环境条件的情况、本地区施工技术设备条件以及当地桩基工程经验等，其中，岩土工程勘察资料是桩基设计的主要依据。对桩基的详细勘察除满足现行勘察规范有关要求外，尚应注意满足桩型、安全等级及复杂地质条件对勘探点间距和勘探深度的要求，并对勘察深度范围内的每一地层，均应进行室内试验或原位测试，以提供设计所需的参数。

二、桩型选择与桩的几何尺寸确定

桩型与桩材的选择是密不可分的，就我国而言，目前应用最广泛的是钢筋混凝土桩，以及为适应不同地质条件而使用的各种类型的钢桩、组合桩等。选择桩的材料，要考虑当地材料供应、施工机具与技术水平、地质条件、造价、工期以及本地区经验等。而桩型与工艺选择应根据建筑结构类型、荷载性质、桩的使用功能、穿越土层、桩端持力层、地下水位、施工设备、施工环境、施工经验、制桩材料等，选择经济合理、安全适用的桩型和成桩工艺。《建筑桩基技术规范》（JGJ 94—2008）的附录 A——《桩型与成桩工艺选择》可供选择时参考。如本地区无该类桩型或工艺使用经验可借鉴时，应进行必要的试验。同一结构单元应尽量避免出现两种不同类型的桩。

桩的几何尺寸包括桩长和桩的截面尺寸。

桩长的确定关键在于持力层的选取，一般应选取较坚硬土层或岩层作为桩端持力层，当坚硬土层埋藏较深时，桩端应尽量达到低压缩性、中等强度的土层上。为提高桩的承载力和减小沉降，桩端全断面进入持力层的深度应根据地质条件、荷载及施工工艺来确定，对于黏性土、粉土不宜小于 $2d$（d 为桩径），砂土不宜小于 $1.5d$，碎石类土不宜小于 $1d$。当存在软弱下卧层时，桩端以下硬持力层厚度不宜小于 $3d$。而对于嵌岩桩，嵌岩深度应综合荷载、上覆土层、基岩、桩径、桩长诸因素确定；对于嵌入倾斜的完整和较完整岩的全断面深度不宜小于 $0.4d$ 且不小于 $0.5m$，倾斜度大于 30% 的中风化岩，宜根据倾斜度及岩石完整性适当加大嵌岩深度；对于嵌入平整、完整的坚硬岩和较硬岩的深度不宜小于 $0.2d$，且不应小于 $0.2m$。

桩的截面尺寸选择应考虑的主要因素是成桩工艺、结构的荷载情况以及建筑经验。从楼层数和荷载大小来看，10 层以下的建筑桩基，可考虑采用直径 500mm 左右的灌注桩和边长为 400mm 的预制桩；10～20 层的可采用直径 800～1000mm 的灌注桩和边长为 450～500mm 的预制桩；20～30 层的可采用直径 1000～1200mm 的钻（冲、挖）孔灌注桩和边长或直径等于或大于 500mm 的预制桩；30～40 层的可采用直径大于 1200mm 的钻（冲、挖）孔灌注桩和直径 500～550mm 的预应力混凝土管桩和大直径钢管桩。

桩型和几何尺寸确定以后，应初步确定承台底面标高。对于承台埋深，一般情况下，主要从结构要求和方便施工的角度来选择。季节性冻土上的承台埋深应根据地基土的冻胀性考虑，并应考虑是否需要采取相应的防冻害措施。膨胀土上的承台，其埋深选择与此类似。

三、确定桩数与桩位布置

1. 桩数

根据单桩竖向承载力特征值和上部结构物荷载初步估算桩数如下：当桩基为轴心受压时，桩数 n 应满足下式要求：

$$n \geqslant \frac{F_k + G_k}{R_a} \tag{8-9}$$

式中　n——桩数；

　　F_k——荷载效应标准组合时上部结构传至桩基承台顶面的竖向力，kN；

　　G_k——桩基承台和承台上土的自重标准值，kN；

　　R_a——单桩竖向承载力特征值，kN。

偏心受压时，一般先按轴心受压初估桩数，然后按偏心荷载大小将桩数增加 10%～20%。所选的桩数是否合适，尚待各桩受力验算后确定。如有必要，还要通过桩基软弱下卧层承载力验算和桩基沉降验算才能最终确定。

承受水平荷载的桩基，在确定桩数时，还应满足对桩的水平承载力的要求。此时，可以取各单桩水平承载力之和，作为桩基的水平承载力，这样做通常是偏于安全的。

2. 桩的中心距

通常桩的中心距宜取（3～4.5）d，若桩的中心距过大，则会增加承台的体积和材料，造价提高，不经济；若中心距过小，则会使摩擦型桩之间发生相互影响，地基中的应力重叠而使桩的承载力降低、沉降量增大，且给施工造成困难。一般基桩的最小中心距应符合表 8-8 的

表 8-8　基桩的最小中心距

土类与成桩工艺		排数不少于 3 排且桩数不少于 9 根的摩擦型桩桩基	其他情况
非挤土灌注桩		3.0d	3.0d
部分挤土桩	非饱和土、饱和非黏性土	3.5d	3.0d
	饱和黏性土	4.0d	3.5d
挤土桩	非饱和土、饱和非黏性土	4.0d	3.5d
	饱和黏性土	4.5d	4.0d
钻、挖孔扩底桩		2D 或 D+2.0m（当 D>2m 时）	1.5D 或 D+1.5m（当 D>2m 时）
沉管夯扩、钻孔挤扩桩	非饱和土、饱和非黏性土	2.2D 且 4.0d	2.0D 且 3.5d
	饱和黏性土	2.5D 且 4.5d	2.2D 且 4.0d

注：1. d 为圆桩设计直径或方桩设计边长，D 为扩大端设计直径。
　　2. 当纵横向桩距不相等时，其最小中心距应满足"其他情况"一栏的规定。
　　3. 当为端承桩时，非挤土灌注桩的"其他情况"一栏可减小至 2.5d。

规定，当施工中采取减小挤土效应的可靠措施时，可根据当地经验适当减小。

3. 桩位布置

经验证明，桩的布置合理与否，对发挥桩的承载力、减小建筑物的沉降，特别是不均匀沉降是至关重要的。桩的平面布置多采用行列式，也可采用梅花式，可等距排列也可不等距排列，如图 8-9 所示。

排列基桩时，宜使桩群承载力合力点与竖向永久荷载合力作用点重合或接近，以使桩基中各桩受力比较均匀；为了使桩基受水平力和力矩较大方向有较大的截面模量，应尽量将桩布置在靠近承台的外围部分，对柱下单独桩基和整片式的桩基，宜采用外密内疏的布置方式，对横墙下的桩基，可在外纵墙之外布设一至二根"探头"桩，如图 8-10 所示。

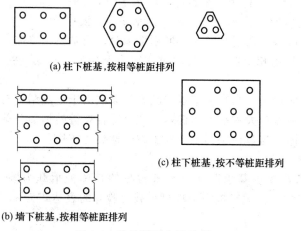

图 8-9　桩的平面布置示例

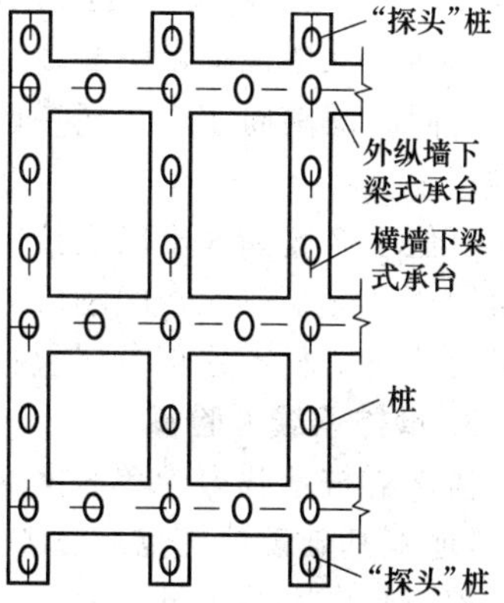

图 8-10　横墙下"探头"桩的布置

此外，在有门洞的墙下布桩时，应将桩布置在门洞的两侧；对于桩箱基础，宜将桩布置于墙下，对于带梁（肋）桩筏基础，宜将桩布置于梁（肋）下；对于大直径桩宜采用一柱一桩。

四、桩基承载力验算及沉降验算

1. 桩顶荷载计算

上部结构的荷载通过承台传给桩，桩基中的各桩所受力的大小，视作用在承台上荷载的大小及桩的布置情况而定。对于一般建筑物和受水平力较小的高大建筑物，当桩基中桩径相同时，通常可假定：①承台是刚性的；②各桩刚度相同；③ x、y 是桩基平面的惯性主轴（如图 8-11 所示）。群桩中单桩桩顶荷载效应可按下列公式计算：

轴心竖向力作用下

$$Q_k = \frac{F_k + G_k}{n} \qquad (8\text{-}10)$$

偏心竖向力作用下

$$Q_{ik} = \frac{F_k + G_k}{n} \pm \frac{M_{xk} y_i}{\sum y_i^2} \pm \frac{M_{yk} x_i}{\sum x_i^2} \qquad (8\text{-}11)$$

水平力作用下

$$H_{ik} = \frac{H_k}{n} \qquad (8\text{-}12)$$

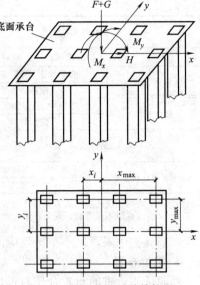

图 8-11　桩顶荷载的计算简图

式中　F_k——相应于荷载效应标准组合时，作用于桩基承台顶面的竖向力，kN；

　　　　G_k——桩基承台自重及承台上土自重标准值，kN；

　　　　Q_k——相应于荷载效应标准组合轴心竖向力作用下任一单桩的竖向力，kN；

　　　　n——桩基中的桩数；

　　　　Q_{ik}——相应于荷载效应标准组合偏心竖向力作用下第 i 根桩的竖向力，kN；

M_{xk}，M_{yk}——相应于荷载效应标准组合作用于承台底面通过桩群形心的 x、y 轴的力矩，kN·m；

　　x_i，y_i——桩 i 至桩群形心的 y、x 轴线的距离，m；

　　　　H_k——相应于荷载效应标准组合时，作用于承台底面的水平力，kN；

　　　　H_{ik}——相应于荷载效应标准组合时，作用于任一单桩的水平力，kN。

　　烟囱、水塔、电视塔等高耸结构物桩基常采用圆形或环形刚性承台，当单桩布置在直径不等的同心圆圆周上，且同一圆周上的桩距相等时，只要取对称轴为坐标轴，则式（8-11）依然适用。

　　对位于 8 度和 8 度以上抗震设防区的建筑，当其桩基承台刚度较大或由于上部结构与承台协同作用能增强承台的刚度时以及其他受较大水平力的桩基，在计算各单桩的桩顶荷载和桩身内力时，宜考虑承台（包括地下墙体）与基桩协同工作和土的弹性抗力作用。

2. 单桩承载力验算

　　通常群桩承载力为单桩承载力之和，故桩基承载力验算最常见的是单桩承载力验算。《建筑地基基础设计规范》（GB 50007—2011）规定桩基中单桩承载力验算的表达式为：

轴心竖向力作用下

$$Q_k \leqslant R_a \qquad (8\text{-}13)$$

偏心竖向力作用下，除满足式（8-13）外，还需满足式（8-14）要求

$$Q_{ik,max} \leqslant 1.2 R_a \qquad (8\text{-}14)$$

水平荷载作用下

$$H_{ik} \leqslant R_{Ha} \qquad (8\text{-}15)$$

式中　$Q_{ik,max}$——相应于荷载效应标准组合偏心竖向力作用下受荷最大的单桩的竖向力，kN；

　　　　R_a——单桩竖向承载力特征值，kN；

　　　　R_{Ha}——单桩水平承载力特征值，kN。

　　抗震设防区的桩基应执行《建筑抗震设计规范》（GB 50011—2010）的有关规定。根据

地震震害调查结果，不论桩周土的类别如何，单桩的竖向承载力均可提高 25%。因此，对于抗震设防区必须进行抗震验算的桩基，可按下列公式验算单桩的竖向承载力：

轴心竖向力作用下

$$Q_{Ek} \leqslant 1.25 R_a \tag{8-16}$$

偏心竖向力作用下，除满足式（8-16）外，还需满足式（8-17）要求

$$Q_{Ek,max} \leqslant 1.5 R_a \tag{8-17}$$

式中　Q_{Ek}——相应于地震作用效应和荷载效应标准组合轴心竖向力作用下，基桩或复合基桩的平均竖向力，kN；

　　　$Q_{Ek,max}$——相应于地震作用效应和荷载效应标准组合偏心竖向力作用下，基桩或复合基桩的最大竖向力，kN。

3. 软弱下卧层承载力验算

当桩端平面以下受力层范围内存在软弱下卧层时，应进行下卧层的承载力验算。对于桩距不超过 $6d$ 的群桩基础，桩端持力层下存在承载力低于桩端持力层承载力 1/3 的软弱下卧层时，下卧层的强度破坏一般可按整体冲剪破坏考虑（如图 8-12 所示），其剪切破坏面发生于桩群外围表面，冲剪破坏面与竖直线的夹角为 θ 角（压力扩散角）。θ 角随硬持力层与软弱下卧层的压缩模量比 E_{S1}/E_{S2} 及桩端下硬持力层的厚度而变。此时，桩基软弱下卧层承载力验算常将桩与桩间土的整体视作实体深基础，实体深基础的底面位于桩端平面处，其验算方法与浅基础的软弱下卧层验算类似。具体验算公式参见《建筑桩基技术规范》（JGJ 94—2008）的相关条文。

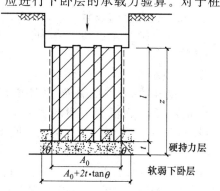

图 8-12　软弱下卧层承载力验算

4. 桩基沉降验算

对以下建筑物的桩基应进行沉降验算：地基基础设计等级为甲级的建筑物桩基；体型复杂、荷载不均匀或桩端以下存在软弱土层的设计等级为乙级的建筑物桩基；摩擦型桩基。

嵌岩桩、丙级建筑物桩基、对沉降无特殊要求的条形基础下不超过两排桩的桩基、吊车工作级别 A5 及 A5 以下的单层工业厂房桩基，可不进行沉降验算。当有可靠地区经验时，对地质条件不复杂、荷载均匀、对沉降无特殊要求的端承型桩基也可不进行沉降验算。

桩基础的沉降不得超过建筑物的沉降允许值。

《建筑地基基础设计规范》（GB 50007—2011）推荐计算桩基础沉降时，最终沉降量宜按单向压缩分层总和法计算。地基内的应力分布宜采用各向同性均质线性变形体理论，按下列方法计算：实体深基础法（桩距不大于 $6d$）；其他方法，包括明德林应力公式法。本章重点介绍一下实体深基础法。

对于桩距不大于 $6d$，桩数超过 9 根的群桩基础，在计算桩基础的沉降时，可以将群桩与桩间土视为一个整体，即将群桩视为等代实体深基础，桩端处为实体基础的埋深，支承面积如图 8-13 所示，并假设桩基础如同天然地基上的实体深基础一样工作，按浅基础的沉降计算方法进行计算，计算时需将浅基础的沉降计算经验系数 ψ_S 改为实体深基础的桩基沉降计算经验系数 ψ_p，即

$$S = \psi_p \sum_{i=1}^{n} \frac{p_0}{E_{Si}} (z_i \bar{a}_i - z_{i-1} \bar{a}_{i-1}) \tag{8-18}$$

式中　S——桩基最终计算沉降量，mm；

　　　p_0——桩底平面处的附加压力，kPa；

ψ_p——桩基沉降计算经验系数，应根据地区桩基础沉降观测资料及经验统计确定。在不具备条件时，可按表8-9选用。

表 8-9 实体深基础桩基沉降计算经验系数 ψ_p

$\overline{E}_s/\mathrm{MPa}$	≤15	25	35	≥45
ψ_p	0.5	0.4	0.35	0.25

式（8-18）及表8-9中的其他符号含义同浅基础地基最终变形量计算中相应符号的含义。

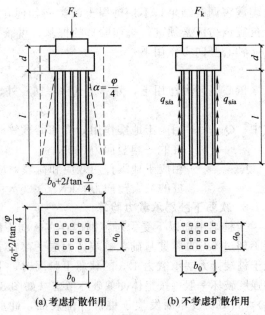

(a) 考虑扩散作用　　　(b) 不考虑扩散作用

图 8-13　实体深基础的底面积

五、桩身结构设计

桩身结构设计包括桩身构造要求、配筋计算等。

1. 预制桩

混凝土预制桩的截面边长不应小于200mm；预应力混凝土预制实心桩的截面边长不宜小于350mm。预制桩的混凝土强度等级不宜低于C30；预应力混凝土实心桩的混凝土强度等级不宜低于C40；预制桩纵向钢筋的混凝土保护层厚度不宜小于30mm。

预制桩的桩身配筋应按吊运、打桩及桩在使用中的受力等条件计算确定。采用锤击法沉桩时，预制桩的最小配筋率不宜小于0.80%。如采用静压法沉桩时，其最小配筋率不宜小于0.6%，主筋直径不宜小于14mm，打入桩桩顶以下（4~5）d 长度范围内箍筋应加密，并设置钢筋网片。

预制桩的分节长度应根据施工条件及运输条件确定；每根桩的接头数量不宜超过3个。预制桩的桩尖可将主筋合拢焊在桩尖辅助钢筋上，对于持力层为密实砂和碎石类土时，宜在桩尖处包以钢钣桩靴，加强桩尖。

一般预制钢筋混凝土方桩的典型构造如图8-14所示。

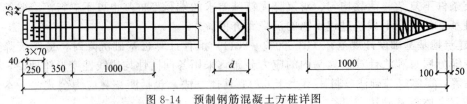

图 8-14　预制钢筋混凝土方桩详图

2. 灌注桩

桩身混凝土强度等级不得低于C25，混凝土预制桩尖强度等级不得低于C30；灌注桩主筋的混凝土保护层厚度不应小于35mm，水下灌注桩的主筋混凝土保护层厚度不得小于50mm。

配筋率：当桩身直径为300~2000mm 时，正截面配筋率可取0.65%~0.20%（小直径桩取高值）；对受荷载特别大的桩、抗拔桩和嵌岩端承桩应根据计算确定配筋率，并不应小于上述规定值。

配筋长度：①端承型桩和位于坡地、岸边的基桩应沿桩身等截面或变截面通长配筋；②摩擦型灌注桩配筋长度不应小于2/3桩长；当受水平荷载时，配筋长度尚不宜小于 4.0/a

（a 为桩的水平变形系数）；③对于受地震作用的基桩，桩身配筋长度应穿过可液化土层和软弱土层，进入稳定土层的深度不应小于《建筑桩基技术规范》（JGJ 94—2008）第 3.4.6 条的规定；④受负摩阻力的桩、因先成桩后开挖基坑而随地基土回弹的桩，其配筋长度应穿过软弱土层并进入稳定土层，进入的深度不应小于（$2\sim3$）d；⑤抗拔桩及因地震作用、冻胀或膨胀力作用而受拔力的桩，应等截面或变截面通长配筋。

对于受水平荷载的桩，主筋不应小于 8Φ12；对于抗压桩和抗拔桩，主筋不应小于 6Φ10；纵向主筋应沿桩身周边均匀布置，其净距不应小于 60mm。

箍筋应采用螺旋式，直径不应小于 6mm，间距宜为 200～300mm；受水平荷载较大的桩基、承受水平地震作用的桩基以及考虑主筋作用计算桩身受压承载力时，桩顶以下 $5d$ 范围内的箍筋应加密，间距不应大于 100mm；当桩身位于液化土层范围内时箍筋应加密；当考虑箍筋受力作用时，箍筋配置应符合现行国家标准《混凝土结构设计规范》（GB 50010—2010）的有关规定；当钢筋笼长度超过 4m 时，应每隔 2m 设一道直径不小于 12mm 的焊接加劲箍筋。

六、承台设计

桩基承台可分为柱下独立承台、柱下或墙下条形承台，以及筏板承台和箱性承台等。承台设计是桩基设计的一个重要组成部分，承台应具有足够的强度和刚度，以便把上部结构的荷载可靠地传递给各桩，并将各桩连成整体。所有承台均应进行抗冲切、抗剪切及抗弯计算，并应符合构造要求。当承台的混凝土强度等级低于柱或桩的混凝土强度等级时，尚应验算柱下或桩上承台的局部受压承载力。

1. 承台的构造要求

（1）桩基承台的构造尺寸　除应满足抗冲切、抗剪切、抗弯承载力和上部结构的要求外，尚应符合下列要求。

① 柱下独立桩基承台的最小宽度不应小于 500mm，边桩中心至承台边缘的距离不应小于桩的直径或边长，且桩的外边缘至承台边缘的距离不应小于 150mm。对于墙下条形承台梁，桩的外边缘至承台梁边缘的距离不应小于 75mm，承台的最小厚度不应小于 300mm。

② 高层建筑平板式和梁板式筏形承台的最小厚度不应小于 400mm，墙下布桩的剪力墙结构筏形承台的最小厚度不应小于 200mm。

③ 高层建筑箱形承台的构造应符合《高层建筑筏形与箱形基础技术规范》（JGJ 6—2011）。

（2）承台混凝土材料及其强度等级　应符合混凝土结构耐久性的要求和抗渗要求。

（3）承台的钢筋配置　应符合下列规定。

① 柱下独立桩基承台钢筋应通长配置，对四桩以上（含四桩）承台宜按双向均匀布置，如图 8-15（a）所示，对于三桩的三角形承台应按三向板带均匀配置，且最里面三根钢筋相交围成的三角形应位于柱截面范围以内，如图 8-15（b）所示。钢筋锚固长度自边桩内侧（当为圆桩时，应将其直径乘以 0.8 等效为方桩）算起，不应小于 $35d_g$（d_g 为钢筋直径）；

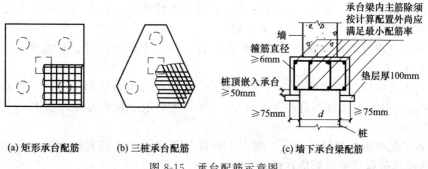

(a) 矩形承台配筋　　(b) 三桩承台配筋　　(c) 墙下承台梁配筋

图 8-15　承台配筋示意图

当不满足时应将钢筋向上弯折，此时水平段的长度不应小于 $25d_g$，弯折段长度不应小于 $10d_g$。承台纵向受力钢筋的直径不应小于 12mm，间距不应大于 200mm。柱下独立桩基承台的最小配筋率不应小于 0.15%。

② 柱下独立两桩承台，应按现行国家标准《混凝土结构设计规范》（GB 50010—2010）中的深受弯构件配置纵向受拉钢筋、水平及竖向分布钢筋。承台纵向受力钢筋端部的锚固长度及构造应与柱下多桩承台的规定相同。

③ 条形承台梁的纵向主筋应符合现行国家标准《混凝土结构设计规范》（GB 50010—2010）关于最小配筋率的规定，主筋直径不应小于 12mm，架立筋直径不应小于 10mm，箍筋直径不应小于 6mm，如图 8-15（c）所示。承台梁端部纵向受力钢筋的锚固长度及构造应与柱下多桩承台的规定相同。

④ 筏形承台板或箱形承台板在计算中当仅考虑局部弯矩作用时，考虑到整体弯曲的影响，在纵横两个方向的下层钢筋配筋率不宜小于 0.15%；上层钢筋应按计算配筋率全部连通。当筏板的厚度大于 2000mm 时，宜在板厚中间部位设置直径不小于 12mm、间距不大于 300mm 的双向钢筋网。

⑤ 承台底面钢筋的混凝土保护层厚度，当有混凝土垫层时，不应小于 50mm，无垫层时不应小于 70mm；此外尚不应小于桩头嵌入承台内的长度。

（4）桩与承台的连接

① 为降低桩顶固端弯矩，提高群桩的水平承载能力，桩嵌入承台的长度对于大直径桩，不宜小于 100mm；对于中等直径桩不宜小于 50mm；但也不宜过大，否则，会降低承台的有效高度，不利于承台抗冲切、抗剪切、抗弯。

② 为承受偶然发生的不大的拔力，混凝土桩的桩顶纵向主筋应锚入承台内，其锚入长度不宜小于 35 倍纵向主筋直径。对于抗拔桩，桩顶纵向主筋的锚固长度应按现行国家标准《混凝土结构设计规范》（GB 50010—2010）确定。

③ 对于大直径灌注桩，当采用一柱一桩时可设置承台或将桩与柱直接连接。

（5）柱与承台的连接

① 对于一柱一桩基础，柱与桩直接连接时，柱纵向主筋锚入桩身内长度不应小于 35 倍纵向主筋直径。

② 对于多桩承台，柱纵向主筋应锚入承台不小于 35 倍纵向主筋直径；当承台高度不满足锚固要求时，竖向锚固长度不应小于 20 倍纵向主筋直径，并向柱轴线方向呈 90°弯折。

③ 当有抗震设防要求时，对于一、二级抗震等级的柱，纵向主筋锚固长度应乘以 1.15 的系数；对于三级抗震等级的柱，纵向主筋锚固长度应乘以 1.05 的系数。

（6）承台之间的连接

① 一柱一桩时，应在桩顶两个主轴方向上设置联系梁。但当桩与柱截面直径之比大于 2 时可不设联系梁。

② 两桩桩基的承台，在其长向的抗剪、抗弯能力较强，一般无需设置承台之间的联系梁；而其短向抗弯刚度较小，宜设置联系梁。

③ 对于有抗震设防要求的柱下桩基承台，宜沿两个主轴方向设置联系梁，以利于传递和分配剪力和弯矩。

④ 为利于直接传递柱底剪力、弯矩，联系梁顶面宜与承台顶面位于同一标高。为保证联系梁的刚度，联系梁宽度不宜小于 250mm，其高度可取承台中心距的 1/15～1/10，且不宜小于 400mm。

⑤ 联系梁配筋应根据计算确定，梁上下部配筋不宜小于 2 根直径 12mm 钢筋；位于同一轴线上的相邻跨联系梁纵筋应连通。

（7）承台和地下室外墙与基坑侧壁间隙　应灌注素混凝土或搅拌流动性水泥土，或采用灰土、级配砂石、压实性较好的素土分层夯实，其压实系数不宜小于 0.94。

2. 抗弯计算

抗弯计算实质也是配筋计算，多数承台的含钢量较低，常为受弯破坏，故按承台截面最大弯矩配筋。柱下桩基承台的弯矩可按以下简化计算方法确定。

（1）多桩矩形承台　多桩矩形承台计算截面取在柱边和承台高度变化处（杯口外侧或台阶边缘，如图 8-16 所示），并按下式计算：

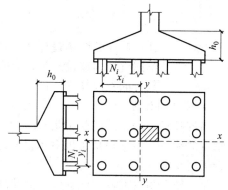

图 8-16　多桩矩形承台弯矩计算示意

$$M_x = \sum N_i y_i \tag{8-19}$$

$$M_y = \sum N_i x_i \tag{8-20}$$

式中　M_x，M_y——垂直 y 轴和 x 轴方向计算截面处的弯矩设计值，kN·m；

$\quad\quad x_i$，y_i——垂直于 y 轴和 x 轴方向自桩轴线到相应计算截面的距离，m；

$\quad\quad N_i$——扣除承台和其上填土自重后相应于荷载效应基本组合时的第 i 桩竖向力设计值，kN。

（2）三桩承台

① 等边三桩承台［如图 8-17（a）所示］。

$$M = \frac{N_{\max}}{3}\left(s - \frac{\sqrt{3}}{4}c\right) \tag{8-21}$$

式中　M——由承台形心至承台边缘距离范围内板带的弯矩设计值，kN·m；

$\quad\quad N_{\max}$——扣除承台和其上填土自重后的三桩中相应于荷载效应基本组合时的最大单桩竖向力设计值，kN；

$\quad\quad s$——桩中心距，m；

$\quad\quad c$——方柱边长，圆柱时 $c = 0.866d$（d 为圆柱直径），m。

② 等腰三桩承台［如图 8-17（b）所示］。

$$M_1 = \frac{N_{\max}}{3}\left(s - \frac{0.75}{\sqrt{4 - a^2}}c_1\right) \tag{8-22}$$

$$M_2 = \frac{N_{\max}}{3}\left(as - \frac{0.75}{\sqrt{4 - a^2}}c_2\right) \tag{8-23}$$

式中　M_1，M_2——由承台形心到承台两腰和底边的距离范围内板带的弯矩设计值，kN·m；

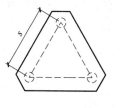 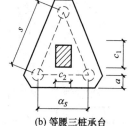

(a) 等边三桩承台　　(b) 等腰三桩承台

图 8-17　三桩三角形承台弯矩计算示意图

$\quad\quad s$——长向桩中心距，m；

$\quad\quad a$——短向桩中心距与长向桩中心距之比，当 a 小于 0.5 时，应按变截面的二桩承台设计；

$\quad\quad c_1$，c_2——分别为垂直于、平行于承台底边的柱截面边长，m。

求出承台的弯矩后，可按现行的《混凝土结构设计规范》（GB 50010—2010）计算其正截面受弯承载力和配筋，即按下式计算配筋面积 A_s：

$$A_s = \frac{M}{0.9 f_y h_0} \tag{8-24}$$

式中　M——计算截面的弯矩设计值，kN·m；

　　　f_y——钢筋抗拉强度设计值，kPa；

　　　h_0——承台的有效高度，m。

3. 抗冲切计算

当桩基承台的有效高度不足时，承台将产生冲切破坏。承台冲切破坏的方式，一种是柱对承台的冲切，另一种是角桩对承台的冲切。柱下桩基础独立承台受冲切承载力的计算，应符合下列规定。

(1) 柱对承台的冲切（如图 8-18 所示）可按下列公式计算。

$$F_1 \leqslant 2 [\beta_{0x} (b_c + a_{0y}) + \beta_{0y} (h_c + a_{0x})] \beta_{hp} f_t h_0 \tag{8-25}$$

$$F_1 = F - \sum N_i \tag{8-26}$$

$$\beta_{0x} = 0.84/(\lambda_{0x} + 0.2) \tag{8-27}$$

$$\beta_{0y} = 0.84/(\lambda_{0y} + 0.2) \tag{8-28}$$

式中　F_1——扣除承台及其上填土自重，作用在冲切破坏锥体上相应于荷载效应基本组合时的冲切力设计值，冲切破坏锥体应采用自柱边或承台变阶处至相应桩顶边缘连线构成的锥体，锥体与承台底面的夹角不小于 45°，kN；

　　　h_0——冲切破坏锥体的有效高度，m；

　　　β_{hp}——受冲切承载力截面高度影响系数，当 h 不大于 800mm 时，β_{hp} 取 1.0，当 h 大于等于 2000mm 时，β_{hp} 取 0.9，其间按线性内插法取用；

β_{0x}，β_{0y}——冲切系数；

λ_{0x}，λ_{0y}——冲跨比，$\lambda_{0x} = a_{0x}/h_0$，$\lambda_{0y} = a_{0y}/h_0$，$a_{0x}$、$a_{0y}$ 为柱边或变阶处至桩边的水平距离；当 a_{0x} (a_{0y}) $< 0.2h_0$ 时，a_{0x} (a_{0y}) 取 $0.2h_0$；当 a_{0x} (a_{0y}) $> h_0$ 时，a_{0x} (a_{0y}) 取 h_0；

　　　F——柱根部轴力设计值，kN；

　　$\sum N_i$——冲切破坏锥体范围内各桩的净反力设计值之和，kN。

对中低压缩性土上的承台，当承台与地基土之间没有脱空现象时，可根据地区经验适当减小柱下桩基础独立承台受冲切计算的承台厚度。

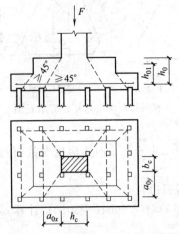

图 8-18　柱对承台冲切计算示意图

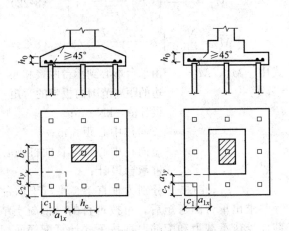

图 8-19　矩形承台角桩冲切计算示意图

（2）角桩对承台的冲切

① 多桩矩形承台受角桩冲切的承载力应按下式计算（如图 8-19 所示）。

$$N_1 \leqslant \left[\beta_{1x} \left(c_2 + \frac{a_{1y}}{2} \right) + \beta_{1y} \left(c_1 + \frac{a_{1x}}{2} \right) \right] \beta_{hp} f_t h_0 \qquad (8\text{-}29)$$

$$\beta_{1x} = \frac{0.56}{\lambda_{1x} + 0.2} \qquad (8\text{-}30)$$

$$\beta_{1y} = \frac{0.56}{\lambda_{1y} + 0.2} \qquad (8\text{-}31)$$

式中　N_1——扣除承台及其上填土自重后的角桩桩顶相应于荷载效应基本组合时的竖向力
设计值，kN；

β_{1x}，β_{1y}——角桩冲切系数；

λ_{1x}，λ_{1y}——角桩冲跨比，其值满足 0.2~1.0，$\lambda_{1x} = a_{1x}/h_0$、$\lambda_{1y} = a_{1y}/h_0$；

c_1，c_2——从角桩内边缘至承台外边缘的距离，m；

a_{1x}，a_{1y}——从承台底角桩内边缘引 45°冲切线与承台顶面或承台变阶处相交点至角桩内边
缘的水平距离，m；

h_0——承台外边缘的有效高度，m。

② 三桩三角形承台受角桩冲切的承载力应按下式计算（如图 8-20 所示）。

底部角桩

$$N_1 \leqslant \beta_{11} (2c_1 + a_{11}) \tan \frac{\theta_1}{2} \beta_{hp} f_t h_0 \qquad (8\text{-}32)$$

$$\beta_{11} = \frac{0.56}{\lambda_{11} + 0.2} \qquad (8\text{-}33)$$

顶部角桩

$$N_1 \leqslant \beta_{12} (2c_2 + a_{12}) \tan \frac{\theta_2}{2} \beta_{hp} f_t h_0 \qquad (8\text{-}34)$$

$$\beta_{12} = \frac{0.56}{\lambda_{12} + 0.2} \qquad (8\text{-}35)$$

式中　λ_{11}，λ_{12}——角桩冲跨比，$\lambda_{11} = a_{11}/h_0$、$\lambda_{12} = a_{12}/h_0$；

a_{11}，a_{12}——从承台底角桩内边缘向相邻承台边引 45°冲切线与承台顶面相交点至角
桩内边缘的水平距离；当柱位于该 45°线以内时，则取柱边与桩内边缘
连线为冲切锥体的锥线。

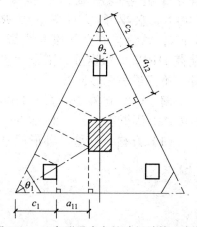

图 8-20　三角形承台角桩冲切计算示意图

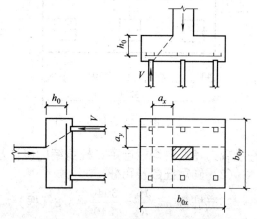

图 8-21　承台斜截面受剪计算示意图

对圆桩及圆柱，计算时可将圆形截面换算成正方形截面。

4. 抗剪切计算

柱下桩基础独立承台应分别对柱边和桩边、变阶处和桩边连线形成的斜截面进行受剪计算（如图 8-21 所示）。当柱边外有多排桩形成多个剪切斜截面时，尚应对每个斜截面进行验算。

斜截面受剪承载力可按下列公式计算：

$$V \leqslant \beta_{hs}\beta f_t b_0 h_0 \tag{8-36}$$

$$\beta = \frac{1.75}{\lambda + 1.0} \tag{8-37}$$

式中　V——扣除承台及其上填土自重后相应于荷载效应基本组合时斜截面的最大剪力设计值，kN；

b_0——承台计算截面处的计算宽度，m，阶梯形承台变阶处的计算宽度、锥形承台的计算宽度应按《建筑地基基础设计规范》（GB 50007—2011）附录 S 确定；

h_0——计算宽度处的承台有效高度，m；

β——剪切系数；

β_{hs}——受剪切承载力截面高度影响系数，$\beta_{hs} = (800/h_0)^{1/4}$，当 h_0 小于 800mm 时，h_0 取 800mm，当 h_0 大于 2000mm 时，h_0 取 2000mm；

λ——计算截面的剪跨比，$\lambda_x = a_x/h_0$、$\lambda_y = a_y/h_0$。a_x、a_y 为柱边或承台变阶处至 x、y 方向计算一排桩的桩边的水平距离，当 $\lambda < 0.3$ 时，取 $\lambda = 0.3$；当 $\lambda > 3$ 时，取 $\lambda = 3$。

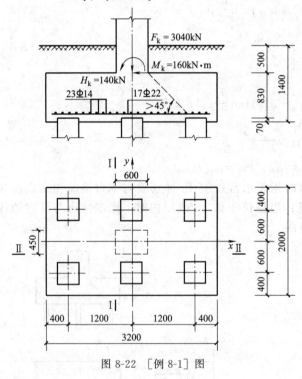

图 8-22　[例 8-1] 图

【例 8-1】 某二级建筑桩基如图 8-22 所示，柱的截面尺寸为 450mm×600mm，相应于荷载效应标准组合时作用于柱底（标高为 −0.50m）的荷载为：$F_k = 3040$kN，$M_k = 160$kN·m（作用于长边方向），$H_k = 140$kN，相应于荷载效应基本组合时作用于柱底的荷载设计值为：$F = 4104$kN，$M = 216$kN·m（作用于长边方向），$H = 189$kN，拟采用截面边长为 400mm 的预制混凝土方桩，桩长为 15m。已确定单桩竖向承载力特征值 $R_a = 540$kN，水平承载力特征值 $R_{Ha} = 60$kN，承台混凝土强度等级取 C20，配置 HRB335 级钢筋，试设计该桩基础（不考虑承台效应）。

解　C20 混凝土，$f_t = 1100$kPa；HRB335 级钢筋，$f_y = 300$N/mm²。

（1）桩材、桩型、外形尺寸及单桩承载力特征值均已选定，桩身结构设计从略。

（2）确定桩数及布桩

初选桩数 $n \geqslant \dfrac{F_k}{R_a} = \dfrac{3040}{540} = 5.6$（根）

暂定 6 根，并按表 8-8 选取桩距 $s = 3d = 3 \times 0.4 = 1.2$（m），按矩形布置如图 8-22

所示。

（3）初选承台尺寸

取承台长边和短边为：$a=2\times(0.4+1.2)=3.2$ （m），$b=2\times(0.4+0.6)=2.0$ （m）

暂取承台埋深 1.4m，承台高度为 0.9m，桩顶伸入承台 50mm，钢筋保护层取 70mm，则承台有效高度为：$h_0=0.9-0.07=0.830$ （m）$=830$ （mm）

（4）验算单桩承载力

取承台及其上土的平均重度 $\gamma_G=20\text{kN/m}^3$，则桩顶平均竖向力为：

$$Q_k=\frac{F_k+G_k}{n}=\frac{3040+20\times3.2\times2.0\times1.4}{6}=536.5\ (\text{kN})<R_a=540\ (\text{kN})$$

$$Q_{kmin}^{kmax}=Q_k\pm\frac{(M_k+H_kh)x_{max}}{\sum x_i^2}=536.5\pm\frac{(160+140\times0.9)\times1.2}{4\times1.2^2}$$

$$=536.5\pm59.6=\begin{cases}596.1\text{kN}<1.2R_a=648\ (\text{kN})\\476.9\text{kN}>0\end{cases}$$

符合要求。

水平力：$H_{ik}=\dfrac{H_k}{n}=\dfrac{140}{6}=23.3$ （kN）$<R_{Ha}=60$ （kN），符合要求。

（5）计算桩顶荷载设计值

扣除承台和其上填土自重后的桩顶竖向力设计值：

$$N=\frac{F}{n}=\frac{4104}{6}=684\ (\text{kN})$$

$$N_{min}^{max}=N\pm\frac{(M+Hh)x_{max}}{\sum x_i^2}=684\pm\frac{(216+189\times0.9)\times1.2}{4\times1.2^2}=684\pm80.4=\begin{cases}764.4\ (\text{kN})\\603.6\ (\text{kN})\end{cases}$$

（6）承台受冲切承载力验算

① 柱边冲切

冲切力　　　　　　　$F_1=F-\sum N_i=4104-0=4104$ （kN）

受冲切承载力截面高度影响系数 β_{hp} 计算

$$\beta_{hp}=1-\frac{1-0.9}{2000-80}\times(900-800)=0.992$$

冲跨比 λ 和系数 β 的计算

$$\lambda_{0x}=\frac{a_{0x}}{h_0}=\frac{0.7}{0.830}=0.843(<1.0)$$

$$\beta_{0x}=\frac{0.84}{\lambda_{0x}+0.2}=\frac{0.84}{0.843+0.2}=0.805$$

$$\lambda_{0y}=\frac{a_{0y}}{h_0}=\frac{0.175}{0.830}=0.210(>0.2)$$

$$\beta_{0y}=\frac{0.84}{\lambda_{0y}+0.2}=\frac{0.84}{0.210+0.2}=2.049$$

$2\left[\beta_{0x}(b_c+a_{0y})+\beta_{0y}(h_c+a_{0x})\right]\beta_{hp}f_th_0$

$=2\times[0.805\times(0.450+0.175)+2.049\times(0.600+0.7)]\times0.992\times1100\times0.830$

$=5736$ （kN）$>F_1=4104$ （kN）

满足要求。

② 角桩向上冲切

$$c_1 = c_2 = 0.6 \text{ (m)}, a_{1x} = a_{0x}, \lambda_{1x} = \lambda_{0x}, a_{1y} = a_{0y}, \lambda_{1y} = \lambda_{0y}$$

$$\beta_{1x} = \frac{0.56}{\lambda_{1x} + 0.2} = \frac{0.56}{0.843 + 0.2} = 0.537$$

$$\beta_{1y} = \frac{0.56}{\lambda_{1y} + 0.2} = \frac{0.56}{0.210 + 0.2} = 1.366$$

$$[\beta_{1x}(c_2 + a_{1y}/2) + \beta_{1y}(c_1 + a_{1x}/2)]\beta_{hp}f_t h_0$$
$$= [0.537 \times (0.6 + 0.175/2) + 1.366 \times (0.6 + 0.7/2)] \times 0.992 \times 1100 \times 0.830$$
$$= 1509.7 \text{ (kN)} > N_{max} = 764.4 \text{ (kN)}$$

满足要求。

（7）承台受剪切承载力计算

剪跨比与以上冲跨比相同。

受剪切承载力截面高度影响系数 β_{hs} 计算

$$\beta_{hs} = (800/h_0)^{1/4} = (800/830)^{1/4} = 0.991$$

对 Ⅰ—Ⅰ 斜截面：

$$\lambda_x = \lambda_{0x} = 0.843 \text{（介于0.3～3之间）}$$

剪切系数

$$\beta = \frac{1.75}{\lambda + 1.0} = \frac{1.75}{0.843 + 1.0} = 0.950$$

$$\beta_{hs}\beta f_t b_0 h_0 = 0.991 \times 0.950 \times 1100 \times 2.0 \times 0.830 = 1719.1 \text{ (kN)} > 2N_{max}$$
$$= 2 \times 764.4 = 1528.8 \text{ (kN)}$$

满足要求。

对 Ⅱ—Ⅱ 斜截面：

$$\lambda_y = \lambda_{0y} = 0.21 (< 0.3)，取 \lambda_y = 0.3$$

剪切系数

$$\beta = \frac{1.75}{\lambda + 1.0} = \frac{1.75}{0.3 + 1.0} = 1.346$$

$$\beta_{hs}\beta f_t b_0 h_0 = 0.991 \times 1.346 \times 1100 \times 3.2 \times 0.830 = 3897.1 \text{ (kN)} > 3N$$
$$= 3 \times 684 = 2052 \text{ (kN)}$$

满足要求。

（8）承台受弯承载力计算

$$M_x = \sum N_i y_i = 3 \times 684 \times 0.375 = 769.5 \text{ (kN·m)}$$

$$A_s = \frac{M_x}{0.9 f_y h_0} = \frac{769.5 \times 10^6}{0.9 \times 300 \times 830} = 3433.7 \text{ (mm}^2)$$

选用 23Φ14，$A_s = 3540 \text{mm}^2$，沿平行 y 轴方向均匀布置。

$$M_y = \sum N_i x_i = 2 \times 764.4 \times 0.9 = 1375.9 \text{ (kN·m)}$$

$$A_s = \frac{M_y}{0.9 f_y h_0} = \frac{1375.9 \times 10^6}{0.9 \times 300 \times 830} = 6139.7 \text{ (mm}^2)$$

选用 17Φ22，$A_s = 6462 \text{mm}^2$，沿平行 x 轴方向均匀布置。

第五节　其他深基础简介

　　深基础的种类很多，除桩基外，墩基、沉井、沉箱和地下连续墙等都属于深基础。深基础的主要特点是需采用特殊的施工方法，解决基坑开挖、排水等问题，减小对邻近建筑物的影响。

一、沉井基础

沉井基础是在场地条件和技术条件受限制时常常采用的一种深基础形式，由混凝土或钢筋混凝土浇筑成的井筒状结构物，通过井内挖土，依靠井筒自身重量克服井壁摩阻力下沉至设计标高，然后经过混凝土封底成为建（构）筑物的基础。具有埋置深度可以很大、整体性强、稳定性好、承载面积大、能承受较大的垂直荷载和水平荷载的特点。沉井既是基础，又是施工时的挡土和挡水围堰结构物。在河中有较大卵石不便桩基施工时以及需要承受巨大的水平力和上拔力时，沉井基础优势非常明显，因此在桥梁工程中应用较广。同时，沉井施工对周边环境影响较小，且内部空间可以利用，因此常作为工业建筑物的基础。

沉井结构一般由刃脚、井壁、隔墙、井孔、凹槽、封底混凝土与顶盖等组成，如图8-23所示。

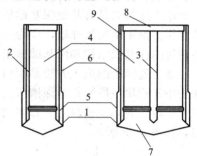

图8-23 沉井的构造
1—刃脚；2—井壁；3—隔墙；4—井孔；
5—凹槽；6—射水管组兼探测管；
7—封底混凝土；8—顶盖；9—环墙

沉井基础的应用范围主要为：①桥梁墩台、锚碇基础；②水工、市政工程中的给、排水泵站；③平面尺寸紧凑的重型结构物（如烟囱、重型设备）的基础；④地下仓库、油库、泵房、水池以及盾构隧道、顶管的工作井和接收井，矿用竖井等地下工程；⑤房屋纠偏的挖土井；⑥邻近建筑物的深基础等。

沉井施工的工序主要分为沉井制作和沉井下沉两个主要部分。具体施工时应根据沉井的形状、平面尺寸、下沉深度、工程地质和水文地质情况、环境条件、设计要求、施工设备及施工单位的施工经验等来确定沉井施工的工序。

一般而言其主要施工工序如下（如图8-24所示）。

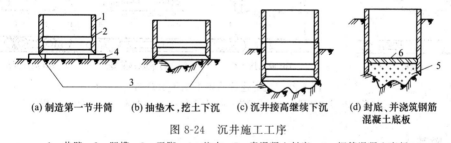

(a) 制造第一节井筒　(b) 抽垫木，挖土下沉　(c) 沉井接高继续下沉　(d) 封底、并浇筑钢筋混凝土底板

图8-24 沉井施工工序
1—井壁；2—凹槽；3—刃脚；4—垫木；5—素混凝土封底；6—钢筋混凝土底板

（1）清整场地。

（2）制作第一节沉井　在刃脚处应先对称铺满垫木，以支承第一节沉井的重量，然后在刃脚位置处设置刃脚角钢，竖立内模，绑扎钢筋，再立外模浇筑第一节沉井。

（3）拆模及抽垫　混凝土达到设计强度的70%后可拆除模板，强度达设计强度后才能抽撤垫木。抽撤垫木应按照一定的顺序，原则是避免引起沉井开裂、移动或倾斜。抽除一根垫木后应立即用砂回填进去并捣实。

（4）沉井下沉　在井孔内挖土，使沉井利用自重克服井壁与周围土的摩阻力而下沉。挖土方法可分为排水挖土和不排水挖土两种。为避免下沉过程中沉井发生倾斜，应对称挖土。

（5）接高沉井　第一节沉井下沉到沉井顶面露出地面1~2m时，需要接筑下一节沉井，每节沉井以2~6m高为宜。

（6）沉井封底　沉井下沉到设计标高后，对基底土质情况进行检验，当检验符合要求后，清理和处理井底地基，进行沉井封底施工。封底方法分为干封法和水下封底法。

二、地下连续墙

地下连续墙是 50 年代出现的一种新型支护结构，最早应用于土坝的防渗墙施工，后来逐渐演变为一种新的地下墙体和基础类型。近年来，地下连续墙施工已经推广到工业与民用建筑、市政城建、矿山等工程中，目前已经成为深基础施工的一项重要手段。

地下连续墙的技术优点：①无噪声、无振动，特别适宜于城市内与密集的建筑群中施工；②开挖基坑无须放坡，土方量小，无须设置井点降低地下水位，浇注混凝土无需支模和养护，因而可使成本降低；③施工可以全盘机械化，工效高，施工速度快；④兼具防渗、截水、承重、挡土、抗滑、防爆等功能。

地下连续墙具有其他深基础所不具备的优点，并且可以兼作地下主体结构的一部分，或单独作为地下结构的外墙，成为一种多功能、新型的地下结构型式和施工技术，开始取代某些传统的深基础结构和深基础施工方法，日益得到广泛的应用。

地下连续墙的施工方法是利用专门的成槽机械钻进或冲进，使用膨润土泥浆进行护壁，在土中开挖出一段窄长的深槽后，吊入预先制作的钢筋笼，用导管法浇筑混凝土，形成一个单元槽段。各单元槽段之间以各种特定的接头方式实现联结，形成一道现浇壁式地下连续墙，如图 8-25 所示。

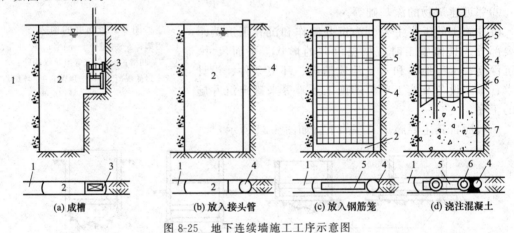

(a) 成槽　　　　(b) 放入接头管　　　　(c) 放入钢筋笼　　　　(d) 浇注混凝土

图 8-25　地下连续墙施工工序示意图

1—已完成的墙段；2—护壁泥浆；3—成槽机；4—接头管；5—钢筋笼；6—导管；7—混凝土

三、墩基础

墩基础是一种利用机械或人工在地基中开挖成孔后灌注混凝土形成的大直径桩基础，由于其直径粗大如墩（一般直径大于 1500mm），故称为墩基础。

墩基础结构由墩帽（或墩承台）、墩身和扩大头三部分组成。

墩基础功能与桩相似，底面可扩大成钟形，形成扩底墩。墩底直径最大已达 7.5m，深度一般为 20～40m，最大可达 60～80m。支承在硬土层中的墩基础，竖向承载力可达 10～40MN；而支承在基岩上时，竖向承载力可达 60～70MN，且沉降量极小。

墩基与桩基等其他深基础相比，主要有以下几方面的特点。

① 墩具有很高的承载力。当上部结构传来的荷载大而集中、基础平面布置受场地条件限制时，单墩可代替群桩和承台。相应的单墩的质量要求较高，一旦出现质量事故，其后果严重且难以处理。

② 在较密实的砂层、卵石层地基中，打桩很困难，打桩会造成相邻建筑物因振动及土的隆起而损坏或造成先打入桩的侧移及向上浮起等不利现象时，墩基施工常可避免这些问题。但是墩的深层成孔施工也会引起地基因卸荷而位移，给附近建筑物及设施带来不利

影响。

③ 与沉井、沉箱等深基础相比，墩基施工一般只需轻型机具，在适当的地基与环境条件下，常有较大的经济优势，另外墩基施工没有像打桩那样强烈的噪声，可以减轻噪声危害。但墩成孔施工中遇到地下水位下的砂层可能引起流砂现象，应特别注意。

④ 墩基不但有较高的竖向承载力，也可承担较大的水平荷载，扩底墩还可抵抗很大的上拔力。

⑤ 由于墩身断面尺寸较大，在成孔后可直接检查墩底持力层与墩侧面土层的土质情况，并且易于清孔。另一方面，墩的混凝土浇筑量较大，必须仔细检查施工质量。

墩基础的施工方法主要取决于工程地质条件、施工机具及设备条件、施工单位技术素质及管理水平等。

墩基础的施工工序一般如下。

① 清整场地。

② 放线定位：在整平的施工场地，按设计要求放出建筑物轴线及边线，在设计墩位处设置标志。

③ 成孔施工：墩基成孔方法有钻孔、挖空、冲孔等多种方法，工程实践中最常用的是钻孔和挖空。

④ 验孔清底：成孔后，应对孔径位置、大小、是否偏斜等方面进行尺检，并检查孔壁土层或衬砌结构是否松动或可能损坏，另一方面还要检查孔底标高、孔内沉渣以及墩底土层情况，发现问题及时修正、补救。

⑤ 放设钢材：验孔清底合格后，按设计要求放置钢筋笼、钢套筒等钢材。

⑥ 灌注混凝土：灌注混凝土是墩基施工的关键环节，混凝土在灌注过程中应及时分层振捣密实，或孔护壁用临时套筒等物件随时振捣随时拔，要掌握好时机，混凝土灌注一般应在达到墩顶标高后超灌至少 0.5m 方可结束。

小　结

本章主要介绍了桩基础的概念、类型、适用范围、优缺点和设计步骤。所谓桩基础是由桩与连接桩顶和承接上部结构的承台组成的深基础。按桩的承载性状可将桩分为摩擦型桩和端承型桩两大类；按成桩方法可将桩分为挤土桩、部分挤土桩和非挤土桩三类；按桩径大小可将桩分为小直径桩、中等直径桩和大直径桩三类；按桩体材料可将桩分为混凝土桩、钢桩、木桩、组合材料桩；按施工方法可将桩分为预制桩和灌注桩两大类，单桩竖向承载力可以按桩身结构的承载力、静载荷试验以及经验公式来确定，桩基础的设计内容和步骤为：① 收集设计资料；②确定桩的类型和几何尺寸（包括截面和桩长），初步选择承台底面的标高；③确定单桩承载力；④确定桩数及桩的平面布置；⑤桩基验算（包括承载力验算和沉降验算）；⑥桩身结构设计（包括桩身构造要求和配筋计算等）；⑦承台设计（包括承台的构造要求、抗弯计算、抗冲切计算和抗剪切计算等）；⑧绘制桩基础施工详图，另外还简单介绍了沉井基础、地下连续墙以及墩基础的概念、特点和施工工序。

思　考　题

1. 试述桩基的适用范围及优缺点。
2. 端承型桩和摩擦型桩的受力有何不同？
3. 何谓单桩竖向承载力特征值？单桩竖向承载力的确定方法有几种？
4. 什么情况下要进行桩基的沉降验算？

5. 桩基设计的步骤是什么？

6. 如何进行单桩的承载力验算？

7. 承台的尺寸如何确定？设计时应做哪些验算？

8. 在工程实践中如何选择桩的直径、桩长以及桩的类型？

9. 试述沉井基础、地下连续墙、墩基础的基本概念及施工工序。

习　题

1. 某场区从天然地面起往下的土层分布是：粉质黏土，厚度 $l_1 = 3m$，$q_{s1a} = 24kPa$；粉土，厚度 $l_2 = 6m$，$q_{s2a} = 20kPa$；中密的中砂 $q_{s3a} = 30kPa$，$q_{pa} = 2600kPa$。现采用截面边长为 350mm 的预制方桩，承台底面在天然地面以下 1.0m，桩端进入中密中砂的深度为 1.0m，试确定单桩承载力特征值。

2. 已知柱底面尺寸为 500mm×600mm，计至地面处的柱底荷载 $F_k = 8000kN$，$M_{xk} = 200kN \cdot m$，$M_{yk} = 600kN \cdot m$，拟采用截面边长为 500mm 的钢筋混凝土预制方桩，单桩竖向承载力特征值 $R_a = 1500$ kN。初选承台布置型式与埋深如图 8-26 所示，试设计柱下独立承台桩基础（承台混凝土强度等级 C25，钢筋采用 HRB335 钢筋）。

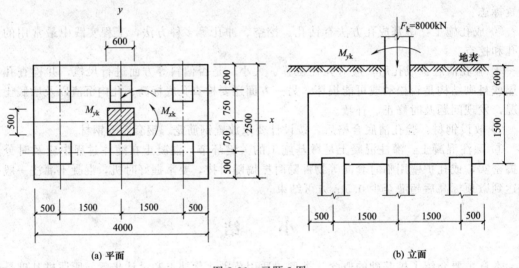

(a) 平面　　　　　　　　　　　　　(b) 立面

图 8-26　习题 2 图

第九章 地基处理

知识目标

• 熟悉地基处理的概念、目的、处理对象及其特性；根据加固机理不同，地基处理方法的分类；常用地基处理方法的基本原理、适用范围和局限性；
• 掌握换填垫层法的适用范围、设计要点、施工要点及施工质量检验内容；
• 掌握排水固结法的适用范围、设计要点、施工要点及施工质量检验内容；
• 掌握强夯法的适用范围、设计要点、施工要点及施工质量检验内容；
• 掌握水泥粉煤灰碎石桩法的适用范围、设计要点、施工要点及施工质量检验内容；
• 掌握土桩和灰土桩法的适用范围、设计要点、施工要点及施工质量检验内容；
• 掌握水泥土搅拌法的适用范围、设计要点、施工要点及施工质量检验内容。

能力目标

• 能够根据本地区的地基特点，根据具体工程的工程地质特点和工程要求，按照现行地基处理规范进行简单的地基处理。

地基处理的对象主要是软弱地基，地基处理的目的是通过采取各种地基处理措施，来改善地基土的工程特性，达到建筑物对地基强度和变形的要求。

随着土木工程建设规模的扩大和要求的提高，需要对天然地基进行地基处理的工程日益增多，用于地基处理的费用在工程建设投资中所占比重不断增大。在土木工程建设领域中，与上部结构比较，地基领域中不确定因素多、问题复杂、难度大。地基问题处理不好，后果严重。据调查统计，在世界各国发生的土木工程建设中的工程事故，源自地基问题的占多数。因此，处理好地基问题，不仅关系所建工程是否安全可靠，而且关系所建工程投资的大小。处理好地基问题具有明显的经济效益。

需求促进发展，实践发展理论。在工程建设的推动下，近些年来我国地基处理技术发展很快，地基处理水平不断提高，地基处理已成为活跃的土木工程领域中的一个热点。学习、总结国内外地基处理方面的经验教训，掌握各种地基处理技术，对于土木工程技术人员，特别是对从事岩土工程的土木工程技术人员特别重要。提高地基处理水平对保证工程质量、加快工程建设速度、节省工程建设投资具有特别重要的意义。

本章主要介绍地基处理的概念、目的、处理对象及其特性，地基处理方法的分类。常用地基处理方法的基本原理、适用范围、设计要点、施工要点及施工质量检验内容。

第一节 概　述

一、地基处理的概念

改革开放促进了我国国民经济的飞速发展，自20世纪90年代以来，我国土木工程建设发展很快。土木工程功能化、城市建设立体化、交通运输高速化，以及改善综合居住条件已成为现代土木工程建设的特征。为了保证工程质量，现代土木工程建设对地基提出了更高的要求。

各种建筑物和构筑物对地基的要求主要包括下述四个方面。

　　(1) 地基承载力问题　　地基承载力问题是指在建（构）筑物自重及外荷载作用下，地基土体能否保持稳定。若地基承载力不能满足要求，地基在建（构）筑物荷载作用下将会产生局部或整体剪切破坏。地基产生局部或整体剪切破坏将影响建（构）筑物的安全与正常使用，亦会引起建（构）筑物的破坏。地基的承载力大小，主要与地基土体的抗剪强度有关，也与基础形式、大小和埋深有关。

　　(2) 地基变形问题　　地基变形问题是指在建（构）筑物的荷载作用下，地基土体产生的变形（包括沉降，或水平位移，或不均匀沉降）是否超过相应的允许值。若地基变形超过允许值，将会影响建（构）筑物的安全与正常使用，严重的会引起建（构）筑物破坏。地基变形主要与荷载大小和地基土体的变形特性有关，也与基础形式、基础尺寸大小有关。

　　(3) 地基渗透问题　　渗透问题主要有两类：一类是蓄水构筑物地基渗流量是否超过其允许值。如：水库坝基渗流量超过其允许值的后果是造成较大水量损失，甚至导致蓄水失败；另一类是地基中水力梯度是否超过其允许值。地基中水力梯度超过其允许值时，地基土会因潜蚀和管涌产生稳定性破坏，进而导致建（构）筑物破坏。地基渗透问题主要与地基中水力梯度大小和土体的渗透性有关。

　　(4) 地基液化问题　　在动力荷载作用下，会引起饱和松散粉细砂或部分粉土产生液化，使土体失去抗剪强度，产生近似液体特性的现象，从而导致地基失稳和震陷。

　　当天然地基不能满足建（构）筑物在上述四个方面的要求时，需要对天然地基进行地基处理。天然地基通过地基处理，形成人工地基，从而满足建（构）筑物对地基的各种要求。欧美国家称为地基处理（Ground Treatment），或地基加固（Ground Improvement）。

二、地基处理的对象及其特性

　　地基处理对象通常指承载力低、压缩性高以及具有不良工程特性的各种软弱地基及特殊土地基。但是随着建设规模越来越大，荷载不断增加，对地基要求也越来越高，很多天然地基不经过人工加固处理将很难满足建（构）筑物（特别是高层建筑）对承载力及变形的要求，因此可以说软弱地基的含义更广泛了，天然地基是否属于软弱地基是相对的。

（一）软弱地基

　　《建筑地基基础设计规范》（GB 50007—2011）中明确规定："软弱地基系指主要由淤泥、淤泥质土、冲填土、杂填土或其他高压缩性土层构成的地基。"

1. 软土

　　软土是软弱黏性土的简称，包括淤泥、淤泥质土、泥炭、泥炭质土等。它是第四纪后期形成的海相、泻湖相、三角洲相、溺谷相和湖泊相的黏性土沉积物或河流冲积物。如上海、广州等地为三角洲相沉积；温州、宁波地区为滨海相沉积；闽江口平原为溺谷相沉积等，也有的软黏土属于新近淤积物。软土大部分处于饱和状态，其天然含水量大于液限，孔隙比大于 1.0。当天然孔隙比大于 1.5 时，称为淤泥；当天然孔隙比大于 1.0 而小于 1.5 时，称为淤泥质土。泥炭和泥炭质土中含有大量未分解的腐殖质，有机质含量大于 60% 为泥炭；有机质含量在 10%～60% 之间为泥炭质土。

　　软土的特性是天然含水量高、天然孔隙比大、抗剪强度低、压缩系数高、渗透系数小。在外荷载作用下地基承载力低、地基变形大，不均匀变形也大，且变形稳定历时较长，在比较深厚的软土层上，建筑物基础的沉降往往持续数年乃至数十年之久。

　　软土地基是在工程建设中遇到最多需要进行地基处理的软弱地基，它广泛地分布在我国沿海以及内地河流两岸和湖泊地区。例如：天津、连云港、上海、杭州、宁波、台州、温州、福州、厦门、湛江、广州、深圳、珠海等沿海地区，以及昆明、武汉、南京、马鞍山等内陆地区。

2. 人工填土

人工填土按照物质组成和堆填方式可以分为素填土、杂填土和冲填土三类。

（1）素填土　素填土是由碎石、砂或粉土、黏性土等一种或几种组成的填土，其中不含杂质或含杂质较少。若经分层压实后则称为压实填土。近年开山填沟筑地、围海筑地工程较多，填土常用开山石料，大小不一，有的直径达数米，填筑厚度有的达数十米，极不均匀。人工填土地基性质取决于填土性质、压实程度以及堆填时间。

（2）杂填土　杂填土是指由人类活动而任意堆填的建筑垃圾、工业废料和生活垃圾而形成的土。杂填土的成因很不规律，组成的物质杂乱，分布极不均匀，结构松散。因而强度低、压缩性高和均匀性差，一般还具有浸水湿陷性。即使在同一建筑场地的不同位置，其地基承载力和压缩性也有较大差异。对有机质含量较多的生活垃圾和对基础有侵蚀性的工业废料，未经处理不应作为持力层。

（3）冲填土　冲填土是指整治和疏浚江河航道时，用挖泥船通过泥浆泵将泥砂夹大量水分吹到江河两岸而形成的沉积土，南方地区称吹填土。

冲填土的性质与所冲填泥沙的来源及冲填时的水力条件有密切关系。含黏土颗粒较多的冲填土往往是欠固结的，其强度和压缩性指标都比同类天然沉积土差。以粉细砂为主的冲填土，其性质基本上和粉细砂相类似而不属于软弱土范畴。

冲填土是否需要处理和采用何种处理方法，取决于冲填土的工程性质中颗粒组成、土层厚度、均匀性和排水固结条件。

3. 高压缩性土

饱和松散粉细砂包括部分粉土，在动力荷载（机械振动、地震等）重复作用下将产生液化；在基坑开挖时也会产生管涌。

（二）特殊土地基

特殊土地基带有地区性特点，它包括湿陷性土、膨胀土、红黏土、冻土和盐渍土等地基。其工程特性详见第十章。

三、地基处理方法分类及适用范围

对地基处理方法进行严格的统一分类是很困难的。地基处理方法分类的原则也很多。如按时间可分为临时处理和永久处理；按处理深度可分为浅层处理和深层处理；按处理对象可分为砂性土处理和黏性土处理，饱和土处理和非饱和土处理等。事实上，根据同一原则进行分类，不同的专家也有不同的方法。不少地基处理方法具有多种效用，例如土桩和灰土桩既有挤密作用又有置换作用。另外，还有一些地基处理方法的加固机理以及计算方法目前还不是十分明确，尚需进一步探讨。而且，地基处理方法也在不断发展，功能不断扩大，也使地基处理方法分类变得更加困难。还有地基处理方法分类也不宜太细，类别太多。工程上通常根据加固机理分类，将地基处理分为置换、排水固结、化学加固、振密挤密、加筋五类。见表 9-1。

表 9-1　地基处理方法分类及其适用范围

类别	方　法	加　固　原　理	适　用　范　围
置换	换土垫层法	将软弱土或不良土开挖至一定深度，回填抗剪强度较高、压缩性较小的岩土材料，如砂、砾、石渣等，分层夯实，形成双层地基。垫层能有效扩散基底压力，可提高地基承载力、减少沉降	各种软弱土地基
	挤淤置换法	通过抛石或夯击回填碎石置换淤泥达到加固地基的目的，也有采用爆破挤淤置换	淤泥或淤泥质黏土地基

续表

类别	方法	加固原理	适用范围
置换	砂石桩置换法	利用振冲法、或沉管法，或其他方法在饱和黏性土地基中成孔，在孔内填入砂石料，形成砂石桩。砂石桩置换部分地基土体，形成复合地基	黏性土地基，但承载力提高幅度小，施工后沉降大
	强夯置换法	采用边填碎石边强夯的方法在地基中形成碎石墩体，由碎石墩、墩间土以及碎石垫层形成复合地基	粉砂土和软黏土地基等
	石灰桩法	通过机械或人工成孔，在软弱地基中填入生石灰块或生石灰块加其他掺和料，通过石灰的吸水膨胀、放热以及离子交换作用改善桩间土的物理力学性质，并形成石灰桩复合地基	杂填土、软黏土地基
排水固结	堆载预压法	在地基中设置排水通道-砂垫层和竖向排水系统，以缩小土体固结排水距离，地基在预压荷载作用下排水固结，地基产生变形，地基土强度提高	软黏土、杂填土、泥炭土地基等
	真空预压法	在软黏土地基中设置排水体系，然后在上面形成一不透气层（覆盖不透气密封膜），通过对排水体系进行长时间不断抽气抽水，在地基中形成负压区，而使软黏土地基产生排水固结	软黏黏土地基
	真空预压与堆载预压联合作用	当真空预压法达不到设计要求时，可与堆载预压联合使用，两者的加固效果可叠加	同上
	电渗法	在地基中形成直流电场，在电场作用下，地基土体产生排水固结，达到提高地基承载力，减小工后沉降的目的	同上
	降低地下水位法	通过降低地下水位，改变地基土受力状态，其效果如堆载预压，使地基土产生排水固结，达到加固目的	同上
化学加固	水泥土搅拌法	利用深层搅拌机将水泥浆或水泥粉和地基土原位搅拌形成圆柱状、格栅状或连续墙水泥土增强体，形成复合地基以提高地基承载力，减小沉降，也常用它形成水泥土防渗帷幕	淤泥、淤泥质土、黏性土和粉土等软土地基
	高压喷射注浆法	利用高压喷射专用机械，在地基中通过高压喷射流冲切土体，用浆液置换部分土体，形成水泥土增强体。按喷射流组成型式，高压喷射注浆法有单管法、二重管法、三重管法。按施工工艺可形成定喷、摆喷和旋喷。高压喷射注浆法可形成复合地基以提高承载力，减少沉降，也常用它形成水泥土防渗帷幕	淤泥、淤泥质土、黏性土、粉土、黄土、砂土、人工填土和碎石土等地基
振密挤密	表层原位压实法	采用人工或机械夯实、碾压或振动，使土体密实。密实范围较浅，常用于分层填筑	杂填土、非饱和黏性土、湿陷性黄土等浅层处理
	强夯法	采用重量为10～40t的夯锤从高处自由落下，地基土体在强夯的冲击力和振动力作用下密实，可提高地基承载力，减少沉降	碎石土、砂土、低饱和度的粉土与黏性土，湿陷性黄土、杂填土和素填土等地基
	振冲密实法	一方面依靠振冲器的振动使饱和砂层发生液化，砂颗粒重新排列孔隙减小，另一方面依靠振冲器的水平振动力，加回填料使砂层挤密，从而达到提高地基承载力，并提高地基土体抗液化能力	黏粒含量小于10%的疏松砂性土地基
	挤密砂石桩法	采用振动沉管法等在地基中设置砂石桩，在制桩过程中对周围土层产生挤密作用	砂土地基，非饱和黏性土地基
	夯实水泥土桩法	在地基中人工挖孔，然后填入水泥与土的混合物，分层夯实，形成水泥土桩复合地基，提高地基承载力和减小沉降	地下水位以上的湿陷性黄土、杂填土、素填土等
	土桩灰土桩法	采用沉管法、爆扩法和冲击法在地基中设置土桩或灰土桩，在成桩过程中挤密桩间土，由挤密的桩间土和密实的土桩或灰土桩形成土桩复合地基或灰土桩复合地基	同上

续表

类别	方 法	加 固 原 理	适 用 范 围
加筋	加筋土垫层法	在地基中铺设加筋材料(如土工织物、土工格栅等)、金属板条等)形成加筋土垫层,以增大压力扩散角,提高地基稳定性	各种软弱地基
	加筋土挡墙法	利用在填土中分层铺设加筋材料以提高填土的稳定性,形成加筋土挡墙。挡墙外侧可采用侧面板形式或加筋材料包裹形式	应用于填土挡土结构
	树根桩法	在地基中设置如树根状的微型灌注桩(直径 70～250mm),提高地基承载力或土坡的稳定性	各类地基
	低强度混凝土桩复合地基法	在地基中设置低强度混凝土桩,与桩间土形成复合地基,提高地基承载力,减小沉降	各类深厚软弱地基
	钢筋混凝土桩复合地基法	在地基中设置钢筋混凝土桩,与桩间土形成复合地基,提高地基承载力,减小沉降	各类深厚软弱地基
	长短桩复合地基	由长桩和短桩与桩间土形成复合地基,提高地基承载力减小沉降。长桩和短桩可采用同一桩型,也可采用两种桩型。通常长桩采用刚度较大的桩型,短桩采用柔性桩或散体材料桩	深厚软弱地基

第二节　换填垫层法

一、换填垫层的基本概念

换填垫层就是将基础底面以下不太深的一定范围内的软弱土层挖去,然后回填以强度较大的砂、石或灰土等,并分层夯实至设计要求的密实程度,作为地基的持力层。换填垫层可依换填材料不同,分为碎石垫层,砂垫层,灰土垫层,粉煤灰垫层等。由于换填垫层施工简便,因此广泛应用于中小型工程浅层地基处理中。

换填垫层有以下作用。

① 提高持力层的承载力,并将建筑物基底压力扩散到垫层以下的软弱土层,使软弱地基土中所受压力减小到该软弱地基土的承载力容许范围内,从而满足承载力要求。

② 垫层置换了软弱土层,从而可以减少地基的变形量。

③ 当采用砂石垫层时,可以加速软土层的排水固结。

④ 调整不均匀地基的刚度,减少地基的不均匀变形。

⑤ 改善浅层土不良工程特性,如消除或部分消除地基土的湿陷性、胀缩性或冻胀性以及粉细砂振动液化等。

在各类工程中,垫层所起的主要作用有时也是不同的,如房屋建筑物基础下的砂垫层主要起换土的作用;而在路堤及土坝等工程,主要是利用砂垫层起排水固结作用。至于一般在钢筋混凝土基础下采用10～30cm厚的混凝土垫层,主要是用作基础的找平和隔离层,并为基础绑扎钢筋和建立木模等工序施工操作提供方便,是施工措施,不属于地基处理范畴。

二、换填垫层的适用范围及应注意的问题

(1)换填垫层法适用于处理各类浅层软弱地基(如淤泥、淤泥质土、素填土、杂填土等)及不均匀地基(局部沟、坑、古井、古墓、局部过软、过硬土层)。

当在建筑范围内上层软弱土较薄,则可采用全部置换处理。

对于较深厚的软弱土层,当仅用垫层局部置换上层软弱土时,下卧软弱土层在荷载下的长期变形依然很大。例如,对较深厚的淤泥或淤泥质土类软弱地基,采用垫层仅置换上层软

土后，通常可提高持力层的承载力，但不能解决由于深层土质软弱而造成地基变形量大对上部建筑物产生的有害影响；或者对于体形复杂、整体刚度差、或对差异变形敏感的建筑，均不应采用浅层局部置换的处理方法。

（2）对于建筑范围内局部存在松填土、暗沟、暗塘、大古墓或拆除旧基础后的坑穴，均可采用换填法进行地基处理。在这种局部的换填处理中，保持建筑地基整体变形均匀是换填法应遵循的最基本原则。

（3）换填垫层法常用于处理轻型建筑、地坪、堆料场及道路工程等。采用换填垫层全部置换厚度不大的软弱土层，可取得良好的效果；对于轻型建筑、地坪、道路或堆场，采用换填垫层处理上层部分软弱土时，由于传递到下卧层顶面的附加应力很小，也可取得较好的效果。但对于结构刚度差、体形复杂、荷重较大的建筑，由于附加荷载对下卧层的影响较大，如仅换填软弱土层的上部，地基仍将产生较大的变形及不均匀变形；仍有可能对建筑造成破坏。在我国东南沿海软土地区，许多工程实践经验或教训表明，采用换填垫层时，必须考虑建筑体形、荷载分布、结构刚度等因素对建筑物的影响，对于深厚软弱土层，不应采用局部换填垫层法处理地基。

（4）开挖基坑后，利用分层回填夯压，也可处理较深的软弱土层。但换填基坑开挖过深，常因地下水位高，需要采用降水措施；坑壁放坡占地面积大或边坡需要支护，易引起临近地面、管网、道路与建筑的沉降变形破坏；再则施工土方量大、弃土多等因素，常使处理工程费用增高、工期延长、对环境的影响增大等。因此，换填垫层法的处理深度通常控制在3m以内较为经济。《建筑地基处理技术规范》（JGJ 79—2012）规定，换填垫层厚度不宜大于3m，也不宜小于0.5m。对湿陷性黄土地基不宜大于5m。太厚施工较困难，太薄（<0.5m）则换土垫层的作用不显著。

（5）大面积填土产生的大范围地面负荷影响深度较深，地基压缩变形量大，变形延续时间长，与换填垫层法浅层处理地基的特点不同，因而大面积填土地基的设计施工应另行按《建筑地基基础设计规范》（GB 50007—2011）执行。

三、换填垫层法处理地基设计

换填垫层法地基处理设计不但要求满足建筑物对地基变形及稳定的要求，而且也应符合经济合理的原则。垫层设计的主要内容包括垫层材料的选用，垫层的厚度、宽度的确定，以及地基沉降计算等。在确定断面的合理厚度和宽度时，既要求有足够的厚度来置换可能被剪切破坏的软弱土层，又要有足够的宽度以防止垫层向两侧挤出。对于排水垫层来说，除要求有一定的厚度和密实度外，还要求形成一个排水面，促进软弱土层的固结，提高其强度，以满足上部荷载的要求。

（一）垫层材料选择

对于不同特点的工程，应分别考虑换填材料的强度、稳定性、压力扩散能力、密度、渗透性、耐久性、对环境的影响、价格、来源与消耗等。当换填量大时，尤其应首先考虑当地材料的性能及使用条件。此外还应考虑所能获得的施工机械设备类型、适用条件等综合因素，从而合理地进行换填垫层设计及选择施工方法。例如，对于承受振动荷载的地基不应选择砂垫层进行换填处理；略超过放射性标准的矿渣可以用于道路或堆场地基的换填，但不能应用于建筑换填垫层处理等。常用垫层材料为：砂石、粉质黏土、灰土、粉煤灰、矿渣、其他工业废渣、土工合成材料等。

（1）砂石　宜选用碎石、卵石、角砾、圆砾、砾砂、粗砂、中砂或石屑（粒径小于2mm的部分不应超过总重的45%），应级配良好，不含植物残体、垃圾等杂质。当使用粉细砂或石粉（粒径小于0.075mm的部分不应超过总重的9%）时，应掺入不少于总重30%的碎石或卵石。最大粒径不宜大于50mm。对湿陷性黄土地基，不得选用砂石等渗水材料。

（2）粉质黏土 土料中有机质含量不得超过 5%，亦不得含有冻土或膨胀土。当含有碎石时，其粒径不宜大于 50mm。用于湿陷性黄土地基或膨胀土地基的粉质黏土垫层，土料中不得夹有砖、瓦和石块。

（3）灰土 体积配合比宜为 2∶8 或 3∶7。土料宜用粉质黏土，不得使用块状黏土和砂质粉土，不得含有松软杂质，并应过筛，其颗粒不得大于 15mm。石灰宜用新鲜的消石灰，其颗粒不得大于 5mm。

（4）粉煤灰 可用于道路、堆场和小型建筑、构筑物等的换填垫层。粉煤灰垫层上宜覆土 0.3～0.5m。粉煤灰垫层中采用掺加剂时，应通过试验确定其性能及适用条件。作为建筑物垫层的粉煤灰应符合有关放射性安全标准的要求。粉煤灰垫层中的金属构件、管网宜采取适当防腐措施。大量填筑粉煤灰时应考虑对地下水和土壤的环境影响。

（5）矿渣 垫层使用的矿渣是指高炉重矿渣，可分为分级矿渣、混合矿渣及原状矿渣。矿渣垫层主要用于堆场、道路和地坪，也可用于小型建筑、构筑物地基。选用矿渣的松散重度不小于 11kN/m³，有机质及含泥总量不超过 5%。设计、施工前必须对选用的矿渣进行试验，在确认其性能稳定并符合安全规定后方可使用。作为建筑物垫层的矿渣应符合对放射性安全标准的要求。易受酸、碱影响的基础或地下管网不得采用矿渣垫层。大量填筑矿渣时，应考虑对地下水和土壤的环境影响。

（6）其他工业废渣 在有可靠试验结果或成功工程经验时，对质地坚硬、性能稳定、无腐蚀性和放射性危害的工业废渣等均可用于填筑换填垫层。被选用工业废渣的粒径、级配和施工工艺等应通过试验确定。

（7）土工合成材料 由分层铺设的土工合成材料与地基土构成加筋垫层。所用土工合成材料的品种与性能及填料的土类应根据工程特性和地基土条件，按照现行国家标准《土工合成材料应用技术规范》（GB 50290—2014）的要求，通过设计并进行现场试验后确定。

作为加筋的土工合成材料应采用抗拉强度较高、受力时伸长率不大于 4%～5%、耐久性好、抗腐蚀的土工格栅、土工格室、土工垫或土工织物等土工合成材料；垫层填料宜用碎石、角砾、砾砂、粗砂、中砂或粉质黏土等材料。如工程要求垫层具有排水功能时，垫层材料应具有良好的透水性。

在软土地基上使用加筋垫层时，应保证建筑稳定并满足允许变形的要求。

（二）确定垫层厚度

垫层铺设厚度根据需要置换软弱土层的厚度确定，要求作用在垫层底面处的土的自重应力与附加应力之和不大于软弱下卧层土的承载力特征值，如图 9-1 所示。其表达式为：

$$p_z + p_{cz} \leqslant f_{az} \tag{9-1}$$

式中　p_z——相应于荷载标准组合时垫层底面处的附加压力，kPa；

　　　p_{cz}——垫层底面处土的自重压力，kPa；

　　　f_{az}——垫层底面处土层经深度修正后的地基承载力特征值。

垫层底面处的附加压力值 p_z 可按软弱下卧层验算方法计算。对条形基础和矩形基础可分别按式（9-2）和式（9-3）计算：

条形基础

$$p_z = \frac{b(p_k - p_c)}{b + 2z\tan\theta} \tag{9-2}$$

矩形基础

$$p_z = \frac{bl(p_k - p_c)}{(b + 2z\tan\theta)(l + 2z\tan\theta)} \tag{9-3}$$

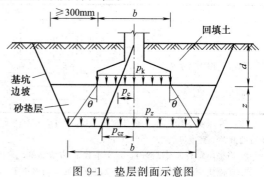

图 9-1　垫层剖面示意图

式中　b——矩形基础或条形基础底面的宽度，m；

　　　　l——矩形基础底面的长度，m；

　　　　p_k——相应于荷载标准组合时，基础底面处的平均压力，kPa；

　　　　p_c——基础底面处土的自重压力，kPa；

　　　　z——基础底面下垫层的厚度，m；

　　　　θ——垫层的压力扩散角，(°)。宜通过试验确定，当无试验资料时，可按表9-2采用。

表9-2　压力扩散角 θ

z/b	换填材料 中砂、粗砂、砾砂、圆砾、角砾、石屑、卵石、碎石、矿渣	粉质黏土、粉煤灰	灰土
0.25	20°	6°	28°
≥0.5	30°	23°	28°

注：1. 当 $z/b<0.25$，除灰土取 $\theta=28°$ 外，其余材料均取 $\theta=0°$，必要时，宜由试验确定。

　　2. 当 $0.25<z/b<0.5$ 时，θ 值可内插求得。

（三）确定垫层底面宽度

垫层底面的宽度应满足基础底面应力扩散的要求，并且要考虑垫层侧面土的侧向支承力来确定，因为基础荷载在垫层中引起的应力使垫层有侧向挤出的趋势，如果垫层宽度不足，四周土又比较软弱，垫层有可能被压溃而挤入四周软土中去，使基础沉降增大。

1. 垫层底面宽度可按下式计算

$$b' \geq b + 2z\tan\theta \tag{9-4}$$

式中　b'——垫层底面宽度，m；

　　　　θ——压力扩散角，(°)，可按表9-2采用；当 $z/b<0.25$ 时，仍按表中 $z/b=0.25$ 取值。

整片垫层的宽度可根据施工的要求适当加宽。垫层顶面每边宜超出基础底边不小于300mm，或从垫层底面两侧向上按当地开挖基坑经验的要求放坡。

2. 湿陷性黄土地基下的垫层底面宽度

（1）当为局部处理时　在非自重湿陷性黄土场地，每边应超出基础底面宽度的1/4，并不应小于0.5m；在自重湿陷性黄土场地，每边应超出基础底面宽度的3/4，并不应小于1m。

（2）当为整片处理时　每边超出建筑物外墙基础外缘的宽度不宜小于处理土层厚度的1/2，且不小于2m。

（四）确定垫层的承载力

垫层的承载力宜通过现场载荷试验确定，并验算下卧层的承载力是否满足要求。

对于按现行国家标准《建筑地基基础设计规范》（GB 50007—2011）划分安全等级为三级的建筑及一般不太重要的、小型、轻型或对沉降要求不高的工程，在无试验资料或经验时，当施工达到表9-3规定的压实标准后，可以参考表9-4所列的承载力特征值取用。

表9-3　各种垫层的压实标准

施工方法	换填材料类别	压实系数 λ_c
碾压、振密或夯实	碎石、卵石	0.94～0.97
	砂夹石（其中碎石、卵石占全重的30%～50%）	
	土夹石（其中碎石、卵石占全重的30%～50%）	
	中砂、粗砂、砾砂、圆砾、角砾、石屑	
	粉质黏土	
	灰土	0.95
	粉煤灰	0.90～0.95

注：1. 压实系数 λ_c 为土的控制干密度 ρ_d 与最大干密度 ρ_{dmax} 的比值；土的最大干密度宜采用击实试验确定，碎石或卵石的最大干密度可取 $2.0\sim2.2t/m^3$。

　　2. 当采用轻型击实试验时，压实系数 λ_c 宜取高值，采用重型击实试验时，压实系数 λ_c 可取低值。

　　3. 矿渣垫层的压实指标为最后二遍压实的压陷差小于2mm。

表 9-4　各种垫层的承载力特征值

换填材料类别	承载力特征值 f_{ak}/kPa
碎石、卵石	$200\sim300$
砂夹石(其中碎石、卵石占全重的 $30\%\sim50\%$)	$200\sim250$
土夹石(其中碎石、卵石占全重的 $30\%\sim50\%$)	$150\sim200$
中砂、粗砂、砾砂、圆砾、角砾、石屑	$150\sim200$
粉质黏土	$130\sim180$
石屑	$120\sim150$
灰土	$200\sim250$
粉煤灰	$120\sim150$
矿渣	$200\sim300$

（五）垫层沉降验算

对于重要的或垫层下存在软弱下卧层的建筑，还应验算地基的沉降量，并应小于建筑物的允许沉降值。验算时可不考虑垫层本身的变形。

设计计算时，先根据垫层的承载力特征值确定出基础宽度，然后根据下卧层的承载力特征值确定出垫层的厚度，再根据基础宽度确定出垫层宽度。垫层的承载力要合理拟定，如定得过高，则换土厚度将很深，对施工不利，也不经济。

【例 9-1】 某一砖混结构房屋，承重墙下采用条形基础。已知承重墙传至基础顶面荷载标准值 $F_k=215\text{kN/m}$，土层情况：地表为杂填土，厚 1.2m，$\gamma=16\text{kN/m}^3$，$\gamma_{sat}=17\text{kN/m}^3$，其下为淤泥层，$\gamma_{sat}=19\text{kN/m}^3$，淤泥层承载力特征值 $f_{akz}=75\text{kPa}$。地下水距地表 0.8m。现拟采用砂垫层置换软弱土，要求砂垫层承载力特征值应达到 $f_{ak}=150\text{kPa}$。试设计此砂垫层，并确定基础底面宽度。

解 （1）确定基础底面宽度 b

取基础埋深 $d=1.0\text{m}$。因砂垫层属人工填土，承载力修正系数 $\eta_b=0$，$\eta_d=1.0$，基础底面以上土的加权平均重力密度：

$$\gamma_m=\frac{16\times0.8+(17-10)\times0.2}{1.0}=14.2\ (\text{kN/m}^3)$$

修正后的砂垫层承载力特征值：

$$f_a=f_{ak}+\eta_d\gamma_m(d-0.5)=150+1.0\times14.2\times(1.0-0.5)=157.1\ (\text{kPa})$$

根据轴心受压时地基承载力的验算公式可得：

$$b\geqslant\frac{F_k}{f_a-20d}=\frac{215}{157.1-20\times1}=1.57\ (\text{m})\quad\text{取}\ b=1.60\text{m}$$

（2）砂垫层厚度的确定

取砂垫层厚度 $z=1.5\text{m}$，则 $d+z=2.5$（m）。淤泥土承载力修正系数 $\eta_b=0$，$\eta_d=1.0$，垫层底面以上土的加权平均重力密度：

$$\gamma_m=\frac{16\times0.8+(17-10)\times0.4+(19-10)\times1.3}{2.5}=10.9(\text{kN/m}^3)$$

垫层底部处经修正的淤泥土层承载力特征值：

$$f_{az}=f_{akz}+\eta_d\gamma_m(d+z-0.5)=75+1.0\times10.9\times(2.5-0.5)=96.8\ (\text{kPa})$$

垫层底部处土的自重应力：

$$p_{cz}=16\times0.8+(17-10)\times0.4+(19-10)\times0.3=27.3\ (\text{kPa})$$

基底压力

$$p_k=\frac{F_k+G_k}{b}=\frac{215+20\times1.0\times1.6}{1.6}=154.38\ (\text{kPa})$$

基础底面处土的自重应力　$p_c = 0.8 \times 1.6 + (17-10) \times 0.2 = 21.2$（kPa）

$\frac{z}{b} = \frac{1.5}{1.6} = 0.94 > 0.5$，查表 9-2 可得应力扩散角 $\theta = 30°$。则垫层底部处土的附加应力

由于

$$p_z = \frac{b(p_k - p_c)}{b + 2z\tan\theta} = \frac{1.6 \times (154.38 - 21.2)}{1.6 + 2 \times 1.5 \times \tan 30} = 63.95 \text{（kPa）}$$

$$p_z + p_{cz} = 63.95 + 27.3 = 91.25 \text{（kPa）} < f_{az} = 96.8 \text{（kPa）}$$

故砂垫层厚度足够。

（3）砂垫层宽度的确定

$$b \geqslant b + 2z\tan\theta = 1.6 + 2 \times 1.5 \times \tan 30° = 3.33 \text{（m）}$$

取 $b = 3.4$m 砂垫层顶部处基础任一侧边宽度，$\dfrac{3.4-1.6}{2} = 0.9$（m）> 0.3（m）

则宽度合适，砂垫层剖面图如图 9-2 所示。

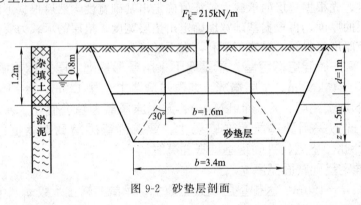

图 9-2　砂垫层剖面

四、换填垫层法的施工

（一）施工要点

1. 施工机械

（1）粉质黏土与灰土　宜采用平碾、振动碾或羊足碾，中小型工程也可采用蛙式夯、柴油夯。

（2）砂石　宜用振动碾。

（3）粉煤灰　宜采用平碾、振动碾、平板振动器、蛙式夯。

（4）矿渣　宜采用平碾振动器或平碾、蛙式夯。

2. 含水量控制

为获得最佳夯实效果，宜采用垫层材料的最优含水量 w_{op} 作为施工的控制含水量。对于粉质黏土和灰土，现场可控制在最优含水量 $w_{op} \pm 2\%$ 的范围内；当使用振动碾压时，可适当放宽下限范围值。最优含水量可按现行国家标准《土工试验方法标准》（GB/T 50123—1999）[2007 版]中轻型击实试验的要求求得。在缺乏试验资料时，也可近似取 0.6 倍液限值；或按照经验采用塑限 $w_{op} \pm 2\%$ 的范围值作为施工含水量的控制值。粉煤灰垫层不应采用浸水饱和施工法，其施工含水量应控制在最优含水量 $w_{op} \pm 4\%$ 的范围内。若土料湿度过大过小，应分别予以晾晒、翻松。掺加吸水材料或洒水湿润以调整土料的含水量。对于砂石料则可根据施工方法不同按经验控制适宜的施工含水量，即当用平板式振动器时可取 15%～20%；当用平碾或蛙式夯时可取 8%～12%；当用插入式振动器时宜为饱和。对于碎石及卵石应充分浇水湿透后夯压。

3. 换填垫层

换填垫层的施工方法、分层铺填厚度、每层压实遍数等应根据垫层材料、施工机械设备及设计要求等通过现场试验确定，以求获得最佳夯压效果。

一般情况下，垫层的分层铺填厚度可取 200～300mm。为保证分层压实质量，应控制机械碾压速度。对于存在软弱下卧层的垫层，应针对不同施工机械设备的重量、碾压强度、振动力等因素，确定垫层底层的铺填厚度，使其既能满足该层的压密条件，又能防止扰动下卧软弱土的结构。

铺筑垫层前，应先进行验槽，检查垫层底面土质、标高、尺寸及轴线位置。垫层施工应分层进行，每层施工后应随即进行质量检验，检验合格后方可进行上层垫层施工。

（二）施工注意事项

① 当垫层底部存在古井、古墓、洞穴、旧基础、暗塘等软硬不均的部位时，应根据建筑对不均匀沉降的要求予以处理，并经检验合格后，方可铺填垫层。

② 基坑开挖时应避免坑底土层受扰动，可保留约 200mm 厚的土层暂不挖去。严禁扰动垫层下的软弱土层，防止其被践踏、受冻或受浸泡。在碎石或卵石垫层底部宜设置 150～300mm 厚的砂垫层或铺设一层土工织物，以防止软弱土层表面的局部破坏。

③ 垫层施工时必须做好边坡防护，防止基坑边坡坍土混入垫层。

④ 换填垫层施工应注意基坑排水，除采用水撼法施工砂垫层外，不得在浸水条件下施工，必要时应采用降低地下水位的措施。

⑤ 垫层底面宜设在同一标高上，如深度不同，基坑底上面应挖成阶梯或斜坡搭接，并按先深后浅的顺序进行垫层施工，搭接处应夯压密实。

⑥ 粉质黏土及灰土垫层分段施工时，不得在柱基、墙角及承重窗间墙下接缝。土下两层的缝距不得小于 500mm。接缝处应夯压密实。

⑦ 为保证灰土施工控制的含水量不致变化，拌和均匀后的灰土应在当日使用。灰土夯实后，在短时间内水稳性及硬化均较差，易受水浸而膨胀疏松，影响灰土的夯压质量。因此，灰土夯压密实后 3 天内不得受水浸泡。

⑧ 粉煤灰垫层铺填后宜当天压实，每层验收后应及时铺填上层或封层，防止干燥后松散起尘污染，同时应禁止车辆通行。垫层竣工后，应及时进行基础施工与基坑回填。

⑨ 铺设土工合成材料时，下铺地基土层顶面应平整，防止土工合成材料被刺穿、顶破。铺设时应把土工合成材料张拉平直、绷紧，严禁有折皱；端头应固定或回折锚固；切忌曝晒或裸露；连接宜用搭接法、缝接法和胶结法，并均应保证主要受力方向的连接强度不低于所采用材料的抗拉强度。

⑩ 垫层竣工验收合格后，应及时进行基础施工与基坑回填。

五、换填垫层的质量检验

（一）施工质量检验

对粉质黏土、灰土、砂垫层和砂石垫层可用环刀法、贯入仪、静力触探、轻型动力触探或标准贯入试验检验；对砂垫层、矿渣垫层可用重型动力触探检验。并均应通过现场试验以设计压实系数所对应的贯入度为标准检验垫层的施工质量。压实系数的检验可采用环刀法、灌砂法或其他方法。

垫层的质量检验必须分层进行。每夯压完一层，应检验该层的平均压实系数。当压实系数符合设计要求后，才能铺填上层土。

当采用环刀法取样时，取样点应位于每层厚度的 2/3 深度处。检验点数量，对大基坑每 50～100m² 应不少于 1 个检验点；对基槽每 10～20m 应不少于 1 个点，每个单独柱基不应少于 1 个点。当采用贯入仪或动力触探检验垫层的施工质量时，每分层检验点的间距应小于 4m。

（二）竣工验收

竣工验收采用载荷试验检验垫层承载力时，每个单体工程不宜少于 3 点；对大型工程则应按单体工程的数量或工程面积确定检验点数。

第三节　排水固结法

一、排水固结法的基本概念

排水固结法也称预压法，是对天然地基，或先在地基中设置砂井（袋装砂井或塑料排水带）等竖向排水体，然后利用建筑物本身重量分级逐渐加载；或在建筑物或构筑物建造前，先在拟建场地上施加或分级施加与其相当的荷载，使土体中孔隙水排出，孔隙体积变小，土体密实，同时强度逐步提高的方法。

按照采用的各种排水技术措施的不同，排水固结法可分为以下几种方法。

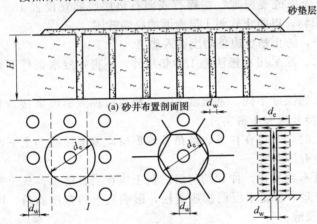

(a) 砂井布置剖面图

(b) 正方形平面布置　(c) 正三角形平面布置　(d) 孔隙水渗流途径

图 9-3　砂井堆载预压示意图

（一）堆载预压法

堆载预压法是指在建筑物或构筑物建造前，先在拟建场地上用堆土或其他荷重，施加或分级施加与其相当的荷载，对地基土进行预压，使土体中孔隙水排出，孔隙体积变小，地基土压密，以增大土体的抗剪强度，提高地基承载力和稳定性；同时可减小土体的压缩性，消除沉降量以便在使用期间不致产生有害的沉降和沉降差。其中堆载预压法处理深度一般达 10m 左右。

由于软土的渗透性很小，土中水排出速率很慢，为了加速土的固结，缩短预压时间，常在土中打设砂井，作为土中水从土中排出的通道，使土中水排出的路径大大缩短，然后进行堆载预压，使软土中孔隙水压力得以较快地消散，这种方法称为砂井堆载预压法（图 9-3）。有时，也在土中插入排水塑料带，代替砂井。由于塑料排水带可以采用专门用于向土中插入塑料排水带的插板机施工，施工速度很快，得到较多应用。

（二）真空预压法

真空预压法是先在需加固的软土地基表面铺设一层透水砂垫层或砂砾层，再在其上覆盖一层不透气的塑料薄膜或橡胶布，四周密封好与大气隔绝，在砂垫层内埋设渗水管道，然后与真空泵连通进行抽气，使透水材料保持较高真空度，利用大气压力差，代替预压荷载。在土的孔隙水中产生负的孔隙水压力，将土中孔隙水和空气逐渐吸出，从而使土体固结。采用真空预压时，由于在加固区产生负压，因此不存在地基在真空预压荷载下的稳定问题，不必分级施加真空荷载。真空预压法处

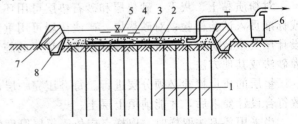

图 9-4　真空预压施工断面图

1—竖向排水通道；2—滤水管；3—砂垫层；4—塑料膜；
5—敷水；6—射流泵；7—土堰；8—压膜沟

理深度可达 15m 左右。图 9-4 是典型真空预压施工断面图。

（三）降水预压法

即用水泵抽出地基地下水来降低地下水位，减少孔隙水压力，使有效应力增大，促进地基加固。

降水预压法特别适用于饱和粉土和饱和砂土地基。

（四）电渗排水法

即通过电渗作用，在地基中形成直流电场，在电场作用下，地基土体产生排水固结，达到提高地基承载力，减小施工后沉降的目的。

降水预压法和电渗排水法目前应用还很少。

二、排水固结法的适用范围

排水固结法适用于处理淤泥质土、淤泥和冲填土等饱和黏性土地基。

对于在持续荷载作用下体积会发生很大压缩，强度会明显增长的土，预压法特别适用。对超固结土，只有当土层的有效上覆压力与预压荷载所产生的应力水平明显大于土的先期固结压力时，土层才会发生明显的压缩。竖井排水预压法对处理泥炭土、有机质土和其他次固结变形占很大比例的土效果较差，只有当主固结变形与次固结变形相比所占比例较大时才有明显效果。

必须指出，排水固结法的应用条件还需要考虑预压荷载和预压时间；预压荷载是个关键问题，因为施加预压荷载后才能引起地基土的排水固结。然而施加一个与建筑物相等的荷载，这并非轻而易举的事，少则几千吨，多则数万吨，许多工程因无条件施加预压荷载而不宜采用堆载预压处理地基，这时就必须采用真空预压法或其他方法。此外，预压时间也要满足工程工期的需要。

真空预压法与堆载预压法相比，具有加荷速度快，无需堆载材料，加荷中不会出现地基失稳现象等优点，因此它相对来说施工工期短、费用少，但是它能施加的最大压力只有 95kPa 左右，如要再高，则必须与堆载预压法等联合使用。

三、排水固结法处理地基设计要点

（一）堆载预压法设计要点

堆载预压法处理地基的设计一般包括下列内容。

① 选择塑料排水带或砂井，确定其直径、间距、排列方式和深度。

② 确定预压区范围、预压荷载大小、荷载分级、加载速率和预压时间。

③ 计算地基土的固结度、强度增长、抗滑稳定性和变形。

下面主要介绍预压荷载的大小、分布及加荷速率的确定和排水竖井的设计。

1. 预压荷载的大小、分布及加荷速率

预压荷载的大小根据设计要求确定，一般宜接近设计荷载，必要时可超出设计荷载 10%～20%，即采用超载预压。预压荷载的分布应等于或大于建筑物设计荷载的分布。

在施加预压荷载的过程中，任何时刻作用于地基上的荷载不得超过地基的极限荷载以免地基失稳破坏。如需施加较大荷载时，应采取分级加荷，并控制加荷速率，使之与地基的强度增长相适应，待地基在前一级荷载作用下达到一定的固结度后再施加下一级荷载。特别是在加荷后期，更须严格控制加荷速率。加荷速率可通过理论计算来确定，但是一般情况下，通过现场原位测试来控制。现场原位测试工作项目有：地面沉降速率、边桩水平位移和地基中孔隙水压力的量测等。根据工程实践经验，提出如下几项控制要求。

① 在排水砂垫层上埋设地基竖向沉降观测点，对竖井地基要求堆载中心地表沉降每天不超过 15mm；对天然地基，最大沉降每天不应超过 10mm。

② 在离预压土体边缘约 1m 处，打一排边桩（即短木桩），长 1.5～2.0m，打入土中 1m 处，边桩的水平位移，每天应不超过 5mm，当堆载接近极限荷载对，边桩位移量将迅速增大。

③ 在地基中不同深度处，埋设孔隙水压力计，应控制地基中孔隙水压力不超过预压荷载所产生应力的 50%～60%。

当超过上述三项控制值时，地基有可能发生破坏，应立即停止加荷，一般情况下，加载在 60kPa 以前，加载速率可不受限制。

2. 排水竖井的设计

排水竖井的设计包括井的深度、直径、间距和平面布置。

对深厚软黏土地基，应设置塑料排水带或砂井等排水竖井。当软土层厚度不大（≤4m）或软土层含较多薄粉砂夹层，且固结速率能满足工期要求时，可不设置排水竖井。对真空预压工程，必须在地基内设置排水竖井。

排水竖井的深度、直径和间距可根据工程对固结时间的要求，通过固结理论计算确定。一般要求在预期内能完成该荷载下 80% 的固结度。但是，很大程度上是取决于地质条件和施工方法等因素。

（1）排水竖井分类　目前施工中常用的排水竖井分普通砂井、袋装砂井和塑料排水带三种，除此之外尚有钢丝排水软管，用于真空预压效果更好。

（2）排水竖井的直径　普通砂井直径（d_w）可取 300～500mm，袋装砂井直径（d_w）可取 70～120mm。塑料排水带的当量换算直径可按下式计算：

$$d_p = \frac{2(b+\delta)}{\pi} \tag{9-5}$$

式中　d_p——塑料排水带当量换算直径，mm；

b——塑料排水带宽度，mm；

δ——为塑料排水带厚度，mm。

（3）直径、间距和平面布置　加大砂井直径和缩短砂井间距都对地基的排水固结有利，经计算比较，缩短桩距比增大井径对加速固结效果会更大些，也即是采用"细而密"的布井方案较好。在实用上，砂井直径不能过小；间距也不可过密，否则将增加施工难度与提高造价。设计时，竖井的间距可按井径比 n 选用（$n = d_e/d_w$，d_w 为竖井直径，对塑料排水带可取 $d_w = d_p$）。塑料排水带或袋装砂井的间距可按 $n = 15～22$ 选用，普通砂井的间距可按 $n = 6～8$ 选用。其平面布置可采用等边三角形或正方形排列。竖井的有效排水直径 d_e 与间距 l（见图 9-3）的关系如下。

等边三角形排列：　　　　　$d_e = 1.05l$

正方形排列：　　　　　　　$d_e = 1.13l$

（4）排水竖井深度　排水竖井深度主要根据土层的分布、建筑物对地基的稳定性、变形要求和工期等因素确定。

① 对以变形控制的建筑，竖井深度应根据在限定的预压时间内需完成的变形量确定。竖井宜穿透受压土层；

② 按稳定性控制的工程，如路堤、土坝、岸坡、堆料场等，砂井深度应通过稳定分析确定，且竖井深度至少应超过最危险滑动面 2.0m；

③ 当软土层不厚、底部有透水层时，砂井应尽可能穿透软土层；

④ 当深厚的压缩土层间有砂层或砂透镜体时，砂井应尽可能打至砂层或砂透镜体；

⑤ 对于无砂层的深厚地基则可根据其稳定性及建筑物在地基中造成的附加应力与自重

应力的比值确定（一般为 0.1～0.2）；

⑥ 若砂层中存在承压水，由于承压水的长期作用，黏土中就存在超孔隙水压力，这对黏性土固结和强度增长都是不利的，所以宜将砂井打到砂层，利用砂井加速承压水的消散。

经综合考虑上述各因素后，便可以先给定排水竖井长度、直径和间距，然后计算拟达到设计固结度所需的预压时间，如不符合要求，再予以修正调整。

（二）真空预压法设计要点

真空预压法与堆载预压法不同的是加压系统；两者排水系统基本上是相同的。真空预压法是通过在砂垫层和竖向排水体中形成负压区，在土体内部与排水体间形成压差，迫使地基土中水排出，地基土体产生固结。

（1）设计前特别要查明透水层位置及范围和地下水状况等，它往往决定真空预压是否适用或需采取附加密封措施以及垂直排水通道的打设深度；对于表层存在良好的透气层或在处理范围内有充足水源补给的透水层时，应采取有效措施隔断透气层或透水层。

（2）真空预压法处理地基必须设置排水竖井。设计内容包括：竖井断面尺寸、间距、排列方式和深度的选择；预压区面积和分块大小；真空预压工艺；要求达到的真空度和土层的固结度；真空预压和建筑物荷载下地基的变形计算；真空预压后地基土的强度增长计算等。

（3）排水竖井的间距确定方法与堆载预压法相同。

① 砂井的砂料应选用中粗砂，其渗透系数应大于 1×10^{-2}cm/s。

② 当透水层位于加固区地层下部时，排水竖井一般不要打到透水层位置上，最好留有 1.2m 厚度，防止排水竖井与透水层贯通。

③ 排水竖井不仅起排水、减少土体排水距离及加速土体固结作用，而且起着传递真空度作用。实践证明采用塑料排水带效果比砂井好。

（4）真空预压区边缘应大于建筑物基础轮廓线，每边增加量不得小于 3m。宜使加固区形状接近正方形，加固面积尽可能大。

（5）真空预压的膜下真空度应稳定地保持在 650mmHg（约 85kPa）以上，且应均匀分布，竖井深度范围内土层的平均固结度应大于 90%。

（6）当建筑物的荷载超过真空预压的压力，且建筑物对地基变形有严格要求时，可采用真空-堆载联合预压法，其总压力宜超过建筑物的荷载。

采用真空-堆载联合预压时，先进行抽真空，当真空压力达到设计要求并稳定后，再进行堆载，并继续抽气，堆载时需在膜上铺设土工编织布等保护材料。

（7）真空预压地基变形、地基中某点强度增长估算以及固结度计算按相关规定进行。

四、排水固结法施工

（一）堆载预压法施工

堆载预压法施工时，应注意以下技术要点。

① 塑料排水带的性能指标必须符合设计要求。塑料排水带在现场应妥加保护，防止阳光照射、破损或污染，破损或污染的塑料排水带不得在工程中使用。

② 砂井的灌砂量，应按井孔的体积和砂在中密状态时的干密度计算，其实际灌砂量不得小于计算值的 95%；灌入砂袋中的砂宜用干砂，并应灌制密实。

③ 塑料排水带和袋装砂井施工时，平均井距偏差不应大于井径，垂直度偏差不应大于 1.5%，深度不得小于设计要求。

④ 塑料排水带和袋装砂井砂袋埋入砂垫层中的长度不应小于 500mm。

⑤ 塑料排水带施工所用套管应保证插入地基中的带子不扭曲。塑料排水带需接长时，应采用滤膜内芯带平搭接的连接方法，搭接长度宜大于 200mm。

⑥ 袋装砂井施工所用套管内径值略大于砂井直径。

（二）真空预压法施工

真空预压法施工时，应注意以下技术要点。

① 真空预压的抽气设备宜采用射流真空泵，空抽时必须达到 95kPa 以上的真空吸力，真空泵的设置应根据预压面积大小和形状、真空泵效率和工程经验确定，但每块预压区至少应设置两台真空泵。

② 真空管路的连接应严格密封，在真空管路中应设置止回阀和截止阀。水平向分布的滤水管可采用条状、梳齿状及羽毛状等形式，滤水管布置宜形成回路。入水管应设在砂垫层中，其上应覆盖厚度为 100～200mm 的砂层。滤水管可采用钢管或塑料管，外包尼龙纱或土工织物等滤水材料。滤水管在预压过程中应能适应地基变形。

③ 铺设密封膜形成封闭系统是真空预压法加固地基成败关键。密封膜应采用抗老化性能好、韧性好、抗穿刺性能强的不透气材料。密封膜热合时宜采用双热合缝的平搭接，搭接宽度应大于 15mm。密封膜宜铺设三层，膜周边可采用挖沟埋膜、平铺并用黏土覆盖压边、围埝沟内及膜上覆水等方法进行密封。若在加固区内地基中有水平透水性较好的土层，尚需在四周设置止水帷幕，否则难以在加固区内地基中形成负压区。地基加固区内有水平透水性好的土层，若不能进行有效隔离形成封闭系统，则采用真空预压法不能取得加固地基效果。

除采用密封膜外，也可采用淤泥密封。将塑料排水带直接和水平排水排气管网连接，然后在管网及地面上覆盖厚度大于 300mm 的淤泥层，以达到密封的目的。采用淤泥密封时，在真空预压地基土体固结过程中，需及时检查淤泥密封效果。在真空预压过程中，密封层产生裂缝导致漏气应及时补漏。

五、排水固结法处理地基的质量检验

（一）施工质量检验

① 塑料排水带必须在现场随机抽样送往实验室进行性能指标的测试，其性能指标包括纵向通水量、复合体抗拉强度、滤膜抗拉强度、滤膜渗透系数和等效孔径等。

② 对不同来源的砂井和砂垫层砂料，必须取样进行颗粒分析和渗透性试验。

③ 对于以抗滑稳定控制的重要工程，应在预压区内选择代表性地点预留孔位，在加载不同阶段进行原位十字板剪切试验和取土进行室内土工试验。

④ 对预压工程，应进行地基竖向变形、侧向位移和孔隙水压力等项目的监测。

⑤ 真空预压工程除应进行地基变形、孔隙水压力的监测外，尚应进行膜下真空度和地下水位的量测。

（二）竣工验收

① 排水竖井处理深度范围内和竖井底面以下受压土层，经预压所完成的竖向变形和平均固结度应满足设计要求。

② 应对预压的地基土进行原位十字板剪切试验和室内土工试验。必要时，尚应进行现场载荷试验，试验数量不应少于 3 点。

第四节　强　夯　法

一、强夯法的基本概念

强夯法又称为动力固结法或动力压实法。这种方法是反复将重量一般为 10～40t（最大可达到 200t）的夯锤提高到一定高度（一般为 10～40m），使其自由下落，对地基上进行强力冲击，通过巨大冲击和振动能量，提高地基承载力并降低其压缩性，改善地基性能（图9-5）。

二、强夯法的适用范围

国外关于强夯法的适用范围有比较一致的看法。Smoltczyk 在第八届欧洲土力学及基础工程学术会议上的深层加固总报告中指出，强夯法只适用于塑性指数 $I_p \leqslant 10$ 的土。国家行业标准《建筑地基处理技术规范》（JGJ 79—2012）规定："强夯法适用于处理碎石土、砂土、低饱和度的粉土与黏性土、湿陷性黄土、素填土和杂填土等地基。"

当前，应用强夯法处理的工程范围极为广泛，有工业与民用建筑、仓库、油罐、储仓、公路和铁路路基、飞机场跑道及码头等。总之，强夯法在某种程度上比机械的、化学的和其他力学的加固方法更为广泛和有效。

图 9-5　强夯法示意图

工程实践表明，强夯法具有施工简单、加固效果好、使用经济等优点，因而被世界各国工程界所重视。强夯法处理地基首先由法国 Menard 技术公司于 20 世纪 60 年代开始使用。我国 1978 年首次在天津新港三号公路进行强夯试验研究，并获得成功。继后，在全国各地对各类土强夯处理都取得了良好的技术经济效果。但对饱和软土的加固效果，必须给予排水的出路。为此，强夯法加袋装砂井（或塑料排水带）是一个在软黏土地基上进行综合处理的加固途径。

三、设计计算

工程实践表明，用强夯法加固地基时，必须根据场地的地质条件和工程要求，正确地选用各项强夯参数，才能取得较好的效果。

强夯法的加固设计包括确定加固深度、夯锤和落距、最佳夯击能、夯点间距、夯击遍数等设计参数。

（一）有效加固深度

有效加固深度既是选择地基处理方法的重要依据，又是反映处理效果的重要参数。一般可按下列公式估算有效加固深度：

$$H = \alpha \sqrt{Mh} \tag{9-6}$$

式中　H——有效加固深度，m；

　　　M——夯锤重，t；

　　　h——落距，m；

　　　α——系数，须根据所处理地基土的性质而定，对软土可取 0.5，对黄土可取 0.34～0.5。

目前，国内外尚无关于有效加固深度的确切定义，但一般可理解为：经强夯加固后，该土层强度和变形等指标能满足设计要求的土层范围。

实际上影响有效加固深度的因素很多，除了锤重和落距外，还有地基土的性质、不同土层的厚度和埋藏顺序、地下水位以及其他强夯的设计参数等都与有效加固深度有着密切的关系。因此，强夯的有效加固深度应根据现场试夯或当地经验确定。在缺少经验或试验资料时，可按表 9-5 预估。

表 9-5　强夯法的有效加固深度　　　　　　　　　　　　　　　　　　m

单击夯击能/kN·m	碎石土、砂土等粗颗粒土	粉土、黏性土、湿陷性黄土等细颗粒土
1000	5.0~6.0	4.0~5.0
2000	6.0~7.0	5.0~6.0
3000	7.0~8.0	6.0~7.0
4000	8.0~9.0	7.0~8.0
5000	9.0~9.5	8.0~8.5
6000	9.5~10.0	8.5~9.0
8000	10.0~10.5	9.0~9.5

注：强夯法的有效加固深度应从起夯面算起。

（二）夯锤和落距

单击夯击能为夯锤重 M 与落距 h 的乘积。一般说夯击时最好锤重和落距大，则单击能量大，夯击击数少，夯击遍数也相应减少，加固效果和技术经济效果较好。整个加固场地的总夯击能量（即锤重×落距×总夯击数）除以加固面积称为单位夯击能。强夯的单位夯击能应根据地基土类别、结构类型、荷载大小和要求处理的深度等综合考虑，并可通过试验确定。

但对饱和黏性土所需的能量不能一次施加，否则土体会产生侧向挤出，强度反而有所降低，且难于恢复。根据需要可分几遍施加，两遍间可间歇一段时间，这样可逐步增加土的强度，改善土的压缩性。

一般国内夯锤可取 10~25t，我国至今采用的最大夯锤为 40t。夯锤的平面一般有圆形和方形等形状，其中有气孔式和封闭式两种。实践证明，圆形和带有气孔的锤较好，它可克服方形锤由于前、后两次夯击着地并不完全重合，而造成夯击能量损失和着地时倾斜的缺点。夯锤中宜设置若干个上下贯通的气孔，孔径可取 250~300mm，它既可减小起吊夯锤时的吸力（在上海金山石油化工厂的试验工程中测出，夯锤的吸力达三倍锤重），又可减少夯锤着地前的瞬时气垫的上托力；从而减少能量的损失。

锤底面积对加固效果有直接的影响，对同样的锤重，当锤底面积较小时，夯锤着地压力过大，会形成很深的夯坑，尤其是饱和细颗粒土，这既增加了继续起锤的阻力，又不能提高夯击的效果。因此，锤底面积宜按土的性质确定，强夯锤底静压力值可取 25~40kPa，对细颗粒土锤底静压力宜取较小值。对砂性土和碎石填土，一般锤底面积为 2~4m²；对一般第四纪黏性土可采用 3~4m²；对于淤泥质土可采用 4~6m²；对于黄土可采用 4.5~5.5m²。同时应控制夯锤的高宽比，以防止产生偏锤现象，如黄土，高宽比可采用 1:2.5~1:2.8。

国内外夯锤材料，特别是大吨位的夯锤，多数采用以钢板为外壳和内灌混凝土的锤。目前也有为了运输的方便和根据工程需要，浇筑成在混凝土的锤上能临时装配钢板的组合锤。由于锤重的日益增加，锤的材料已趋向于由钢材铸成。

夯锤确定后，根据要求的单点夯击能量，就能确定夯锤的落距。国内通常采用的落距是8~25m。对相同的夯击能量，常选用大落距的施工方案，这是因为增大落距可获得较大的接地速度，能将大部分能量有效地传到地下深处，增加深层夯实效果，减少消耗在地表土层塑性变形的能量。

（三）最佳夯击能

从理论上讲，在这样的夯击能作用下，地基中出现的孔隙水压力达到土的自重压力，这样的夯击能称为最佳夯击能。

① 在黏性土中，由于孔隙水压力消散慢，当夯击能逐渐增大时，孔隙水压力亦相应的叠加，因而在黏性土中，可根据孔隙水压力的叠加值来确定最佳夯击能。

② 在砂性土中，由于孔隙水压力增长及消散过程仅为几分钟，因此，孔隙水压力不能随夯击能增加而叠加，为此可绘制孔隙水压力增量与夯击击数（夯击能）的关系曲线来确定最佳夯击能。当孔隙水压力增量随着夯击击数（夯击能）增加而逐渐趋于恒定时，可认为该种砂土所能接受的能量已达到饱和状态，此能量即为最佳夯击能。

（四）夯击点布置及间距

1. 夯击点布置

强夯夯击点位置可根据基底平面形状，采用等边三角形、等腰三角形［图 9-6（a）］或正方形布置［图 9-6（b）］。同时夯击点布置时应考虑施工时吊机的行走通道。对独立基础或条形基础可根据基础形状与宽度相应布置。

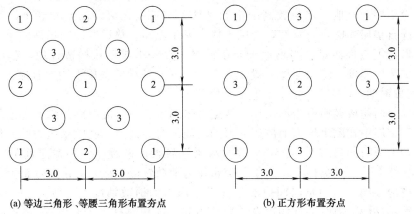

(a) 等边三角形、等腰三角形布置夯点　　　　(b) 正方形布置夯点

图 9-6　夯击点布置及夯击次序

2. 夯击点间距

强夯第一遍夯击点间距可取夯锤直径的 2.5～3.5 倍，第二遍夯击点位于第一遍夯击点之间。以后各遍夯击点间距可适当减小。对处理深度较深或单击夯击能较大的工程，第一遍夯击点间距宜适当增大。夯击点间距（夯距）的确定，一般根据地基土的性质和要求处理的深度而定，以保证使夯击能量传递到深处和邻近夯坑周围不产生辐射向裂隙为基本原则。

（五）处理范围

强夯处理范围应大于建筑物基础范围，具体的放大范围，可根据建筑物类型和重要性等因素考虑决定。对一般建筑物，每边超出基础外缘的宽度宜为设计处理深度的 1/2～2/3，并不宜小于 3m。

（六）夯击击数与遍数

1. 夯击击数

强夯夯点的夯击击数，应按现场试夯得到的夯击击数和夯沉量关系曲线确定，且应同时满足下列条件。

① 最后两击的平均夯沉量不宜大于下列数值；当单击夯击能量小于 4000kN·m 时为 50mm；当夯击能为 4000～6000kN·m 时为 100mm；当夯击能大于 6000kN·m 时为 200mm。

② 夯坑周围地面不应发生过大隆起。

③ 不因夯坑过深而发生起锤困难。

国内确定夯击击数的方法有所不同：有的以孔隙水压力达到液化压力为准则；有的以最后一击的夯沉量达某一数值为限值；也有的以前、后二击所产生的沉降差小于某一数值为标准。总之，各夯击点的夯击数，应使土体竖向压缩最大，而侧向位移最小为原则，一般为

4～10 击。

2. 夯击遍数

夯击遍数应根据地基土的性质确定，可采用点夯 2～3 遍，对于渗透性较差的细颗粒土，必要时夯击遍数可适当增加。最后再以低能量满夯 2 遍，满夯可采用轻锤或低落距锤多次夯击，锤印搭接。

（七）垫层铺设

施工前要求拟加固的场地必须具有一层稍硬的表层，硬表层的作用是：①支承起重设备；②使施工的"夯击能"得到扩散；③加大地下水位与地表面的距离。因此在某些情况下，施工前必须铺设垫层。对场地地下水位在 2m 深度以下的砂砾石土层，可直接施行强夯，无需铺设垫层；对地下水位较高的饱和黏性土与易液化流动的饱和砂土，都需要铺设砂、砂砾或碎石垫层才能进行强夯，否则土体会发生流动。垫层厚度随场地的土质条件、夯锤重量及其形状等条件而定。当场地土质条件好，夯锤小或形状构造合理，起吊时吸力小者，也可减少垫层厚度。垫层厚度一般为 0.5～2.0m。铺设的垫层不能含有黏土。

（八）间歇时间

对于需要分两遍或多遍夯击的工程，两遍夯击间应有一定的时间间隔。各遍间的间歇时间取决于加固土层中孔隙水压力消散所需要的时间。对砂性土，孔隙水压力的峰值出现在夯完后的瞬间，消散时间只有 2～4min，故对渗透性较大的砂性土，两遍之间的间歇时间很短，亦即可连续夯击。对黏性土，由于孔隙水压力消散较慢，故当夯击能逐渐增加时，孔隙水压力亦相应地叠加，其间歇时间取决于孔隙水压力的消散情况，一般为 2～4 周。目前，国内有的工程对黏性土地基的现场埋设了袋装砂并（或塑料排水带），以便加速孔隙水压力的消散，缩短间歇时间。

（九）承载力

强夯地基承载力特征值应通过现场载荷试验确定。初步设计时也可根据夯后原位测试和土工试验指标按现行国家标准《建筑地基基础设计规范》（GB 50007—2011）有关规定确定。

（十）沉降计算

强夯地基沉降包括两个部分，即有效加固深度内土层的变形和其下卧层的变形，可按《建筑地基基础设计规范》（GB 50007—2011）建议的分层总和法计算，其中夯后有效加固深度内土的压缩模量应通过原位测试或土工试验确定。

四、施工方法

（一）现场试验

现场的测试工作是强夯施工中的一个重要组成部分。为此，在大面积施工之前应选择面积不小于 400m² 的场地进行现场试验，以便取得设计数据。现场试验中的测试工作一般有以下几个方面内容。

1. 地面及深层变形测试

进行地面变形测试的目的是：①了解地表隆起的影响范围及垫层的密实度变化；②研究夯击能与夯沉量的关系，用以确定单点最佳夯击能量；③确定场地平均沉降和搭夯的沉降量，用以研究强夯的加固效果。

地面变形测试的手段是：地面沉降观测、深层沉降观测和水平位移观测。

另外，对场地的夯前和夯后平均标高的水准测量，可直接观测出强夯法加固地基的变形效果。还有在分层土面上或同一土层上的不同标高处埋设深层沉降标，用以观测各分层土的沉降量，以及强夯法对地基土的有效加固深度；在夯坑周围埋设带有滑槽的测斜导管，再在管内放入测斜仪，在每一定深度范围内测定土体在夯击作用下的侧向位移情况。

2. 孔隙水压力测试

一般可在试验现场沿夯击点等距离的不同深度以及等深度的不同距离埋设双管封闭式孔隙水压力仪或钢弦式孔隙水压力仪，在夯击作用下，进行对孔隙水压力沿深度和水平距离的增长和消散的分布规律研究。从而确定两个夯击点间的夯距、夯击的影响范围、间歇时间以及饱和夯击能等参数。

3. 侧向挤压力测试

将土压力盒事先埋入土中后，在强夯加固前，各土压力盒沿深度分布的土压力的规律，应与静止土压力相近似。在夯击作用下，可测试每夯击一次的压力增量沿深度的分布规律。

4. 振动加速度测试

研究地面振动加速度的目的，是为了便于了解强夯施工时的振动对现有建筑物的影响。为此，在强夯时应沿不同距离测试地表面的水平振动加速度，绘成加速度与距离的关系曲线。当地表的最大振动加速度为 0.98m/s^2 处（即 $0.1g$，g 为重力加速度，相当于七度抗震设防烈度）作为设计时振动影响安全距离。虽然 0.98m/s^2 处的数值与七度地震烈度相当，但由于强夯振动的周期比地震短得多，产生振动作用的时间也很短，根据太原工业大学的实测资料，离夯击中心较近处只有 $0.2\sim0.4\text{s}$，随距离增加振动时间增长，但也只有 $1\sim2\text{s}$。而地震六度以上的平均振动时间为 30s；且强夯产生振动作用的范围也远小于地震的作用范围，所以强夯施工时，对附近已有建筑物和施工的建筑物的影响肯定要比地震的影响为小。而减少振动影响的措施，常采用在夯区周围设置隔振沟（亦即指一般在建筑物邻近开挖深度 3m 左右的隔振沟）。隔振沟有两种，主动隔振是采用靠近或围绕振源的沟，以减少从振源向外辐射的能量；被动隔振是靠近减振对象的一边挖沟，这两种效果都是有效的。

（二）大面积施工

1. 施工机械

西欧国家所用的起重设备大多为大吨位的履带式起重机，稳定性好，行走方便。最近日本采用轮胎式起重机进行强夯作业，亦取得了满意结果。我国绝大多数强夯工程只具备小吨位起重机的施工条件，所以只能使用滑轮组起吊夯锤，利用自动脱钩装置，完成强夯作业。自动脱钩装置应具有足够的强度，且施工时要求灵活。

2. 施工步骤

强夯施工前，应查明场地范围内的地下构筑物和地下管线的位置及标高等，并采取必要的措施，以免因强夯施工而造成损坏。当强夯施工所产生的振动，对邻近建筑物或设备产生有害影响时，应采取防振或隔振措施。

当地下水位较高，夯坑底积水影响施工时，宜采用人工降低地下水位或铺设一定厚度的松散材料。夯坑内或场地的积水时应及时排除。

强夯法施工可按下列步骤进行。

① 清理并平整施工场地。

② 铺设垫层，在地表形成硬层，用以支承起重设备，确保机械通行和施工，同时可加大地下水和表层面的距离，防止夯击的效率降低。

③ 标出第一遍夯击点的位置，并测量场地高程。

④ 起重机就位，使夯锤对准夯点位置。

⑤ 测量夯前锤顶标高。

⑥ 将夯锤起吊到预定高度，待夯锤脱钩自由下落后放下吊钩，测量锤顶高程；若发现因坑底倾斜而造成夯锤歪斜时，应及时将坑底整平。

⑦ 重复步骤⑥，按设计规定的夯击次数及控制标准，完成一个夯点的夯击。

⑧ 重复步骤④～⑦，完成第一遍全部夯点的夯击。

⑨ 用推土机将夯坑填平，并测量场地高程。

⑩ 在规定的间隔时间后，按上述步骤逐次完成全部夯击遍数，最后用低能量满夯，将场地表层土夯实，并测量夯后场地高程。

3. 施工监测

强夯施工除了严格遵照施工步骤进行外，还应有专人负责施工过程中的下列监测工作。

① 开夯前应检查夯锤质量和落距，以确保单击夯击能量符合设计要求。因为若夯锤使用过久往往因底面磨损而使重量减轻。落距未达设计要求的情况，在施工中也常发生。这些都将影响单击夯击能。

② 在每一遍夯击前，应对夯点放线进行复核，夯完后检查夯坑位置，发现偏差或漏夯应及时纠正。

③ 按设计要求检查每个夯点的夯击次数和每击的夯沉量。对强夯置换尚应检查置换深度。

④ 由于强夯施工的特殊性，施工中所采用的各项参数和施工步骤是否符合设计要求，在施工结束后往往很难进行检查，所以要求在施工过程中对各项参数和施工情况进行详细记录。

五、质量检验

强夯施工结束后应间隔一定时间方能对地基加固质量进行检验，对碎石土和砂土地基，间隔时间可取 7～14d；对粉土和黏性土地基可取 14～28d。强夯置换地基的间隔时间可取 28d。

强夯处理后的地基竣工验收时，承载力检验应采用原位测试和室内土工试验。强夯置换后的地基竣工验收时，承载力检验除应采用单墩载荷试验检验外，尚应采用动力触探等有效手段查明置换墩着底情况及承载力与密度随深度的变化，对饱和粉土地基允许采用单墩复合地基载荷试验代替单墩载荷试验。

竣工验收承载力检验的数量，应根据场地复杂程度和建筑物的重要性确定，对于简单场地上的一般建筑物，每个建筑地基的载荷试验检验点不应少于 3 点；对于复杂场地或重要建筑地基应增加检验点数。强夯置换地基载荷试验检验和置换墩着底情况检验数量均不应少于墩点数的 1%，且不应少于 3 点。

此外，质量检验还包括检查施工过程中的各项测试数据和施工记录，凡不符合设计要求时应补夯或采取其他有效措施。

第五节　水泥粉煤灰碎石桩法

一、水泥粉煤灰碎石桩法的基本概念

水泥粉煤灰碎石桩，又称 CFG 桩（Cement-Fly-ash-Gravel Pile），是由碎石、石屑、砂和粉煤灰掺适量水泥加水拌和，采用各种成桩机械形成的桩体。亦即这种处理方法是通过在碎石桩体中添加以水泥为主的胶结材料，添加粉煤灰是为增加混合料的和易性并低强度等级水泥的作用，同时还添加适量的石屑以改善级配，使桩体获得胶结强度并从散体材料桩转化为具有某些柔性桩特点的高黏结强度桩。通过调整水泥的用量与配比，可使强度等级在 C5～C20 之间变化，最高可达 C25。由于桩体刚度较大，区别于一般柔性桩和水泥土类桩，常常在桩顶和基础之间铺设一层 150～300mm 的砂石（称其为褥垫层），以利于桩间土发挥承载力，桩、桩间土和褥垫层一起构成复合地基。如图 9-7 所示。

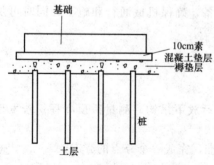

图 9-7　CFG 桩复合地基示意图

CFG 桩与素混凝土桩的区别仅在于桩体材料的构成不同，而在其变形和受力特性方面没有太大的区别。

CFG 桩复合地基成套技术，是在 20 世纪 80 年代由中国建筑科学研究院立题开始试验研究，1992 年通过了部级鉴定，1994 年被建设部列为全国重点推广项目，1995 年被国家科委列为国家级全国重点推广项目，经过十多年的研究和推广应用使其在我国的基本建设中起了非常重要的作用。就目前掌握的资料，CFG 桩可加固从多层建筑到 30 层以下的高层建筑地基，从民用建筑到工业厂房均可使用。

CFG 桩法也是通过在地基中形成桩体作为竖向加固体，与桩间土组成复合地基共同承担基础、回填土及上部结构荷载。与《建筑地基处理技术规范》（JGJ 79—2012）正式列出的 13 种地基处理方法的其他 12 种处理方法相比较，当桩体强度较高时，水泥粉煤灰碎石桩类似于刚性桩，这样，在常用的几米到二十多米桩长范围内，桩侧摩阻力都能发挥，不存在柔性桩（如砂石桩、振冲法形成的散体材料桩）或半刚桩（如水泥土搅拌法、高压喷射注浆法、夯实水泥土桩法等形成的低黏结强度桩体）存在的有效桩长的现象。因此，无论是承载力提高幅度及处理深度都较柔性桩和半刚性桩为优。

CFG 桩的桩体强度常达到 C10 以上，相当于常规的刚性桩，但由于在桩顶与基础之间设置了褥垫层，因此，使得 CFG 桩复合地基与一般复合桩基、疏桩基础或减少沉降量桩基工作机理不同。对于 CFG 桩复合地基中的桩，由于桩顶与基础之间设置有褥垫层，而褥垫层模量相对于桩身模量低很多，在荷载作用下，桩顶处褥垫层就会压缩并向外挤出。而桩顶相对于褥垫层底面来说，相当于向褥垫层发生了刺入。因此，褥垫层下土体受到压迫而发挥作用，这样，CFG 桩复合地基由于褥垫层的存在，能够较大幅度和较早地发挥土承载力。同时，由于桩顶向垫层刺入，桩顶处桩侧土体相对于桩发生向下的位移，因此，桩身上部一定范围内会产生负摩阻力。根据试验研究，对短桩，褥垫层较厚时，摩阻力分布范围可达 1/3 桩长。

二、CFG 桩法的适用范围

CFG 桩复合地基既适用于条形基础、独立基础，也适用于筏基和箱形基础。就土性而言，适用于处理黏性土、粉土、砂土和正常固结的素填土等地基。对淤泥质土应按地区经验或通过现场试验确定其适用性。

CFG 桩既可用于挤密效果好的土，又可用于挤密效果差的土。当用于挤密效果好的土时，承载力的提高既有挤密作用，又有置换作用；当用于挤密效果差的土时，承载力的提高只与置换作用有关。CFG 桩和其他复合地基的桩型相比，它的置换作用很突出，这是 CFG 桩的一个重要特征。对一般黏性土、粉土或砂土，桩端具有好的持力层，经 CFG 桩处理后可作为高层或超高层建筑地基。

当天然地基土是具有良好挤密效果的砂土、粉土时，成桩过程的振动可使地基土大大挤（振）密，有时承载力可提高 2 倍以上；对塑性指数高的饱和软黏土，成桩时土的挤密作用微乎其微，几乎等于零，承载力的提高唯一取决于桩的置换作用。由于桩间土承载力小，土的荷载分担比低，会严重影响加固效果，所以对于强度很低的饱和软黏土，要慎重对待。最好在使用前，现场做试桩试验，以确定其适用性。

CFG 桩不只是用于加固软弱的地基，对于较好的地基土，若建筑物荷载较大，天然地基承载力不够，就可以用 CFG 桩来补足。如德州医药管理局三栋 17 层住宅楼，天然地基承载力 110kPa，设计要求 320kPa，利用 CFG 桩复合地基，其中有 210kPa 以上的荷载由桩来承担。此外，对承载力较高但变形不能满足要求的地基，也可采用 CFG 桩来减少地基变形。

CFG 桩常用的施工方法有振动沉管成桩、长螺旋钻孔灌注成桩、泥浆护壁钻孔灌注成桩、长螺旋钻孔成桩以及管内泵压混合料灌注成桩等。

各种施工方法各有其自身的优点和适用性。长螺旋钻孔灌注成桩，适用于地下水位以上的黏性土、粉土和素填土地基；泥浆护壁钻孔灌注成桩，适用于黏性土、粉土、砂土、人工填土、碎石及砾石类土和风化岩层分布的地基；长螺旋钻孔、管内泵压混合料灌注成桩法，适用于黏性土、粉土、砂土分布的地质条件以及对噪音和泥浆污染要求严格的场地；振动沉管灌注成桩适用于黏性土、粉土、淤泥质土、人工填土及无密实厚砂层的地质条件。在实践中具体到某个工程项目，如无使用经验，最好能做试验，并根据地质条件、现场施工条件以及设计要求和当地的施工技术配备条件等综合确定。

三、CFG 桩复合地基主要设计内容

CFG 桩的主要设计内容包括桩径、桩距的选择，复合地基承载力的估算，褥垫层的设置以及沉降计算等。

（一）桩径

CFG 桩常采用振动沉管法施工，其桩径根据桩管大小而定，一般为 350~600mm。

（二）桩距

桩距的选用需要考虑承载力提高幅度要能满足设计要求，且施工方便、桩作用的发挥、场地地质条件以及造价等因素，桩距选用参考值见表 9-6。

表 9-6　CFG 桩桩距选用参考值

土质 布桩方式	挤密性好的土，如砂土、粉土和松散填土等	可挤密性土，如粉质黏土、非饱和黏土等	不可挤密性土，如饱和黏土、淤泥质土等
单、双排布桩的条基	(3~5)d	(3.5~5)d	(4~5)d
9 根桩以下的独立基础	(3~6)d	(3.5~6)d	(4~6)d
满堂布桩	(4~6)d	(4~6)d	(4.5~7)d

注：d 为桩径，以成桩后的实际桩径为准。

（1）对挤密性好的土，如砂土、粉土和松散填土等，桩距可取较小值。

（2）对单、双排布桩的条形基础和面积不大的独立基础等，桩距可取较小值，反之，满堂布桩的筏基、箱基以及多排布桩的条基、设备基础等，桩距应适当放大。

（3）地下水位高、地下水丰富的建筑场地，桩距也应适当放大。

（三）复合地基承载力

水泥粉煤灰碎石桩复合地基承载力特征值，应通过现场复合地基载荷试验确定，初步设计时也可按下式估算：

$$f_{spk} = m\frac{R_a}{A_p} + \beta(1-m)f_{sk} \tag{9-7}$$

式中　f_{spk}——复合地基承载力特征值，kPa；

　　　m——面积置换率；

　　　R_a——单桩竖向承载力特征值，kN；

　　　A_p——桩的截面积，m^2；

　　　β——桩间土承载力折减系数，宜按地区经验取值，如无经验时可取 0.75~0.95，天然地基承载力较高时取大值；

　　　f_{sk}——处理后桩间土承载力特征值，kPa，宜按当地经验取值，如无经验时，可取天然地基承载力特征值。

单桩竖向承载力特征值 R_a 的取值，应符合下列规定。

① 当采用单桩载荷试验时，应将单桩竖向极限承载力除以安全系数 2。

② 当无单桩载荷试验资料时，可按下式估算：

$$R_a = u_p \sum_{i=1}^{n} q_{si} l_i + q_p A_p \tag{9-8}$$

式中　u_p——桩的周长，m；

　　　n——桩长范围内所划分的土层数；

q_{si}，q_p——桩周第 i 层土的侧阻力、桩端端阻力特征值，kPa，可按现行国家标准《建筑地基基础设计规范》（GB 50007—2011）有关规定确定；

　　　l_i——第 i 层土的厚度，m。

以上是根据土的阻力计算的单桩承载力，对于桩体本身，其试块抗压强度平均值应满足下式要求：

$$f_{cu} \geqslant 3 \frac{R_a}{A_p} \tag{9-9}$$

式中　f_{cu}——桩体混合料试块（边长 150mm 立方体）标准养护 28 天立方体抗压强度平均值，kPa。

（四）褥垫层

褥垫层厚度一般取 150～300mm 为宜，当桩径和桩距过大时，褥垫层厚度宜取高值。褥垫层材料可用碎石、级配砂石（限制最大粒径）、粗砂、中砂。

（五）沉降验算

一般情况 CFG 桩复合地基沉降由三部分组成。其一为加固深度范围内土的压缩变形 S_1，其二为下卧层变形 S_2，其三为褥垫层变形 S_3。由于 S_3 数量很小可以忽略不计，因此，CFG 桩复合地基沉降 $S = S_1 + S_2$。复合土层的压缩模量，可采用经验公式，或采用载荷试验的变形模量代替。下卧层沉降 S_2 仍按分层总和法进行计算。

四、CFG 桩施工方法

（一）施工工艺的选择

（1）长螺旋钻孔灌注成桩，适用于地下水位以上的黏性土、粉土、素填土、中等密实以上的砂土。

（2）长螺旋钻孔、管内泵压混合料灌注成桩，适用于黏性土、粉土、砂土以及对噪声或泥浆污染要求严格的场地。

（3）振动沉管灌注成桩，适用于粉土、非饱和黏性土及素填土地基，且周围环境对噪音要求不严的地基。

（4）长螺旋钻孔、管内泵压混合料灌注成桩施工和振动沉管灌注成桩施工除应执行国家现行有关规定外，尚应符合下列要求。

① 施工前应按设计要求由试验室进行配合比试验；施工时按配合比配制混合料。长螺旋钻孔、管内泵压混合料成桩施工的坍落度宜为 160～200mm，振动沉管灌注成桩施工的坍落度宜为 30～50mm，振动沉管灌注成桩后桩顶浮浆厚度不宜超过 200mm。

② 长螺旋钻孔、管内泵压混合料成桩施工在钻至设计深度后，应准确掌握提拔钻杆时间，混合料泵送量应与拔管速度相配合，遇到饱和砂土或饱和粉土层，不得停泵待料；沉管灌注成桩施工拔管速度应按匀速控制，拔管速度应控制在 1.2～1.5m/min，如遇淤泥或淤泥质土，拔管速度应适当放慢。

③ 施工桩顶标高宜高出设计桩顶标高不少于 0.5m。

④ 成桩过程中，抽样做混合料试块，每台机械一天应做一组（3 块）试块（边长为 150mm 的立方体），标准养护，测定其立方体抗压强度。

⑤ 褥垫层铺设宜采用静力压实法，当基础底面下桩间土的含水量较小时；也可采用动

力夯实法，夯填度（夯实后的褥垫层厚度与虚铺厚度的比值）不得大于 0.9。

⑥ 施工垂直度偏差不应大于 1%；对满堂布桩基础，桩位偏差不应大于 0.4 倍桩径；对条形基础，桩位偏差不应大于 0.25 倍桩径；对单排布桩桩位偏差不应大于 60mm。

⑦ 在软土中，桩距较大可采用隔桩跳打；在饱和的松散粉土中施打，如桩距较小，不宜采用隔桩跳打方案；满堂布桩，无论桩距大小，均不宜从四周向内推进施工。施打新桩时与已打桩间隔时间不应少于 7d。

⑧ 保护桩长是指成桩时预先设定加长的一段桩长，基础施工时将其剔掉；保护桩长越长，桩的施工质量越容易控制，但浪费的料也越多。设计桩顶标高离地表距离不大于 1.5m 时，保护桩长可取 50～70cm，上部用土封顶；桩顶标高离地表距离较大时，保护桩长可设置 70～100cm，上部用粒状材料封顶直到地表。

⑨ 桩头的处理。CFG 桩施工完毕待桩体达到一定强度（一般为 7d 左右），方可进行基槽开挖。在基槽开挖中，如果设计桩顶标高距地面不深（一般不大于 1.5m），宜考虑采用人工开挖，不仅可防止对桩体和桩间土产生不良影响，而且经济可行；如果基槽开挖较深，开挖面积大，采用人工开挖不经济，可考虑采用机械和人工联合开挖，但人工开挖留置厚度一般不宜小于 70cm。桩头凿平，并适当高出桩间土 1～2cm。

（二）施工中常见的问题及处理措施

1. 桩体上浮

当采用振动沉管灌注成桩时，在软土中当布桩较密时，由于软土的渗透性低，特别是饱和软土，大量桩体的快速沉入必然引起土体的水平位移与隆起，使桩体上浮，桩端与持力层脱空，或者桩身断裂、上段桩与下段桩脱空。

对上浮的桩可采用快速静压的方法，在宁波等地区称之为"跑桩"。在上海、天津、温州、宁波等地均发生过较多桩体上浮的情况。

2. 桩体偏位

与发生桩体上浮情况类似，先施工的桩受到后期施工桩的影响而位移，可通过合理安排打桩流程来解决。但桩位密集且土质以饱和黏性土为主时，应尽量采取非挤土成桩工艺。

3. 桩身断裂

采用振动沉管灌注成桩时由于拔管速度快、沉桩挤土的影响、机械开挖碰撞桩头等均易造成桩身断裂，一些工程桩身断裂者可达总桩数的 40% 以上。应在选择设计、选择沉桩工艺及施工过程控制等各方面综合考虑解决。不过，有些人认为，由于桩顶设置了褥垫层，CFG 桩受水平荷载较小，桩身虽然断裂但不脱开时不会影响其承担竖向荷载的能力。

此外，采用振动沉管灌注成桩工艺时，还应注意对周围环境可能产生的影响。

五、质量检验

1. 施工质量检验

施工质量检验主要应检查施工记录、混合料坍落度、桩数、桩位偏差、褥垫层厚度、夯填度和桩体试块抗压强度等。

2. 竣工验收质量检验

竣工验收质量检验应采用单桩复合地基载荷试验、多桩复合地基载荷试验或单桩载荷试验。检验必须在桩体强度满足试验荷载条件时进行，一般宜在施工结束 28d 后进行。试验数量宜为总桩数的 0.5%～1%，且每个单体工程的试验数量不应少于 3 点。

（1）桩间土检验。桩间土质量检验可用标准贯入、静力触探和钻孔取样等试验对桩间土进行处理前后的对比试验。对砂性土地基可采用标准贯入或动力触探等方法检测挤密程度。

（2）单桩和复合地基检验。可采用单桩载荷试验、单桩或多桩复合地基载荷试验进行处理效果检验。

（3）应抽取不少于总桩数的 10% 的桩进行低应变动力试验，检测桩身完整性。

第六节 灰土挤密桩法和土挤密桩法

一、灰土挤密桩法和土挤密桩法的基本概念

灰土挤密桩或土挤密桩是利用沉管、冲击或爆扩等方法在地基中挤土成孔，然后向孔内夯填素土或灰土成桩。成桩时，通过成孔过程中的横向挤压作用，桩孔内的土被挤向周围，使桩间土得以挤密，然后将备好的素土（黏性土）或灰土分层填入桩孔内，并分层捣实至设计标高。用素土分层夯实的桩体，称为土挤密桩；用灰土分层夯实的桩体，称为灰土挤密桩。二者分别与挤密的桩间土组成复合地基，共同承受基础的上部荷载。

灰土挤密桩或土挤密桩加固地基是一种人工复合地基，属于深层加密处理地基的一种方法，主要作用是提高地基承载力，降低地基压缩性。对湿陷性黄土则有部分或全部消除湿陷的作用。

二、灰土挤密桩法和土挤密桩法的适用范围

灰土挤密桩法或土挤密桩法适用于处理地下水位以上的湿陷性黄土、素填土和杂填土等地基。处理深度宜为 5~15m。灰土挤密桩或土挤密桩，在消除土的湿陷性和减小渗透性方面，其效果基本相同或差别不明显，但土挤密桩地基的承载力和水稳性不及灰土挤密桩，选用上述方法时，应根据工程要求和处理地基的目的确定。当以提高地基的承载力或增强其水稳性为主要目的时，宜选用灰土挤密桩法；当以消除地基的湿陷性为主要目的时，宜选用土挤密桩法。

大量的试验研究资料和工程实践表明，土或灰土挤密桩用于处理地下水位以上的湿陷性土、素填土、杂填土等地基，不论是消除土的湿陷性还是提高承载力都是有效的。但当土的含水量大于 24% 及其饱和度超过 65% 时，在成孔及拔管过程中，桩孔及其周围容易缩颈和隆起，挤密效果差，故上述方法不适用于处理地下水位以下及处于毛细饱和带的土层。因此，当地基土的含水量大于 24%、饱和度超过 65% 时，由于无法挤密成孔，故不宜选用上述方法。

因灰土挤密桩法或土挤密桩法具有就地取材、以土治土、原位处理、深层加密和费用较低的特点，在我国西北及华北等黄土地区已广泛应用。

三、灰土挤密桩法和土挤密桩法复合地基设计

（一）处理范围

灰土挤密桩或土挤密桩处理地基的面积，应大于基础或建筑物底层平面的面积。并应符合下列规定。

① 采用局部处理超出基础底面的宽度时，对非自重湿陷性黄土、素填土和杂填土等地基，每边不应小于基底宽度的 0.25 倍，并不应小于 0.50m；对自重湿陷性黄土地基，每边不应小于基底宽度的 0.75 倍，并不应小于 1.0m。

② 当采用整片处理时，超出建筑物外墙基础底面外缘的宽度，每边不宜小于处理土层厚度的 1/2，并不应小于 2m。

（二）处理深度

灰土挤密桩或土挤密桩处理地基的深度，应根据建筑场地的土质情况、工程要求和成孔以及夯实设备等综合因素确定。对湿陷性黄土地基，应符合现行的国家标准《湿陷性黄土地区建筑规范》（GB 50025—2004）的有关规定。

（三）桩径

桩孔直径宜为 300~450mm，并可根据所选用的成孔设备或成孔方法确定。

（四）桩孔布置和桩距

为使桩间土均匀挤密，桩孔宜按等边三角形布置，桩孔之间的中心距离 s，可为桩孔直径的 $2.0 \sim 2.5$ 倍，也可按下式估算：

$$s = 0.95d \sqrt{\frac{\eta_{cm}\rho_{dmax}}{\eta_{cm}\rho_{dmax} - \rho_{dm}}} \qquad (9\text{-}10)$$

式中 s——桩孔之间的中心距离，m；

     d——校孔直径，m；

   ρ_{dmax}——桩间土的最大干密度，t/m^3；

   ρ_{dm}——地基处理前土的平均干密度，t/m^3；

   η_{cm}——桩间土经成孔挤密后的平均挤密系数，对重要工程不宜小于 0.93，对一般工程不应小于 0.90。

桩间土平均挤密系数 η_{cm} 按下式计算：

$$\eta_{cm} = \frac{\rho_{1dm}}{\rho_{dmax}} \qquad (9\text{-}11)$$

式中 ρ_{1dm}——在成孔挤密深度内，桩间土的平均干密度，t/m^3，平均试样数不应少于 6 组。

（五）布桩根数

布桩根数可按下式估算：

$$n = \frac{A}{A_e} \qquad (9\text{-}12)$$

式中 n——桩孔的数量；

     A——拟处理地基的面积，m^2；

     A_e——1 根土或灰土挤密桩所承担的处理地基面积，m^2，即：

$$A_e = \frac{\pi d_e^2}{4} \qquad (9\text{-}13)$$

     d_e——1 根桩分担的处理地基面积的等效圆直径，m。

桩孔按等边三角形布置 $d_e = 1.05s$；

桩孔按正方形布置 $d_e = 1.13s$。

（六）承载力

灰土挤密桩或土挤密桩复合地基的承载力特征值，应通过现场单桩或多桩复合地基载荷试验确定。初步设计当无试验资料时，也可按当地经验确定，但对土挤密桩复合地基的承载力特征值，不宜大于处理前的 1.4 倍，并不宜大于 180kPa；对灰土挤密桩复合地基的承载力特征值，不宜大于处理前的 2.0 倍，并不宜大于 250kPa。

（七）变形验算

灰土挤密桩或土挤密桩复合地基的变形计算原则同 CFG 桩复合地基。

（八）其他设计要求

1. 桩孔填料

桩孔内的填料，应根据工程要求或处理地基的目的确定，桩体的夯实质量宜用平均压实系数 λ_{cm} 控制。当桩孔内用素土或灰土分层回填、分层夯实时，桩体的平均压实系数 λ_{cm} 值均不应小于 0.96；消石灰与土的体积配合比，宜为 2：8 或 3：7。

2. 设置垫层

桩顶标高以上应设置 $300 \sim 500$mm 厚的 2：8 灰土垫层，其压实系数不应小于 0.95。

四、施工方法

灰土挤密桩或土挤密桩的施工方法是利用沉管、冲击或爆扩等方法在地基中挤土成孔，然后向孔内夯填素土或灰土成桩。工艺较为简单，但确定施工工艺、选择成孔方法、施工顺序、向孔内夯填填料时应注意以下要求。

（一）施工要点

1. 成孔工艺

现在成孔方法有沉管（锤击、振动）或冲击成孔等方法，但都有一定的局限性，在城乡居民较集中的地区往往限制使用，如锤击沉管成孔，通常允许在新建场地使用，故选用上述方法时，应综合考虑设计要求、成孔设备或成孔方法、现场土质和对周围环境的影响等因素，选用成孔工艺。

施工灰土挤密桩或土挤密桩，在成孔或拔管过程中，对桩孔（或桩顶）上部土层有一定的松动作用，因此施工前应根据选用的成孔设备和施工方法在场地预留一定厚度的松动土层，待成孔和桩孔回填夯实结束后将其挖除或按设计规定进行处理。应预留松动土层的厚度，对沉管（锤击、振动）成孔，宜为 0.5～0.7m，对冲击成孔，宜为 1.2～1.5m。

2. 被加固土层的含水量

拟处理地基土的含水量对成孔施工与桩间土的挤密至关重要。工程实践表明，当天然土的含水量小于 12％时，土呈坚硬状态，成孔挤密很困难，且设备容易损坏；当天然土的含水量大于 24％，饱和度大于 75％时，桩孔可能缩颈，桩孔周围的土容易隆起，挤密效果差；当天然土的含水量接近最优含水量时，成孔施工速度快，桩间上的挤密效果好。因此，在成孔过程中，应掌握好拟处理地基土的含水量不要太大或太小。地基土宜接近最优（或塑限）含水量。当土的含水量低于 12％时，宜对拟处理范围内的土层进行增湿。增湿应于地基处理前 4～6d，将需增湿的水通过一定数量和一定深度的渗水孔，均匀地浸入拟处理范围内的土层中。

3. 施工直径和深度的要求

对沉管法，其施工直径和深度应与设计值相同；对冲击法或爆扩法，桩孔直径的误差不得超过设计值的 ±70mm，桩孔深度不应小于设计深度的 0.5m。

4. 成孔要求

① 成孔和孔内回填夯实的施工顺序，当整片处理时，宜从里（或中间）向外间隔 1～2 孔进行，对大型工程，可采取分段施工；当局部处理时，宜从外向里间隔 1～2 孔进行。

② 桩孔的垂直度偏差不宜大于 1.5％。

③ 桩孔中心点的偏差不宜超过桩距设计值的 5％。

5. 孔内填料要求

向孔内填料前，孔底必须夯实，并应抽样检查桩孔的直径、深度和垂直度。经检验合格后，应按设计要求，向孔内分层填入筛好的素土、灰土或其他填料，并应分层夯实至设计标高。回填土料一般采用过筛（筛孔不大于 20mm）的粉质黏土，并不得含有有机质；石灰用块灰消解（闷透）3～4d 后并过筛，其粗粒粒径不大于 5mm 的熟石灰。灰土应拌和均匀至颜色一致后及时回填夯实。

桩孔填料夯实机目前有两种：一种是偏心轮夹杆式夯实机；另一种是采用电动卷扬机提升式夯实机。前者可上、下自动夯实，后者需用人工操作。

夯锤形状一般采用下端呈抛物线锤体形的梨形锤或长锤形。二者重量均不小于 0.1t。夯锤直径应小于桩孔直径 100mm 左右，使夯锤自由下落时将填料夯实。添料时每一锹料夯击一次或二次，夯锤落距一般在 600～700mm，每分钟夯击 25～30 次，长 6m 桩可在 15～20min 内夯击完成。

6. 灰土垫层铺设要求

铺设灰土垫层前，应按设计要求将桩顶标高以上的预留松动土层挖除或夯（压）密实。然后铺设 300～500mm 厚的 2∶8 灰土垫层并压实，压实系数不小于 0.95。

（二）施工中可能出现的问题和处理方法

（1）夯打时桩孔内有渗水、涌水、积水现象可将孔内水排出地表，或将水下部分改为混凝土桩或碎石桩，水上部分仍为土（或灰土）桩。

（2）沉管成孔过程中遇障碍物时可采取以下措施处理。

① 用洛阳铲探查并挖除障碍物，也可在其上面或四周适当增加桩数，以弥补局部处理深度的不足，或从结构上采取适当措施进行弥补。

② 对未填实的墓穴、坑洞、地道等面积不大，挖除不便时，可将桩打穿通过，并在此范围内增加桩数，或从结构上采取适当措施进行弥补。

（3）夯打时造成缩径、堵塞、挤密成孔困难、孔壁坍塌等情况，可采取以下措施处理。

① 当含水量过大、缩径比较严重时，可向孔内填干砂、生石灰块、碎砖碴、干水泥、粉煤灰；如含水量过小，可预先浸水，使之达到或接近最优含水量。

② 遵守成孔顺序，由外向里间隔进行（硬土由里向外）。

③ 施工中宜打一孔，填一孔，或隔几个桩位跳打夯实。

④ 合理控制桩的有效挤密范围。

五、质量检验

① 成桩后，应及时抽样检验灰土挤密桩或土挤密桩处理地基的质量。对一般工程，主要应检查施工记录、检测全部处理深度内桩体和桩间土的干密度，并将其分别换算为平均压实系数 λ_{cm} 和平均挤密系数 η_{cm}。对重要工程，除检测上述内容外，还应测定全部处理深度内桩间土的压缩性和湿陷性。

② 抽样检验的数量，对一般工程不应少于桩总数的 1%；对重要工程不应少于桩总数的 1.5%。不合格处应采取加桩或其他补救措施。

③ 灰土挤密桩和土挤密桩地基竣工验收时，承载力检验应采用复合地基载荷试验。

④ 检验数量不应少于桩总数的 0.5%，且每项单体工程不应少于 3 点。

第七节　水泥土搅拌法

一、水泥土搅拌法的基本概念

水泥土搅拌法（Clay Mixing Consolidation）是利用水泥（或石灰）等材料作为固化剂，通过特制的搅拌机械，就地将软土与固化剂（浆液或粉体，其中浆液适用于深层搅拌法；粉体适用于粉体喷搅法）强制搅拌，由固化剂和软土间产生一系列物理-化学反应，使软土硬结成具有整体性、水稳定性和一定强度的水泥加固土，从而提高地基强度和增大变形模量。根据施工方法的不同，水泥土搅拌法分为水泥浆搅拌（简称湿法）和粉体喷射搅拌（简称干法）两种。前者是用水泥浆和地基土搅拌，后者是用水泥粉或石灰粉和地基土搅拌。一般来说，喷浆拌和比喷粉拌和均匀性好，但有时对高含水量的淤泥，喷粉拌和也有一定的优势。

水泥土搅拌法是美国在第二次世界大战后研制成功，称之为就地搅拌桩（MIP）。我国于 1977 年由原冶金部建筑研究总院和交通部水运规划设计院引进、开发水泥深层搅拌法，并很快在全国得到推广应用，成为软土地基处理的一种重要手段。

水泥土搅拌法加固软土技术，其独特的优点如下。

① 水泥土搅拌法由于将固化剂和原地基软土就地搅拌混合，因而最大限度地利用了原土。

② 搅拌时不会使地基侧向挤出，所以对周围原有建筑物的影响很小。

③ 按照不同地基土的性质及工程设计要求，合理选择固化剂及其配方，设计比较灵活。

④ 施工时无振动、无噪声、无污染，可在市区内和密集建筑群中进行施工。

⑤ 土体加固后重度基本不变，对软弱下卧层不致产生附加沉降。

⑥ 与钢筋混凝土桩基相比，节省了大量的钢材。并降低了造价。

⑦ 根据上部结构的需要，可灵活地采用柱状、壁状、格栅状和块状等加固形式。

二、水泥土搅拌法的适用范围

水泥土搅拌法适用于处理正常固结的淤泥与淤泥质土、粉土、饱和黄土、素填土、黏性土以及无流动地下水的饱和松散砂土等地基。当地基土的天然含水量小于 30%（黄土含水量小于 25%）、大于 70% 或地下水的 pH 值小于 4 时不宜采用干法。

水泥土搅拌法用于处理泥炭土、有机质土、塑性指数 I_P 大于 25 的黏土、地下水具有腐蚀性时以及无工程经验的地区，必须通过现场试验确定其适用性。冬季施工时应注意负温对处理效果的影响。

水泥加固土的室内试验表明，有些软土的加固效果较好，而有的不够理想。一般认为含有高岭石、多水高岭石、蒙脱石等黏土矿物的软土加固效果较好，而含有伊里石、氯化物和水铝英石等矿物的黏性土以及有机质含量高、酸碱度（pH 值）较低的黏性土的加固效果较差。

水泥土搅拌法可用于增加软土地基的承载能力、减少沉降量、提高边坡的稳定性，在以下场合应用最多。

① 作为建筑物或构筑物的地基、厂房内具有地面荷载的地坪、高填方路堤下基层等。

② 进行大面积地基加固，以防止码头岸壁的滑动、深基坑开挖时坍塌、坑底隆起和减少软土中地下构筑物的沉降。

③ 作为地下防渗墙或止水帷幕以阻止地下渗透水流，对桩侧或板桩背后的软土加固以增加侧向承载能力。

三、水泥土搅拌桩复合地基主要设计内容

（一）加固形式的选择

搅拌桩可布置成柱状、壁状和块状三种形式。

（1）柱状　每隔一定的距离打设一根搅拌桩，即成为柱状加固形式。适合于单层工业厂房独立柱基础和多层房屋条形基础下的地基加固。

（2）壁状　将相邻搅拌桩部分重叠搭接成为壁状加固形式。适用于深基坑开挖时的边坡加固以及建筑物长高比较大、刚度较小、对不均匀沉降比较敏感的多层混合结构条形基础下的地基加固。

（3）块状　对上部结构单位面积荷载大，对不均匀下沉控制严格的构筑物地基进行加固时可采用这种布桩形式。它是纵、横两个方向的相邻桩搭接而形成的。如在软土地区开挖深基坑时；为防止坑底隆起也可采用块状加固形式。

（二）加固范围的确定

搅拌桩按其强度和刚度是介于刚性桩和柔性桩间的一种桩型，但其承载性能又与刚性桩相近。因此在设计搅拌桩时，可仅在上部结构基础范围内布桩，不必像柔性桩一样在基础以外设置保护桩。

（三）褥垫层的设置

竖向承载搅拌桩复合地基应在基础和桩之间设置褥垫层。褥垫层厚度可取 200～

300mm。其材料可选用中砂、粗砂、级配砂石等,最大粒径不宜大于 20mm。褥垫层有利于发挥桩间土承载力,同时,可降低桩顶应力的集中,此外,还有使桩顶受力趋于均匀,避免由于桩顶剔凿不平、基础与桩顶直接接触时桩体中产生局部过大应力使桩体过早破坏的作用。

(四)柱状水泥土搅拌桩复合地基的设计要点

柱状水泥土搅拌桩复合地基的设计内容包括确定水泥掺量和外加剂、单桩竖向承载力、复合地基承载力、面积置换率、桩数和桩位的平面布置,以及变形验算。

1. 确定水泥掺量和外加剂

(1)水泥掺量 水泥土搅拌法处理软土的固化剂宜选用强度等级为 32.5 级以上的普通硅酸盐水泥。水泥掺量除块状加固时宜为被加固土质量的 7%～12% 外,其余宜为 12%～20%。湿法水泥浆的水灰比可选用 0.45～0.55。

(2)外掺剂 外掺剂可根据工程需要选用具有早强、缓凝、减水、节省水泥等性能的材料,但应避免污染环境。外掺剂主要有木质素磺酸钙、石膏、磷石膏、三乙醇胺等。木质素磺酸钙是一种减水剂,试验表明,它对水泥土强度影响不大,石膏和三乙醇胺对水泥土的强度有增强作用,磷石膏对大部分软黏土来说是一种经济有效的固化剂,一般可节省水泥 26%。

2. 初步确定单桩竖向承载力特征值

单桩竖向承载力特征值应通过现场单桩载荷试验确定,初步设计时也可按式(9-14)估算,并应同时满足式(9-15)的要求,应使由桩身材料强度确定的单桩承载力大于由桩周土和桩端土的抵抗力所提供的单桩承载力:

$$R_a = u_p \sum_{i=1}^{n} q_{si} l_i + \alpha q_p A_p \tag{9-14}$$

$$R_a = \eta f_{cu} A_p \tag{9-15}$$

式中 f_{cu}——与搅拌桩桩身水泥土配比相同的室内加固土试块(边长为 70.7mm 的立方体,也可采用边长为 50mm 的立方体)在标准养护条件下 90d 龄期的立方体抗压强度平均值,kPa;

η——桩身强度折减系数,干法可取 0.20～0.30;湿法可取 0.25～0.33;

u_p——桩的周长,m;

n——桩长范围内划分的土层数;

q_{si}——桩侧第 i 层土的侧阻力特征值,对淤泥可取 4～7kPa,对淤泥质土可取 6～12kPa,对软塑状态的黏性土可取 10～15kPa,对可塑状态的黏性土可取 12～18kPa;

q_p——桩端地基土未经修正的承载力特征值,kPa,可按现行《建筑地基基础设计规范》(GB 50007—2011)的有关规定确定;

l_i——桩长范围内第 i 层土的厚度,m;

α——桩端天然地基土的承载力折减系数,可取 0.4～0.6,承载力高时取低值。

3. 确定复合地基承载力的特征值

加固后搅拌桩复合地基承载力特征值应通过现场复合地基载荷试验确定,初步设计时也可按下式计算:

$$f_{spk} = m \frac{R_a}{A_p} + \beta(1-m) f_{sk} \tag{9-16}$$

式中 m——面积置换率;

f_{spk}——复合地基承载力特征值,kPa;

R_a——单桩竖向承载力特征值，kN；

A_p——桩的截面积，m²；

β——桩间土承载力折减系数，当桩端土未经修正的承载力特征值大于桩周土的承载力特征值的平均值时，可取 0.1～0.4，差值大时取低值；当桩端土未经修正的承载力特征值小于或等于桩周土的承载力特征值的平均值时，可取 0.5～0.9，差值大时或设置褥垫层时均取高值；

f_{sk}——处理后桩间土承载力特征值，kPa，可取天然地基承载力特征值。

4. 确定面积置换率 m

根据设计要求的复合地基承载力特征值 f_{spk} 和单桩竖向承载力特征值 R_a 按下式计算搅拌桩的置换率：

$$m = \frac{f_{spk} - \beta f_{sk}}{\dfrac{R_a}{A_p} - \beta f_{sk}} \tag{9-17}$$

5. 确定桩数

复合地基的置换率确定后，可根据复合地基置换率确定总桩数：

$$n = \frac{mA}{A_p} \tag{9-18}$$

式中，A 为基础的底面积。

6. 确定桩位的平面布置

总桩数确定后，即可根据基础形状和采用一定的布桩形式合理布桩，确定设计实际用桩数。柱状处理可采用正方形或等边三角形等布桩形式，独立基础下的桩数不宜少于 3 根。

7. 变形验算

柱状水泥土搅拌桩复合地基的变形计算原则同 CFG 桩复合地基。

四、施工方法

（一）基本要求

水泥土搅拌桩施工前应根据设计进行工艺性试桩，数量不得少于 2 根。当桩周为成层土时，应对相对软弱土层增加搅拌次数或增加水泥掺量。

搅拌头翼片的枚数、宽度、与搅拌轴的垂直夹角、搅拌头的回转数、提升速度应相互匹配，以确保加固深度范围内土体任一点均能经过 20 次以上的搅拌。

竖向承载搅拌桩施工时，停浆（灰）面应高于桩顶设计标高 300～500mm 厚的土层。开挖基坑时，应将上部质量较差桩段挖去。

施工中应保证搅拌桩机底盘的水平和导向架的竖直，搅拌桩的垂直度偏差不得超过 1%；桩位偏差不得大于 50mm，桩直径和桩长不得小于设计值。

（二）水泥浆搅拌法施工要点

1. 搅拌机械设备及性能

国内目前的搅拌机有中心管喷浆方式和叶片喷浆方式。后者是使水泥浆从叶片上若干个小孔喷出，使水泥浆与土体混合较均匀，对大直径叶片和连续搅拌是合适的，但因喷浆孔小易被浆液堵塞，它只能使用纯水泥浆而不能采用其他固化剂，且加工制造较为复杂。中心管输浆方式中的水泥浆是从两根搅拌轴间的另一中心管输出，这对于叶片直径在 1m 以下时，并不影响搅拌均匀度，而且它可适用多种固化剂，除纯水泥浆外，还可用水泥砂浆，甚至掺入工业废料等粗粒固化剂。

2. 施工工艺

水泥浆搅拌法的施工工艺流程如图 9-8 所示。

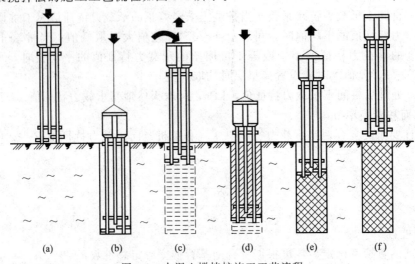

| (a) | (b) | (c) | (d) | (e) | (f) |

图 9-8　水泥土搅拌桩施工工艺流程

（1）定位 [图 9-8（a）] 起重机（或塔架）悬吊搅拌机到达指定桩位，对中。当地面起伏不平时、应使起吊设备保持水平。

（2）预搅下沉 [图 9-8（b）] 待搅拌机的冷却水循环正常后，启动搅拌机电机，放松起重机钢丝绳，使搅拌机沿导向架搅拌切土下沉，下沉的速度可由电机的电流监测表强制。工作电流不应大于 70A。如果下沉速度太慢，可从输浆系统补给清水以利钻进。

（3）制备水泥浆 待搅拌机下沉到一定深度时，即开始按设计确定的配合比拌制水泥浆，待压浆前将水泥浆倒入集料斗中。

（4）提升喷浆搅拌 [图 9-8（c）] 当水泥浆液到达出浆口后，应喷浆搅拌 30s，在水泥浆与桩端土充分搅拌后，再开始提升搅拌头。

（5）重复上、下搅拌 [图 9-8（d）、（e）] 搅拌机提升至设计加固深度的顶面标高时，集料斗中的水泥浆应正好排空。为使软土和水泥浆搅拌均匀，可再次将搅拌机边旋转边沉入土中，至设计加固深度后再将搅拌机提升出地面。

（6）清洗 [图 9-8（f）] 向集料斗中注入适量清水，开启灰浆泵，清洗全部管路中残存的水泥浆，直至基本干净，并将黏附在搅拌头上的软土清洗干净。

（7）移位 重复上述（1）~（6）步骤，再进行下一根桩的施工。

由于搅拌桩顶部与上部结构的基础或承台接触部分受力较大，因此通常还可对桩顶 1.0~1.5m 范围内再增加一次输浆，以提高其强度。

3. 施工注意事项

（1）根据实际施工经验，水泥土搅拌法在施工到顶端 0.3~0.5m 范围时，因上覆压力较小，搅拌质量较差。因此，其场地整平标高应比设计确定的基底标高再高出 0.3~0.5m，桩制作时仍施工到地面，待开挖基坑时，再将上部 0.3~0.5m 的桩身质量较差的桩段除去。对于基础埋深较大时，取下限；反之，则取上限。

（2）搅拌桩的垂直度偏差不得超过 1%，桩位布置偏差不得大于 50mm，成桩直径和桩长不得小于设计值。

（3）搅拌头翼片的枚数、宽度、与搅拌轴的垂直夹角、搅拌头的回转数、提升速度应相互匹配，以确保加固深度范围内土体的任何一点均能经过 20 次以上的搅拌。粉体喷射搅拌法也应遵循此规定。

（4）施工前应根据设计要求进行工艺性试桩，数量不得少于2根，以便确定搅拌机械的灰浆泵输浆量、灰浆经输浆管到达搅拌机喷浆口的时间和起吊设备提升速度、搅拌桩的配比等各项参数和施工工艺。宜用流量泵控制输浆速度，使注浆泵出口压力保持在0.4～0.6MPa，并应使搅拌提升速度与输浆速度同步。

（5）制备好的浆液不得离析，泵送必须连续。拌制浆液的罐数、固化剂和外掺剂的用量以及泵送浆液的时间等应有专人记录。喷浆量及搅拌深度必须采用经国家计量部门认证的监测仪器进行自动记录。

（6）为保证桩端施工质量，当浆液达到出浆口后，应喷浆座底30秒，使浆液完全到达桩端。特别是设计中考虑桩端承载力时，该点尤为重要。

（7）预搅下沉时不宜冲水，当遇到较硬土层下沉太慢时，方可适量冲水，但应考虑冲水成桩对桩身强度的影响。

（8）可通过复喷的方法达到桩身强度为变参数的目的。在黏性土中，一般在桩身上部的2/3处进行复喷。搅拌次数以2次喷浆4次搅拌为宜，且最后1次提升搅拌宜采用慢速提升；当喷浆口到达桩顶标高时，宜停止提升，搅拌数秒，以保证桩头的均匀密实。

（9）施工时因故停浆，宜将搅拌机下沉至停浆点以下0.5m，待恢复供浆时再喷浆提升。若停机超过3h，为防止浆液硬结堵管，宜先拆卸输浆管路，妥善清洗。

（10）壁状加固时，桩与桩的搭接时间不应大于24h，如因特殊原因超过上述时间，应对最后一根桩先进行空钻留出榫头以待下一批桩搭接；如间歇时间太长（如停电等），与第二根无法搭接，应在设计和建设单位认可后，采取局部补桩或注浆措施。

（11）根据现场实践经验，当水泥土搅拌桩作为承重桩进行开挖时，桩顶和桩身已有一定的强度。若用机械开挖基坑，往往容易碰撞损坏桩顶，因此基底标高以上0.5m宜采用人工开挖，以保护桩头质量。这点对保证处理效果尤为重要，应引起足够的重视。

每一个水泥土搅拌桩施工现场，由于土质有差异、水泥的品种和强度等级不同，因而搅拌加固质量有较大的差别。所以在正式搅拌桩施工前，均应按施工组织设计确定的搅拌施工工艺制作数根试桩，养护一定时间后进行开挖观察，最后确定施工配合比等各项参数和施工工艺。

根据上海地区的施工经验，控制水泥土搅拌桩施工质量的主要指标为：水泥用量、提升速度、喷浆的均匀性和连续性以及施工机械性能。

（三）粉体喷射搅拌法施工要点

1. 施工工具和设备

粉体喷射搅拌机械一般由搅拌主机、粉体固化材料供给机、空气压缩机、搅拌翼和动力部分等组成。

2. 施工工艺

① 放样定位。

② 移动钻机，准确对孔。对孔误差不得大于50mm。

③ 利用支腿油缸调平钻机，钻机主轴垂直度误差应不大于1%。

④ 启动主电动机，根据施工要求，以Ⅰ挡、Ⅱ挡、Ⅲ挡逐级加速的顺序，正转预搅下沉。钻至接近设计深度时，应用低速慢钻，钻机应原位钻动1～2min。为保持钻杆中间送风通道的干燥，从预搅下沉开始直到喷粉为止，应在轴杆内连续输送压缩空气。

⑤ 粉体材料及掺和量：使用粉体材料，除水泥以外，还有石灰、石膏及矿渣等，也可使用粉煤灰等作为掺加料。使用水泥粉体材料时，宜选用强度等级为32.5级的普通硅酸盐水泥。其掺和量常为180～240kg/m³；若使用低于强度等级为32.5级的普通硅酸盐水泥或

选用矿渣水泥、火山灰水泥或其他品种水泥时，使用前须在施工场地内钻取不同层次的地基土，在室内做各种配合比试验。

⑥ 搅拌头每旋转一周，其提升高度不得超过 16mm。当搅拌头到达设计桩底以上 1.5m 时，应立即开启喷粉机提前进行喷粉作业。当提升到设计停灰标高后，应慢速原地搅拌 1~2min。

⑦ 重复搅拌。为保证粉体搅拌均匀，须再次将搅拌头下沉到设计深度。提升搅拌时，其速度控制在 0.5~0.8m/min 左右。

⑧ 为防止空气污染，当搅拌头提升至地面下 500mm 时，喷粉机应停止喷粉。在施工中孔口应设喷灰防护装置。

⑨ 提升喷灰过程中，须有自动计量装置。该装置为控制和检验喷粉桩的关键，应予以足够的重视。

⑩ 钻具提升至地面后，钻机移位对孔，按上述步骤进行下一根桩的施工。

3. 施工中应注意的事项

① 水泥土搅拌喷粉施工机械必须配置经国家计量部门确认的具有能瞬时检测并记录出粉量的粉体计量装置及搅拌深度自动记录仪。喷粉施工前应仔细检查搅拌机械、供粉泵、送气（粉）管路、接头和阀门的密封性、可靠性。送气（粉）管路的长度不宜大于 60m。

② 搅拌头的直径应定期复核检查，其磨耗量不得大于 10mm。

③ 在建筑物旧址或回填建筑垃圾地区施工时，应预先进行桩位探测，并清除已探明的障碍物。

④ 桩体施工中，若发现钻机不正常的振动、晃动、倾斜、移位等现象，应立即停钻检查。必要时应提钻重打。

⑤ 施工中应随时注意喷粉机、空压机的运转情况，压力表的显示变化和送灰等情况。当送灰过程中出现压力连续上升、发送器负载过大、送灰管或阀门在轴具提升中途堵塞等异常情况，应立即判明原因，停止提升，原地搅拌。为保证成桩质量，必要时应复打。堵管的原因除漏气外，主要是水泥结块。施工时不允许用已结块的水泥，并要求管道系统保持干燥状态。

⑥ 在送灰过程中如发现压力突然下降、灰罐加不上压力等异常情况，应停止提升，原地搅拌，及时判明原因。若由于灰罐内水泥粉体已喷完或容器、管道漏气所致，应将钻具下沉到一定深度后，重新加恢复打，以保证成桩质量。有经验的施工监理人员往往从高压送粉胶管的颤动情况来判明送粉的正常与否。检查故障时，应尽可能不停止送风。

⑦ 设计上要求搭接的桩体，须连续施工，一般相邻桩的施工间隔时间不超过 8h。若因停电、机械故障而超过允许时间，应征得设计部门同意，采取适宜的补救措施。

⑧ 成桩过程中因故停止喷粉，应将搅拌头下沉至停灰面以下 1m 处，待恢复喷粉时再喷粉搅拌提升。

⑨ 在 SP-1 型粉体发送器中有一个气水分离器，用于收集因压缩空气膨胀而降温所产生的凝结水。施工时应经常排除气水分离器中的积水，防止因水分进入钻杆而堵塞送粉通道。

⑩ 喷粉时灰罐内的气压比管道内的气压高 0.02~0.05MPa，以确保正常送粉。

需要在地基土天然含水量小于 30% 的土层中喷粉成桩时，应采用地面注水搅拌工艺。

五、质量检验

水泥土搅拌桩的质量控制应贯穿在施工的全过程，并应坚持全程的施工监理。施工过程中必须随时检查施工记录和计量记录，并对照规定的施工工艺对每根桩进行质量评定。

检查重点是：水泥用量、桩长、搅拌头转数和提升速度、复搅次数和复搅深度、停浆处理方法等。

（一）施工质量检验

① 成桩 7d 后，采用浅部开挖桩头（深度宜超过停浆面下 0.5m），目测检查搅拌的均匀性，量测成桩直径。检查量为总桩数的 5%。

② 成桩后 3d 内，可用轻型动力触探（N_{10}）检查每米桩身的均匀性。检验数量为施工总桩数的 1%，且不少于 3 根。

③ 经触探和载荷试验检验后对桩身质量有怀疑时，应在成桩 28d 后，用双管单动取样器钻取芯样做抗压强度检验，检验数量为施工桩总数的 0.5%，且每项单体工程不得少于 3 点。

（二）竣工后的质量检验

竣工后的质量检验方法有动力触探试验，静力触探试验，取芯检验，截取桩段做抗压强度试验，静载荷试验和开挖检验等。

小 结

本章主要介绍了地基处理的目的、意义，处理对象及其特性，地基处理方法的分类，以及选用地基处理方法的原则。重点讨论了换土垫层法、堆载预压法和真空预压法、强夯法、水泥粉煤灰碎石桩法、灰土挤密桩法和土挤密桩法、水泥土搅拌法的适用范围、设计要点、施工要点、施工质量检验，以及在施工中常出现的问题和处理措施。

换填垫层法适用于处理各类浅层软弱地基及不均匀地基。垫层设计的主要内容包括垫层材料的选用，垫层的厚度、宽度的确定，以及地基沉降计算等。施工要点包括施工机械的选择和含水量的控制。

排水固结法适用于处理淤泥质土、淤泥和冲填土等饱和黏性土地基。按照采用的各种排水技术措施的不同，排水固结法主要有堆载预压法和真空预压法。设计要点是预压荷载的大小、分布及加荷速率的确定和排水竖井的设计。

强夯法适用于处理碎石土、砂土、低饱和度的粉土与黏性土、湿陷性黄土、素填土和杂填土等地基。强夯法的加固设计包括确定加固深度、夯锤和落距、最佳夯击能、夯点间距、夯击遍数等设计参数。

CFG 桩复合地基既适用于条形基础、独立基础，也适用于筏基和箱形基础。就土性而言，适用于处理黏性土、粉土、砂土和正常固结的素填土等地基。CFG 桩的主要设计内容包括桩径、桩距的选择，复合地基承载力的估算，褥垫层的设置以及沉降计算等。

灰土挤密桩法或土挤密桩法适用于处理地下水位以上的湿陷性黄土、素填土和杂填土等地基。处理深度宜为 5～15m。主要设计内容包括桩径、桩距的选择，复合地基承载力的估算，沉降计算，以及桩孔填料选择和灰土垫层的设置。

水泥土搅拌法分为水泥浆搅拌（简称湿法）和粉体喷射搅拌（简称干法）两种。水泥土搅拌法适用于处理正常固结的淤泥与淤泥质土、粉土、饱和黄土、素填土、黏性土以及无流动地下水的饱和松散砂土等地基。当地基土的天然含水量小于 30%（黄土含水量小于 25%）、大于 70% 或地下水的 pH 值小于 4 时不宜采用干法。柱状水泥土搅拌桩复合地基的设计内容包括确定水泥掺量和外加剂、单桩竖向承载力、复合地基承载力、面积置换率、桩数和桩位的平面布置。

思 考 题

1. 地基处理的对象及目的是什么？根据加固机理分类，地基处理可分为哪些类别？

2. 换土垫层有哪些作用？如何确定垫层的厚度和宽度？为什么太薄或太厚都不合适？宽度太小会出现什么问题？

3. 简述堆载预压法和真空预压法的适用范围、设计要点、施工要点及施工质量检验内容。

4. 与堆载预压法相比，真空预压法有哪些特点？

5. 简述强夯法的适用范围、设计要点、施工要点及施工质量检验内容。

6. 简述水泥粉煤灰碎石桩法的适用范围、设计要点、施工要点及施工质量检验内容。

7. 水泥粉煤灰碎石桩法在施工中常出现哪些问题？如何处理？

8. 简述灰土挤密桩法和土挤密桩法的适用范围、设计要点、施工要点及施工质量检验内容。

9. 灰土挤密桩法和土挤密桩法在施工中可能出现哪些问题？如何处理？

10. 简述水泥土搅拌法的适用范围、设计要点、施工要点及施工质量检验内容。什么情况下不适用干法处理？

11. 水泥浆搅拌法在施工中要注意哪些事项？粉体喷射搅拌法在施工中要注意哪些事项？

习　题

某砖混结构房屋，承重墙下采用条形基础。已知承重墙传至基础顶面荷载标准值 $F_k = 180 \text{kN/m}$。土层情况：地表为耕植土，厚 1.0m，$\gamma = 17 \text{kN/m}^3$，$\gamma_{sat} = 18 \text{kN/m}^3$，其下为淤泥层，$\gamma_{sat} = 19.5 \text{kN/m}^3$，淤泥层承载力特征值 $f_{akz} = 90 \text{kPa}$。地下水距地表 0.6m。现拟采用砂垫层置换软弱土，要求砂垫层承载力特征值应达到 $f_{ak} = 160 \text{kPa}$。试设计此砂垫层，并确定基础底面宽度。

第十章　区域性地基

知识目标

- 了解区域性地基的分布、分类、评定和判别等；
- 掌握软土地基的特征及其工程处理措施；
- 熟悉湿陷性黄土、红黏土和膨胀土地基及山区地基的特征及其工程处理措施；
- 了解盐渍土和冻土的工程特性；
- 掌握地震区的地基基础问题。

能力目标

- 能对区域性地基土的性质作科学准确的评价；
- 能在工程中针对遇到的各种地基具有相应的处理能力；
- 具有地基基础的抗震设计能力。

　　我国幅员广大，地质条件复杂，分布土类繁多，工程性质各异。有些土类，由于地理环境、气候条件、地质成因、物质成分及次生变化等原因，而各具有与一般土类显著不同的特殊工程性质，例如软土、黄土、膨胀土、红土等。当这些土作为建筑场地建筑地基及环境时，应注意其特殊的工程性质，并采取相应的处理措施，否则就会造成工程事故。

　　所谓区域性地基就是指软土地基、特殊土（湿陷性黄土、红黏土、膨胀土、冻土与盐渍土等）地基、山区地基以及地震区地基等。各种天然或人为形成的区域性地基的分布，都有其一定的规律，表现出一定的区域性。在我国，区域性地基分布区域如下。

　　① 沿海及内陆地区各种成因的软土。

　　② 主要分布于西北、华北等干旱、半干旱气候区的黄土。

　　③ 西南亚热带温热气候区的红黏土。

　　④ 在全国呈岛状分布的膨胀土。

　　⑤ 高纬度、高海拔地区的多年冻土及盐渍土。

　　⑥ 西北地区的沙漠土。

　　本章主要介绍我国软土、黄土、膨胀土、红黏土、膨胀土地基的分布、特征及其工程地质问题以及山区和地震区地基的问题。

第一节　软　土　地　基

　　软土泛指淤泥及淤泥质土，是地质年代中第四纪后期形成的滨海相、泻湖相、三角洲、溺谷相和湖沼相等黏性土沉积物。这种土是在是在静水或缓慢流水环境中沉积，并经生物化学作用形成的饱和软黏性土。

　　软土的特征是富含有机质，天然含水量高于液限，孔隙比大于或等于1。其中 $e > 1.5$ 时，称淤泥；当 $1.0 < e < 1.5$ 时，称淤泥质土，是淤泥与一般黏性土的过渡类型。淤泥和淤泥质土在工程上统称为软土。

一、软土的物理力学性质

1. 高含水量和高孔隙比

软土的天然含水量总是大于液限。软土的天然含水量一般都大于 30%，有的达 70%，甚至的高达 200%，多呈软塑或潜液状态。天然孔隙比在 1~2 之间，最大达 3~4。软土如此高的含水量和高孔隙比，使软土一经扰动，其结构很容易破坏而导致软土流动。

2. 渗透性弱

由于大部分软土底层中夹有数量不等的薄层或极薄层粉、细砂、粉土等，所以在水平方向的渗透性较垂直方向要大得多。一般垂直方向的渗透系数 K 值约在 10^{-8}~10^{-6}cm/s，几乎是不透水的。由于该类土渗透系数小，含水量大且呈饱和状态，这不但延缓其土体的固结过程，而且在加荷初期，地基中常出现较高的孔隙水压力，影响地基土的强度。

3. 压缩性高

软土的压缩系数 a_{1-2} 一般都在 0.5MPa^{-1} 以上，最大可达 3MPa^{-1} 以上。软土均属高压缩性土，而且压缩性随天然含水量及液限的增加而增高。

软土在荷载作用下的变形具有如下特征。

（1）变形大而不均匀　实践表明，在相同条件下，软土地基的变形量比一般黏性土地基要大几倍至十几倍，而且上部荷载的差异和复杂的体形都会引起严重的差异沉降和倾斜。

（2）变形稳定历时长　因软土的渗透性很弱，孔隙中的水不易排出，故使地基沉降稳定所需时间较长。例如，我国东南沿海地区，这种软黏土地基在加荷 5 年后，往往仍保持着每年 1cm 左右的沉降速率。其中有些建筑物则每年下沉 3~4cm。

（3）抗剪强度低　软土的抗剪强度低且与加荷速率及排水固结条件密切相关。软土剪切试验表明，其内摩擦角 φ 小于或等于 10°，最大也不超过 20°，有的甚至接近于 0°；黏聚力 c 值一般在 5~15kPa，很少超过 20kPa，有的趋近于 0，故其抗剪强度很低。经排水固结后，软土的抗剪强度虽有所提高，但由于软土孔隙水排出很慢，其强度增长也很缓慢。因此，要提高软土地基的强度，必须控制施工和使用时的加荷速率，特别是在开始阶段加荷不能过大，以便每增加一级荷重与土体在新的受荷条件下强度的提高相适应。否则土中水分将来不及排出，土体强度不但来不及得到提高，反而会由于土中孔隙水压力的急剧增大，有效应力降低，而产生土体的挤出破坏。

（4）较显著的触变性和蠕变性　软土是"海绵状"结构性沉积物，当原状土的结构未受到破坏时，常具有一定的结构强度，可一经扰动，结构强度便被破坏。在含水量不变的条件下，静置不动又可恢复原来的强度。软土的这种特性，称为软土的触变性。

我国东南沿海地区的三角洲相及滨海——泻湖相软土的灵敏度一般在 4~10 之间，个别达 13~15，属中高灵敏性土。灵敏度高的土，其触变性也大，所以，软土地基受动荷载后，易产生侧向滑动、沉降或基底面向两侧挤出等现象。

蠕变性是指在一定荷载的持续作用下，土的变形随时间而增长的特性，软土是一种具有典型蠕变性的土，在长期恒定应力作用下，软土将产生缓慢的剪切变形，并导致抗剪强度的衰减。在固结沉降完成之后，软土还可能继续产生可观的次固结沉降。上海等地许多工程的现场实测结果表明：当土中孔隙水压力完全消失后，地基还继续沉降。这对建筑物、边坡和堤岸等的稳定性极为不利。因此，用一般剪切试验求得的抗剪强度值，应加上适当的安全系数。

综上所述，软土具有强度低、压缩性高、渗透性低，且具有高灵敏度和蠕变性等特点。因而，软土地基上的建筑物、构筑物等沉降量大，沉降稳定时间长。因此，在软土地基上建造建筑物、构筑物，往往要对地基进行加固处理。

二、软土地基的工程处理措施

软土地基的主要问题就是变形问题。由于软土具有高压缩性、低强度、低渗透性等特性，其地基上的建筑物和构筑物就表现为沉降量大而不均匀、沉降速率大以及沉降稳定历时较长等特点。据统计，对于砌体结构的房屋，4 层的最终沉降量可达 $200\sim500mm$，$5\sim6$ 层的有的大于 600mm；有吊车梁的一般工业厂房的沉降量约为 $200\sim400mm$。不但沉降量大，而且在软土地基上的沉降差也有可能超过总沉降量的 50%。

在软弱地基或软土上修建建筑物和构筑物时，应对建筑体型、荷载的大小与分布、结构类型和地质条件等进行综合分析，以确定应采取的建筑措施、结构措施和地基处理方法，这样就可以减少软土地基上建筑物和构筑物的沉降或不均匀沉降。

软土地基设计经常如下一些措施。

（1）利用表土层　软土较厚的地区，由于表层经受长期气候的影响，含水量减少，土体固结收缩，表面形成较硬的壳。这一处于地下水以上的非饱和的壳，承载力较下层软土高，压缩性也较小，常可用来作为浅基础的持力层。

（2）减小基底的压力　减小建筑物或构筑物作用于地基的附加压力，可减少地基的沉降量或减缓不均匀沉降，如采用轻型结构、轻质墙体、空心构件、架空地板，设置地下室或半地下室。

（3）采用刚度大的上部结构和基础　对于建筑体型复杂、荷载差异较大的框架结构，可采用箱基、桩基、筏基等整体刚度较大的基础，减少不均匀沉降；对于砌体承重结构的房屋，采取有效措施增强整体刚度和强度。

（4）施工控制　当软土地基加载过大、过快时，容易发生地基土塑流挤出的现象。常用的施工措施如下。

① 控制施工速度，不使加载速率太快。可在施工现场进行加载试验，通过沉降情况的观察来控制加载速率，掌握加载的间隔时间，使地基土逐渐固结，强度逐渐增加，不使地基土发生塑流挤出。

② 在建筑物或构筑物的四周打板桩围墙，可防止地基软土的塑流挤出。但此法用料较多，成本高，因而应用不广。

③ 用反压法防止地基土塑流挤出。软土是否会发生塑流挤出，主要取决于作用在基底平面处土体上的压力差，压差小，发生塑流挤出的可能性也就减小。如在基础两侧堆土反压，就可减小压差，增加地基的稳定性。这种方法不需要特殊的施工机具，也不需控制填土速率，施工简易。但土方量、占地面积、后期沉降均较大，因此，只适用于非耕作区和取土不困难的地区。

（5）地基处理　地基处理的方法详见第九章。

第二节　黄土地基

黄土是第四纪干旱和半干旱气候条件下，形成的一种呈褐黄色或灰黄色、具有针状孔隙及垂直节理的特殊土。

在我国，黄土分布的面积约有 64 万平方公里，其中具有湿陷性的约 27 万平方公里。主要分布在秦岭以北的黄河中游地区，如甘、陕的大部分和晋南、豫西等地，在我国大的地貌分区图上，称之为黄土高原。河北、山东、内蒙古和东北南部以及青海、新疆等地亦有所分布。黄土地区沟壑纵横、常发育成为许多独特的地貌形状，常见的有：黄土塬、黄土梁、黄土峁、黄土陷穴等地貌。

黄土在天然含水量时，呈坚硬或硬塑状态，具有较高的强度和低的或中等偏低的压缩性。但遇水浸湿后，有的即使在自重作用下也会发生剧烈而大量的沉陷（称为湿陷性），强度也随之迅速降低。而有些地区的黄土却并不发生湿陷。可见，同样是黄土，遇水浸湿后的反应却有很大的差别。具有湿陷性的黄土称为湿陷性黄土。湿陷性黄土可分为自重湿陷性黄土和非自重湿陷性黄土两种。前者是指在上覆土自重压力下受水浸湿发生湿陷的湿陷性黄土；后者是指只有在大于上覆土自重压力下（包括附加应力和土自重应力）受水浸湿后才会发生湿陷的湿陷性黄土。在土建工程中，对自重湿陷性黄土尤应加以注意。

黄土是第四纪的产物，从早更新世（Q_1）开始堆积，经历了整个第四纪，直至目前还没有结束，黄土地层的划分见表 10-1。

表 10-1　黄土地层的划分

时　　代		地层的划分	说　　明
全新世（Q_4）黄土	新黄土	黄土状土	一般具湿陷性
晚更新世（Q_3）黄土		马兰黄土	
中更新世（Q_2）黄土	老黄土	离石黄土	上部部分土层具湿陷性
早更新世（Q_1）黄土		午城黄土	不具湿陷性

注：全新世（Q_4）黄土包括湿陷性（Q_4^1）黄土和新近堆积（Q_4^2）黄土。

一、湿陷性黄土的物理性质

（1）颗粒组成　以粉粒为主。约占 60%～70%，粒度大小均匀，黏粒含量较小，一般仅占有 10%～20%。黄土的湿陷性与黏粒含量的多少有一定关系。

（2）孔隙比 e　湿陷性黄土的孔隙比较大，一般在 0.8～1.2 之间，大多数在 0.9～1.1之间。有肉眼可见的大孔隙。在其他条件相同的情况下，孔隙比越大，湿陷性越强。

（3）天然含水量 w　湿陷性黄土的含水量较小，一般在 8%～20% 之间。含水量低时，湿陷性强烈，但土的强度较高，随着含水量增大，湿陷性逐渐变弱。一般来说，当含水量在23% 以上时，湿陷性已基本消失。

（4）饱和度 S_r　湿陷性黄土饱和度在 17%～77% 之间，随着饱和度增大，黄土的湿陷性减弱。

（5）可塑性　湿陷性黄土的塑性较弱，塑限一般在 16%～20% 之间。液限一般在26%～32% 之间，塑性指数为 7～13，属粉土和粉质黏土。

（6）透水性　由于大孔隙和垂直节理发育，故湿陷性黄土透水性比粒度成分相类似的一般黏性土要强得多，常为中等透水性。

二、湿陷性黄土的力学性质

（1）压缩性　我国湿陷性黄土的压缩系数 a_{1-2} 一般在 0.1～1.0MPa^{-1} 之间。在晚更新世（Q_3）早期形成的湿陷性黄土，多属低压缩性或中等偏低压缩性，而 Q_3 期晚期和 Q_4 期形成的多是中等偏高，甚至为高压缩性。

（2）抗剪强度　尽管孔隙率较高，但仍具有中等抗压缩能力，抗剪强度较高。但最新堆积黄土（Q_4）土质松软，强度低，压缩性高。

（3）黄土湿陷性评价　分析、判别黄土是否属于湿陷性的，其湿陷性强弱程度、地基湿陷类型和湿陷等级，是黄土地区勘察与评价的核心问题。

判别黄土是否具有湿陷性，可根据室内浸水（饱和）压缩试验，在一定压力下测定的湿陷系数 δ_s 来判定。

湿陷系数是指天然土样单位厚度的湿陷量，计算公式如下：

$$\delta_s = \frac{h_p - h_p'}{h_0} \tag{10-1}$$

式中　h_p——保持天然湿度和结构的土样，加压至一定压力时，下沉稳定后的高度，mm；

h'_p——上述加压稳定后的土样，在浸水（饱和）作用下，附加下沉稳定后的高度，mm；

h_0——土样的原始高度，mm。

按式（10-1）计算的湿陷系数 δ_s 对黄土湿陷性判定如下：

当 $\delta_s < 0.015$ 时，为非湿陷性黄土；

当 $\delta_s \geqslant 0.015$ 时，为湿陷性黄土。

根据湿陷系数大小，可以大致判断湿陷性黄土湿陷性的强度，一般认为

$0.015 \leqslant \delta_s \leqslant 0.03$ 时，湿陷性轻微；

$0.03 < \delta_s \leqslant 0.07$ 时，湿陷性中等；

$\delta_s > 0.07$ 时，湿陷性强烈。

黄土的湿陷类型可按室内压缩试验，在土的饱和（$S_r > 0.85$）自重压力下测定的自重湿陷系数来判定。自重湿陷系数按下式计算：

$$\delta_{zs} = \frac{h_z - h'_z}{h_0} \tag{10-2}$$

式中　h_z——保持天然湿度和结构的土样，加压至土的饱和自重压力时，下沉稳定后的高度，mm；

h'_z——上述加压稳定后的土样，在浸水作用下，下沉稳定后的高度，mm；

h_0——土样的原始高度，mm。

黄土的湿陷类型可按式（10-2）计算的自重湿陷系数来判定：

$\delta_{zs} < 0.015$ 时，定为非自重湿陷性黄土；

$\delta_{zs} \geqslant 0.015$ 时，定为自重湿陷性黄土。

建筑场地或地基的湿陷类型，应按现场试坑浸水试验实测自重湿陷量 Δ'_{zs} 或按室内试验累计的计算自重湿陷量 Δ_{zs} 判定。

实测自重湿陷量 Δ'_{zs}，应根据现场试坑浸水试验确定。

计算自重湿陷量应根据不同深度土样的自重湿陷系数，按下式计算：

$$\Delta_{zs} = \beta_0 \sum_{i=1}^{n} \delta_{zsi} h_i \tag{10-3}$$

式中　δ_{zsi}——第 i 层土在上覆土的饱和（$S_r > 0.85$）自重压力下的自重湿陷系数；

h_i——第 i 层土的高度，mm；

β_0——因地区土质而异的修正系数，对陇西地区可取 1.5，对陇东-陕北-晋西地区可取 1.2，对关中地区可取 0.9，对其他地区取 0.5。

当实测或计算自重湿陷量小于或等于 7cm 时，定为非自重湿陷性黄土场地；

当实测或计算自重湿陷量大于 7cm 时，定为自重湿陷性黄土场地。

当实测或计算自重湿陷量出现矛盾时，应按自重湿陷量的实测值判定。

湿陷性黄土地基受水浸润饱和时，总湿陷量 Δ_s 可按式（10-4）计算

$$\Delta_s = \sum_{i=1}^{n} \beta \delta_{si} h_i \tag{10-4}$$

式中　δ_{si}——第 i 层土的湿陷系数；

h_i——第 i 层土的高度，mm；

β——考虑基底下地基土的侧向挤出和浸水几率等因素的修正系数。基底下 5m（或压缩层）深度内可取 1.5；基底下 5～10m（或压缩层）深度内可取 1.0；基底下 10m 以下至非自重湿陷性黄土层顶面，在自重湿陷性黄土场地，可取工程所在地区的 β_0 值。

湿陷性黄土的湿陷等级可以根据基底下各土层累计的总湿陷量和计算自重湿陷量的大小等因素按表 10-2 进行判定。

表 10-2　湿陷性黄土地基的湿陷等级

湿陷类型 计算自重 湿陷量/cm 总湿陷量/cm	非自重湿陷性场地	自重湿陷性场地	
	$\Delta_{zs}\leqslant 7$	$7<\Delta_{zs}\leqslant 35$	$\Delta_{zs}>35$
$\Delta_s\leqslant 30$	Ⅰ（轻微）	Ⅱ（中等）	—
$30<\Delta_s\leqslant 70$	Ⅱ（中等）	Ⅱ（中等）或Ⅲ（严重）	Ⅲ（严重）
$\Delta_s>70$	Ⅱ（中等）	Ⅲ（严重）	Ⅳ（很严重）

注：当总湿陷量 $\Delta_s>60$cm，计算自重湿陷量 $\Delta_{zs}>30$cm 时，可判为Ⅲ级，其他情况可判为Ⅱ级。

三、湿陷性黄土地基的工程处理措施

湿陷性黄土地基处理的目的，主要是为了改善地基土的力学性质，防止和减小建筑物地基浸水湿陷，它与其他土的地基处理的目的是不一样的。

1. 湿陷性黄土场地上的建筑物分类

湿陷性黄土地区的建筑物根据其重要性、地基受水浸湿可能性的大小和在使用期间对不均匀沉降限制的严格程度分为甲、乙、丙、丁四类，见表 10-3。

表 10-3　湿陷性黄土场地上的建筑物分类

建筑物分类	各类建筑的划分
甲类	高度大于 60m 和 14 层及 14 层以上体型复杂的建筑 高度大于 50m 的构筑物 高度大于 100m 的高耸结构 特别重要的建筑 地基受水浸湿可能性大的重要建筑 对不均匀沉降有严格限制的建筑
乙类	高度为 24～60m 的建筑 高度为 30～50m 的构筑物 高度为 50～100m 的高耸结构 地基受水浸湿可能性较大的重要建筑 地基受水浸湿可能性大的一般建筑
丙类	除乙类以外的一般建筑和构筑物
丁类	次要建筑

2. 湿陷性黄土场地上的建筑物对地基处理的要求

湿陷性黄土场地上的建筑应针对不同土质条件和建筑物的类别，在地基压缩层内或湿陷性黄土层内采取处理措施，以满足沉降控制的要求。

（1）甲类建筑应消除地基的全部湿陷量或采用桩基础穿透全部湿陷性黄土层，或将基础设置在非湿性黄土层上。消除地基的全部湿陷量的处理厚度的要求如下。

① 在非自重湿陷性黄土场地，应将基础底面以下附加压力与上覆土的饱和自重压力之和大于湿陷起始压力的所有土层进行处理，或处理至地基压缩层的深度止。

② 在自重湿陷性黄土场地，应处理基础底面以下的全部湿陷性黄土层。

（2）乙类建筑应消除地基的部分湿陷量。其最小处理厚度的要求如下。

① 在非自重湿陷性黄土场地，不应小于地基压缩层深度的 2/3，且下部未处理湿陷性黄土层的起始压力值不应小于 100kPa。

② 在自重湿陷性黄土场地，不应小于湿陷性土层深度的 2/3，且下部未处理湿陷性黄土

层的剩余湿陷量不应大于 150mm。

③ 如基础宽度大或湿陷性黄土层厚度大，处理地基压缩层深度的 2/3 或全部湿陷性黄土层深度的 2/3 确有困难时，在建筑物范围内应采用整片处理。其处理厚度：在非自重湿陷性黄土场地不应小于 4m，且下部未处理湿陷性黄土层的湿陷起始压力值不宜小于 100kPa；在自重湿陷性黄土场地不应小于 6m，且下部未处理湿陷性黄土层的剩余湿陷量不宜大于 150mm。

(3) 丙类建筑应消除地基的部分湿陷量。其最小处理厚度的要求如下。

① 当地基湿陷性等级为Ⅰ级时，对单层建筑可不处理地基；对多层建筑，地基处理厚度不应小于 1m，且下部未处理湿陷性黄土层的湿陷起始压力值不宜小于 100kPa。

② 当地基湿陷性等级为Ⅱ级时，在非自重湿陷性黄土场地，对单层建筑，地基处理厚度不应小于 1m，且下部未处理湿陷性黄土层的湿陷起始压力值不宜小于 80kPa；对多层建筑，地基处理厚度不宜小于 2m，且下部未处理湿陷性黄土层的湿陷起始压力值不宜小于 100kPa；在自重湿陷性黄土场地，地基处理厚度不应小于 2.5m，且下部未处理湿陷性黄土层的剩余湿陷量不应大于 200mm。

③ 当地基湿陷性等级为Ⅲ或Ⅳ级时，对多层建筑宜采用整片处理，地基处理厚度分别不应小于 3m 或 4m，且下部未处理湿陷性黄土层的剩余湿陷量，单层及多层建筑均不应大于 200mm。

(4) 丁类建筑的地基可不处理。

3. 湿陷性黄土地基的工程措施

在湿陷性黄土场地上修建建筑物必须根据建筑物的重要性、地基湿陷的类别与等级、地基受水浸湿可能性的大小和施工条件，因地制宜，采取以地基处理为主的综合措施，防止地基湿陷，确保建筑物安全和正常使用。

(1) 地基处理 地基处理的目的在于破坏湿陷性黄土的大孔结构，以便完全或部分消除地基土的湿陷性。选择地基处理方法，应根据建筑物的类别和湿陷性黄土的特性，并考虑施工设备、施工进度、材料来源和当地环境等因素，经技术经济综合分析比较后确定。湿陷性黄土地基常用的处理方法，可按表 10-4 选择。

(2) 防水措施 湿陷性黄土产生湿陷必须具备的外部条件是地基土浸水。防水措施的目的是消除黄土发生湿陷变形的外在条件。

① 基本防水措施：在建筑物布置、场地排水、屋面排水、地面防水、散水、排水沟、管道敷设、管道材料和接口等方面，应采取措施防止雨水或生产、生活用水的渗漏。

② 检漏防水措施：在基本防水措施的基础上对防护范围内的地下管道，应增设检漏管沟和检漏井。

表 10-4 湿陷性黄土地基常用的处理方法

名 称		适 用 范 围	可处理基底下湿陷性黄土层厚度/m
垫层法		地下水位以上，局部或整片处理	1～3
夯实法	强夯	地下水位以上，$S_r < 60\%$ 的湿陷性黄土，局部或整片处理	3～6
	重夯		1～2
挤密法		地下水位以上，$S_r < 65\%$ 的湿陷性黄土	5～15
桩基础		基础荷载大，有可靠的持力层	≤30
预浸水法		Ⅲ、Ⅳ级自重湿陷性黄土场地，6m 以下尚应采用垫层等方法处理	可消除地面 6m 以下全部土层的湿陷性
单液硅化或碱液加固法		加固地下水位以上的已有建筑物地基	≤10，单液硅化加固的最大深度可达 20

③ 严格防水措施：在检漏防水措施的基础上，应提高防水地面、排水沟、检漏管沟和

检漏井等设施的材料标准，如增设可靠的防水层、采用钢筋混凝土排水沟等。

（3）结构措施　结构措施是前两项措施的补充手段。其目的是为了使建筑物结构能适应不均匀沉降和局部变形，以弥补其他措施失效而产生的地基变形。它包括建筑平面布置力求简单，加强建筑上部结构整体刚度，预留沉降净空等来减小建筑物不均匀沉降或使建筑物能适应或抵抗地基的湿陷变形。

第三节　红黏土地基

红黏土是指在亚热带湿热气候条件下，碳酸盐类岩石及其间所夹的其他岩石，经红土化作用（即成土化学风化作用）形成的棕红、褐黄等颜色的高塑性黏土，其液限一般大于50%，具有表面收缩、上硬下软、裂隙发育的特征。经流水再搬运之后仍保留其基本特征，液限大于45%的坡、洪积物称为次生红黏土。

红黏土及次生红黏土广泛分布于我国的云贵高原、四川东部、广西、粤北及鄂西、湘西等地区的低山、丘陵地带顶部和山间盆地、洼地、缓坡及坡脚地段。

一、红黏土的一般物理力学特征

① 天然含水量高，一般为40%～60%，有的高达90%。

② 密度小。天然孔隙比一般为1.4～1.7，最高达2.0，具有大孔隙。

③ 高塑限，液限一般为60%～80%，有的高达110%；塑限一般为40%～60%，有的高达90%；塑性指数一般为20～50。

④ 由于塑限很高，所以尽管红黏土天然含水量高，一般仍处于坚硬或硬塑状态。液限指数一般小于0.25。但其饱和度一般在90%以上，因此，甚至坚硬红黏土也处于饱和状态。

⑤ 一般呈现较高的强度和较低的压缩性，三轴剪切内摩擦角为0°～3°，黏聚力50～160kPa，压缩系数 $a_{1-2}=0.1～0.4\text{MPa}^{-1}$，变形模量10～30MPa，最高可达50MPa，荷载试验比例界限200～300kPa。

⑥ 不具有湿陷性，其湿陷系数为0.0004～0.0008≪0.015。原状土浸水后膨胀量很小（<2%），但失水后收缩剧烈。原状土体积收缩率为25%，而扰动土可达40%～50%。

二、红黏土的工程地质特征

1. 红黏土的物理力学性质变化范围及其规律性

从上面的叙述可知，红黏土的物理力学指标具有相当大的变化范围，其承载力自然会有显著的差别。貌似均匀的红黏土，其工程性能的变化却十分复杂，这也是红黏土的一个重要特点。

① 在沿深度方向，随着深度的加大，其天然含水量、孔隙比和压缩性都有较大的增高，状态由坚硬、硬塑可变为可塑、软塑以及流塑状态，因而强度则大幅度降低。

② 在水平方向，随着地形地貌及下伏基岩的起伏变化，红黏土的物理力学指标也有明显的差别。在地势较高的部位，由于排水条件好，其天然含水量、孔隙比和压缩性均较低，强度较高，而地势较低处则相反。因此，红黏土的物理力学性质在水平方向是很不均匀的。

③ 平面分布上的次生坡积红黏土与原生残积红黏土，其物理力学性能有着显著的差别。

2. 红黏土的胀缩性

由于红黏土的矿物成分亲水性较弱，使得天然状态下的红黏土的膨胀量极小。另外，红黏土具有高孔隙比、高含水量、高分散性及呈饱和状态，致使红黏土有很高的收缩量。因此，红黏土的胀缩性表现为以收缩为主。

3. 红黏土的裂隙性

呈坚硬、硬塑状态的红黏土由于强烈收缩作用形成了大量裂隙，并且裂隙的发育和发展速度极快。故裂隙发育也是红黏土的一大特征。由于裂隙的存在，又促使土层深部失水，有些裂隙发展成为地裂。土中裂隙发育深度一般为2～4m，有效可达7～8m，土体整体性遭到破坏，总体强度大为削弱。

在干旱气候条件下，新挖坡面几日内便会被裂隙切割得支离破碎，容易使地面水侵入，导致土的抗剪强度降低，常常造成边坡变形和失稳。

三、红黏土地基的工程处理措施

（1）在红黏土地基上的建筑物，应充分利用红黏土上硬下软的特征，基础尽量浅埋。但基础的埋深必须深于大气对红黏土影响的深度。如果采用天然地基不能满足上述要求，则宜放弃天然地基，改用桩基。对基岩面起伏大、岩质坚硬的地基，可采用大直径嵌岩桩或墩基。

（2）红黏土的厚度随下卧基岩面起伏而变化，常引起不均匀沉降。对不均匀地基应优先考虑地基处理。对基底下有一定厚度，但其变化较大的红黏土地基，通常是挖除土层较厚端的部分土，把基底做成阶梯状，使基底下可压缩土层厚相对均匀。如遇到基底下有可塑性的红黏土，可用低压缩材料做置换处理。对外露石芽，最简便有效的方法是打掉一定厚度的石芽，铺以一定厚度的可压缩材料做褥垫进行处理。炉渣、中细砂是理想的可压缩材料。基坑开挖时宜采取保温保湿措施，防止失水干缩。

（3）由于红黏土层下卧基岩岩溶现象发育，因此，在红黏土中可能有土洞存在，这会严重危及建筑物场地和地基的稳定性。红黏土作为地基时，对局部软弱土应进行清除，对孔洞予以充填，并作好相应的防渗排水措施。

（4）红黏土的裂隙破坏了土体的整体性，大大地削弱了土体的强度。因此，在进行地基基础设计时，土的抗剪强度及地基承载力都应作相应的折减。对分布于红黏土中的地裂带应尽量避开。

第四节　膨胀土地基

膨胀土是指土中黏粒成分主要由强亲水性矿物组成，同时具有显著的受水膨胀和失水收缩特性，且自由膨胀率大于或等于40%的高塑性黏性土。由于具有膨胀和收缩的特性，在膨胀土地区进行工程建设，如果不采取必要的设计和施工措施，很容易导致土体的变形、开裂及建筑物倒塌等严重事故。

膨胀土在我国分布广泛，以黄河以南地区较多，常常呈岛状分布。膨胀土的主要矿物成分为蒙脱石和伊利石。以蒙脱石为主的主要分布在我国的云南、广西、河南、河北的某些地区，以伊利石为主的主要分布在我国的安徽、四川、湖北、山东等的某些地区。

一、膨胀土的现场工程地质特征

1. 地形、地貌特征

膨胀土多分布在Ⅱ级或Ⅱ级以上的阶地、山前和盆地边缘丘陵地带，埋藏较浅，常见于地表。在微地貌方面有如下共同特征。

① 呈垄岗式地形，浅而宽的河谷，一般坡度平缓。

② 一般在河谷头部，水库岸边和路堑边坡上常见浅层滑坡。

③ 旱季地表出现裂隙，长数米至数百米，宽数厘米至数十厘米，深数米，到雨季则闭合。

2. 工程地质特征

（1）地质年代　我国膨胀土形成的地质年代大多为第四纪晚更新世（Q_3）及以前，少量为全新世（Q_4）。

（2）成因　大多为残积，有的是冲积、洪积或坡积。

（3）岩性　在自然条件下，膨胀土呈灰白、灰绿、灰黄、花斑（杂色）和棕红等色，多为黏土颗粒组成，为硬塑或坚硬状态，裂隙较发育，裂隙面光滑，呈油脂或蜡状光泽，有擦痕或水渍以及铁、锰氧化物薄膜。在临近边坡处，裂隙往往构成滑坡的滑动面。在地表部位常因失水而裂开，雨季又会因浸水而重新闭合。

3. 水文地质特征

膨胀土地区的地下水一般为上层滞水或裂隙水，水位变化大，随季节而异。

二、膨胀土的物理力学指标

① 黏粒（$<2\mu m$）含量高，超过 20%。

② 天然含水量通常在 20%～30%，接近塑限，饱和度一般大于 85%。

③ 塑性指数大都大于 17，多数在 22～35 之间。

④ 液性指数小，在天然状态呈硬塑或坚硬状态。表现为强度较高，常被误认为是良好的天然地基。

⑤ 天然孔隙比小，变化范围常在 0.5～0.8 之间。

⑥ 土的压缩性小，多属低压缩土。

⑦ 自由膨胀量一般超过 40%，也有超过 100% 的。

⑧ 内摩擦角 φ、黏聚力 c 在浸水前后相差较大，尤其是 c 值可下降 2～3 倍以上。

三、膨胀土的胀缩性

（一）膨胀土的膨胀性

膨胀土的膨胀是指在一定条件下，因其吸水而体积增大的现象，这是膨胀土中黏性矿物与水相互作用的结果。反映膨胀土膨胀性能的指标有自由膨胀率和一定压力下的膨胀率。

（1）自由膨胀率（δ_{ef}）　将人工自备的烘干土浸泡于水中，在水中经过充分浸泡后增加的体积与原体积之比，称为自由膨胀率，可按下式计算：

$$\delta_{ef}=\frac{V_w-V_0}{V_0} \tag{10-5}$$

式中　V_w——土样在水中膨胀稳定后体积，cm^3；

$\qquad V_0$——土样原有的体积，cm^3。

自由膨胀率是一个与主要矿物成分有关的指标。由于试验简单、快捷，自由膨胀率可用来初步判定是否是膨胀土。

（2）膨胀率（δ_{ep}）　在一定压力下，处于侧限条件下的原状土样浸水膨胀稳定后，试样增加的高度与原高度之比，称为膨胀率，可按下式计算：

$$\delta_{ep}=\frac{h_w-h_0}{h_0} \tag{10-6}$$

该指标与土的含水量关系密切，通常土的含水量越低，其膨胀率越高。膨胀率可用来评价土的胀缩等级，计算膨胀土地基的变形量以及测定膨胀力。

（二）膨胀土的收缩性

膨胀土的收缩特性是由于大气环境或其他因素造成土中水分减少，在土体中引起收缩的现象。收缩变形可用收缩系数表示。收缩系数的定义为含水量减少 1% 时土样的竖向收缩变形量。收缩系数大，其收缩变形就大。

（三）膨胀潜势与胀缩等级

膨胀潜势反映土体内部积蓄的膨胀势能大小，用来判别土的胀缩性高低。由于自由膨胀率能综合反映膨胀土的组成、特征及危害程度，因此《膨胀土地区建筑技术规范》（GB 50112—2013）规定按自由膨胀率的大小划分土的膨胀潜势的强弱，见表 10-5。自由膨胀率小于 40% 者可不定为膨胀土。

表 10-5　膨胀土的膨胀潜势分类

自由膨胀率 /%	膨 胀 潜 势
$40 \leqslant \delta_{ef} < 65$	弱
$65 < \delta_{ef} \leqslant 90$	中
$\delta_{ef} \geqslant 90$	强

地基的胀缩等级应根据地基的膨胀、收缩变形对低层砖混房屋的影响程度可按表 10-6 划分为三级。

表 10-6　膨胀土地基的胀缩等级

S_c /mm	级别
$15 \leqslant S_c < 35$	Ⅰ
$35 \leqslant S_c < 70$	Ⅱ
$S_c \geqslant 70$	Ⅲ

注：地基分级变形量 S_c 可按《膨胀土地区建筑技术规范》（GB 50112—2013）公式计算。

四、膨胀土的危害

膨胀土的膨胀与收缩是一个互为可逆的过程。吸水膨胀，失水收缩；再吸水，再膨胀；再失水，再收缩。这种互为可逆的过程是膨胀土的一个主要属性。普通的黏性土也有胀缩性，但其量较小，对工程的影响不大。而膨胀土的膨胀—收缩—再膨胀的往复变形特性非常显著。随着季节气候的变化，建造在膨胀土地基上的建筑物会反复不断地产生不均匀的抬升和下沉，致使建筑物破坏。这种破坏具有以下规律。

① 建筑物的开裂破坏具有地区性成群出现的特点，裂缝会随气候变化不断地张开和闭合，而且以低层轻型、砖混结构损坏最为严重。

② 房屋在垂直和水平方向都受弯和受扭，故在房屋转角处首先开裂，墙上出现对称或不对称的八字形、X 形裂缝。外纵墙基础由于受到地基在膨胀过程中产生的竖向切力和侧向水平推力的作用，造成基础移动而产生水平裂缝和位移，室内地坪和楼板发生纵向隆起开裂。

③ 膨胀土边坡不稳定，地基会产生水平向和垂直向的变形，坡地上的建筑物损坏要比平地上更严重。

另外，膨胀土的胀缩还会使公路路基发生破坏，堤岸，路堑发生滑坡，涵洞、桥梁等刚性结构物产生不均匀沉降，导致开裂等。

五、膨胀土的判别

膨胀土的判别，是解决膨胀土问题的前提。

迄今为止，国内外有许多方法来判别膨胀土，但其标准并不统一。我国目前采用综合的判别方法，即根据现场的工程地质特征、自由膨胀率和建筑物的破坏特征三部分来综合判定，其中前二者是用来判别是否是膨胀土的主要依据，但并不是唯一的因素。必要时，还需要进行土的黏土矿物的化学成分等试验。

凡具有上述土体的工程地质特征以及已有建筑物变形、开裂特征的场地，且土的自由膨胀率大于或等于 40% 的土，应判定为膨胀土。

六、膨胀土地基的工程处理措施

在膨胀土地基上建造基础时，应从设计和地基处理两方面采取措施。

（1）总平面设计　总平面布置时最好选择胀缩性较小和土质较均匀的地区布置建筑物。建筑场地要设计好地表排水，建筑物周围宜布置种植草皮等。总图设计要做好护坡保湿设计。

（2）建筑设计　建筑物不宜过长，体型应简单，避免凹凸，转角。必要时可设置沉降缝。设计时应考虑地基的胀缩变形对轻型结构建筑物的损坏作用，尽量少用1~2层的低层民用建筑，做宽散水并增加覆盖面。室内地坪宜采用混凝土预制块，不做砂、石等垫层。要辅以防水处理。建筑物的角端和内外墙的连接处，必要时可增设水平钢筋。

（3）结构设计　应尽量避免使用对基础变形敏感的结构。可采取增加基础附加荷载的措施以减少土的胀缩变形。建筑物的角端和内外墙的连接处，必要时可增设水平钢筋。砌体结构内可设钢筋混凝土圈梁。

（4）地基处理　膨胀土地基处理可采用换土、砂石垫层、土性改良等方法，亦可采用桩基，也可采用增大基础埋深等措施。确定处理方法应根据土的胀缩等级、地方材料以及施工工艺等，进行综合技术经济比较。

第五节　山　区　地　基

一、山区地基的特点

山区地基，由于地质条件复杂，与平原地区相比，具有如下特点。

（1）地面高差悬殊　大量的平整场地工作往往使同一建筑物的部分基础置于挖方区，而另一部分基础置于填方区；一部分基础置于河道上，而另一部分基础置于硬岩土层上，如果处理不当，很容易使地基产生不均匀沉降。

（2）基岩起伏变化较大　在山顶基岩埋藏浅，有的露出地表，在山麓常有大块孤石，在沟谷常遇到淤泥等软弱土层。由于基岩起伏，上覆土层的厚度不同，常常使建筑物一部分基础置于坚硬的基岩上；另一部分基础置于土层上，使建筑物地基产生不均匀沉降。

（3）土层复杂　山区地基由于土层在平面与竖向分布上常有很大的差异，不但层次多，且各种土层的物理力学指标相差悬殊，在平面上土层厚度变化较大。

（4）局部软弱土层　山区常遇到有古（老）池塘，河道沟渠的淤泥细砂，软塑状黏性土层等局部软弱土层，一般面积不大，对一个建筑物地基的影响虽只是局部的，但如果处理不当，易产生基础不均匀沉降，也应重视。

（5）地质灾害多　由于山区山高坡陡，集水面积广，山洪暴发时地表水径流量大，往往容易造成滑坡、塌方、泥石流以及岩溶、土洞等不良地质现象。

这些特点说明山区地基的均匀性和稳定性都很差。根据《建筑地基基础设计规范》（GB 50007—2011）规定，山区（包括丘陵地带）地基的设计应考虑下列因素。

① 建设场区内，在自然条件下有无滑坡现象，有无断层破碎带。
② 施工过程中，因挖方、填方、堆载和卸载等对山坡稳定性的影响。
③ 建筑地基的不均匀性。
④ 岩溶、土洞的发育程度。
⑤ 出现山崩、泥石流等不良地质现象的可能性。
⑥ 地面水、地下水对建筑地基和建设场区的影响。

二、土岩组合地基

在山区建筑地基（或被沉降缝分隔区段的建筑地基）的主要受力层范围内，如遇下列情况之一者，属于土岩组合地基。

① 下卧基岩表面坡度较大的地基。

② 石芽密布并有出露的地基。

③ 大块孤石或个别石芽出露的地基。

对于下卧基岩表面坡度较大的地基，由于基岩表面倾斜，使基底下土层厚薄不均匀，以使建筑物产生不均匀沉降，导致建筑物倾斜或土层沿着岩面产生滑动而丧失稳定。当下卧基岩是单向倾斜，为防止建筑物倾斜或沿坡面滑动，可调整基础的宽度和深度，或采用桩基和深基础等处理措施。例如，沿岩基倾斜方向，土层深的采用桩基，土层浅的直接支承在基岩上，既可减少不均匀沉降，又可减少挖土方工程量和不必要的挡土墙工程。对于局部为软弱土层时，可采用基础梁、桩基、换土或其他方法进行处理。

对于石芽密布并有出露的地基，当石芽间的覆土较薄时，可采取挖去覆土，用碎石或土夹石等压缩性较小的材料，重新分层回填夯实；当设计允许的时，也可调整柱距，利用石芽作支墩或基础或在石芽出露部位作褥垫；当石芽间距小于 2m，其间为硬塑或坚硬状态的红黏土时，建筑物独立柱基底压力在 200kPa 以下可不做地基处理；若石芽间为软弱积土，且建筑物独立柱基底压力在 200kPa 以上，可采用桩基或箱型基础。

对于大块孤石或个别石芽出露的地基，在地基处理时，应使地基局部坚硬部位的变形与周围土的变形条件相适应，否则极易在软硬交界处产生不均匀沉降，导致建筑物开裂。当土层的承载力特征值大于 150kPa、房屋为单层排架结构或一、二层砌体承重结构时，应在基础与岩石接触的部位将大块孤石或石芽等削低分层回填可压缩性的材料并分层夯实，使它与其他基础的压缩性相适应。垫层厚度视所需要调整沉降量而定，一般采用 300~500mm。另外垫层下的岩基应凿成斜面，且基槽要稍大于基础的尺寸。当建筑物为多层框架，独立柱基础承重较大时应采用人工挖孔桩或采用箱型基础。

三、岩溶地基

岩溶（又称喀斯特）指可溶性岩石，特别是碳酸盐类岩石（如石灰岩、白云岩、石膏、岩盐等），在含有二氧化碳的流水溶（浸）蚀作用下，产生沟槽、裂隙和空洞以及由于空洞顶板塌落使地表出现陷穴、洼地等现象和作用的总称。此种地貌地区，往往奇峰林立，呈奇特形状，有洞穴、石芽、石沟、石林、溶洞、地下河和峭壁等。

我国是个多溶洞的国家，尤其是碳酸盐类岩溶，西南地区、东南地区都有分布，贵州、云南、广西等地区最为集中，尤以广西境内的溶洞著称，如桂林的七星岩、芦迪岩等。北京西南郊周口店附近的上方山云水洞，深 612m，有七个"大厅"被一条窄长的"走廊"相连，洞的尽头是一个硕大的石笋，美名十八罗汉，石笋背后即是深不可及的落水洞，也有一定规模。周口店的龙骨洞，洞虽不大，却是我们老祖宗的栖身地。

1. 岩溶发育条件与规律

（1）岩石的可溶性　地表附近有节理发育的致密石灰岩。

（2）岩石的透水性　雨水渗入可溶性岩石内部是加速岩石溶解和地质作用的重要因素。

（3）地下水的运动　地下水排水条件好，交替作用强，喀斯特发展速度快；地下水运动缓慢，则情况相反，溶解的碳酸钙不能及时带走，停滞的地下水很快成为饱和溶液而失去再溶蚀能力。

（4）水的溶解能力　净水溶解能力是比较低的，当水中含有碳酸（H_2CO_3）时，溶解能力加强。自然界碳酸的来源很多，主要来自空气中大量的二氧化碳（CO_2）和雨水的化合，以及土壤层中各种生物化学作用产生的二氧化碳与水的化合。

此外，气候和岩石成分、结构、产状、厚度等，对喀斯特的发育也有很大的影响。

雨水沿水平的和垂直的裂缝渗透，将石灰岩溶解，并以溶液形式带走。沿节理发育的垂直裂隙逐渐加宽、加深，形成石骨嶙峋的地形。当雨水沿地下裂缝流动时，就不断使裂缝加宽、加深，直到终于形成洞穴系统或地下河道。

岩溶按其发育演化，岩溶可分为以下6种。

① 地表水沿石灰岩内的节理面或裂隙面等发生溶蚀，形成溶沟（或溶槽），原先成层分布的石灰岩被溶沟分开成石柱或石笋。

② 地表水沿灰岩裂缝向下渗流和溶蚀，超过100m深后形成落水洞。

③ 从落水洞下落的地下水到含水层后发生横向流动，形成溶洞。

④ 随地下洞穴的形成地表发生塌陷，塌陷的深度大面积小，称坍陷漏斗，深度小面积大则称陷塘。

⑤ 地下水的溶蚀与塌陷作用长期相结合地作用，形成坡立谷和天生桥。

⑥ 地面上升，原溶洞和地下河等被抬出地表成干谷和石林，地下水的溶蚀作用在原有的溶洞和地下河之下继续进行。云南路南的石林是上述第一阶段（溶沟阶段）的产物，这里的自然风光因阿诗玛姑娘的动人传说而变得格外旖旎。桂林的象鼻山，则是原地下河道出露地表形成的。在广西境内，经常可看到这种抬升到地表以上的溶洞，俗称"神女镜"或"仙女镜"。

2. 岩溶地基稳定性评价

在岩溶地区有许多不利于建筑物地基的因素需要克服和预防。如有些地区在雨季时地表水来不及排泄，使一些岩溶洼地积水成灾；喀斯特洞穴导致坝区、库区发生渗漏；溶洞水流通道堵塞时发生涌水，有可能使场地被淹没；岩溶地下水位迅速下降，导致地面的塌陷等。下列区域属于工程地质条件不良或不稳定区域：①地面石芽、溶沟、溶槽发育，基岩起伏剧烈，其间有软土分布；②有规模较大的浅层溶洞、暗河、漏斗、落水洞；③溶洞水流通路会堵塞的。在一般情况下，应避免在以上区域修建建筑，如果一定要把这些区域作为建筑场地时必须采取防护和处理措施。

对岩溶地基稳定性评价，首先要了解岩溶的发育规律、分布情况和稳定程度，查明溶洞、暗河、漏斗、落水洞、陷穴的界限以及场地内有无出现涌水、淹没的可能性，供地基稳定性评价和选择建筑场地、布置总图时参考。

根据《建筑地基基础设计规范》（GB 50007—2011）规定：在岩溶地区，如果基础底面以下的土层厚度大于3倍独立基础底宽，或大于6倍条形基础底宽，且在使用期间不具备形成土洞的条件时，或基础位于微风化的硬质岩表面，对于宽度小于1m的竖向溶蚀裂隙和落水洞近旁地段，可以不考虑岩溶对地基稳定性的影响。当溶洞顶板与基础底面之间的土层厚度小于3倍独立基础底宽，或小于6倍条形基础底宽时，应根据洞体大小、顶板形状、厚度、岩体结构及强度、洞内充填情况以及岩溶地下水活动等因素进行洞体稳定性分析。如地基的地质条件符合下列情况之一时，对三层及三层以下的民用建筑或具有5t及5t以下吊车的单层厂房，可以不考虑溶洞对地基稳定性的影响：①溶洞被密实的沉积物填满，其承载力超过150kPa且无被冲蚀的可能性；②洞体较小，基础尺寸大于溶洞的平面尺寸，并有足够的支承长度；③微风化的硬质岩石中，洞体顶板厚度接近或大于洞跨。

3. 岩溶地基处理措施

对地基稳定性有影响的岩溶洞隙，应根据其位置、大小、埋深、围岩稳定性和水文地质条件综合分析，因地制宜采取下列措施。

① 对洞口较小的洞隙，宜采取镶补、嵌塞与跨盖等方法处理。

② 对洞口较大的洞隙，宜采用梁、板和拱等结构跨越，跨越结构应有可靠的支承面。梁式结构在岩石上的支承长度应大于梁高 1.5 倍，也可采用浆砌块石等堵塞措施。

③ 对于围岩不稳定、风化裂隙破碎的岩体，可采用灌浆加固和清爆填塞等措施。

④ 对规模较大的洞隙，可采用洞底支撑或调整柱距等方法处理。

四、土洞

土洞是指发育在可溶岩上覆土层中的空洞。其形成需有易被潜蚀的土层，其下有排泄、储存潜蚀物的岩溶通道。当地下水位在岩土交界面附近作频繁升降时，常产生水对土层的潜蚀而形成土洞。土洞是岩溶地区一种不良地质现象，具有埋藏浅、发育快、分布密、易引发地面塌陷的特点，对工程建设危害极大。

对建筑场地和地基范围内存在的土洞和塌陷，应采取如下处理措施。

（1）地表水形成的土洞　对地表水形成的土洞，可采取地表截留、防渗、堵漏等措施，杜绝地表水渗入土层。对已形成的土洞可采用挖填及梁板跨越等措施。

（2）地下水形成的土洞　对浅埋土洞，如全部清除有困难时，可以在余土上抛石夯实，其上做反滤层，层面用黏土夯填。由于余土可能发生压缩变形以及地下水的活动，可在其上做梁、板或拱跨越。对直径较小的深埋土洞，如稳定性较好，危害性小，可不处理洞体，仅在洞顶上部做梁、板跨越。对直径较大的深埋土洞，可用顶部钻孔灌砂（砾）或灌碎石混凝土的方法，以充填空洞。对重要建筑物，可采用桩基进行处理。

（3）人工降水形成的土洞　人工降水形成的土洞与塌陷，可在极短时间内成群出现。一旦发生，即使作了处理，由于并未改变其水动力，土洞仍会再生。因此，工程中应以预防为主。预防措施包括以下几个方面。

① 选择地势较高的地段及地下水静动水位均低于基岩面的地段修建建筑物。

② 建筑场地应与取水点中心保持一定距离。建筑物应设置在降水漏斗半径之外。如在降水漏斗半径之内布置建筑物时，需控制地下水降低值，保持动水位不低于上覆土层底部或稳定在基岩面以上，即使其不在土层底部上下波动。

③ 塌陷区内不应把土层作为基础持力层，一般多采用桩（墩）基。

第六节　其他特殊土地基

一、盐渍土地基

盐渍土是不同程度的盐碱化土的统称。一般盐渍土指的是地表层中易溶盐的平均含量＞0.3％，使之盐渍化了的土。

盐渍土分布在内陆干旱、半干旱地，滨海地区也有分布。我国的江苏北部、渤海沿岸、松辽平原、河南、陕西、内蒙古、甘肃、青海、新疆等地均有所分布。

盐渍土中的易溶盐有的以固态结晶状态分布于土粒之间，有的则以液态溶液存在于土的孔隙之中，而且随外界条件的变化，固—液态可以相互转换。这种转化以及易溶盐的性质都直接影响着土的物理力学性质。因此，在盐渍土地区修建建筑物，应充分认识盐渍土对工程的危害，以便采取一些必要的措施保证基础的安全与稳定。

盐渍土形成必须具备三个基本因素。

① 地下水的矿化度高，才有充分易溶盐的来源。

② 地下水位较高，毛细作用能达到地表或接近地表，水分才有被蒸发的可能。

③ 气候比较干旱，一般年降雨量小于蒸发量的地区，易形成盐渍土。

盐渍土分布有一定的地域性，一般分布在地势较低，地下水位较高的地段。我国盐渍土可分为滨海盐渍土，冲积平原盐渍土和内陆盐渍土。

盐渍土中主要的易溶盐主要是氯盐，其次是硫酸盐，少量是碳酸盐。盐渍土的基本特性与土中所含溶盐的性质有密切的关系。

(1) 氯盐（$NaCl$、KCl、$CaCl_2$、$MgCl_2$） 氯盐渍土具有很大的溶解度和吸湿性，且蒸发性弱，能使土中保持一定量的水分，促使土粒有较好的胶结，其强度反比一般土高。在干旱地区用氯盐渍土作地基土，易于夯实，但在潮湿的雨季，土体吸湿过分，而饱水容易产生基础翻浆冒泡的危害。

(2) 硫酸盐（Na_2SO_4、$MgSO_4$） 硫酸盐渍土受季节和昼夜温度变化引起硫酸盐吸水溶解、脱水结晶，而使体积发生变化，导致土体结构的破坏，变得十分松散。这种松散作用仅发生在地表 0.3m 厚的土层中，如果用＞2％的硫酸盐渍土作边坡时，则松散现象特别显著。边坡的松散土体，易被雨水冲走或被风吹蚀，造成边坡不稳。

(3) 碳酸盐（Na_2CO_3、$NaHCO_3$） 碳酸盐能增加黏性土的塑性和黏性。其水溶液有很大的碱性反应，吸水性大，渗透系数小，因而膨胀作用非常突出。若土中碳酸盐含量＞0.5％时，则土的隆胀量更为显著，隆胀的深度可达 1～3m。地基土体隆胀会造成基础与上部结构的变形和开裂，碳酸盐遇水溶解又会使土下沉。

在盐渍土地区进行工程建设，首先要注意提高建筑材料的防腐能力。如选用优质水泥，提高混凝土的密实性，加大保护层厚度，提高钢筋的防锈能力等。同时还可以采取在结构的表面做防水、防腐涂层等方法。此外，还要做好盐渍土的溶陷、盐胀防止工作。预防措施如下。

① 清除地基表层松散土层及含盐量超过规定的土层，使基础埋于盐渍土层以下，或采用含盐类型单一和含盐低的土层作为地基持力层或清除含盐多的表层盐渍土而代之以非盐渍土类的粗颗粒土层（碎石类土或砂土垫层），隔断有害毛细水的上升。

② 铺设隔绝层或隔离层，以防止盐分向上运移。

③ 采用垫层、重锤击实及强夯法处理浅部土层，可消除基土的湿陷量，提高其密实度及承载力，降低透水性，阻挡水流下渗；同时破坏土的原有毛细结构，阻隔土中盐分向上运移。

④ 厚度不大或渗透性较好的盐渍土，可采取浸水预溶，水头高度不应小于 30cm，浸水坑的平面尺寸，每边应超过拟建房屋边缘不小于 2.5m。

⑤ 对溶陷性高、土层厚及荷载很大、或重要建筑物上部地层软弱的盐沼地，可根据具体情况采用桩基础、灰土墩、混凝土墩或砾石墩基，深入到盐渍临界深度以下。

⑥ 施工时做好现场降排水，防止含盐水在土层表面及基础周围聚集，而导致盐胀。

二、冻土地基

冻土是指 0℃ 以下，并含有冰的各种岩石和土壤。一般可分为以下几种。

(1) 短时冻土 数小时、数日以至半月全部融化的冻土；

(2) 季节性冻土 冬季冻结，夏季全部融化的冻土；

(3) 隔年冻土 冬季冻结，一两年内不融化的冻土；

(4) 多年冻土 冻结状态持续三年或三年以上的土层。

我国多年冻土分为高纬度和高海拔多年冻土，高纬度多年冻土主要集中在大小兴安岭，面积为 38 万～39 万平方公里。高海拔多年冻土分布在青藏高原、阿尔泰山、天山、祁连山、横断山、喜马拉雅山以及东部某些山地，如长白山、五台山、太白山等。

冻土是一种对温度极为敏感的土体介质，含有丰富的地下冰。因此，冻土具有流变性和长期强度远低于瞬时强度的特征。由于这些特征，在冻土区修建建筑物时人们面临着两大危险：冻胀和融沉。土层发生冻胀的原因，不仅是由于水分冻结成冰时其体积要增大 9% 的缘故，且主要由于土层冻结时，周围未冻结区土中的水分会向表层冻结区迁移集聚，使冻结区土层中水分增加，冻结后的冰晶体不断增大，土体积也随之发生膨胀隆起。冻土的冻胀会使地基土隆起，使修建在其上的建筑物被抬起，引起建筑物开裂、倾斜甚至倒塌。

对工程危害更大的是在季节性冻土地区，一到春暖土层解冻融化后，由于土层上部积聚的冰晶体融化，使土中含水量大大增加，土层软化，强度大大降低。路基土冻融后，在车辆反复碾压下，轻者使路面变得松软，重者则使路面开裂、冒泥即翻浆，最终导致路面被完全破坏。冻融也会使房屋、桥梁、涵管发生大量下沉或不均匀下沉，引起建筑物开裂破坏。我国的青藏铁路就有一段路段需要通过冻土层，工程技术人员需要通过多种方法使冻土层的温度稳定，避免因为冻土层的变化而使铁路的路基不平，导致意外的发生。

季节性冻土的冻胀性和融陷性是相互关联的，常以冻胀性来表示。《建筑地基基础设计规范》（GB 50007—2011）根据土的类别、冻前天然含水量和冻结时地下水位相对深度，将地基土分为不冻胀、弱冻胀、冻胀和强冻胀四类。

把冻土作为地基，应对冻土的冻胀、融陷采取相应的措施，以消除或减小其对建筑物的不利影响。一般的工程措施如下。

① 尽可能把建筑物的持力层放在不冻胀或弱冻胀土层上。

② 满足《建筑地基基础设计规范》（GB 50007—2011）规定基础的最小埋置深度的要求，以消除基底的冻胀力。

③ 当冻土深度较大时，应在基础的侧面挖除冻胀土，回填中、粗砂等不冻胀土，以消除或减小水平向的冻胀力。

④ 选用具有抗冻性的基础断面，如利用冻胀反力的自锚作用，将基础断面改变，以便增强基础的抗冻胀能力。

第七节　地基基础的抗震

一、地震

1. 地震的概念

地震是一种自然现象，是由内、外地质作用引起的地壳震动现象的总称。地震是极其频繁的，全球每年发生地震约 550 万次。地震按其成因可以分为构造地震、火山地震、塌陷地震和诱发地震。

（1）构造地震　由于地下深处岩石破裂、错动把长期积累起来的能量急剧释放出来，以地震波的形式向四面八方传播出去，到地面引起的房摇地动称为构造地震。这类地震发生的次数最多，破坏力也最大，约占全世界地震的 90% 以上。

（2）火山地震　由于火山作用，如岩浆活动、气体爆炸等引起的地震称为火山地震。只有在火山活动区才可能发生火山地震，这类地震只占全世界地震的 7% 左右。

（3）塌陷地震　由于地下岩洞或矿井顶部塌陷而引起的地震称为塌陷地震。这类地震的规模比较小，次数也很少，即使有，也往往发生在溶洞密布的石灰岩地区或大规模地下开采的矿区。

（4）诱发地震　由于地下核爆炸、炸药爆破等人为引起的地面振动或水库蓄水、油田注水等活动而引发的地震称为诱发地震。这类地震仅仅在某些特定的水库库区、油田地区或爆炸地域发生。

上述地震中，构造地震能量大，涉及范围广，破坏性很大。近几十年来我国发生的地震，绝大多数都属于构造地震，如发生在邢台、营口—海城、唐山—丰南及四川汶川大地震，均属此类。因此，构造地震是房屋建筑抗震设防研究的主要对象。

地震比较频繁而猛烈的地区称"地震区"。地震区的分布形成了全球两大地震带：环太平洋地震带和地中海—喜马拉雅地震带。我国处于两大地震带之间，是一个多地震的国家。在地壳内部，震动的发源处称为"震源"。震源在地表的铅直投影称为"震中"。震中与震源的距离称为"震源深度"，一般为数公里至数百公里。通常将震源深度小于 70 公里的叫浅源地震，深度在 70～300 公里的叫中源地震，深度大于 300 公里的叫深源地震。对于同样大小的地震，由于震源深度不一样，对地面造成的破坏程度也不一样。震源越浅，破坏越大，但波及范围也越小，反之亦然。

破坏性地震一般是浅源地震。如 1976 年的唐山地震的震源深度为 12 公里。2008 年汶川地震的震源深度为 14 公里。

2. 震级和烈度

震级和烈度是两个不同的概念。震级标志着某一次地震本身的能量大小，而烈度则指某一地点在该次地震时所受到的影响程度。

每一次地震只有一个震级。我国目前使用的震级标准，是国际上通用的里氏分级表，共分 9 个等级。通常把小于 2.5 级的地震叫小地震，2.5～4.7 级地震叫有感地震，大于 4.7 级地震称为破坏性地震。震级每相差 1.0 级，能量相差大约 30 倍；每相差 2.0 级，能量相差约 900 多倍。比如说，一个 6 级地震释放的能量相当于美国投掷在日本广岛的原子弹所具有的能量。一个 7 级地震相当于 32 个 6 级地震，或相当于 1000 个 5 级地震。

一次地震只有一个震级，但它所造成的破坏，在不同的地区是不同的。也就是说，一次地震，可以划分出好几个烈度不同的地区。例如，1990 年 2 月 10 日，常熟-太仓发生了 5.1 级地震，有人说在苏州是 4 级，在无锡是 3 级，这是错的。无论在何处，只能说常熟-太仓发生了 5.1 级地震，但这次地震，在太仓的沙溪镇地震烈度是 6 度，在苏州地震烈度是 4 度，在无锡地震烈度是 3 度。

为了评定地震烈度，就需要建立一个标准。这个标准称为地震烈度表。在中国地震烈度表上，对人的感觉、一般房屋震害程度和其他现象作了描述，可以作为确定烈度的基本依据。影响烈度的因素有震级、震源深度、距震源的远近、地面状况和地层构造等。

中国地震烈度表

1 度：无感——仅仪器能记录到；

2 度：微有感——个别敏感的人在完全静止中有感；

3 度：少有感——室内少数人在静止中有感，悬挂物轻微摆动；

4 度：多有感——室内大多数人，室外少数人有感，悬挂物摆动，不稳器皿作响；

5 度：惊醒——室外大多数人有感，家畜不宁，门窗作响，墙壁表面出现裂纹

6 度：惊慌——人站立不稳，家畜外逃，器皿翻落，简陋棚舍损坏，陡坎滑坡；

7 度：房屋损坏——房屋轻微损坏，牌坊、烟囱损坏，地表出现裂缝及喷沙冒水；

8 度：建筑物破坏——房屋多有损坏，少数破坏路基塌方，地下管道破裂；

9 度：建筑物普遍破坏——房屋大多数破坏，少数倾倒，牌坊、烟囱等崩塌，铁轨弯曲；

10 度：建筑物普遍摧毁——房屋倾倒，道路毁坏，山石大量崩塌，水面大浪扑岸；

11 度：毁灭——房屋大量倒塌，路基岸大段崩毁，地表产生很大变化；

12 度：山川易景——一切建筑物普遍毁坏，地形剧烈变化动植物遭毁灭。

3. 抗震设防烈度、设防分类和设防标准

我国的《建筑抗震设计规范》（GB 50011—2010）（简称《抗震规范》）提出了"抗震设防烈度"的概念。它是按国家规定的权限批准作为一个地区抗震设防依据的地震烈度。

《抗震规范》给出了我国主要城镇抗震设防烈度，可供查用。

《抗震规范》适用于抗震设防烈度为 6、7、8、9 度地区建筑工程的抗震设计及隔震、消能减震设计。抗震设防烈度大于 9 度地区的建筑和行业有特殊要求的工业建筑，其抗震设计应按有关规定执行。

《抗震规范》中还提出了"基本烈度"的概念。基本烈度是指一个地区今后一定时期（100 年）内，一般场地条件下可能遭遇的最大地震烈度，由国家地震局编制的《中国地震烈度区划图》确定。一般情况下采用基本烈度。

设防分类指的是建筑应根据其使用功能的重要性分为甲类、乙类、丙类、丁类四个抗震设防类别。甲类建筑应属于重大建筑工程和地震时可能发生严重次生灾害的建筑，乙类建筑应属于地震时使用功能不能中断或需尽快恢复的建筑，丙类建筑应属于除甲、乙、丁类以外的一般建筑，丁类建筑应属于抗震次要建筑。

各抗震设防类别建筑的抗震设防标准，应符合下列要求。

（1）甲类建筑　地震作用应高于本地区抗震设防烈度的要求，其值应按批准的地震安全性评价结果确定；抗震措施，当抗震设防烈度为 6～8 度时，应符合本地区抗震设防烈度提高一度的要求，当为 9 度时，应符合比 9 度抗震设防更高的要求。

（2）乙类建筑　地震作用应符合本地区抗震设防烈度的要求；抗震措施，一般情况下，当抗震设防烈度为 6～8 度时，应符合本地区抗震设防烈度提高一度的要求，当为 9 度时，应符合比 9 度抗震设防更高的要求；地基基础的抗震措施，应符合有关规定。

对较小的乙类建筑，当其结构改用抗震性能较好的结构类型时，应允许仍按本地区抗震设防烈度的要求采取抗震措施。

（3）丙类建筑　地震作用和抗震措施均应符合本地区抗震设防烈度的要求。

（4）丁类建筑　一般情况下，地震作用仍应符合本地区抗震设防烈度的要求；抗震措施应允许比本地区抗震设防烈度的要求适当降低，但抗震设防烈度为 6 度时不应降低。

二、地基的震害现象

地震发生时，最基本的现象是地面的连续振动，主要是明显的晃动。首先感到上下跳动，这是因为地震波从地内向地面传来，纵波首先到达的缘故。横波接着产生大振幅的水平方向的晃动，是造成地震灾害的主要原因。地震造成的灾害首先是破坏房屋和构筑物，如 1976 年中国河北唐山地震中，70％～80％的建筑物倒塌，人员伤亡惨重；2008 年 5 月 12 日四川汶川地震中，直接经济损失 8451 亿元人民币，死亡人数近十万（包括五千多名学生），各类房屋损失占总损失近一半，绝大多数伤亡者为房屋倒塌所致。

1. 饱和砂土和粉土的振动液化

在地下水位较高、砂层或粉土层较浅的地区，强震使土颗粒趋于密实，导致孔隙水压力骤然上升，土粒间的有效应力相应地减小甚至完全消失，从而土的抗剪强度大大降低。这时，土粒处于悬浮状态，而呈现接近液体的特性。这种现象称为液化。液化现象多发生在饱和粉、细砂及塑性指数小于 7 的粉土中，原因在于此类土既缺乏黏聚力又排水不畅，所以较易产生液化。

粉、细砂液化的具体表现为：地下水夹带砂土经地面裂缝和土质松软部位冒出地面，即形成喷砂冒水现象。严重时会引起地面不均匀下沉和开裂，对建筑物造成危害。

2. 滑坡

地震导致滑坡的原因，一是由于地震时边坡滑楔受了附加惯性力，下滑力加大；二是因为土体受震趋于密实，孔隙水压力升高，有效应力降低，甚至产生液化从而阻止滑动的内摩擦力减小。地质调查表明：凡发生过地震滑坡的地区，地层中几乎都有夹砂层。在均质黏性土内，尚未有过关于地震滑坡的实例。

3. 震陷

在强震作用下，软弱土（如淤泥、淤泥质土）或砂性土出现下沉或不均匀下沉，即震陷。

产生震陷的原因有：①松砂经震动后趋于密实而下沉；②饱和砂土经震动液化后涌向四周洞穴或从地表裂缝中逸出而引起地面变形；③淤泥质土经震动后，结构受到扰动而强度显著降低，产生附加沉降。为减轻震陷，只能针对不同土质采取相应的使其密实或其他加固措施。

4. 地裂

在地震后，地表往往出现大量裂缝，称为"地裂"。地裂缝按成因分为构造性地裂缝和非构造性地裂缝。

构造性地裂缝是发震断裂带附近地表的错动，当断裂露出地表时即形成地裂缝，它多出现在强震时宏观震中附近。

非构造性地裂缝也称重力地裂缝，受地形、地貌、土质等条件限制，分布极广。多发生在河岸、深坑边缘或其他有临空自由面的地带等地方。

三、场地因素

我国多次地震震害调查表明，建筑物场地的地形条件、地质构造、地下水位、场地土覆盖层厚度及场地类别等对地震灾害的程度有明显的影响。

一般情况下，局部地形条件对震害有较大的影响。如孤立突出的山包和山脊、条形山嘴、山地的斜坡段、陡坡、河流、湖泊以及沼泽洼地的边缘地带等，均会使震害加剧，烈度提高。断层是场地地质构造中的薄弱环节，多数浅层地震均与断层有关，不宜将建筑物横跨在断层上，以免可能发生的错位或不均匀沉降带来危害。地下水位的高低与建筑物的震害程度有明显的关系，水位越高震害越重。

场地的土质条件不同会使建筑物的震害程度有很大差异。一般地，软弱地基比坚硬地基，更容易产生不稳定状态和不均匀下沉，甚至发生液化、滑动、开裂等现象。观察、研究证明，震害程度随覆盖土层厚度的增加而加重。

《抗震规范》中提出了建筑的场地类别，应根据土层等效剪切波速和场地覆盖层厚度划分为四类，如表 10-7 所示。

表 10-7　建筑场地类别划分

岩石的剪切波速或土的等效剪切波速/(m/s)	场地类别				
	I_0	I_1	II	III	IV
$V_s > 800$	0				
$800 \geqslant V_s > 500$		0			
$500 \geqslant V_{se} > 250$		<5	$\geqslant 5$		
$250 \geqslant V_{se} > 150$		<3	$3 \sim 50$	>50	
$V_{se} \leqslant 150$		<3	$3 \sim 15$	$15 \sim 80$	>80

注：表中 V_s 系岩石的剪切波速，V_{se} 系土层等效剪切波速。

四、地基基础抗震设计

（一）设计原则

抗震设防的基本原则是"小震不坏，中震可修，大震不倒"。这一原则体现出，一方面要使工程有一定的抗震能力，以减少一旦发生地震时造成的财产损失和人员伤亡，另一方面又要避免过高的设防标准造成浪费。

对地基基础，抗震设防应遵循下列一般原则。

（1）选择有利的建筑场地　在选择建筑场地时，应根据工程需要，掌握地震活动情况、工程地质和地震地质的有关资料，对抗震有利、不利和危险地段作出综合评价。对不利地段，应力求避开；当无法避开时应采取有效措施；不应在危险地段建造甲、乙、丙类建筑。

为保证建筑物的安全，应使建筑物的自振周期远离地层的卓越周期，避免共振。

（2）加强基础和上部结构的整体性　当地基为软弱黏性土、液化土、新近填土或严重不均匀土时，应采取有效措施，如加强基础和上部结构的整体性和刚性，以减小地震时地基的不均匀沉降或其他不利影响。同一结构单元的基础不宜设置在性质截然不同的地基上，也不宜部分采用天然地基部分采用桩基。

（3）加强基础的抗震性能　在地震中，很少见到基础的破坏比上部结构的破坏更严重的，所以加强基础的抗震性能的目的是减轻上部结构的震害。通常从以下两个方面采取措施。

① 合理加大基础的埋置深度。加大基础的埋置深度可以增加基础侧面土体对振动的抑制作用，从而减少建筑物的振幅。在条件允许时，可结合建造地下室以加大埋深。唐山地震后，凡有地下室的房屋，上部结构破坏均较轻。

② 正确选择基础类型。软土地基应选择整体性好的基础，如交梁基础、筏形基础和箱形基础等，以减轻震陷引起的不均匀沉降。

（二）天然地基和基础抗震验算

1. 可不进行地基基础抗震承载力验算的范围

在《建筑抗震设计规范》（GB 50011—2010）中规定，下列建筑可不进行天然地基及基础的抗震承载力验算。

（1）本规范规定可不进行上部结构抗震验算的建筑。

（2）地基主要受力层范围内不存在软弱黏性土层的下列建筑：

① 一般的单层厂房和单层空旷房屋；

② 砌体结构；

③ 不超过 8 层且高度在 24m 以下的一般民用框架和框架-抗震墙房屋；

④ 基础荷载与③项相当的多层框架厂房和多层混凝土抗震墙房屋。

注：软弱黏性土层指 7 度、8 度和 9 度时，地基承载力特征值分别小于 80kPa、100kPa 和 120kPa 的土层。

《构筑物抗震设计规范》（GB 50191—2012）规定下列天然地基上构筑物，可不进行地基和基础抗震承载力验算。

① 6 度时的构筑物。

② 7 度、8 度和 9 度时，地基静承载力标准值分别大于 80kPa、100kPa、120kPa 且高度不超过 25m 的构筑物。

③ 本规范规定可不进行上部结构抗震验算的构筑物。

2. 天然地基抗震验算

我国《抗震规范》规定，天然地基基础抗震验算时，地基抗震承载力应按下式计算：

$$f_{aE} = \zeta_a f_a \tag{10-7}$$

式中　f_{aE}——调整后的地基抗震承载力，kPa；

　　　ζ_a——地基土抗震承载力调整系数，应按表 10-8 取值；

　　　f_a——深宽修正后的地基承载力特征值，kPa，应按现行国家标准《建筑地基基础设计规范》（GB 50007—2011）采用。

表 10-8　地基土抗震承载力调整系数

岩土名称和性状	ζ_a
岩土,密实的碎石土,密实的砾、粗、中砂,$f_{ak} \geq 300$ kPa 的黏性土和粉土	1.5
中密、稍密的碎石土,中密和稍密的砾、粗、中砂,密实和中密的细、粉砂,150kPa$\leq f_{ak} <$ 300kPa 的黏性土和粉土,坚硬黄土	1.3
稍密的细、粉砂,100kPa$\leq f_{ak} <$150kPa 的黏性土和粉土,可塑黄土	1.1
淤泥,淤泥质土,松散的砂,杂填土,新近堆积黄土及流塑黄土	1.0

验算天然地基地震作用下的竖向承载力时,按地震作用效应标准组合的基础底面平均压力和边缘最大压力应符合式（10-8）、式（10-9）的要求。

$$p \leq f_{aE} \tag{10-8}$$
$$p_{max} \leq 1.2 f_{aE} \tag{10-9}$$

式中　p——地震作用效应标准组合的基础底面平均压力,kPa;

p_{max}——地震作用效应标准组合的基础边缘最大压力,kPa。

高宽比大于 4 的高层建筑,在地震作用下基础底面不宜出现拉应力;其他建筑,基础底面与地基土之间零应力区面积不应超过基础底面面积的 15%。

3. 液化土地基抗震设计

《抗震规范》规定,存在饱和砂土和饱和粉土（不含黄土）的地基,除 6 度设防外,应进行液化判别（但在 6 度区的对液化沉陷敏感的乙类建筑可按 7 度要求进行液化判别和处理）。存在液化土的地基,应根据建筑物的抗震设防类别、地基的液化等级,结合工程具体情况采取相应的措施。

（1）液化判别　根据《抗震规范》,地基土的液化判别可分两步进行。

1）初步判别。饱和砂土或粉土（不含黄土）,当符合下列条件之一时,可初步判别为不液化或可不考虑液化可能产生的影响。

① 地质年代为第四纪晚更新世（Q₃）及其以前时,7 度、8 度时可判为不液化土。

② 粉土的黏粒（粒径小于 0.005mm 的颗粒）含量百分率,7 度、8 度和 9 度分别不小于 10%、13% 和 16% 时,可判为不液化土。

③ 采用天然地基的建筑,当上腹非液化土层厚度和地下水位深度符合下列条件之一时,可不考虑液化影响:

$$d_u > d_0 + d_b - 2 \tag{10-10}$$
$$d_w > d_0 + d_b - 2 \tag{10-11}$$
$$d_u + d_w > 1.5 d_0 + 2 d_b - 4.5 \tag{10-12}$$

式中　d_w——地下水位深度,m,宜按设计基准期内平均最高水位采用,也可按近期内年最高水位采用;

d_u——上腹非液化土层厚度,m,计算时宜将淤泥和淤泥质土层扣除;

d_b——基础埋置深度,m,不超过 2m 时应采用 2m;

d_0——液化土特征深度,m,按表 10-9 采用。

表 10-9　液化土特征深度

饱和土类别	7 度	8 度	9 度
粉土	6	7	8
砂土	7	8	9

2）液化细判。《抗震规范》中基于标准贯入试验进行液化判别,当饱和砂土、粉土的初步判别认为需进一步进行液化判别时,应采用标准贯入试验判别法判别地面下 20m 范围内

土的液化确定其是否液化；但对《抗震规范》规定可不进行天然地基及基础的抗震承载力验算的各类建筑，可只判别地面下 15m 范围内土的液化。当饱和砂土和饱和粉土标准贯入锤击数 $N_{63.5}$ 实测值（未经杆长修正）小于或等于液化判别标准贯入锤击数临界值时，应判为液化土。当有成熟经验时，尚可采用其他判别方法。

在地面下 20m 深度范围内，液化判别标准贯入数临界值可按式（10-13）计算：

$$N_{cr} = N_0 \beta [\ln(0.6d_s + 1.5) - 0.1d_w] \sqrt{3/\rho_c} \qquad (10\text{-}13)$$

式中 N_{cr} ——液化判别标准贯入锤击数临界值；

       N_0 ——液化判别标准贯入锤击数基准值，按表 10-10 采用；

       d_s ——饱和土标准贯入点深度，m；

       d_w ——地下水位深度，m；

       ρ_c ——黏粒含量百分率，当小于 3 或为砂土时，应采用 3；

       β ——调整系数，设计地震第一组取 0.80，第二组取 0.95，第三组取 1.05。

表 10-10   标准贯入锤击数基准值

设计基本地震加速度/g	0.10	0.15	0.20	0.30	0.40
液化判别标准贯入锤击数基准值	7	10	12	16	19

（2）液化等级评定   液化危害程度用液性指数 I_{IE} 度量。I_{IE} 值根据地面下各可液化土层代表性钻孔的地质柱状图和标准贯入试验资料，按式（10-14）计算

$$I_{IE} = \sum_{i=1}^{n} \left(1 - \frac{N_i}{N_{cri}}\right) d_i W_i \qquad (10\text{-}14)$$

式中 n ——每个钻孔内各土层中标准贯入点总数；

N_i，N_{cri} ——第 i 点的标准贯入锤击数的实测值和临界值，当 $N_i > N_{cri}$ 时，取 $N_i = N_{cri}$；

       d_i ——第 i 个标准贯入点所代表的土层厚度，m，可采用与该标准贯入试验点相邻的上、下两标准贯入试验点深度差的一半，但上界不高于地下水位深度，下界不深于液化深度；

       W_i ——第 i 土层单位土层厚度的层位影响的权函数值，m^{-1}，若判别深度为 15m，当该层中点深度不大于 5m 时应采用 10，等于 15m 时应采用零值，5～15m 时应按线性内插法取值；若判别深度为 20m，当该层中点深度不大于 5m 时应采用 10，等于 20m 时应采用零值，5～20m 时应按线性内插法取值。

按式（10-14）计算出建筑物地基范围内各个钻孔的 I_{IE} 值后，即可参照表 10-11 确定地基液化等级。

表 10-11   地基的液化等级与液化指数的对应关系

液 化 等 级	轻 微	中 等	严 重
液化指数 I_{IE}	$0 < I_{IE} \leqslant 6$	$6 < I_{IE} \leqslant 18$	$I_{IE} > 18$

4. 桩基抗震设计计算要点

（1）不进行桩基抗震承载力验算的建筑   承载竖向荷载为主的低承台桩基，当地面下无液化土层，且桩承台周围无淤泥、淤泥质土和地基承载力特征值不大于 100kPa 的填土时，下列建筑可不进行桩基抗震承载力验算。

1）砌体房屋。

2）7 度和 8 度地区的下列建筑。

① 一般的单层厂房和单层空旷房屋。

② 不超过 8 层且高度在 25m 以下的一般民用框架房屋。

③ 基础荷载与②项相当的框架厂房。

④《抗震规范》规定的其他情形。

（2）桩基抗震承载力验算　按《抗震规范》第 4.4 条有关规定进行。

（三）地基基础的抗震措施

1. 软弱黏性土地基

当建筑物地基的主要受力范围内有软弱黏性土层时，可采取扩大基础底面积、加大基础埋深、减轻荷载、增强结构的整体性和均衡对称性、合理设置沉降缝以及加强基础的整体性和刚度、加设地基梁、人工处理地基等措施。桩基是抗震的良好基础形式，但要考虑其抵抗水平荷载的能力较差的因素。

2. 非均匀地基

建筑物地基中土质不均匀时，应进行工程地质勘察，查明其范围和性质，在地基基础设计中，尽量避开不均匀地段，填平不必要的残存沟坑，沟渠处适当设置支挡或人工处理加固地基。

3. 可液化土地基

对可液化土地基采取的抗液化措施应根据建筑物的重要性、地基土的液化等级和结构特点，结合工程情况综合确定。《抗震规范》中提出，不宜将未经处理的液化土层作为天然地基持力层。

当液化土层较平坦且均匀时，宜按表 10-12 选用地基抗液化措施。

表 10-12　抗液化措施选择原则

建筑类别	地基的液化等级		
	轻　微	中　等	严　重
乙类	部分消除液化沉陷，或对地基和上部结构处理	全部消除液化沉陷，或部分消除液化沉陷且对基础和上部结构处理	全部消除液化沉陷
丙类	基础和上部结构处理，亦可不采取措施	基础和上部结构处理，或更高要求的措施	全部消除液化沉陷，或部分消除液化沉陷且对基础和上部结构处理
丁类	可不采取措施	可不采取措施	基础和上部结构处理，或其他经济的措施

（1）全部消除地基液化沉陷的措施　应符合下列要求。

① 采用桩基时，桩端伸入液化深度以下稳定土层中的长度（不包括桩尖部分），应按计算确定，且对碎石土，砾、粗、中砂，坚硬黏性土和密实粉土尚不应小于 0.5m，对其他非岩石土尚不宜小于 1.5m。

② 采用深基础时，基础底面应埋入液化深度以下的稳定土层中，其深度不应小 0.5m。

③ 采用加密法（如振冲、振动加密、挤密碎石桩、强夯等）加固时，应处理至液化深度下界，振冲或挤密碎石桩加固后，桩间土的标准贯入锤击数不宜小于标准贯入锤击数临界值。

④ 用非液化土替换全部液化土层。

⑤ 采用加密法或换土法处理时，在基础边缘以外的处理宽度，应超过基础底面下处理深度的 1/2 且不小于基础宽度的 1/5。

（2）部分消除地基液化沉陷的措施　应符合下列要求。

① 处理深度应使处理后的地基液化指数减少，当判别深度为 15m 时，其值不宜大于 4，当判别深度为 20m 时，其值不宜大于 5；对独立基础和条形基础，尚不应小于基础底面下液化土特征深度和基础宽度的较大值。

② 采用振冲或挤密碎石桩加固后，桩间土的标准贯入锤击数不宜小于标准贯入锤击数临界值。

③ 基础边缘以外的处理宽度，应超过基础底面下处理深度的 1/2 且不小于基础宽度的 1/5。

（3）减轻液化影响的基础和上部结构处理　可综合采用下列各项措施。

① 选择合适的基础埋置深度。

② 调整基础底面积，减少基础偏心。

③ 加强基础的整体性和刚度，如采用箱基、筏基或钢筋混凝土十字形基础，加设基础圈梁、基础系梁等。

④ 减轻荷载，增强上部结构的整体刚度和均匀对称性，合理设置沉降缝，避免采用对不均匀沉降敏感的结构形式等。

⑤ 管道穿过建筑处应预留足够尺寸或采用柔性接头等。

小　结

本章介绍的内容均为工程实践经验的总结，主要介绍了软土、黄土、红黏土、膨胀土的物理力学性质及工程处理措施和山区地基，简要介绍了盐渍土和冻土。最后，对地基基础的抗震问题作了介绍。

软土具有高含水量和高孔隙比、渗透性低、压缩性高的特性，软土在荷载作用下的变形具有变形大而不均匀、变形稳定历时长、抗剪强度低、较显著的触变性和蠕变性等特征。在软土修建基础时，可采用砂砾垫层、砂桩、砂井预压等方法加固地基。

黄土是具有针状孔隙及垂直节理的特殊土。黄土在天然含水量时，呈坚硬或硬塑状态，具有较高的强度和低压缩性。但遇水浸湿后，会发生剧烈而大量的湿陷性沉陷，强度也随之迅速降低。湿陷性黄土可分为自重湿陷性黄土和非自重湿陷性黄土两种。在工程中，对自重湿陷性黄土尤应加以注意。

红黏土天然含水量高、密度小、具有大孔隙，但呈现较高的强度和较低的压缩性，不具有湿陷性。原状土失水后收缩剧烈，裂隙发育是红黏土的一大特征。红黏土作为地基时，应注意孔洞的充填和防渗排水。

膨胀土中黏粒含量高，天然含水量接近塑限，塑性指数大都大于 17，在天然状态呈硬塑或坚硬状；其天然孔隙比小，属低压缩性土。内摩擦角 φ、黏聚力 c 在浸水前后相差较大。在膨胀土地基上建造基础时，常采用设置沉降缝、换土垫层与排水、加大基础埋深、设钢筋混凝土圈梁等措施来消除或减少其危害。

山区地基地质条件复杂，其均匀性和稳定性很差，往往有可能出现山崩、泥石流等不良地质现象。山区地基常会遇到土岩组合地基、岩溶和土洞。一般可采取垫土、桩基、结构跨越、设置沉降缝等措施，减小不利的影响。山区地基应考虑地面水、地下水对建筑地基和建设场区的影响。

地震是一种自然现象。地震震级和烈度是两个不同的概念。震级标志着某一次地震本身的能量大小，而烈度则指某一地点在该次地震时所受到的影响程度。地基的震害现象有：饱和砂土及粉土的振动液化、滑坡、震陷和地裂。《抗震规范》根据建筑物使用功能的重要性将其分为甲类、乙类、丙类、丁类四个抗震设防类别。建筑的场地类别，根据土层等效剪切波速和场地覆盖层厚度划分为四类。抗震设防的基本原则是"小震不坏，中震可修，大震不倒"。一般原则是：①选择有利的建筑场地；②加强基础和上部结构的整体性；③加强基础的抗震性能。建筑地基基础抗震设计包括天然地基抗震验算、液化土地基抗震设计、桩基抗震设计等。地基基础的抗震措施包括扩大基础底面积、加大基础埋深、减轻荷载、增强结构的整体性和均衡对称性、合理设置沉降缝、加设地基梁、人工处理地基以及采用桩基等。

思 考 题

1. 什么叫软土？软土对工程建筑物有哪些危害？

2. 什么叫黄土的湿陷性？湿陷性黄土地基的湿陷等级是如何划分的？

3. 如何判定膨胀土？

4. 什么是土岩组合地基、岩溶以及土洞？对土岩组合地基设计时应注意哪些问题？在岩溶和土洞地区进行建筑施工时，应采取哪些措施？

5. 盐渍土是怎样形成的？盐渍土地区的建筑，一般常采用哪些措施治理？

6. 什么叫冻土？季节性冻土和多年冻土有何区别？

7. 什么是震级、地震烈度及抗震设防烈度？

8. 地基的常见震害有哪些？如何判别地基土是否可能会液化以及液化等级？

参 考 文 献

[1] 中华人民共和国国家标准. 建筑地基基础设计规范（GB 50007—2011）. 北京：中国建筑工业出版社，2011.

[2] 中华人民共和国国家标准. 岩土工程勘察规范（GB 50021—2001）（2009 年版）. 北京：中国建筑工业出版社，2009.

[3] 中华人民共和国国家标准. 建筑地基基础工程施工质量验收规范（GB 50202—2002）. 北京：中国计划出版社，2002.

[4] 中华人民共和国国家标准. 湿陷性黄土地区建筑规范（GB 50025—2004）. 北京：中国建筑工业出版社，2004.

[5] 中华人民共和国国家标准. 土工试验方法标准（GB/T 50123—1999）［2007 版］. 北京：中国建筑工业出版社，1999.

[6] 中华人民共和国行业标准. 建筑地基处理技术规范（JGJ 79—2012）. 北京：中国建筑工业出版社，2012.

[7] 中华人民共和国国家标准. 膨胀土地区建筑技术规范（GB 50112—2013）. 北京：中国建筑工业出版社，2013.

[8] 中华人民共和国国家标准. 建筑边坡工程技术规范（GB 50330—2002）. 北京：中国建筑工业出版社，2002.

[9] 中华人民共和国国家标准. 复合地基技术规范（GB/T 50783—2012）. 北京：中国建筑工业出版社，2012.

[10] 中华人民共和国行业标准. 建筑桩基技术规范（JGJ 94—2008）. 北京：中国建筑工业出版社，2008.

[11] 中华人民共和国国家标准. 建筑抗震设计规范（GB 50011—2010）. 北京：中国建筑工业出版社，2010.

[12] 王成华. 基础工程学. 天津：天津大学出版社，2002.

[13] 高金川等. 岩土工程勘察与评价. 武汉：中国地质大学出版社，2003.

[14] 莫海鸿等. 基础工程. 北京：中国建筑工业出版社，2003.

[15] 王杰. 土力学与基础工程. 北京：中国建筑工业出版社，2003.

[16] 顾晓鲁等. 地基与基础. 北京：中国建筑工业出版社，2003.

[17] 赵明华. 土力学与基础工程. 武汉：武汉理工大学出版社，2003.

[18] 赵明华. 土力学地基与基础疑难释义. 第 2 版. 北京：中国建筑工业出版社，2003.

[19] 杨太生. 地基与基础. 北京：中国建筑工业出版社，2004.

[20] 天津大学土木工程系. 全国注册岩土工程师专业考试复习教程. 第 2 版. 天津：天津大学出版社，2004.

[21] 秦植海等. 土质学与土力学. 北京：科学出版社，2004.

[22] 叶书麟等. 地基处理. 北京：中国建筑工业出版社，2004.

[23] 袁聚云. 土工试验与原位测试. 上海：同济大学出版社，2004.

[24] 杨平. 土力学. 北京：机械工业出版社，2005.

[25] 王恩远. 工程实用地基处理手册. 北京：中国建材工业出版社，2005.

[26] 刘晓立. 土力学与地基基础. 北京：科学出版社，2005.

[27] 孔军. 土力学与地基基础. 北京：中国电力出版社，2005.

[28] 龚晓南. 地基处理. 北京：中国建筑工业出版社，2005.

[29] 董建国等. 土力学与地基基础. 上海：同济大学出版社，2005.

[30] 邢皓枫，徐超. 岩土工程原位测试. 第 2 版. 上海：同济大学出版社，2015.

[31] 刘起霞等. 土力学与地基基础. 北京：中国水利水电出版社，2006.

[32] 陈书申等. 土力学与地基基础. 武汉：武汉理工大学出版社，2006.

[33] 王清. 土体原位测试与工程勘察. 北京：地质出版社，2006.

［34］ 徐金刚等. 简明土木工程系列专辑——岩土工程实用原位测试技术. 北京：水利水电出版社，2007.

［35］ 张丹青. 土力学与地基基础. 北京：化学工业出版社，2008.

［36］ 肖明和等. 地基与基础. 北京：北京大学出版社，2009.

［37］ 赵秀玲. 土工实验指导. 郑州：黄河水利出版社，2010.

［38］ 罗筠. 工程岩土. 北京：高等教育出版社，2012.

［39］ 高向阳. 土工实验原理与操作. 北京：北京大学出版社，2013.